淡水养殖500问

编著者
白遗胜　廖朝兴　徐忠法
贾敬德　罗相忠

金 盾 出 版 社

内 容 提 要

该书由中国水产科学研究院长江水产研究所专家编著。内容包括:淡水养殖的水环境、鱼类人工繁殖、池塘养鱼、流水养鱼、稻田养鱼、"三网"养鱼、湖库增养殖、名优鱼类养殖、水产动物养殖、肥料与饲料、鱼病防治、鱼类养殖网具与工具、养殖工程及无公害水产品基本知识等14个部分。全书把淡水养殖的技术和管理归纳为500个问题,以问答形式进行讲解,所介绍的技术和管理措施先进而实用,语言通俗而生动,适合水产养殖者、管理者、经营者学习使用,也可供农业院校相关专业师生和农科院所水产研究人员阅读参考。

图书在版编目(CIP)数据

淡水养殖500问/白遗胜等编著.—北京:金盾出版社,2006.6
ISBN 978-7-5082-4028-2

Ⅰ.海…　Ⅱ.白…　Ⅲ.海水养殖-问答　Ⅳ.S964-44

中国版本图书馆CIP数据核字(2006)第029651号

金盾出版社出版、总发行
北京太平路5号(地铁万寿路站往南)
邮政编码:100036　电话:68214039　83219215
传真:68276683　网址:www.jdcbs.cn
封面印刷:北京精美彩色印刷有限公司
正文印刷:北京金星剑印刷有限公司
装订:桃园装订厂
各地新华书店经销
开本:850×1168 1/32　印张:13.625　字数:350千字
2009年6月第1版第5次印刷
印数:41001—52000册　定价:23.00元

前　言

自 20 世纪 80 年代以来，我国淡水养殖业蓬勃发展，每年养殖产量以 10%的速度增长，到 2004 年全国淡水养殖产量超过 2 000 万吨，居世界之首。鱼产品的丰富，对改善人民生活、发展农村经济、致富奔小康起着重要作用。

淡水养殖业的发展，折射了科学技术的进步。在此期间，渔业科技工作者不断结合生产开展科学研究和技术推广，使淡水养殖领域的技术不断创新，水平显著提高。

本书就是在这种科技背景下编著的。尽管随着生产发展和科技工作深入，各类淡水养殖技术书刊、资料不少，但生产者往往受多种条件限制，在实践中，依然会碰到这样或那样的技术难题，并且不易从已有的技术资料中归纳找出求实的答案。

中国水产科学研究院长江水产研究所科技工作者，根据自己几十年来在淡水养殖领域的研究和长期深入渔业基层，开展技术推广与应用探索的实践，采用通俗的问答式编写出这本实用性的书籍，希望借助文字的形式，达到入户咨询的目的。

本书以 500 个问题解答组编，涉及淡水养殖的十四个方面。其中，淡水养殖的水环境、鱼类人工繁殖、池塘养鱼、流水养鱼、稻田养鱼、鱼类养殖网具与工具、养殖工程由白遗胜撰写；三网养鱼、湖库增养殖由贾敬德撰写；名优鱼类养殖、水产动物养殖由罗相忠撰写；肥料与饲料、鱼病防治由廖朝兴撰写；无公害水产品基本知识由徐忠法撰写。

本书可供渔民为解决生产中的实际问题而求答，也可供有关科技工作者和水产专业师生参考。对于书中不足和遗误之处，恳请读者批评指正。

编著者

2005年12月

作者通讯地址：湖北省荆州市江汉路41号长江水产研究所

邮政编码：434000

目 录

一、淡水养殖的水环境

1. 水环境有哪些特性,它们和鱼类的关系怎样?

水环境主要特性包括其物理性、化学性和生物性。养殖鱼类作为水环境中的主体,对水环境有一定要求和适应性,同时鱼类对水环境又有一定影响,从而形成了一个十分复杂的生态系统。它们互为条件,互相作用,彼此改变,关系密切,不断处在矛盾和平衡过程中。人们作为养殖者,必须了解水环境的特性及与鱼类的关系,从而根据这些复杂关系,应用已知的科学技术进行调节,不断解决矛盾,不断达到新的平衡,不断维持物质良性循环和能量的高效转换,最终提高鱼的成活率、生长速度和鱼产量。

2. 光照和水的透明度对鱼类和水环境有什么作用与影响,如何调节?

所谓光照,即是太阳光辐射。所谓水的透明度,即是太阳光照射所达到的水层深度。

众所周知,地球上所有的生命都依靠太阳辐射形式的能量流来维持。太阳辐射也是水域温度和绿色植物合成有机物质所需的基本能源,因而是水环境中的首要因子。

由于不同纬度和季节变化,加之又有晴天、阴天和雨天的区别,各地日照时数差别较大。我国南方实际日照时数只有可能达到的40%,长江流域一带为40%以上,华北为50%以上,西北则达到65%左右。水温达到鱼类生长(温水性鱼类)15℃以上的天数,南方为330天,长江流域为250天左右,黑龙江流域为165天。北方日照长度长,年实际日照时数多达700小时;南方日照长度短,年实际日照时数仅500～600小时。这就弥补了北方生长期短的不利因素。

由于水的特殊物理性，水中太阳辐射强度没有大气中强烈，而且光质也有很大改变。红外线在水上层仅几厘米处就被吸收掉，紫外光也只可透过几十厘米至1米左右水层。精养池塘含有大量有机物和浮游生物，太阳辐射除被水本身吸收外，还被水中溶解、悬浮的有机质和无机颗粒吸收、散射。所以光照强度随水深增加迅速递减。故此，浮游植物的光合作用及其产氧量也随之减弱，至某一深度浮游植物光合作用产氧量恰好等于其呼吸作用耗氧量(包括细菌)，此深度即是补偿深度。补偿深度以下即为耗氧水层。精养鱼池一般补偿深度为1.2米左右。

水中浮游生物和悬浮物质的多少决定透明度的大小。由于浮游生物有季节性变化、水平变化和昼夜变化，故透明度也有相应变化。透明度大小表明水质肥瘦程度。肥水池塘一般透明度在25～35厘米之间。透明度太小，水质太肥，甚至污染，对鱼类生长不利，易生病及泛塘；透明度太大，则水质太瘦，生物贫乏，鱼类生长慢。据测定表明，透明度一半的深度，是水中浮游植物光合作用产氧最大的水层。

所以从补偿深度和透明度的特性表明，池塘水深宜在2米左右。池塘太浅、水体太小，容纳量有限；太深而耗氧层太厚，鱼类易浮头和泛塘。

调节光照和透明度的方法，一般是以合理施肥、投饵，来调节水质肥瘦程度，达到“肥、活、嫩、爽”，同时注意经常给池塘加、冲新水和搅动水层使水循环等，以促进和扩大浮游植物的光合作用功能。其次，以适当药物谨慎调节。

3. 水温和水的运动对鱼类和水环境有哪些作用与影响，如何调节？

水温不仅直接影响鱼类生存和生长，而且通过水温对水体环境条件的改变，间接对鱼类产生作用。几乎所有的环境因子都受水温的制约。

水温主要受气温影响，即气温越高，水温随之逐渐升高，气温降低，水温随之降低；气温有季节性和昼夜变化，水温同样也有季节性和昼夜变化，这是众所周知的规律。然而由于水的特殊物理性，如水的比热比空气大，因此水温的变化幅度比气温小得多，不易产生激烈的变化；水是热的不良导体，其由上往下传热很慢，上、下水层水温垂直差异非常明显，一般可达 2℃～5℃；水的密度随水温升高而变小，随水温降低而变大，但其最大密度并不是在冰点(0℃)的水位，而是在 4℃的水位。结冰是从水表层开始，而水底层水温仍可有 1℃～4℃，使鱼类能在底层安全越冬，延续种群。

由于气温的季节性和昼夜性变化，此时水温同样变化，于是上、下水层密度不同而形成密度流，使水体上下自行流动，即水的运动。此时水中各类物质，其中包括营养盐类、氧气和浮游生物等随水的运动对流。在春、秋两季昼夜温差大，上、下层水密度相差大，水体上下经常发生对流，水环境良好，鱼类生长快。而夏季高温，并且昼夜温差小，加上热由上向下传导慢，上、下层水密度相差小，使水体处于相对静止状态，水环境差，鱼类生长慢。如遇天气突然改变(闷热、雷暴雨)，到了夜间，表层水温下降快，会形成强烈的密度流，酿成鱼类浮头、严重浮头和泛塘事故；在春夏之交和秋冬之交也因受寒潮突然袭击，水体同样也会发生强烈的上下运动，并同样造成不良影响。

此外，水的运动还有风浪和机械加、冲、搅水的作用，这都是外力的推动。这种外力的推动对于内力的运动有加强和调节作用。

所以对水温和水的运动，可根据其变化规律，通过机械人为地进行适时、适量加水、冲水和搅水调节。对于过高和过低水温可采用地下水、冷泉水、热泉水和工厂余热水及人工温棚、太阳能等多种途径，因地制宜地进行人工调节，以满足鱼类和水环境的需要。

这里值得强调的是，对于水强烈的密度流运动，尤其是发生在夜间时要引起高度关注。一旦有这种可能，必须果断采取人工措施进行外力干预，即利用机械加、冲、搅水，让水提前在白天流动，以防不测。

4. 水体溶氧对鱼类和环境有什么作用与影响？

水中溶氧量直接关系到鱼类的生存、生长、繁殖。一般适合鲤科鱼类的水体溶氧量为4～5毫克/升，而3毫克/升左右生长减慢，2毫克/升左右发生浮头，1毫克/升以下严重浮头至泛塘。当然不同种鱼类和不同规格的同种鱼类对氧的需要量和窒息点有所不同。

值得一提的是，溶氧过饱和会对鱼卵孵化和鱼苗不利，极易患气泡病，甚至对小规格鱼种(夏花)也有不良影响。

此外，溶氧对水环境影响也非常显著，在有氧和富氧条件下，物质循环和能量转换属于良性；缺氧则为恶性。

水体溶氧有水平变化、垂直变化和昼夜变化。

所谓水平变化，即白天鱼池下风头氧气含量高，上风头氧气含量低。这是因为下风头风浪大，大气溶入水中的氧气多，加之下风头浮游植物随风聚集多，光合作用产氧多；而夜间与白天相反，下风头浮游生物和有机质多，故耗氧多，使水中溶氧明显减少。

所谓垂直变化，即上层浮游植物多，光照强，产氧多，而在透明度一半的水层中氧含量最高。这说明，此处浮游植物最多，光照度适合其生长、繁殖。水体中层氧显著减少，底层最低，甚至为零。

所谓昼夜变化，即白天浮游植物光合作用强，产氧多，往往晴天中午溶氧过饱和；夜间浮游植物光合作用停止，水中只有各类生物的呼吸作用，致使池水溶氧明显下降，至黎明前下降到最低点，所以此时鱼类往往因缺氧易于浮头。

水体溶氧的调节见氧盈和氧债问题解答。

5. 什么叫氧盈、氧债，如何利用和调节？

所谓氧盈即溶氧过饱和，其饱和度达100%以上(10毫克/升以上)。

造成氧盈的原因主要有两种。其一,是夏季昼夜温差小,水体热阻力大,晴天上层水体水温高,光照强,浮游植物光合作用产氧多,向中、下层扩散少,特别是化肥施用不当,绿藻大量繁殖,达到溶氧过饱和,并形成气态逸出水面。与此同时,中层水体溶氧明显降低,底层缺氧严重,如果天气发生突变(暴雨、气压低等)打破热阻力,上下水体夜间剧烈对流,使整个水体缺氧而发生鱼类浮头,严重浮头甚至泛塘。其二,是由水库底涵闸和江河水坝下排出水流的剧烈撞击,空气中氧气大量溶入水中而造成溶氧过饱和,加之水温低,氧溶入量大而提高了其饱和度。

根据氧盈形成的原因,采取相应方法加以利用。毕竟溶氧对于鱼类和水环境的正面作用大,应使其充分地发挥作用。

对于形成氧盈的前一个原因,可采取晴天中午、下午开动增氧机(叶轮式或射流式)搅动上下水层,或利用潜水泵抽取底层水冲本塘水体,或加冲外水,或进行池间水体循环,以促进上层氧过饱和水体向下层转移交换。

对于形成氧盈的后一个原因,需要让溶氧过饱和水每次限量进入池塘,或入池前在一定范围内暂存一段时间,让其水温和溶氧平衡再行入池。

值得注意的是不可将过饱和水体用于鱼卵孵化和鱼苗下塘。

所谓氧债即水体缺氧,特别是池水底层严重缺氧条件下,生物需氧、化学需氧和有机质分解需氧受到很大的抑制,欠下了正常状态下的需氧量,即氧债。在这种条件下,厌氧生物(厌氧菌)非常活跃,产生有害的中间产物和有机质无氧分解产生大量还原性物质及有害气体。这对鱼类和池塘其他生物影响很大,一遇天气突变(夏季、春夏之交、秋冬之交)上下水体夜间急剧对流,氧债爆发性偿还,使整个水体严重缺氧,鱼类无法生存,往往浮头、严重浮头、泛塘,也易引发鱼病。

氧债和氧盈大多同时出现,即夏季往往上层水体氧盈,饱和氧形成气态逸出水面，与此同时底层严重缺氧，甚至为零。在自然情况下，往往白天形成氧债夜间还，这就存在很大的危险性。

为了化险为夷，氧债必须要在白天还。即白天，特别是晴天，利用上层浮游植物较强的光合作用产氧，以机械（增氧机、水泵、潜水泵）搅动上下水层，定期和不定期冲入新水，进行机械增氧和促进生物增氧，做到及时地、经常地消除氧债，以维持水环境的良性循环，保持鱼类正常生长，保障鱼类安全。

此外，为了高效地消除氧债，在推进机械和生物增氧的基础上，同时利用合理施肥、投饵，适当增加浮游植物量，合理利用和限制浮游动物、底栖动物、有机质以及适当的鱼类轮捕等项技术措施。

6. 二氧化碳对鱼类和水环境有哪些作用和影响，如何调节？

二氧化碳（CO_2）对鱼类和水环境有较大影响。它是水生植物光合作用的原料，缺少会限制植物生长、繁殖；高浓度二氧化碳对鱼类有麻痹和毒害作用，如使鱼体血液 pH 值降低，减弱了对氧的亲和力。当游离二氧化碳达到 80 毫克/升时，“四大家鱼”幼鱼表现呼吸困难；超过 100 毫克/升时，发生昏迷或侧卧现象；超过 200 毫克/升时，引起死亡。在一般池塘中这种现象少见，但北方冬季鱼类越冬期长，往往鱼太多，二氧化碳积累可达到相当浓度而使鱼无法生存。

二氧化碳来源于水生动植物、微生物的呼吸作用和有机质分解。大气中游离二氧化碳含量少，溶入水中也不多；二氧化碳的消耗主要是水生植物的光合作用的吸收利用。

水中二氧化碳除游离状态外，大多以碳酸氢盐（HCO_3^-）和碳酸盐（CO_3^{-2}）形式存在，对水质 pH 值起缓冲作用，维持其平衡。

水中二氧化碳含量随着水生生物的活动和有机质分解而变动，表现有昼夜、垂直、水平和季节性变化，其变化情况一般与溶解氧的变化相反。

当二氧化碳太多时，应减少浮游动物、底栖动物，包括轮捕鱼类和限制施有机肥；当二氧化碳不足时，应适当施肥，特别是施有机肥和清除水生植物等。

7. 水体中的氨对鱼类和水环境有什么影响，如何消除？

水体中的氨对鱼类是极毒的，特别是在pH值高、水温高的条件下其毒性更大。据测定分子氨(NH_3)对鲢、鳙鱼苗24小时半致死浓度分别为0.91毫克氮/升和0.46毫克氮/升。一般都按0.05～0.1毫克氮/升的分子氨作为可允许的上限值。此外，氨的氧化也要消耗大量氧。

水体中的氨来源于含氮有机物的分解和在缺氧时被反硝化菌还原生成。此外，水生动物包括鱼类的代谢产物一般以氨气(NH_3)的形式排出。

分子氨(NH_3)和离子铵(NH_4^+)在水中可以互为转化，它们的数量取决于池水中的pH值和水温，即pH值越小，水温越低，分子氨的比例相应越少，毒性越低。当pH值<7时，总氨几乎都是以铵离子形式存在；pH值越大，水温越高，分子氨比例越大，毒性越强。

所以消除氨的毒害作用，需要有效控制氨的来源和pH值；控制好鱼类的放养密度和单位水体载鱼量，同时对池水经常性增氧，防止缺氧，特别是在夏天高温季节尤其应如此。

为此，每年高温季节，应注意合理施肥、投饵和改良环境，监测和调控水体的pH值，采取增氧和适度轮捕、轮放等多项技术措施，以消除氨的毒害。

8. 硫化氢对鱼类和水环境有哪些影响，如何消除？

硫化氢(H_2S)对鱼类和其他生物毒性很强。其毒性主要是硫化氢与鱼体血红素中的铁化合，使血红素量减少，影响对氧的吸收，同时对鱼的皮肤也有刺激作用。此外，硫化氢的氧化过程还会消耗溶氧，所以对鱼和其他生物及水环境有很强的毒性。因此，养殖水体中不允许有硫化氢存在。

硫化氢是水体在缺氧条件下，含硫有机物经厌气细菌分解而产生；或者在富有硫酸盐的水中，由硫酸盐还原细菌的作用，使硫酸盐变成硫化物，然后生成硫化氢。而硫化物和硫化氢都有毒，其中硫化氢的毒性更强。一般在酸性条件下即 pH 值较低，硫大部分以硫化氢的形式存在。高温季节，水体底层往往严重缺氧，有机质缺氧或无氧分解产生大量有机酸而使底层水呈现酸性，在这种情况下，硫化物大多变成硫化氢。

所以，消除硫化氢的方法是提高水中溶氧，消除氧债；也可使用氧化铁剂，使硫化氢变为硫化铁沉淀，以消除毒性。

此外，必须避免含有大量硫酸盐的水进入池塘，并慎用化肥硫酸铵。

9. pH 值对鱼类和水环境有哪些影响，如何调节？

pH 值对水质、水生生物和鱼类有重要影响。一般要求 pH 值在 7.5～8.5，呈微碱性，这样对鱼类和其他水生生物有利，对水环境有利。

当 pH 值上下波动改变时，会影响水中胶体的带电状态，导致胶体对水中一些离子的吸附或释放，从而影响池水有效养分的含量和施无机肥的效果。如 pH 值低，磷肥易于永久性失效；过高，暂时性失效。当 pH 值越高，氨的比例越大，毒性越强；pH 值越低，硫化物大多变成硫化氢而极具毒性；pH 值过低，细菌和大多数藻类及浮游动物受到影响，硝化过程被抑制，光合作用减弱，水体物质循环强度下降；pH 值过高或过低都会使鱼类新陈代谢低落，血液对氧的亲和力下降(酸性)，摄食量少，消化率低，生长受到抑制。鱼卵孵化时，pH 值过高(10 左右)，卵膜和胚体可自动解体；过低(6.5 左右)胚胎大多为畸形胎。

自然水体对 pH 值有缓冲作用，一般比较稳定。在池塘精养和特殊条件下，pH 值有不同程度波动或大的改变。如池塘淤泥深厚，水体缺氧，pH 值常常偏低或过低；夏季天气晴朗，光照强，水质肥沃，浮游植物量大，光合作用强，在短时内，pH 值升得很高；或水体受到不同性质、不同程度污染，pH 值过高或过低等。

调节 pH 值的方法，通常是清除过多淤泥，结合用生石灰清塘，当池水显酸性(当 pH 值<7 时)泼洒 10%生石灰水(每 667 平方米水面，水深 1 米、1.5 米、2 米分别用生石灰 20 千克，25 千克和 30 千克)；经常对池水增氧，特别是高温季节更要经常搅动上下水层；改良池塘环境，采用有机肥与无机肥相结合的方法对池塘施肥；避免使用不同程度污染的水源、水质等。

10. 营养盐类对鱼类和水环境有哪些作用与影响，如何调节？

营养盐类是指铵盐、硝酸盐、亚硝酸盐、磷酸盐、碳酸盐、硅酸盐、硫酸盐等多种盐类。它们的存在，一方面作为鱼类天然饵料即浮游植物和水生植物的营养素，有些还可供鱼类和其他水生动物及细菌直接吸收；另一方面还对水质的 pH 值、硬度、碱度等都有重要影响。

铵盐、硝酸盐、亚硝酸盐属于氮素，是无机氮；此外，还有有机氮。一般浮游植物最先利用的是铵态氮，其次是硝态氮，最后才是亚硝态氮。亚硝酸氮是不稳定的中间产物，在缺氧的条件下，含量增加对鱼类和其他水生动物有一定毒性。池塘中有机氮(蛋白质、氨基酸、腐殖酸等)占有较大比例。

一般高产池塘夏秋季节总氮为 0.2～4 毫克/升。其中亚硝态氮为 0.05～0.4 毫克/升，硝态氮为 0.1～2 毫克/升，铵态氮不超过 2 毫克/升，而 0.1 毫克氮/升是必需的。

水体中，含水溶性磷的浓度很低，一般有效磷的含量仅为总磷的 0.16%，其主要原因是磷在水中 pH 值偏碱时容易与钙、镁生成难溶性磷酸盐，暂时失效；在 pH 值偏酸时，又易与铁和铝生成难溶性磷酸盐，永久失效。

一般精养鱼池水中含磷(PO_4^{3-})0.003～0.05毫克/升，在鱼类生长季节其含量只在0.01毫克/升左右，甚至测量不出，表明磷的含量太低，不能满足藻类生长的需要，处于“磷饥饿”状态；相反，如果磷的含量太高，则表明，池水可能受到污染，或可能白鲢放养密度和载鱼量过大，对浮游植物强度滤食，降低了对磷的充分利用。

硅酸盐被浮游植物中的硅藻所吸收而构成细胞壁。当水中缺乏硅酸盐时，硅藻细胞不能分裂，其蛋白质和叶绿素的合成受到影响。硅在水中的含量较氮、磷多，一般不会成为影响硅藻生长和繁殖的因素。

至于硫酸盐，生物体需要量不大，一般天然水中又普遍含有硫酸盐(SO_4^{2-})，故一般不缺。如果是流经硫矿(如石膏)的水或受海水、温泉水影响的水，硫酸盐含量肯定高。在水体缺氧情况下硫酸盐还原细菌易将硫酸盐还原为有毒的硫化氢(H_2S)，这是必须注意的。

铁的化合物在天然水中一般低于0.1毫克/升，已能满足藻类生长需要。在某些区域地下水含铁相当高，当抽出地面时，非常清亮，但很快就氧化变黄。高浓度铁能在鱼鳃上沉积一层棕色膜，妨碍鱼的呼吸，甚至窒息死亡。胶状氢氧化铁能吸附磷，高价铁能与磷酸生成难溶的磷酸铁而沉淀。这些作用都能降低无机磷的肥效。

水中铁过多(5毫克/升以上)，必须进行改良。可采取向水中增氧，使低价铁变成高价铁沉淀，也可施一定量的生石灰提高pH值促使沉淀。

综上所述，养殖水体中的氮与磷是经常缺乏的营养素，特别是磷更易缺乏。其他营养盐类都应有一定含量。而所有的营养盐都不能过量，过高或过低都对鱼类和水环境构成危害。

科学试验表明，长江流域每年3～6月份随着水体水温不断上升，水体中氮和磷的含量相应上升，到5～6月份达到最高值，而高温季节(7～8月份)急剧下降达到最低值,9～10月份又逐渐回升。所以春秋两季正是鱼类生长最快和较快季节,而高温季节生长慢,这与氮、磷在水中的变化相一致。因此,在高温季节应适当补施磷肥和氮肥同时进行水环境改良,以促进鱼类生长。

11. 水的硬度、碱度和盐度对鱼类和水环境有哪些作用与影响,如何调节?

所谓硬度是指水中所含钙、镁离子的量。淡水中一般钙比镁多,含盐量小于0.5‰的淡水中,钙离子∶镁离子=4∶1。含盐量增大,钙和镁的比值减小。

所谓碱度是指水中所含碳酸氢根等弱酸离子的量。本来,淡水中最多的盐是碳酸盐类,它包括碳酸氢盐和碳酸盐。由于碳酸盐在水中溶解度低,因此水中主要是碳酸氢盐。

所谓盐度是1 000克水中所含溶解盐类的克数,以‰数表示。

硬度和碱度的度量单位均以钙的形式表示。

1°(德国度)相当于10毫克CaO/升;

1毫摩[尔]/升＝2.8°＝ 50.05毫克 $CaCO_3$/升＝28毫克CaO/升。

一般生产上饲养鲤科鱼类的水体需要5°～8°的硬度,最低不能小于3°,也不要大于30°。过软的水对养鱼不利,对pH值缓冲力弱,不能保持相对稳定,也不能为藻类光合作用提供足够的碳源。

碱度过高对鱼类有毒。在一定的总碱度下,pH值越高,毒性越大。鱼类在过高碱度的水中,体表分泌大量黏液,鳃出血,迅速死亡。

不同种鱼对高碱度水的耐受能力不同。如青海湖裸鲤>瓦氏雅罗鱼>鲫鱼>鲤鱼>罗非鱼>草鱼>鳙鱼>鲮鱼>鲢鱼。所以,内陆盐碱区域和海边池塘养鱼,尤其要防高碱度水的危害。

池水硬度和碱度过低则需施生石灰加以改良。加生石灰后,水中的碳酸氢盐浓度大大增加，硬度和碱度也随着提高。

池水中硬度或碱度过高，需要经常性引入淡水冲洗和防止地面盐碱水汇集流入池塘；每年养鱼老水应当排出，不能继续使用。

至于盐度，1‰以内的水称为淡水。含盐量过低（小于0.2克/升），水的碱度、硬度都达不到基本要求，鱼类生长会受到影响；含盐量过高对许多鱼类生长不利，甚至死亡。一般大多数淡水鱼类和饵料生物在盐度5‰以内都可正常生活。

12. 浮游植物对鱼类和水环境有什么作用与影响，如何调节？

浮游植物种类很多，主要有蓝藻、隐藻、甲藻、金藻、黄藻、硅藻、裸藻和绿藻等。

浮游植物是鲢鱼的天然饵料。作为天然饵料，一般隐藻、甲藻、硅藻的营养价值比较高，其次是绿藻、裸藻、金藻、黄藻等，而蓝藻较差，但蓝藻中少数种类如螺旋鱼腥藻和拟鱼腥藻的蛋白质含量高，鱼类也易于消化。

然而浮游植物中有些种类还易引起鱼病，如大多数蓝藻水华及湖靛，小三毛金藻优势所形成的水质具有毒性，较轻时影响鱼类生长，严重时引起鱼类中毒死亡。卵甲藻引起鱼类卵甲藻病（打粉病）。绿藻优势在强烈阳光下，光合作用强，形成水体氧过饱和，引起孵化的卵、苗和下塘不久的幼苗得气泡病大量死亡；丝状绿藻优势不但鱼类难以利用，使水质变瘦，还影响鱼类苗种活动而降低成活率。

浮游植物对水环境的影响主要是正面的。它们是水体的原初生产者，不但要为鱼类直接和间接提供天然活饵料，而且还是水体溶氧的主要制造者（占溶氧来源的80%～90%）。但有些种类，如上所述蓝藻和小三毛金藻优势，使水质具有毒性，并制约其他藻类生长、繁殖，同时产氧力差；裸藻优势，自身大量死亡后形成一层黄锈色膜，覆盖水面遮光、隔气造成缺氧等。

浮游植物在不同季节形成不同的优势种群。一般春秋两季适合隐藻、硅藻、金藻、黄藻生长，其中隐藻在其他季节也能生长。而以隐藻和硅藻优势（水华）为多，水呈茶褐色或绿褐色，鱼类生长快；而夏季适合蓝藻、绿藻和裸藻生长，它们往往各自形成优势，水呈蓝绿色或深绿色，鱼类生长减慢。

浮游植物不但有季节性变化，而且还受光照、风力和水的运动影响而有水平、垂直和昼夜变化。浮游植物光合作用一般主要发生于水体上层，而以透明度一半的水区生产力最高。

调节浮游植物的主要方法是通过合理施肥、投饵（间接肥效），其次是加、冲、换水和辅助适当的药物（硫酸铜、生石灰等）控制。值得注意的是，单独使用化肥，易于培植绿藻；使用硫酸铜杀灭蓝绿藻，应防止此后数天内泛塘；使用生石灰时，应注意水质 pH 值变化。总之，通过人工调节，使水质达到“肥、活、嫩、爽”的直观程度。这种最好或较好的水质生物学指标应是浮游植物量为 20～100 毫克/升；隐藻等鞭毛藻类较多，蓝藻较少；藻类种群处于增长期，细胞未老化；浮游生物以外的其他悬浮物不多。

13. 浮游动物对鱼类和水环境有什么作用与影响，如何调节？

浮游动物由原生动物、轮虫类、枝角类和桡足类组成。它的大小依次分别为：小于 0.2 毫米，0.2～0.6 毫米，0.3～3 毫米和 0.5～5 毫米。

浮游动物同浮游植物一样都是鱼类不可缺少的天然活饵料。其中鳙鱼终生都滤食浮游动物。轮虫类和原生动物是青鱼、草鱼、鲢鱼、鳙鱼、鲤鱼、鲫鱼、鳊鱼和团头鲂等多种鱼类的鱼苗天然开口活饵料。实验表明，保障鲢鱼苗良好生长的轮虫最低生物量为 3 毫克/升，最适为 20～30 毫克/升，鲤鱼苗最适为 50～100 毫克/升。枝角类和桡足类大型浮游动物还是青鱼、草鱼、鲤鱼、鲫鱼、鳊鱼和团头鲂等多种摄食性鱼类小规格鱼种（2～5 厘米）喜食的天然活饵料。然而，浮游动物中，有部分种类寄生在鱼体和鳃上引起鱼病，如车轮虫病、斜管虫病、鳃隐鞭虫病、复口吸虫病、中华鱼蚤病、锚头蚤病等。如果浮游动物形成绝对优势，大量吃食浮游植物，会使水质变瘦，并大量消耗水中溶氧，造成鱼类浮头或严重浮头，甚至泛塘。它们与鱼类苗、种争氧气、争饵料，使鱼类苗、种生长慢、成活率低，甚至“全军覆没”。如果枝角类和桡足类等大型浮游动物随水流混入孵化器内，还会为害鱼类卵、苗，降低孵化率。

由于浮游动物适温多在18℃～28℃之间，往往春末夏初数量明显增长，易于形成优势，其次是秋季数量较多；而夏季高温，不适合浮游动物生长、繁殖，生物量相对较少。

根据浮游动物对鱼类和水环境的影响及其消长规律，进行人工利用与调节。如春季适时通过施用绿肥和粪肥培植原生动物和轮虫，4～5天后形成轮虫高峰，鱼苗适时下塘培育；7～10天后枝角类和桡足类大量出现，夏花适时下塘，进行鱼种培育等。鱼类孵化用水须排除大型浮游动物，可用60～65目乙纶胶丝布窗拦截过滤。浮游动物在池塘中形成优势，可用杀虫剂杀灭，或增加鳙鱼放养量吃食等。

14. 底栖动物对鱼类和水环境有什么作用与影响，如何调节？

底栖动物包括环节动物、软体动物、甲壳动物和水生昆虫等。在养殖水体中，由于缺乏水草和受到鱼类摄食强大压力的影响，软体动物和甲壳动物难以长时间存在。所以底栖动物由能够钻埋于底泥中或鱼类难以充分取食的寡毛类环节动物和昆虫幼虫等组成。

养鱼池中底栖动物生物量一般远低于浮游动物量，通常只有后者的1/5～1/3，有时不及1/20～1/10，只在某些低产鱼池中两者相近或底栖动物生物量高于浮游动物的生物量。

底栖动物也是鱼类喜食的天然活饵料。其中软体动物的螺类、砚类、小蚌类是青鱼终生的天然饵料，鲤鱼同样也摄食部分小型的螺类、砚类。水生寡毛类的各种水蚯蚓、水生昆虫的摇蚊幼虫是鲤鱼、鲫鱼、青鱼、草鱼、鳊鱼和团头鲂等多种鱼类的鱼种或大鱼的良好天然饵料，其中各类水蚯蚓还是鲟科鱼类、鲶科和鮠科鱼类鱼苗的良好开口活饵料。然而，它们中也有具危害的种类，如龙虱成虫和幼虫均为肉食性，对鱼苗和小规格鱼种危害很大，其他水生昆虫如蜻蜓幼虫、松藻虫等，有时数量也很大，多属杂食性，消耗氧气，也危害苗种，也属养鱼敌害。即使是螺类、砚类、蚌类，如果利用不好，在池塘中大量存在，滤食细小的浮游生物，使水质清瘦，影响鲢鱼、鳙鱼生长和消耗池水溶氧。有的还是鱼类寄生虫的中间宿主，成为鱼病传播的帮凶。

为了合理利用底栖动物和抑制、杀灭有害种类，一般多采取主养或搭配青鱼、鲤鱼、鲫鱼，或者通过施放绿肥、粪肥，为摄食性鱼类鱼种培养底栖天然活饵料。对于有害种类，利用杀虫药杀灭，或用硫酸铜杀灭。

15. 细菌和腐屑对鱼类和水环境有什么作用与影响，如何调节？

细菌在养殖水体中所起作用越来越被人们重视。细菌不仅是主要的分解者，在水体物质循环中起主要作用，而且大多还是水生动物和鱼类的重要食物之一。腐屑是生物尸体由细菌分解或细菌聚合形成的块状或膜状物，可为鲢鱼、鳙鱼等滤食。

细菌在池塘中数量相当庞大，一般未施肥鱼池的细菌数量有200万～600万个/毫升，生物量2～6毫克/升，而施肥鱼池的细菌数达到500万～2 000万个/毫升，生物量达到5～25毫克/升。

腐屑在高产鱼塘中含量也相当高。据测定，腐屑的量约占悬浮物干重的60%～84%。尽管腐屑的营养价值不高，但其上附生的细菌、藻类、原生动物和轮虫即构成鱼类和水生动物的重要饵料之一。

鱼池中细菌绝大部分是有益的，它们不仅是主要的分解者和天然饵料，而且其中如硝化菌、光合菌、枯草芽孢杆菌、固氮菌、乳酸菌和酵母菌等，还能将水中和池底有害物质转化为无害物质或转化为营养盐类；有的在弱光下制造氧气。目前生物菌肥（光合细菌、枯草芽孢杆菌等）正在应用和扩大应用到渔业生产中。

细菌的另一方面是其害。有相当一部分细菌会引起鱼病，如引起鱼类的肠炎病、烂鳃病、赤皮病、白皮病、白头白嘴病、腐皮病和暴发病等。在缺氧条件下，反硝化菌引起铵盐脱氮，硫酸盐还原菌使含硫化合物产生有害气体硫化氢，厌氧腐生菌使有机质产生有害气体甲烷等。

为了兴利避害，一般采取合理施肥、投饵、增氧和对症防治鱼病。

16. 水生维管束植物对鱼类和水环境有什么作用和影响，如何调节？

水生维管束植物包括漂浮性植物（紫背浮萍、青萍、三叉萍、满江红、槐叶萍、芜萍、水浮莲、水葫芦、莕菜等），浮叶植物（芡实、睡莲、杏菜、菱等），沉水植物（菹草、聚草、苦草、轮叶黑藻、茨藻、金鱼藻、马来眼子菜等）和挺水植物（芦苇、蒲草、菖蒲、水花生、茭白、慈菇、水芹等）。

能作为鱼类（草鱼、团头鲂等）天然青饲料的常见种类有紫背浮萍、青萍（小浮萍）、三叉萍，满江红、芜萍、菹草、苦草、轮叶黑藻等。一般精养池塘中水生维管束植物很少，特别是池塘内混养了草食性鱼类后，它们很难生长或形成优势。若池塘水浅又未放养草食性鱼类，或闲置，就易于生长沉水性植物。一旦各种沉水性植物生长起来，水体营养盐类会被大量吸收，水质清瘦，主要养殖鱼类苗种和鲢鱼、鳙鱼不可能生长良好，苗、种成活率极低。有些种类如菹草形成优势，当水温达到30℃左右时，便会逐渐死亡，影响水质。有些种类如水花生、水葫芦适应性相当强，水、陆（潮湿）都能生长，往往由池边、陆地逐渐向开阔水域发展，使水质清瘦，遮挡阳光，显著地降低池塘生产力。

水生维管束植物在浅水湖泊、水库（库湾）、沼泽、下湿地生长量大，种类多。人们往往从中收集水草作为池养草鱼和鳊鱼、团头鲂的青饲料。它们的存在，也是鲤鱼、鲫鱼和团头鲂等产粘性卵鱼类的天然产卵巢。

根据水生维管束植物对鱼类和环境的作用与影响，采取多种方法进行兴利防害或变害为利。如上所述可采集水草、萍类或培植萍类作为天然青饲料，以降低成本；放养或搭配草食性鱼类，抑制水草生长；人工割除或铁丝拉割水草，以利培育苗种；即使是水花生和水葫芦也可人工控制其局部生长，以净化池塘水质；还可利用挺水植物制造人工湿地，净化养鱼池内污染和外污染水质；近年来，还利用或人工栽培维管束植物进行大水面的生态修复。

二、鱼类人工繁殖

17. 为什么要进行鱼类人工繁殖?

各种鱼类在自然情况下,到了一定季节,具备一定的自然条件都可自行繁殖。正因为这样,鱼类的种群才可延续至今,这也是生物多样性的普遍规律。

然而,由于环境的改变,生活在大江大河中的大型鱼类如青、草、鲢、鳙四大家鱼移养于池塘后,生态条件改变,其性腺不可能发育到生理成熟(第Ⅴ期)产卵,而停滞在第Ⅳ期。当季节过去,水温升高,即退化跳入第Ⅵ期;当停滞于Ⅳ期末时,通过生理方法,即注入外源催情激素,促进继续发育,可达到Ⅴ期产卵,并孵出鱼苗。这个过程即是人工繁殖。

此外,在河流中建筑灌溉和发电拦河大坝等水利设施,阻断了鱼类(如中华鲟)自然繁殖洄游路线,为了保护天然资源,同样需要进行人工繁殖。

即使是一些对繁殖条件要求不高的经济鱼类,如鲤鱼、鲫鱼、团头鲂等,由于自然条件的复杂性、多变性和生物间的相克性,往往自然繁殖分散,同时效率极低,同样需要进行人工繁殖。

综上所述,为了集约化生产,为了提高效率,为了保护资源,必须开展鱼类的人工繁殖。

18. 鱼类人工繁殖要解决哪几个关键技术问题?

开展鱼类人工繁殖,需要解决亲鱼的种质、亲鱼的运输、亲鱼的培育、人工催产、鱼苗孵化和繁殖设施等几个关键技术问题。

以上几个关键技术之间互相关联,缺一不可,只有每个关键技术达到最佳或较佳状态,才能使鱼类人工繁殖最终获得良好效果;

否则，往往前功尽弃，没有效益。

19. 亲鱼种质有哪些要求？

每种鱼都有一定的生物学特性，应根据其特性挑选。如青、草、鲢、鳙“四大家鱼”的亲鱼优良种质应符合国家标准，即挑选遗传性状稳定、体型好、体色正常、生长快的个体，避免使用人工繁殖后代的个体。根据我国“三江”(长江、珠江、黑龙江)“四大家鱼”种质考察研究，长江的种质最好。20 世纪 90 年代，我国在长江中下游的湖北省石首、监利和江西省瑞安等地建立的“四大家鱼”自然生态库和人工生态库(天然和人工原种场)，为选择亲鱼提供了可靠的种质资源。鲤鱼、鲫鱼、团头鲂和其他名优鱼类，亲鱼原种的选择同样应采用以上原则。由于种种原因，这些鱼类易于混杂，加上生产上存在对鲤鱼、鲫鱼的杂交优势利用，在亲鱼挑选时，要特别注意避免选用杂交种作为原种亲鱼。

值得注意的是，无论什么品种的亲鱼，使用的有效时间是有限的，一般掌握达性成熟后，大型鱼类(“四大家鱼”)可继续使用 6～8 年，而中、小型鱼类为 4～6 年。到时，应更换高龄个体。因此，应培育一定数量的后备亲鱼。

20. 主要养殖鱼类性成熟年龄和体重是多少？

选择性成熟年龄的亲鱼是开展鱼类人工繁殖的基本条件，而达到性成熟年龄的亲鱼，具有一定的体重。因此，应将亲鱼的年龄和体重两项参数结合起来进行挑选(表 2-1，表 2-2)。

表 2-1 长江流域四大家鱼性成熟年龄和体重*

鱼 名	性 别	年 龄	体重(千克)
青 鱼	雌性	7	15
	雄性	6	13

续表 2-1

鱼名	性别	年龄	体重(千克)
草鱼	雌性	5	7
	雄性	4	5
鲢鱼	雌性	4	5
	雄性	3	3
鳙鱼	雌性	6	10
	雄性	5	8

* 我国南方珠江流域和北方黑龙江流域“四大家鱼”性成熟年龄分别比长江流域早熟和迟熟1～2年,体重相应降低和增加

表 2-2 长江流域鲤鱼、鲫鱼、团头鲂性成熟年龄和体重*

鱼名	性别	年龄	体重(千克)
鲤鱼	雌性	3	1～2
	雄性	2	0.5～1
鲫鱼	雌性	2	0.2～0.5
	雄性	2	0.2～0.4
团头鲂	雌性	3	0.4～0.5
	雄性	3	0.3～0.4

* 我国南方珠江流域和北方黑龙江流域鲤鱼、鲫鱼、团头鲂性成熟年龄和体重都分别相应偏早、偏小和偏迟、偏大

亲鱼年龄的鉴别,通常用洗净的鳞片在解剖镜下或肉眼进行观察。一般以鳞片上的每一疏、密环纹为一龄,或在鳞片的侧区观察两龄环纹的切割线的数量,即一条切割线为一龄。用以上两种观察方法结合,确定其年龄大小。

亲鱼性成熟的体重往往与养殖条件、放养密度有一定关系,即养殖条件好,密度较小,体重较大,反之偏小。此外,一般同年龄的雌鱼体重比雄鱼体重大。

21. 如何鉴别主要养殖鱼类的雌、雄个体?

鱼类的雌、雄个体是通过其副性征加以鉴别的。而副性征在生殖季节和非生殖季节表现不一样,一般生殖季节副性征尤为显著(表 2-3 至 2-7)。

表 2-3 青鱼雌、雄副性征比较

项 目	非生殖季节		生殖季节	
	雄性	雌性	雄 性	雌 性
胸鳍、尾柄等	—	—	胸鳍、尾柄有粗糙感,鳃盖上有追星	胸鳍、尾柄光滑,鳃盖上无追星
腹 部	—	—	轻压后腹部有乳白色精液流出	腹部膨大、柔软、富于弹性

表 2-4 草鱼雌、雄副性征比较

项目	非生殖季节		生殖季节	
	雄 性	雌 性	雄 性	雌 性
胸鳍	胸鳍第Ⅰ、Ⅱ鳍条较长,张开呈刀状、较厚。 手纵摸胸鳍内侧,有小齿状粗糙感	胸鳍第Ⅰ、Ⅱ鳍条较短,张开呈偏形,较薄。 手纵摸胸鳍内侧有光滑感	与非生殖季节相同	与非生殖季节相同
腹部	腹部鳞片小而尖,排列紧密	腹部鳞片大而圆,排列较疏松	发育好的个体,轻压后腹部可挤出乳白色精液	发育好的个体停食1天后腹部膨大,富于弹性

表 2-6　鳙鱼雌、雄副性征比较

项目	非生殖季节		生殖季节	
	雄　性	雌　性	雄　性	雌　性
胸鳍	手横摸胸鳍内侧,有刀刃状感	手横摸胸鳍内侧,有光滑感	与非生殖季节相同	与非生殖季节相同
腹部	—	—	发育好的个体,轻压后腹部可挤出乳白色精液	发育好的个体,腹部膨大、柔软、富于弹性

表 2-7　鲤鱼雌、雄副性征比较

项目	非生殖季节		生殖季节	
	雄　性	雌　性	雄　性	雌　性
泄殖孔	较小而略向内凹	较大而突出	不红润,略向内凹	红润而突出
腹部	狭小而略硬	大而稍软	较狭,成熟好的轻压有精液流出	膨大柔软,成熟好的稍压有少量卵挤出
胸鳍 腹鳍	—	—	胸鳍、腹鳍和鳃盖有追星	胸鳍没有或很少有追星

鲫鱼雌、雄和性腺成熟度鉴别,在生殖季节比较明显。雌性在群体中较多,发育好的腹部膨大、柔软、性腺轮廓清晰,轻压后腹部有少许卵粒挤出。雄鱼轻压后腹部则有乳白色精液流出。

团头鲂在生殖季节,雄鱼头部、胸鳍、尾柄上和背部均有大量追星出现,手摸有粗糙感,成熟个体,挤压腹部有乳白色精液流出,胸鳍第一根鳍条肥厚略有弯曲呈“S”形,终生不变,在非生殖季节可凭此确认。雌鱼胸鳍光滑,第一根鳍条细而直,成熟个体,腹部膨大、柔软。

22. 怎样鉴别养殖鱼类性腺发育程度?

正确鉴别养殖鱼类性腺发育程度是进行人工繁殖的理论基础与实践指导之一。养殖鱼类性腺发育程度依性腺发育分期加以区别。一般养殖鱼类性腺发育分六个时期。

Ⅰ期　卵巢、精巢紧贴在鳔腹两侧,是一对半透明的线状细丝,用肉眼不能区分性别。鱼类Ⅰ期的卵巢和精巢终生只出现1次。

Ⅱ期　卵巢扁带状半透明,呈肉红色,肉眼尚看不清卵粒,但药物固定后的卵巢呈花瓣状分叶;Ⅱ期精巢呈细带状,半透明,肉眼较难区别性别。Ⅱ期精巢在“四大家鱼”中终生只出现1次。

Ⅲ期　卵巢呈青灰色,肉眼能看清卵粒。达到性成熟年龄后的“四大家鱼”雌性个体都是以Ⅲ期卵巢越冬。Ⅲ期精巢稍呈圆柱状,外表呈粉红色或淡黄色。达性成熟年龄后Ⅲ期精巢可由Ⅵ期自然退化或由Ⅴ期排精后回复而成。

Ⅳ期　卵巢呈青灰色稍带棕黄色,卵粒明显,放置固定液中可游离脱落。在生殖季节,成熟好的卵巢几乎充满整个腹腔,用挖卵器从泄殖孔一侧伸入卵巢旋转取卵。挖卵器用不锈钢、塑料、竹、粗羽毛等均可制作,直径0.3～0.4厘米,长约20厘米,头部开一长约2厘米的槽,槽两边锉成刀刃状(图2-1)。卵经透明液(85%酒精)处理2～3分钟后,肉眼隐约可见鱼卵大部分卵核偏心,发育较差的卵则卵核大多居中,而过熟和退化的则无核象。Ⅳ期精巢呈不规则长扁平状,灰白色。鲤鱼、鲫鱼达性成熟年龄个体都是以Ⅳ期精巢越冬。

Ⅴ期　卵巢松软,青灰色。卵粒游离于卵巢腔内,提起鱼体,卵粒可从泄殖腔自动流出。池养“四大家鱼”卵巢发育到Ⅳ期即停止发育,必须通过人工催产才能继续发育到第Ⅴ期产卵。Ⅴ期精巢呈乳白色,增

图2-1　挖卵器　(示意)

厚，表面有明显血管分布，前期成熟精子较少，后期较多。生殖季节，发育较好的个体精巢可达到第Ⅴ期。

Ⅵ期　卵巢为退化或产后之卵巢。表面血管萎缩、充血，呈紫红色，卵巢体积逐渐缩小，卵巢膜松弛、变厚，外表可见灰白色多角、扁平斑点。退化或产后余下的卵解体，逐渐吸收进入下一卵巢发育周期的第Ⅱ期。Ⅵ期精巢呈淡黄色，体积显著缩小、充血，精液发黄，遇水成团不散，精子死亡或无精子。之后逐渐吸收进入下一精巢发育周期的第Ⅲ期。

23. 鱼类的怀卵量是多少？

鱼类的怀卵量是一个变动的参量。不同种鱼类的怀卵量不同，同种不同体重的怀卵量不一样，同种鱼不同地域的怀卵量也有差别。此外，鱼类的怀卵量还与生长状况有关，初产鱼与经产鱼的怀卵量也有差别。一般生长良好的鱼怀卵量比生长差的大，经产鱼的怀卵量比初产鱼大。了解鱼的怀卵量可以预测产卵总量，做到有计划、成批量地繁殖生产。

一般“四大家鱼”及鲤鱼、鲫鱼、团头鲂怀卵量按每千克体重10万粒左右估算，在生产中具有一定参考作用。

24. 如何捕捞和运输亲鱼？

拉网捕捞和运输亲鱼需要特别保护好鱼体，使其不受伤或少受伤，不缺氧或少缺氧。为此，要求有关人员练就一套娴熟、快捷的操作技术，同时配备良好的捕捞和运输工具。

亲鱼运输分短途运输和长途运输两种方式。短途运输即由亲鱼池运往催产池，其方法较为简单。近距离可使用鱼担架直接提运；稍远距离即采用小型机动车或人力车载铁皮水箱、塑料水箱或木质水箱，将亲鱼上鱼担架放入水箱内短时集中运输。长途运输即从较远的他地运往繁殖场。这种运输，往往是在亲鱼原产地收集原种亲鱼用于繁殖生产或补充后备亲鱼。

亲鱼长途运输常用的方法是车运(汽车、火车)和船运(活水船)两大类。

车运又分普通车运、活鱼车充纯氧运输和麻醉车运。

普通车运，即利用载货汽车或火车，可用帆布或塑料布加工成较大型的鱼桶(鱼篓)，将鱼桶(鱼篓)放入车厢内，盛水放入亲鱼运输；也可将整块帆布或塑料布放入车厢内，并利用竹竿或木杆将车厢临时分隔成 2 个或 3～4 个分格厢，装水放入亲鱼运输。为防止亲鱼跳跃、受伤和缺氧，可利用两头袋口可松紧的塑料袋装鱼，每袋一尾鱼，既能防鱼跳，又能使袋内、外水流交换。这种方法每立方水体可放鱼 50～80 千克。

活鱼车充纯氧运输，即是用专运活鱼的汽车，充纯氧运输亲鱼。这种活鱼运输汽车一般配装有 2～4 个分隔的加盖铁箱和多个纯氧高压钢瓶。在铁箱内底部安装有微孔钢管，并与钢瓶接通。运输中，通过控制钢瓶阀门对铁箱水体不断增氧。这是一种常用的简便高效活鱼运输车。此外，还有一种特制的充氧水循环过滤装置的活鱼运输车。活鱼充氧运输车的放鱼密度为每立方水体 100～150 千克。

活水船装运，一般适用于河网区域和湖库区域。放鱼密度与活鱼车充氧运输相同。

药物麻醉运输，目前一般用 13 万～15 万分之一巴比妥钠溶液或 10 万～20 万分之一奎那啶溶液以普通车装载运输。放鱼密度与普通车装载相同。

短途麻醉运输，还可用棉花球蘸取乙醚适量(体重 10～15 千克亲鱼用乙醚 2.5 毫升)塞入鱼口内(防止吐出)，2～3 分钟后亲鱼被麻醉，放入盛水容器，可运输 2～3 小时。

亲鱼麻醉运输技术还不够完备，有待进一步试验改进。

此外，亲鱼运输还可采用较大、较厚实的塑料袋，或胶皮包充纯氧运输。袋内(包内)盛水能将鱼体淹盖，再充适量纯氧，袋(包)下垫较软物料，用普通车运。

无论采取什么方法运输亲鱼，都应事前周密计划和做好相关准备工作。运输途中加强管理，开放型普通车运，随时注意鱼的活动情况和水质变化，防止严重缺氧。一旦中途发现水中泡沫大量增加，需要适量换水，但必须选择良好的水源、水质，换水也不能过勤、过多，以免耽误运输时间。

亲鱼运输宜快装、快运，防伤，防严重缺氧。为了提高运输成活率，除选择合适的运输方法外，还要注意适当的密度，而运输密度又与水温密切相关。亲鱼运输适宜的水温范围是6℃～15℃。

25. 怎样培育草鱼和团头鲂亲鱼?

草鱼、团头鲂属于草食性鱼类，以黑麦草、苏丹草、象草等人工种植的各类青饲料、野生禾本科草类、菜叶甚至以苦草、菹草、轮叶黑藻等水草为主的饲料喂养都能培育成功。

以草鱼为主，每667平方米（1亩，下同）池塘放养总量为150～200千克（雌、雄比为1∶1或1∶1.25）。其中混养鲢鱼或鳙鱼亲鱼3～4尾或同数后备鲢鱼、鳙鱼亲鱼，凶猛鱼类2尾左右，青鱼2尾左右。

以团头鲂为主，每667平方米放养总量150千克左右（雌、雄比为1∶1），其中混养50～100克鲢鱼250尾左右，鳙鱼20尾左右。

饲养管理分产后培育（夏季）、秋季培育、冬季培育和春季培育四个阶段。

亲鱼产后体质明显下降，在催产过程中或多或少都有一些伤，所以饲养管理重点一方面是要保持清洁良好的水质，防止感染鱼病。另一方面投喂嫩绿可口的青饲料和营养丰富的精料。

经过1个多月的培育，产后亲鱼体质得到基本恢复。进入盛夏，水温不断上升，鱼体新陈代谢加快，摄食量大增，应尽可能满足其对青饲料的需求，此时也是各类青饲料旺长时期，易于实施。每天投喂青饲料量约为亲鱼体重的30％～40％。具体投喂时，还需参考天气情况和鱼的吃食状态，灵活增减。

经过不断饲养，亲鱼代谢产物相应增加，水质易肥。在高温条件下，池水易于缺氧，天气剧变又易于泛塘，故夏季应经常给池水增氧，即每半个月给池水冲入新水 1 次，保持最高水位。天气晴好，每天中午、下午开增氧机 2 小时左右，或利用潜水泵抽取本池水，冲动上下层，同时利用和发挥生物增氧功能，防止泛塘。

进入秋季(9～10 月份)，青饲料锐减，应补充精料，每天投饵量为亲鱼体重的 3%～5%，促进鱼体脂肪积累，准备越冬。

冬季(11 月至翌年 2 月)水温低，亲鱼吃食、活动微弱，只需在晴朗天气、不定期在向阳避风深水区投喂占亲鱼总体重 1%左右的精料，供鱼吃食，保持体重。值得注意的是，秋冬之交首次大寒潮南下时，注意防止泛塘，特别对于较深池塘尤其需注意。在我国北方深冬还应注意池塘冰面扫雪和适当打冰眼，防止缺氧死鱼，防止渗漏缺水。

开春以后，水温随气温不断回升而上升，早春可利用数量有限的黑麦草和一定量的精料，力争早投喂、早开食、早生长。如果青料较多，尽可能保证黑麦草和菜叶供应，不投精料；即使投喂精料，也应将大麦或小麦发芽后再喂养，以利性腺发育。为此，还应每 10 天对亲鱼池冲水 1 次，临产前 1 周，每天冲水 2 小时左右，以保持良好水质，促进亲鱼活动，防止浮头。

26. 怎样培育青鱼亲鱼?

青鱼的天然饵料为螺类。亲鱼培育以螺蛳为主，辅以饼类和蚕蛹或者鱼专用高质配合饵料都能培育成功。

以青鱼亲鱼为主养的放养方式与主养草鱼的放养密度和搭配种类基本相似，饲养管理的方法也基本相同。每年每尾青鱼亲鱼以投喂螺蛳为主，平均需要螺蛳约 250 千克。由于池塘中螺蛳十分有限，在青鱼苗需要量不大的情况下，一般将青鱼亲鱼作为搭配品种混养在其他亲鱼池中。根据青鱼性腺成熟较晚，在其他亲鱼催产中，陆续将青鱼集中一池，待催产季节后期再进行催产繁殖。

27. 怎样进行鲢鱼、鳙鱼亲鱼培育？

鲢鱼、鳙鱼以浮游生物为天然饵料，以池塘施肥为主，辅以适量精料即可培育成功。

鲢鱼、鳙鱼亲鱼放养方式与草鱼相似，饲养管理也基本相同。在此过程中，通过人工施肥培植浮游生物时，合理施肥十分重要。

产后1个月，为保持清洁水质，一般不施肥或少施肥，增投粉状精料并以干撒或调湿后投于池坡水下，相对集中于一线，以利亲鱼均衡摄食。投饵量为亲鱼总体重的3%左右。

夏季高温，施肥以量少、次多、经常为原则。每次每667平方米施牛粪、猪粪或绿肥100千克左右，或尿素2千克左右（碳酸氢铵加倍），过磷酸钙（或钙镁磷肥）4千克左右。水温25℃，粪肥有效期7～10天，化肥5～7天，以保持水质茶褐色或绿褐色，透明度35厘米左右。

值得注意的是，高温季节不能一次性施肥过量，以免泛塘和引发鱼病。为了保持良好的水质，采取有机肥与化肥交叉、结合使用，并根据水质变化每月加新水1～2次。

秋季水温下降，出现昼夜温差，水体上、下经常性自然交换较好，鲢鱼、鳙鱼亲鱼吃食量大，生长好，可以适当增加施肥和投饵量。

在秋末下好基肥（每667平方米施粪肥200千克），培好水质的基础上，冬季的饲养管理较为简单，只在天气晴好、朝阳深水区不定期投喂少量精料供食，以保持体质。我国北方需打冰眼、扫雪防缺氧。

春季重点保持良好生态，每月冲水2次，为了保持水质中等肥度（不可过肥），可利用本塘水冲本塘。早春水温偏低，藻类生长缓慢，水质不易培肥，不应盲目增施肥料，应适当投喂精料，以补充天然饵料不足；一旦水质转肥，随着水温不断上升，又要防止亲鱼严重浮头和泛塘，尤其是春夏之交更是这样。

28. 怎样培育鲤鱼、鲫鱼亲鱼？

鲤鱼、鲫鱼属杂食性鱼类，一般以人工精料，或专用高质配合饲料喂养，培育可获得成功。

以鲤鱼为主和以鲫鱼为主的放养方式，与“四大家鱼”相似。放养密度每667平方米放亲鱼150～200千克，为调节水质，搭配50～100克白鲢鱼250尾左右，鳙鱼30尾左右。

培育方法同样分产后(包括夏季)、秋季、冬季和春季培育。由于鲤鱼、鲫鱼性腺是在Ⅳ期越冬，故培育重点应在夏、秋两季。夏季首先是产后亲鱼恢复体质，随后一直到秋季是肥育。此阶段需积累脂肪和准备越冬，需要大量营养，投饵量为体重的3%～4%，并根据天气情况和吃食状态灵活增减。同时注意定期加入新水和增氧，促进性腺发育。

越冬期间，每667平方米亲鱼池需施入(堆施)猪粪500千克，并在天气晴朗时不定期投喂少量精料，以维持体质和性腺成熟转化。

29. 鱼类催产药物有哪些特性，基本剂量是多少？

常用的催产药物有绒毛膜促性腺激素(HCG)、人工合成丘脑下部促黄体素释放激素类似物(LRH-A)、鲤鱼脑下垂体(PG)、马来酸地欧酮(DOM)，此外还有催产灵等。催产药物各自具备的不同特性，是确定催产不同品种亲鱼，并在不同环境条件下所使用药物种类和剂量的依据。

HCG是由孕妇尿中提取的催产药物。它对促进卵母细胞的滤泡膜成熟作用大，在水温正常和偏高时作用显著。主要用于鲢鱼、鳙鱼的催产，其剂量为每千克体重亲鱼800～1 000国际单位，雄鱼减半。HCG也广泛用于其他鱼类催产和配合其他催产药物协同催产。使用过量时副作用大。

LRH-A是由人工合成的多肽类催产药物。它几乎可用于所有鱼类催产,剂量范围较大,副作用较小。主要用于草鱼催产,其剂量每千克体重为3～5微克,雄鱼减半。

PG是从性成熟而尚未产卵的鲤鱼脑髓下部摘取获得,并经丙酮或无水酒精2次脱水、脱脂(每次8小时)制成的催产药物。它对促进卵母细胞的卵泡成熟作用大,在水温正常和偏低的条件下作用显著。PG几乎可用于所有鱼类催产,可单独或与其他催产药物配合使用,但来源有限,用于"四大家鱼"催产,其剂量为每千克体重3～5毫克,雄鱼剂量减半。这种药物使用过量时,副作用大。

DOM是催产辅助药,一般不单独使用,与其他催产药配合可提高催产率。DOM在亲鱼性腺发育不十分好和水温较低的条件下可发挥良好作用;相反,则减少用量,或不用。用于"四大家鱼"催产剂量为每千克体重亲鱼2～5毫克,雄鱼减半。

值得注意的是,凡利用一种药物能达到催产目的,或催产率很高的,就不用其他药配合;需要配合时,也应避免过多种药配合,一般1～2种即可。至于其他药物的特性和用量可参照厂家说明书灵活掌握。

30. 池塘主要养殖鱼类人工催产的药物常用剂量是多少,如何提高催产率?

生产上,青鱼、草鱼、鲢鱼、鳙鱼、鲤鱼、鲫鱼、团头鲂等主要养殖鱼类人工催产药物剂量多种多样,同时两种或多种催产药物还可以配合使用,目的是为了提高催产率。

实践表明,影响亲鱼催产率的可变因素很多,从催产技术主导因素出发,通过不断的科学试验和生产经验总结,具有较大适应性的常用剂量和相应的方法,可获得较佳的催产效果。

青鱼的人工催产常用剂量为(LRH-A5微克+HCG500国际单位+PG3毫克)/千克体重。行两次注射,第一针LRH-A 1微克/千克体重,雌、雄同样注射。水温 25℃以上,间隔 15～18 小时注射第二针。一般青鱼发情不明显,自产受精率低,甚至不产,应按预测效应时间拉网检查,进行人工授精。

草鱼人工催产常用剂量为 LRH-A 3～5 微克/千克体重。在水温偏低和亲鱼性腺发育较差时,每千克体重加 DOM 2～5 毫克。

鲢鱼、鳙鱼人工催产常用剂量为 HCG800～1 000 国际单位/千克体重。在水温偏低和亲鱼性腺发育较差时,每千克体重加 DOM2～5 毫克。

鲤鱼、鲫鱼人工催产常用剂量为 DOM 2～5 毫克＋LRH-A 10 微克/千克体重。

团头鲂人工催产常用剂量为 LRH-A 8～10 微克/千克体重。在水温偏低和亲鱼性腺发育较差时,每千克体重加 DOM 2～5 毫克。

值得注意的是,在水温较高条件下,无论什么鱼,DOM 宜用低剂量(不超过 2 毫克),或不用 DOM。

31. 如何灵活运用催产药物剂量,提高催产率?

催产药物的特性和基本剂量是灵活运用其剂量提高催产率的基础。由于环境条件的变化和亲鱼成熟度的差别等可变因素,需要相应灵活运用催产药物剂量,以提高催产率。

一般繁殖季节早期和后期,催产药物剂量应偏高,而中期则使用中剂量或偏低剂量;当亲鱼性腺发育较差,剂量偏高,发育较好,则用中、低剂量;当亲鱼个体较小,用偏高剂量,但对于个体大、怀卵量大(腹部大)的经产鱼,则采用偏低剂量。

32. 如何掌握鱼类催产季节和水温?

不同种鱼繁殖的水温不同,由于不同季节水温不同,所以不同种鱼的催产季节不一样。

青、草、鲢、鳙“四大家鱼”和团头鲂繁殖的水温范围是17.5℃～31.5℃，适宜水温是22℃～28℃，最适水温是24℃～26℃。在长江流域水温处于这温范围的季节是5月中旬至6月中旬；而珠江流域和黑龙江流域则分别提早和推迟1个月。

鲤鱼、鲫鱼繁殖水温范围是15℃～30℃，适宜水温是18℃～28℃，最适水温是25℃左右。在长江流域，水温处于这种范围的季节是4月上旬至5月上旬，而珠江和黑龙江流域则分别提早和推迟1个月。

其他鱼类繁殖水温和季节可参照本书有关章节。

在实际生产中，为了尽早提供市场需求的苗、种，增加苗、种当年生长时间和提高经济效益，往往可通过加强亲鱼培育和根据气候变化趋势，提早10天左右开展鱼类人工繁殖。

33. 如何配制催产药物？

根据亲鱼体重和药物催产剂量计算出药物总量之后，将药物经过适当处理均匀溶入一定量的蒸馏水或生理盐水中，即成注射药液。

在生产中，往往情况比较复杂，如一次性催产的亲鱼较多，特别是鲤鱼、鲫鱼等中、小型鱼类更多。同时，亲鱼个体体重有一定差别，为了使药液注射操作简便、快捷、准确，获得整体较高的催产率，需要考虑单个鱼体的最大药容量，如“四大家鱼”每千克体重注射0.5毫升或0.25毫升，鲤鱼、鲫鱼和团头鲂每尾0.5毫升或1毫升；还应考虑因亲鱼尾数多，在注射过程中造成的药量的损失量，即尾数越多，损失量越大，一般损失量为总容量的3%～5%。因此，在配制催产药物之前，需根据个体的最大注射容量计算总容量，然后根据催产亲鱼尾数多少确定损失的百分比，补进损失的容量和相应的药量。这样，所配成的注射药液，既保证了按预定的剂量注入鱼体，又保证了注射快捷、简便，同时当注射结束时，所配药液基本用完，避免了药液不够，重新加配，或剩余药液过多造成浪费。

此外，在配制药液时，还应注意药物特性，如 LRH-A 和 HCG 溶解快，可直接溶入注射用水中，而 PG 和 DOM 需要先在研钵中研磨精细，再加入少许水继续研成浆液。

值得注意的是 DOM 与其他药混合使用时，DOM 需要单独配制，即利用注射用水总容量的一半配制 DOM，另一半配制其他药物，注射时，两种药液多次现场等量均匀混合即用，以保证在半小时之内将混合液注射完。

34. 如何配制鱼用生理溶液?

鱼类人工催产配制催产药液和人工授精短时保存与稀释精液常用 0.85%的生理盐水，即在 1 000 毫升蒸馏水中加入注射用氯化钠 8.5 克配成。

35. 如何配制鱼卵透明液?

亲鱼性腺发育成熟度可在催产前用挖卵器由肛门后的生殖孔偏左或右插入适当深度，然后转动几下取出少量鱼卵并倒入玻璃培养皿或白瓷盘中，加入少许透明固定液，经 2～3 分钟后，可观察卵核位置，并判断其成熟度。

透明固定液有三种：①85%酒精；②95%酒精 85 份，福尔马林(40%甲醛)10 份，冰醋酸 5 份；③松节油透醇(松节醇)25 份，75%酒精 50 份，冰醋酸 25 份。

卵粒通过透明固定液处理后，观察到卵核较多居中者则成熟差，催产效果不好；卵核大部分偏位(偏向动物极)则成熟好，催产率高；卵核大多消失或无核则过熟，催产效果也差。

36. 催产药剂的注射方法有哪几种，各有哪些特性?

催产药剂的注射方法一般分为胸鳍基部体腔注射和背部肌内注射两种方法。

胸鳍基部体腔注射，是在胸鳍的内侧基部凹陷无鳞处，以注射针头朝背鳍前端方向，与鱼体表呈45°角刺入鱼体腔内，并迅速注入药液，应避免针头朝吻端刺入鳃腔内，也应避免朝下误刺心脏。这种方法注射速度快，药容量大，是一种最常用的方法。

背部肌内注射，是在背鳍下方肌肉最厚处，以注射针尖翘起鳞片，与体表成40°角刺入鱼体肌肉内，并缓缓注入药液。这种方法适合药液较少的注射，如行两次注射的第一针。

值得注意的是两种方法都应根据鱼体大小掌握针头刺入鱼体的深度，避免过深伤及内脏和骨骼；也应避免过浅，药液反流体外。所采用的针头为6～7号。

37. 注射催产药剂的次数有哪几种，各有哪些特性？

注射催产药剂的次数分一次注射和两次注射两种。

一次注射是将所需药剂一次性注入鱼体。这种注射比较简单，并对亲鱼干扰少。一般在亲鱼性腺发育良好和催产中期多采用一次注射。

两次注射是将所需药剂分2次注入鱼体。第一次注入量为总量的1/10，其余量，第二次注入鱼体。两次间隔的时间根据当时的水温而定，在繁殖季节早期（20℃左右）间隔8小时左右，中期（25℃左右）6小时左右，后期（30℃左右）4小时左右。两次注射适合亲鱼性腺发育较差和繁殖早期采用。由于行两次注射操作，所以应注意保护鱼体，使其不受伤或少受伤。

38. 如何推算亲鱼发情、产卵的时间？

当亲鱼注射催产药剂后，到一定时间出现雌雄追逐现象，往往雌鱼在前，雄鱼在后，紧追不舍，这种现象称为发情。当发情进入高潮时，雌、雄鱼配合默契，产卵、排精，完成鱼卵受精过程。亲鱼发情、产卵的时间主要取决于当时的水温，通过测定水温可以推算、预测其发情、产卵的时间。

当水温 20℃时，行一次注射后经 14～16 小时即开始发情、产卵；行两次注射打第二针后约经 12 小时左右即开始发情、产卵。而水温每上升或下降 1℃，则分别提早和推迟 1 小时左右。这是一个总趋势。此外，发情、产卵还受亲鱼性腺发育的程度、催产剂量等因素的影响而有一定的差异，而往往行两次注射其发情、产卵比较准时。

以上推算适用于“四大家鱼”、鲤鱼、鲫鱼、团头鲂等鱼类，至于其他名、优鱼类可参照本书有关章节的论述。

39. 怎样适当确定催产药剂的注射时间？

任何时间都可注射催产药剂，促进亲鱼性腺成熟，发情、产卵。所谓适当确定注射时间，是根据注射后预测发情、产卵的时间倒推注射的适当时间。比如选定控制亲鱼在清晨发情、产卵，便于白天人工观察、管理和有关技术操作，提高效率；或者选定在水温偏高和偏低时控制亲鱼在水温下降的下半夜产卵和在水温较高的下午产卵，以分别避开高温和低温对发情、产卵、受精和早期胚胎发育的不良影响。养殖者可以依情来确定催产药剂的注射时间。

40. 怎样观察亲鱼发情、产卵现象？

当亲鱼经药物催产后，一般情况下，到预测发情、产卵的时间会有发情、产卵的动作表现。当发现雌、雄鱼追逐（雌鱼在前，雄鱼在后），而且追逐的频率（次数）和强度不断增加，即为发情现象。当追逐达到高潮（半小时内 2～3 次）即开始产卵。有时，“四大家鱼”发情表现激烈，水质清新时还可看到雌、雄鱼腹部朝上，肛门靠近、齐头由水面向水下缓游，精、卵产出，甚至射出水面，清晰可见；有时还可观察到雄鱼在下，尾部弯曲抱住雌鱼，肛门靠近，将雌鱼托到水面。

以上现象出现，往往预示有较高的催产率和受精率。

41. 为什么亲鱼发情不产卵？

亲鱼经人工催产后，一般情况下，到一定时间就会发情、产卵；如果仅有发情现象，而久久不见产卵，其经常发生的主要原因是雌鱼难产。尽管在难产情况下，雌鱼也总有部分或少量性产物由生殖孔流出，其气味能够吸引雄鱼追逐即出现发情现象，然而不见产卵。亲鱼难产与亲鱼性腺发育有关，也与催产技术和环境条件有关。拉网检查，往往雄鱼精液正常，但雌亲鱼腹部胀大，肛门红肿，能挤出少量卵粒，大部分鱼卵在卵巢腔内没排卵分离，不能产出；如果雌鱼已经排卵不能自产者，往往与雌、雄亲鱼受伤过重，或因催产药量过高而不适，没有自产能力，此时应果断进行人工授精。

42. 为什么亲鱼产卵不受精？

亲鱼产卵不受精的原因也是多方面的，来自雌鱼方面是性腺发育脱节，即卵母细胞未达成熟，卵核大部分未偏心，而滤泡细胞（卵与母体连接的细胞）已达成熟，在外源激素的作用下，能够排卵，但产出的卵没有受精能力；来自雄鱼方面是精液数量少、质量差，或尽管精液量多，但质量差，遇水不散（死精），没有受精能力；或因水温偏高，注射方法不当，雌、雄鱼成熟不同步等。这些原因都可能发生产卵不受精。此外，还可因亲鱼受伤过重，特别是雄鱼，没有能力默契配合，使产出的鱼卵不能受精。

43. 在鱼类人工催产中，为什么会发生雌、雄鱼性腺成熟不同步，如何调整？

鱼类人工催产中，往往行两次注射易于发生雌、雄鱼性腺成熟不同步，特别是在水温偏高情况下易于发生。一旦发生，则鱼卵受精率极低，甚至完全不受精。

当水温偏高（28℃～30℃）时，行两次注射。如果两针间隔时间长达 8 小时，并且第一针雌鱼催产药物剂量偏高，尤其是剂量幅度大的释放激素类似物(LRH-A)能使亲鱼完全按一次性注射的时间排卵、发情,当注射第二针以后药物还未起作用,雄鱼就相应与雌鱼配合发情,但在水温较高条件下,雄鱼原有的精液已经失去活性,而新的精子又未生成,即雌、雄鱼性腺成熟不同步。

调整的方法是在水温偏高条件下,行一次性注射。如果需要行两次注射,则需严格控制第一针的剂量不能偏高,只能占总剂量的 1/10,并且控制两针间隔的时间为 4 小时左右;当水温 25℃左右时,间隔 6 小时左右;当水温 20℃左右时间隔 8 小时左右。此外,为了有效控制雌、雄鱼性腺同步成熟,在水温偏高情况下,如需要进行两次注射时,雌、雄鱼都行两次注射。

44. 为什么亲鱼会难产和半产?

亲鱼难产和半产的原因很多,就亲鱼来说,如果雌鱼性腺发育程度不够,未达到Ⅳ期末,细胞学观察(挖卵)有相当一部分卵核尚未偏心,或者卵母细胞发育良好,但卵与母体连接的滤泡细胞发育不好,都易于造成难产和半产。当亲鱼性腺成熟后在一定时间内没有及时催产,随着水温不断升高性腺退化或亲鱼经过多次拉网的应激反应而促使性腺退化,也可造成难产和半产。

由于催产技术不当造成亲鱼难产和半产的现象也经常发生。这是由于所用剂量不当,即剂量因某些原因不足或过量,或催产药物本身质量较差。

此外,环境因素在一定条件下,也可造成难产和半产。如在亲鱼培育过程中,水质不好,冲水不够,或严重缺氧,多次浮头;或在催产过程中气候剧烈变化,水温过高或过低等。对于某次催产中的难产和半产,应根据当时、当地的具体情况进行具体分析,找出其中主要原因并采取相应对策。

45. 如何选择成熟亲鱼?

主要养殖鱼类的亲鱼培育技术是相当成熟的,一般按照常规技术培育亲鱼，成熟率相当高(90%以上)。在高成熟率条件下，催产盛期亲鱼无需选择。然而在催产早期和晚期或者在亲鱼培育较差的情况下，为了提高催产率，需要严加选择。

成熟好的雌体，腹部膨大、柔软、富于弹性，肛门微红、微突。如果用挖卵器取卵，以85%的酒精透明液固定2～3分钟后观察卵核位置，如果大部分偏心(偏向动物极)，少数居中则是成熟标志。如果腹部尽管膨大，但过分柔软、弹性差，肛门紫红，取卵用透明液固定观察无核象则为过熟、退化。

成熟好的雄体用手轻压后腹部有一定量乳白色精液流出，遇水便如烟即散。如精液发黄、过稠，遇水成团不散，则为过熟退化。

46. 人工催产时，如何进行雌、雄鱼配组？

人工催产时，亲鱼自行产卵，雌、雄鱼配组比例为1∶1或雄体略多；如果采取人工授精则1∶0.5或雄体略少。

47. 如何提高亲鱼的催产率？

第一，应培育成熟好的合格亲鱼，并且按成熟度指标严格加以挑选，用于催产。这是提高亲鱼催产率的基础。

第二，根据亲鱼成熟度、催产季节、药物特性等具体情况灵活运用催产药物和剂量。如催产季节早期，亲鱼成熟度较差，水温较低，可采用偏高剂量和两次注射，并且可应用催产辅助药DOM，以配合主药提高催产率；在催产季节中期；亲鱼成熟较好，水温适合，可采用中、低剂量；在催产季节后期，宜采用偏高剂量；对于小个体亲鱼和怀卵量较大的经产鱼(腹部特别膨大)，宜采用偏高剂量，以获得高的催产率。

第三，巧妙运用催产季节的气候变化和水温升降灵活掌握催产进程。一般主要养殖鱼类繁殖季节多在春、夏之交，此时经常受寒潮影响，特别是繁殖季节早期更加突出，在沿海一带又易受台风侵袭，温差变化大，为了提高催产率，需根据气候和温度变化规律，安排催产。当寒潮或台风一过，水温处于上升阶段，应不失时机地进行催产，往往催产顺利，孵化正常。

第四，训练高超、快捷、熟练的拉网、抓鱼、选鱼、运鱼、注射等操作技术，尽可能使亲鱼不受伤和少受伤。

48. 如何灵活运用鲤鱼、鲫鱼繁殖方式?

鲤鱼、鲫鱼属于能自然产卵的鱼类，每年春季水温达到18℃以上，成熟个体在各类型水体中都可自然产卵、孵化；也可提前集中进行人工催产，自行产卵或人工授精。这说明，鲤鱼、鲫鱼繁殖方式多种多样。可以根据各地的自然条件，物质基础和技术水平，灵活运用鲤鱼、鲫鱼的不同繁殖方式，以适应其繁殖特性和不同生产需要。

在繁殖季节的早春(早期)，当最低水温连续几天达到15℃时，即自然产卵之前，可提前10天左右，集中进行人工催产，可让鲤鱼、鲫鱼亲鱼自行产卵或人工授精，用鱼巢静水孵化、流水孵化或淋水孵化；也可进行人工授精，脱粘孵化。

在繁殖盛期(中期)水温达到18℃以上，可采取大规模人工催产和自然产卵相结合的方法进行鲤鱼、鲫鱼繁殖，即一方面安排大批量人工催产，另一方面根据气候变化在亲鱼池中及时提前放人部分鱼巢，让来不及人工催产而又自然成熟的亲鱼自行产卵着巢，并及时收巢换巢；也可捕获正在自行产卵的亲鱼进行现场人工授精，人工着巢或脱粘孵化。

大批量人工催产、人工授精、脱粘孵化，不但可以利用“四大家鱼”闲置的孵化环道、孵化槽、孵化桶等大、中型流水孵化工具，大批量孵化鲤鱼、鲫鱼鱼苗，并提高效率，满足生产发展的需要，而且适应鲤鱼、鲫鱼繁殖特性，提高经济和社会效益。

在繁殖设备和技术水平较差的区域，也可根据鲤鱼、鲫鱼的繁殖特性，运用传统的方法，在繁殖季节通过降水晒池提高水温的办法，促进多数亲鱼成熟而自然产卵，鱼巢收卵进行池塘静水孵化或流水孵化，需要时也可进行淋水孵化。这样，既可降低成本又可获得大量的鱼苗。

49. 鱼类人工授精的方法有哪几种，如何操作？

鱼类人工授精的方法有干法、半干法和湿法三种。

干法人工授精是首先分别用鱼担架装好雌、雄鱼，沥去带水，并用毛巾擦去鱼体表和担架上的余水。先挤卵入擦净水的面盆中（“四大家鱼”）或大碗（鲤鱼、鲫鱼、团头鲂等）内，紧接着挤入数滴精液，并用手搅拌均匀。对于“四大家鱼”卵，随即向盆内加入清水，搅动2～3分钟使卵受精，最后漂洗几次或直接倒入孵化器孵化；对于鲤鱼、鲫鱼、团头鲂卵，则用黄泥浆脱粘孵化，或撒入鱼巢孵化。

半干法授精与干法的不同点在于，将雄鱼精液挤入或用吸管由肛门处吸取加入盛有适量0.85％生理盐水的烧杯或小瓶中稀释，然后倒入盛有鱼卵的盆中搅拌均匀，最后加清水再搅拌2～3分钟使卵受精。

湿法授精是将鱼卵与精液同时挤入盛有清水的盆内，边挤边搅拌，使鱼卵受精。该法不适合粘性卵，特别是粘性强的鱼卵不宜采用。

生产中，多采用干法和半干法人工授精。

50. 如何提高鱼类人工授精的效率？

提高人工授精效率的关键，首先是通过水温预测排卵时间和现场观察动态，一旦亲鱼开始追逐，应及时地取鱼挤卵、挤精进行人工授精。其次，整个操作过程要求衔接紧密、快捷、熟练，避光直射和保护鱼体。再次，当雌鱼未完全排卵，即表现挤卵不畅，卵液稠厚时不可硬挤，需再等待半小时左右。如果挤卵流畅，稀稠适中，卵廓清晰，富于光泽，精液乳白，数量充足，状如牛奶，遇水即散，往往具有很高的受精率。如果过迟挤卵，卵液过稀，卵廓模糊，色泽暗淡，精液少、薄或过浓发黄，遇水不散，都会降低受精率，甚至完全不受精。

51. 怎样开展鲤鱼、鲫鱼、团头鲂等产粘性卵鱼类的鱼巢静水孵化、流水孵化、淋水孵化和脱粘孵化？

鲤鱼、鲫鱼、团头鲂等产粘性卵的鱼类，在自然条件下，到繁殖季节成熟的雌、雄个体，可成双成对追逐产卵并粘附在水草和人工鱼巢上孵化，也可通过人工催产、人工授精和人工鱼巢着卵孵化。

着卵人工鱼巢，可采取静水孵化、流水孵化和淋水孵化；对人工授精、脱粘卵需采取流水孵化工具孵化。

(1)人工鱼巢静水孵化 这是一种传统的池塘静水孵化法。该法利用苗种池，经过清塘消毒后注入无敌害清水(网布过滤)，将粘附鱼卵的鱼巢用竹竿成排均匀地布置在池塘背风朝阳的水面下。巢与巢、排与排间隔一定距离，以利水面通畅交换供氧。放巢数量，依每巢鱼卵数、受精率和孵化率评估及鱼池放苗密度计算而定。鱼苗孵出后就池培育。

(2)人工鱼巢流水孵化 在池塘静水孵化法的基础上，将鱼巢放入流水养鱼池或孵化环道、孵化槽等流水孵化工具中进行孵化。其孵化条件更好，也便于鱼苗计数出池培育或对外销售。

(3)人工鱼巢淋水孵化 在寒潮侵袭、水温太低的条件下，将鱼巢移入室内进行淋水孵化。

操作时，将鱼巢移到室内整齐平放在分层的竹(木)框架上，鱼巢上、下盖上和垫上一薄层水草或其他草类，每隔半小时左右用喷壶洒水1次，保持鱼巢、鱼卵湿润。同时，室内门、窗关好，保温、保湿。如果室温偏低，可另烧通气煤炉，进行室内空气加温，室温保持在18℃～20℃。当鱼卵发眼(胚胎眼睛黑素出现)，肉眼可见两个小黑点时，寒潮也已经过去，应及时将鱼巢移入池塘出膜，不可懈怠。

(4)脱粘孵化 这是一种人工授精、脱粘孵化法。即将人工授精卵在黄泥浆水中受精、脱粘后用孵化环道、孵化槽和孵化桶(缸)进行流水孵化。

操作时，预先准备好黄泥浆水，即每10升(10千克)清水加不含沙或少含沙的黄泥2～3千克，充分搅拌，并用50目胶丝网布做成的圆筒形小捞子过滤，除去杂物放入盆(桶)内备用。

脱粘时，一人将授精碗中的鱼卵徐徐倒入脱粘盆(桶)内的泥浆水中，与此同时另一人不停地用手上下翻动泥浆水5～10分钟，之后将卵和泥浆一同倒入原过滤泥浆的小捞子，滤去余下的泥浆(可重复使用多次)，然后将小捞子置清水中漂洗，卵粒计数后放入孵化器孵化。

黄泥易得，不需成本。泥浆浓度不影响受精，为了提高脱粘效果，泥浆不能太稀，也不可过浓。

52. 如何用肉眼和镜检鉴别鱼卵孵化早期是否受精?

鱼卵是否受精，在胚胎发育早期就有一定的迹象，用肉眼细看可以初步判断(表2-8)，用镜检更加清晰。

表2-8 "四大家鱼"鱼卵胚胎发育早期肉眼观察

项目	受精卵	未受精卵
吸水速度	快(半小时内吸足)	慢
胚盘静置姿势	侧卧(胚盘与卵黄平列)	朝天(胚盘朝上，卵黄在下)
胚盘状态	卵裂正常，外观圆滑，对称	卵裂不正常，外观粗糙，不对称
发展趋势	胚胎正常发育，清晰可见	胚胎逐渐解体，成为空心卵

粘性卵膜吸水少，半透明，肉眼不易观察内部结构，加上脱粘卵膜外又粘附泥浆，更不易观察，但经过2～3天孵化后，凡受精卵，卵粒较硬、反光，不易用手指压破；而未受精卵，则卵粒较软、发白、不发光，用手指易于压破。

用低倍显微镜或解剖镜观察，"四大家鱼"卵早期胚胎发育状态十分清晰。受精卵细胞分裂大小基本一致，排列整齐；未受精卵则相反，细胞分裂大小差别很大，无规则排列，甚至有的分裂球掉下来，并逐渐解体成空心卵。

粘性卵镜检不如“四大家鱼”的鱼卵清晰，脱粘卵需搓洗膜上泥粒进行观察，凡能观察到卵周隙，卵裂细胞也隐约可见则为受精卵；相反，看不到卵周隙，外表灰白，一片模糊，则为未受精卵。

53. 怎样观察鱼卵胚胎发育进程?

鱼卵胚胎发育进程大致分为五个阶段。这五个阶段，通过镜检可清晰观察并划分，用肉眼也能粗略观察，并结合不同水温条件下胚胎发育的时段，进行观察可提高观察的准确度。

第一，卵裂阶段。鱼卵受精后，卵膜随即开始吸水膨胀，与此同时细胞质逐渐向动物极集中突起，形成胚盘，此时称一细胞时期。随着时间推移，细胞不断分裂，由 1 个细胞分成 2 个，4 个，8 个，16 个，32 个，64 个，128 个……越分越多，越分越细，并且由单层加厚成多层，呈桑椹状，故称桑椹期。在水温 25℃的条件下，第一阶段经历 4 小时左右。

第二，囊胚至原肠期阶段。在第一卵裂阶段的基础上，细胞分裂更小，细胞界限难以看到，细胞层数叠加，在卵黄上形成高峰，称高囊胚期。随后细胞面积扩大，不断向植物极卵黄下包达胚体的 1/2，细胞层数减少，故称低囊胚期。此后，随着细胞不断分裂和内卷出现背唇，又称胚盾。胚盾出现称原肠早期。下包 2/3 称原肠中期，此时是计算受精率的时期，在水温 25℃左右时从受精到原肠中期需 8 小时左右。下包 3/4 时，称原肠晚期。到本阶段需 11 小时左右。

第三，神经胚期阶段。原肠期后，整个卵黄被包，此时胚体伸长，形成中轴器官(神经管、脊索和体节)，称神经胚期。胚体呈“C”字形，倚伏在卵黄上，镜检可看到 9 对以上体节和成对的视泡。到本阶段(25℃左右)需 15 小时左右。

第四，尾芽到出膜阶段。神经胚之后，在胚体后端腹面形成一个膨大稍突出的细胞团，称尾芽，即尾芽期。尾芽细胞分裂能力强，使胚体不断向前、向后伸展，体节不断增加，随后尾鳍出现，肌肉效应，心脏出现，心脏跳动，肌肉收缩，舒张频率不断增加，胚体不断在卵膜内旋转，胚体头部囊皮细胞分泌孵化酶不断增加，致使卵膜变薄，弹性降低，加上胚体转动破膜而出，故称出膜期。到本阶段(25℃左右)需36小时左右。

第五，幼苗阶段。胚体出膜后称胚后发育，胚体内、外一些器官尚未形成。出膜后继续发育、生长，胸鳍出现，体色形成，鳔形成，肠道形成，卵黄囊逐渐缩小、消失、开口。此时，需从体外摄食吸取营养。到本阶段(25℃左右)全程需130小时左右。

54. 怎样计算鱼卵的受精率、孵化率和出苗率？

当鱼卵胚胎发育到原肠中期(如在水温25℃左右，鱼卵受精后经8小时左右)，从孵化器内随机取一定数量的鱼卵，统计500粒卵中好卵(卵球内有正常胚胎)所占的百分比为受精率。

孵化率是出膜的鱼苗数占受精卵数的百分比。生产中，孵化率常用出苗率来表示。

出苗率是出孵化器的鱼苗数占受精卵数的百分比。

55. 主要养殖鱼类对孵化的环境条件有哪些要求，如何应对不利的环境条件？

“四大家鱼”及鲤鱼、鲫鱼、团头鲂等主要养殖鱼类的生活环境是水。水的物理性、化学性和生物性直接关系到鱼类的繁育、生长与生存。鱼卵孵化对水质的要求在鱼类生命周期中是最高的。

(1)水温　鱼卵孵化最适水温为24℃～26℃，适宜水温为22℃～28℃，水温范围为17.5℃～31.5℃。在最适水温中孵化率最高。在适宜水温范围内随着水温升高，孵化速度加快，相反则减慢，允许波动范围为±3℃。

在生产中，往往水温变化受当地气候影响，特别是水温剧烈变化和在水温范围上、下限之外会对鱼卵孵化造成不利影响，如发育停滞，出现畸形胎，甚至造成死亡。为此，必须根据气象变化对水温的影响采取相应的对策，如水温较低时，控制在上午产卵，相反则下半夜产卵或利用泉水和地下水调节水温；在孵化早期，寒潮频繁侵袭，其周期为 7～10 天，即在两次寒潮之间，当前面的寒潮一过即行催产等。

(2)溶氧 水中溶氧是鱼类生存的基本条件，鱼卵孵化对溶氧要求更高。孵化适宜的溶氧量为 4～5 毫克/升或更多一些。缺氧则胚胎发育迟缓，甚至死亡。在胚胎出膜前期如果缺氧会导致提早出膜。但溶氧过饱和(10 毫克/升以上)又会造成鱼卵和幼苗得气泡病。

造成缺氧的因素很多，如水中有机质过多，水质过肥，淤泥深厚，天气突变等；氧气过饱和往往是由于水中绿藻过多，或孵化水源供水时经过剧烈撞击后进入孵化器等原因所致。所以孵化用水应是清新、含氧量高，又要防止过饱和。

(3)pH 值(酸碱度) 鱼卵孵化要求 pH 值为 7.5～8.5。水质 pH 值过高易使卵膜变软甚至溶解；过低易于形成畸形胎。一般自然水体内部具有缓冲作用，pH 值比较稳定。pH 值过高、过低往往与工业污染、地下水复杂和盐碱区域有关。所以孵化用水不能用复杂的水源，或者经过人工调节后试用。

(4)敌害生物 水中鱼卵、鱼苗的敌害生物具有广泛性和多样性。主要敌害有以剑水蚤和水蚤为代表的浮游动物，水生昆虫和小鱼、小虾等。因此，孵化用水必须用 60 目的乙纶胶丝布或同目的其他网布过滤。过滤网布应具有较大面积，以保证有效的过滤和孵化用水量。

此外，水质在一定的条件下，如水太肥、不同程度污染和不同土质等，还会存在或生成有害物质，卵、鱼苗本身代谢产物的积聚(小范围循环用水)，也会危害其孵化，降低孵化率，甚至大量死亡。为此，需要首选清新、良好的水源、水质，同时掌握水质和天气变化规律，进行人工净化、改造，避害兴利，以提高孵化率。

56. 为什么繁殖早期鱼苗出膜以后会大量死亡，如何应对？

鱼卵的胚胎在发育过程中有许多敏感期，处在敏感期的胚胎对水质的要求比非敏感期更加严格。鱼苗出膜以后，失去了卵膜保护屏障，同时内、外器官又发育不全，正处在敏感期。而繁殖早期是春、夏之交，水温上升快，连续4～5天晴天，水温可上升到30℃左右。此时，又常受寒潮侵袭，当高温出现后，紧接寒潮南下，水温急剧下降，加上雷雨，造成水体上下强烈对流，底层缺氧水和积聚的有害物质向整个水体扩散，处在出膜后不久的鱼苗无法生存，大量死亡，甚至“全军覆没”。

一旦出现气候突变，大量死苗，抢救已经为时太晚。关键是要根据繁殖早期气候和水质变化规律，在气候突变之前和突变之中，不失时机地对孵化用水水源提前采用机械搅水增氧。在高温出现时，不断打破池水分层现象，消除氧债，促进有害物质氧化，防止积聚。

从长远角度出发，根本性的对策是要力争利用良好的水源、水质和采取大面积流动循环，自然净化（适量藻类和水生植物等）改良水质，为鱼卵全程孵化创造良好、安全的水质环境。

57. 卵、苗孵化阶段有哪些病害，如何防治？

卵、苗孵化阶段常见的鱼病较少，而敌害较多。

(1)卵、苗气泡病 当孵化用水较肥、绿藻过多（水呈深绿色）时，在阳光下光合作用造成氧过饱和，或孵化用水进入孵化器之前剧烈撞击造成氧过饱和，都会发生气泡病。得气泡病的鱼卵、幼苗体内、外形成气泡，漂浮水面而死亡。

防治方法是避免使用深绿色水孵化，由坝下剧烈撞击的水也不能直接用于孵化，需经一昼夜静置后方可使用。一旦发生气泡病，应改变水源或将鱼卵、幼苗移入清水中继续孵化。

(2)水霉病 当水质较肥、水温较低(18℃左右),或鱼卵受精率不高和幼苗受伤的情况下,鱼卵、幼苗易于感染水霉菌,特别是粘性卵更易发生水霉病。感染水霉菌的鱼卵外周丛生一层水霉菌,状如太阳光芒,幼苗受伤部位同样滋生如旧棉丝的水霉菌。发病时,往往先由未受精卵开始感染,然后向好卵蔓延,使孵化率显著降低。

该病主要是预防,即尽可能提高受精率和用清洁水体孵化,粘性卵尽可能采用脱粘流水孵化;鱼巢着卵前,特别是重复使用前要经过太阳曝晒或蒸煮,高温杀死水霉孢囊。

(3)敌害 在鱼卵孵化过程中,主要敌害是桡足类(剑水蚤等)、枝角类(水蚤等)、小鱼、小虾类等。

防治方法是用较大面积的60目乙纶胶丝布或其他同规格网布彻底过滤。一旦有大量桡足类和枝角类浮游动物大量混入流水孵化器内,每立方米水体用15毫升敌敌畏泼洒,停水搅动5分钟进行杀灭。

58. 鱼卵孵化工具有哪几种,各种工具有什么特点,孵化密度是多少?

鱼卵孵化工具有孵化环道、孵化槽、孵化桶、孵化缸等多种,以适用于不同条件下的鱼卵孵化。

(1)孵化环道 孵化环道依形状分有圆形、椭圆形、方形三种;依环数分有单环、双环和三环等,是利用钢筋、水泥、砖、石等砌成的流水孵化工具。

圆形孵化环道是最早出现并用于生产的流水孵化工具,适用于中、大型规模生产。孵化密度为每立方米水体放卵80万～100万粒。

椭圆形孵化环道是将圆形环道通过圆心一分为二,然后依地形延长成椭圆形。适用于中、大型规模生产的流水孵化工具。椭圆形环道可依地形设计,建造得较长,也可较短。它能显著地消除圆形水流所形成和加强的向心力，使鱼卵、幼苗分布更为均匀。孵化密度，每立方米水体放卵100万～150万粒。

方形孵化环道是将两个单环椭圆形环道依长轴合并，然后去掉相合的隔墙而成为方形流水孵化工具。适合中、大型生产规模。孵化密度，每立方米水体放卵100万粒左右。

(2)孵化槽 是利用水泥、砖、石砌成的长方形流水孵化工具。适合中、小型规模生产。孵化密度，每立方米水体放卵80万粒。

(3)孵化桶 是利用白铁皮剪裁、焊接成的漏斗形流水孵化工具。还可利用50目的乙纶胶丝布依白铁孵化桶的结构剪裁、缝制成软孵化桶并用竹篾圈将口面和漏斗底撑起，放在水中孵化，故称水下孵化桶。也有用塑料定制加工的塑料孵化桶。孵化桶适用于小规模生产。孵化密度，每立方米水体放卵200万粒。

(4)孵化缸 是利用家用陶缸改装而成的流水孵化工具。在北方，多是长体陶缸，宜改装成漏斗形孵化缸；在南方，多是短、粗陶缸，宜改装成平底孵化缸；也有定做专门用于孵化的漏斗形孵化缸。

孵化缸适用于小型生产规模。孵化密度，每立方米水体放卵200万粒。

59. 鱼卵孵化管理有哪些注意事项？

一批鱼卵孵化要经历1周左右的时间。在孵化过程中，某一环节、某一时段出了问题，则前功尽弃。所以，孵化管理是一项技术性和责任性很强的工作，有如下注意事项：

(1)掌握适当的放卵密度 即根据不同的孵化工具及其性能，放入数量合适的鱼卵进行孵化。

(2)调节适当大小的水流 即开始孵化时水流使鱼卵能够冲起来，并缓缓翻滚，均匀分布；出膜后幼鱼苗失去了卵膜浮力，同时活动性弱，易于下沉堆积，应适当加大流速，但也不能过大，以防冲伤鱼体；当鱼苗能够平游，活动性增强，又要适当减小水流，避免体质、体力消耗。

(3)定期洗刷过滤设备 保持水流畅通,使进、出水平衡。

(4)经常观察孵化动态 观测胚胎发育进程和环境条件变化,及时统计受精率,掌握出苗标准和时间。特别是胚胎出膜期更应加强管理,以免发生不可逆转的事故。

为了便于管理,减轻管理的繁琐、操作的艰辛和提高孵化率,设计和建造具有先进水平的孵化设备,显得尤为重要。

60. 提高鱼卵孵化率有哪些关键技术?

提高鱼卵孵化率,首先是要有质量好和受精率高的鱼卵;第二,根据气候变化规律巧妙利用良好的气候条件,人工改造和调节不利的条件;第三,利用优良的孵化水源、水质和改造不利的水质条件,并且严格有效地过滤鱼卵、幼苗的敌害;第四,设计、建造先进的孵化设备和改造落后的孵化工具;第五,加强孵化的科学管理。

61. 怎样高效过滤鱼卵、幼苗的敌害?

鱼卵、幼苗的敌害细小,常常因过滤的时间推移而数量越聚越多,并富集在过滤窗布之外,阻塞水流,使过滤布性能明显下降,加上布的内外滋生寄生性藻类或其他水生动、植物并再附上泥粒,滤水十分困难,不能满足催产、孵化需要,并有可能压破过滤布,又不易发现,致使敌害趁机而入,危害鱼卵、幼苗,即使定期洗刷过滤窗布,也不能从根本上解决问题。

为此,除扩大过滤面积外(生产 2 亿～3 亿鱼苗,需过滤面积 40～50 平方米过滤窗)还需将过滤池设计、建造成两个(详见本书养殖工程),在孵化不停水的情况下,定期轮换清洗排污后,共同供水。不便排污者可在清洗后用 60 目乙纶胶丝布做成的长筒形布袋捞出敌害和杂物,始终保持滤水畅通。

62. 鱼苗出孵化器后进行池塘培育的标准是什么?

当鱼卵经过5～7天的孵化,幼鱼苗腰点(鳔)已经显现,卵黄囊基本消失,体色正常,游动活泼,即可下池培育,其成活率高。如果未达到上列标准,则鱼苗太嫩;如果早已达到标准,未及时下塘,鱼体色变黑、消瘦,活动减弱,则太老。鱼苗太嫩、太老都会降低成活率。

63. 怎样进行鱼苗过数?

鱼苗过数,目前生产上有三种方法:

(1)干容量过数　该法是在鱼苗捆箱中,将鱼苗集中到箱的一端,尽可能将水滤到箱外,然后利用容量100～200毫升的小鱼盘,数出盘数,再量出20毫升,数出鱼苗数,最后计算出100～200毫升鱼盘中鱼苗的总数。

干容量过数法,准确度的关键是熟练地掌握鱼苗带水的程度,既不能太干损伤鱼苗,不便操作,也不能太稀不便掌握。该法比较简单、快捷,并便于装塑料袋运输,是一种最常用的过数方法。

(2)湿容量过数　该法是将鱼苗放在容水量75～100升的陶缸或木桶中,并加足水量,然后用250～500毫升的小容器(如搪瓷碗)在陶缸或木桶中上下搅动水体,使鱼苗在水中分布大体均匀,然后在搅动中取出一小容器鱼、水,计数其中的鱼苗数,最后计算出陶缸或木桶中的鱼苗总数。

(3)分格法过数　该法是将鱼苗集中在捆箱的一端,然后用干容量法,将鱼苗均分到8～10格的捆箱中,再以抽签法随机抽出其中一格,计数1格的鱼苗数,最后计算8～10格的鱼苗总数。

湿容量法和分格法过数尽管可消除或部分消除人为干扰,但操作较为复杂、费时,准确度也十分有限,生产上很少采用。

64. 如何运输鱼苗？

鱼苗大多采用塑料袋充纯氧运输。其运输的密度与水温和运输时间及运输距离有关（表 2-9）。水温越高，运输时间越长或运输距离越长，装苗密度越少；相反则密度增大。

表 2-9　塑料袋装运鱼苗的密度（25℃左右）

运输时间（小时）	运输密度（万尾/袋）	运输工具
10～15	15～18	汽车、火车、飞机
15～20	12 左右	汽车、火车、飞机
20～25	10 左右	汽车、火车、飞机
25～30	7 左右	汽车、火车、飞机

塑料袋规格为长 70～80 厘米，宽 40～45 厘米。装水量为袋容量的 1/3，充纯氧占 2/3。为了防止塑料袋破裂，要求充氧不能过量，使袋胀得过紧，特别是利用飞机运输，在空中因气压下降，应适当留有余地，以防爆裂。为了保证途中运输和上下搬运安全可靠，除有效扎紧袋口外，一般采用双袋装苗，瓦楞纸箱包装。

此外，在塑料袋装苗、充氧、扎口过程中，地面上应垫上柔软平整的材料，如彩条塑料布、帆布等，以防杂物刺伤袋膜，造成运输途中破袋漏气。一般塑料袋只用一次，不可重复使用。

65. 我国高寒区域怎样开展家鱼人工繁殖？

我国高寒区域系指云贵高原的云南、贵州等省。这里尽管低纬度但海拔高，年平均气温比较高，四季无寒暑，一般亲鱼一年四季都能生长，体质较肥，脂肪积累过多，性腺发育较差，亲鱼成熟率、催产率、受精率和孵化率较低。根据这里的气候条件和亲鱼性腺发育状况，需要通过人工提供特殊的生态条件，促使亲鱼体内积累的脂肪向性腺转化，使其发育成熟达到Ⅳ期末。

提供人工特殊的生态条件即在亲鱼培育季节增强流水条件，

即夏、秋季，每月对亲鱼池冲水2～3次，每次2小时左右。春季每月冲水3～4次，催产之前1周，天天冲水。为了保持池水一定的肥度，特别是以鲢鱼、鳙鱼为主养的亲鱼池，可以利用机械抽取本池水冲本池，使池水呈微流动状态。对于以草鱼为主的亲鱼池，应力争多投喂青饲料。

至于催产方法，孵化方式，与其他区域基本相同。

三、池塘养鱼

66. 鱼苗、鱼种、食用鱼、亲鱼各池有哪些技术要求？

鱼苗、鱼种、食用鱼、亲鱼各池基本规格要求如表 3-1 所示。

表 3-1　鱼苗、鱼种、食用鱼、亲鱼各池基本规格

池　类	面积(m^2)	水深(m)	基本池形
鱼苗池	667～2 668(1～4 亩)	1～1.5	长方形
鱼种池	3 335～6 670(5～10 亩)	1.5～2	长方形
食用鱼池	6 670～10 005(10～15 亩)	2～2.5	长方形
亲鱼池	2 668～3 335(4～5 亩)	2～2.5	长方形

此外，各池要求保水性好，不渗漏或基本不渗漏，并具有良好的水源、水质和排灌系统。

67. 如何清整鱼苗池？

冬季，凡能干池的鱼苗池应力争干池，通过日晒、严寒杀死致病菌、病毒、害虫和各类水生动、植物，杜绝其水下越冬，翌年危害鱼苗。

开春后，清除水线上下各类杂草、脏物，修堤，堵漏，平整池堤、池坡，为当年鱼苗生产做好基础准备。

鱼苗入池培育前 7～10 天注水 60 厘米左右，利用茶饼清塘。每 667 平方米面积用茶饼 30 千克左右，将茶饼粉碎后浸泡 12 小时左右全池泼洒，在水温 25℃左右时，7～10 天药性消失即可放鱼苗培育。对于冬季不便干池晒塘的鱼池，在鱼苗入池前 10 天左右也应抽去池水，清除各类杂草、脏物，利用生石灰清塘。每 667 平方米面积用生石灰 100 千克。操作时，直接在池内利用余水粉开、

溶化，趁热满池泼洒，7 天以后药性消失，注水 60 厘米左右（用密网箱过滤野杂鱼）。若肥水下塘，每 667 平方米可施用绿肥或粪肥 200 千克，5 天后鱼苗可入池培育；如果清水下塘，即到时苗入池培育。

68. 鱼苗培育的放养密度是多少？

鱼苗培育的放养密度一般为每 667 平方米 15 万～20 万尾。鱼苗入池后经过 20～25 天培育，全长达到 1.7～2.6 厘米（夏花）即可分塘进行鱼种培育。为了便于长途运输，经过 15 天左右培育，或放养密度为每 667 平方米 30 万～50 万尾，全长达到 1.7 厘米左右（乌仔）即可出塘销售。

69. 在什么情况下进行鱼苗单养和混养？

青鱼、草鱼、鲤鱼、鲫鱼、团头鲂等主要养殖鱼类的鱼苗，在培育期间食性差别不大，特别是培育早期食性基本相同，所以可以单养，也可混养。为了利于分塘和销售，一般进行单养。但在鱼苗池数量和面积有限或某一种、几种鱼苗数量较少的情况下，也可 2～3 种鱼苗同池培育，即混养，以满足对多种鱼苗、种的需求和充分利用水面，降低培育成本。

70. 如何培植鱼苗天然开口饵料？

主要养殖鱼类鱼苗的天然开口饵料为轮虫和类似轮虫大小的其他原生动物。天然开口饵料的丰欠直接关系到鱼苗成活率和生长速度。

培植鱼苗天然开口饵料的方法是对池塘施用绿肥、粪肥和微生物菌肥等。当水深 1 米以内时，每 667 平方米面积施绿肥或粪肥（畜粪、禽粪等）150～200 千克或微生物菌肥 1.5～2 千克（或依说明书施用）。

根据鱼苗天然开口饵料生长和有机肥料在池塘中的转化规

律，在水温25℃左右时，施肥后大约5天左右轮虫会大量出现，如果及时投入鱼苗，就可摄取丰富、可口的活饵料，生长快，成活率高。否则10天后，轮虫数量锐减，大型浮游动物枝角类和桡足类大量出现，此时鱼苗下塘，鱼苗对大型浮游动物是不可食的。相反，大型浮游动物与鱼苗争食轮虫和人工饵料，使鱼苗成活率降低，甚至“全军覆没”。

为了促进天然活饵料轮虫繁殖生长，鱼苗下塘前，以拉空网的方式翻动底泥，使沉入泥中的轮虫冬卵翻起、孵化、生长而增加其数量。如果水质变瘦，应适当追肥，即放入基肥量的1/3～1/2，以补充有机质和营养盐类，保持一定数量的轮虫和藻类，不断提供鱼苗生长的需要。

71. 鱼苗下塘培育前有哪些注意事项？

鱼苗幼嫩，对环境的适应能力较弱，从孵化器出来之后进入新的环境，有的还经过长途运输过程，故在下塘前要注意如下事项。

(1)检查水中是否有敌害存在 尽管鱼池经过了清塘消毒，还有多种途径可能生长或混入敌害。为此，需用被条网拉空网检查清理。

(2)严格掌握入池鱼苗标准 当孵化器内鱼苗腰点（鳔）大部已经显现，肉眼清晰可见，卵黄囊基本消失，体色清淡，游动活泼，在鱼盘内能逆水游动，去水后能在盘中弯体摆动，这样的鱼苗下塘是提高成活率和生长速度的基础。嫩苗则低于上列标准，老苗则身体消瘦、发黑，游动性差。这样的苗下塘成活率低，甚至为零。

(3)注意鱼苗下塘水质 清水下塘时，水质清新或有一定肥度；肥水下塘则需通过施肥，使水呈茶褐色或绿褐色，透明度30～35厘米为鱼苗较佳下塘水质。如果水呈深绿色或蓝绿色或砖红色(枝角类优势)透明度大或乳白色(桡足类占优势)都不宜让鱼苗下塘。

(4)注意鱼苗下塘温差 鱼苗孵化池与培育池往往处在不同水体，甚至相隔异地，易于形成温差，特别是在晴天气温较高条件下，会形成较大温差。一般要求水体温差不超过±3℃。一旦出现较大温差(±5℃手能感受到)需搅动上下水层消减温差，缓缓放入鱼苗；或将有温差的池水相混以消减温差，缓缓入池，使鱼苗有一个短暂适应过程，避免突然入池。

(5)注意天气变化 正常天气，鱼苗入池安全；春夏之交常发生闷热天，气压低、雷暴雨前后鱼苗不宜入池，否则会明显降低成活率，甚至全部死亡；长期阴雨、水温低时鱼苗入池成活率不高。

(6)掌握鱼苗下塘时刻 一般上午9～10时池塘水温和溶氧处于上升趋势，鱼苗下塘安全；下午水温较高，易于形成温差，危险性较大。

(7)掌握鱼苗下塘方位 春夏之交天气变化大，鱼池常有风浪，应选择鱼池上风向方位入池，以便鱼苗随风游开。否则，下风向方位风浪大，鱼苗游动能力不足而密集挤撞，容易造成损伤和死亡。

72. 鱼苗池清塘、施肥和鱼苗入池三者如何衔接？

药物清塘到药物毒性消失的时间，池塘施肥到鱼苗适口天然活饵料出现的时间和鱼卵孵化到下塘的时间都是各自一定的。要将以上三种时间协调、衔接好，需要根据各自的时间进程进行妥善安排(图3-1)。

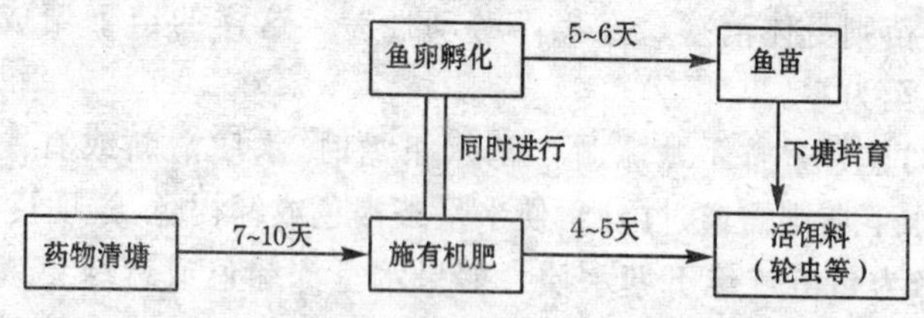

图3-1　清塘，施肥，鱼苗入池三者协调衔接

图 3-1 显示,鱼苗培育池清塘、施肥和鱼苗入池三者衔接的较佳时间短暂,需要不失时机地安排三者进程,才能十分有效地提高鱼苗的成活率;不然,前功尽弃,收效甚微。

73. 鱼苗培育方法有哪几种?

主要养殖鱼类的鱼苗培育方法有肥料培育法、豆浆培育法和混合培育法等。

(1)肥料培育法 该法是利用绿肥、粪肥和微生物菌肥等有机肥料培植鱼苗的天然活饵料,供其摄食。

在鱼苗下塘之前 4～5 天,每 667 平方米水面投下野生蒿类、人工种植豆禾(蚕豆等)及其他绿色植物的茎叶等各类绿肥 150～200 千克,或畜粪、禽粪等粪肥 100～150 千克,或微生物菌肥 1.5～2 千克,作为基肥。

绿肥以条状均衡固定,堆放于池塘相对的两边水下,让其腐化分解,每隔 2～3 天翻动 1 次,促使肥水向池中间扩散。经 7～10 天捞出残渣。粪肥经发酵后加水全池泼洒。菌肥同样加水全池泼洒。

肥料施入后,经 7～10 天转化利用,肥度发生了变化,根据变化程度、天气情况和鱼的动态,或早或迟及时进行追肥。每次追肥量为基肥的 1/3 或 1/2,做到量少、次多、经常化。必要时,补施少量化肥(氮肥和磷肥)调节水质,保持池水适当肥度(透明度 35 厘米左右)。

随着鱼体生长和食性转化,对于主养草鱼、青鱼、鲤鱼、鲫鱼、团头鲂的鱼池,在培育后期每天每 667 平方米水面补充投喂粉状人工精料 2.5 千克左右,并调湿以相对集中的条状定位投在水下坡滩上,以利鱼群摄食。

(2)豆浆培育法 该法是在鱼苗清水下塘条件下,利用黄豆浆泼洒喂鱼。操作时,先将黄豆加水泡软,即在水温 25℃左右时,加水浸泡 5～7 小时,然后每 1.5 千克黄豆带水一次性磨成 25 升豆浆;不可先磨成浓浆再加水泼洒,或磨好后久放不用,以免豆浆入水易于下沉,鱼苗难以取食。每天每 667 平方米用黄豆 3～4 千克,1 周后增加到 5～6 千克。每天分上、下午两次磨浆泼洒。每养成 1 万尾夏花鱼种,需黄豆 7～8 千克。

鲢鱼苗活动范围较大,泼浆时应满塘泼洒,分布均匀;鳙鱼、草鱼、青鱼、鲤鱼、鲫鱼、团头鲂苗沿池边活动较多,近岸边水区应均匀地适当多泼,使每种鱼苗都能吃到食物,生长正常,规格整齐。鱼苗经约 10 天培育,鱼体长大,豆浆和天然饵料难以满足要求,特别是草鱼、鲤鱼等摄食鱼类,在培育后期需要增加粉状人工精料,每天每 667 平方米水面 2.5 千克左右,并调湿以条状,相对集中地投于水下坡滩上,以利鱼群摄食。

(3)混合培育法 该法是以上两法的结合方式,即在鱼苗下塘前 4～5 天,每 667 平方米水面施有机肥 200 千克左右作为基肥,然后鱼苗肥水下塘。当鱼苗下塘后,每天用豆浆培育法用量的一半,泼豆浆 1 次,后期增加粉状人工精料投坡滩喂养。当水质转瘦时,进行适当追肥,保持水质肥度,使鱼苗正常生长。

三种方法各有利弊。肥料培育法调控水质要求高,培育成本低;豆浆培育法喂养技术高,成本高,成活率高;混合培育法介于两者之间。生产上一般多采用混合法培育鱼苗。

74. 如何进行鱼苗培育的管理?

鱼苗入池后,管理即刻开始。首先观其活动状态是否正常。凡正常者,下池鱼苗立刻向四周游动散开,1 小时之内,在鱼池四边水下,可观察到鱼苗活动踪影,有规律地游动并开始摄食。

此后,每天早、晚巡塘。培育早期可用去皮的长小树枝或其他白色小杆,在池边沿水下池坡底缓慢向两端挪动,观察鱼苗活动状态。随着时间推移和鱼苗生长,经常观察鱼的动态;观察水色、水质、水位变化,观察水中是否有水蜈蚣、蛙卵、水绵、水网藻等各类敌害存在。

总之，在培育期，每天通过巡塘掌握鱼和环境动态，及时采取和落实投饵、施肥、定期注水、杀除敌害等各项技术管措施。

75. 在鱼苗培育阶段有哪些病害，如何防治？

在鱼苗培育阶段，尤其是早期，鱼病较少，而敌害较多，但到后期鱼病则有所增加。

在鱼苗培育早期阶段的鱼病主要是气泡病，而敌害有以水蜈蚣为代表的水生昆虫，以水绵、水网藻和湖靛为代表的藻类，甚至大型浮游动物优势、水生草类和水边杂草也对下塘鱼苗构成危害。此外，野杂鱼类、虾类、螺类、蚌类、贝类、蝌蚪甚至较大规格的同类，都是鱼苗的敌害。

到了培育后期，随着鱼体不断长大和食性转化，鱼病逐渐增多，如以车轮虫、斜管虫、鳃隐鞭虫等常见小型寄生虫引起的鱼病，以白头白嘴病、白皮病等为常见的细菌性鱼病。

为了防治鱼苗培育阶段的病害和敌害，首先在鱼苗入池前必须进行彻底清塘和采取防止敌害多途径入侵的措施。在培育后期，对症用药预防并及时分塘。一旦发现病害需要及时对症治疗，其方法参照本书鱼病防治问题解答。

76. 鱼苗养成夏花（或乌仔）如何拉网出塘？

鱼苗经过 15～25 天培育，规格达到 1.7 厘米左右（乌仔）和 2.6 厘米左右（夏花），为了便于运输销售，也为了适应生长阶段性要求，同时为了预防鱼病，需要拉网出塘销售或分塘继续下阶段的鱼种培育。

夏花出塘拉网对鱼影响较大，鱼的应激反应强烈。为了使夏花能耐受应激状态，需要进行鱼体锻炼。鱼体锻炼分 2～3 次进行。

第一次锻炼，即用夏花被条网由鱼池纵向一端下网慢慢拉向另一端，然后起网，将鱼群集中，使网内水大部分滤出，密集耐缺氧锻炼5分钟左右。在这个过程中，观察鱼的体质和活动状态，初估数量，然后缓缓放开鱼网，让鱼群游回池塘。

隔天后，进行第二次锻炼。如同第一次方法拉网，并控制鱼网使鱼自动游入夏花网箱，然后调整网具再拉一网，使池鱼大部分进入网箱。两网拉完后，稍等片刻进行洗箱，清除杂物和鱼类粪便，让鱼群在箱内暂养2小时左右。暂养中间再洗箱和清除粪便1次。

如果夏花就地分塘继续饲养，或运往附近池塘饲养，在箱内暂养2小时左右后，即可过数分塘和销售启运；如果夏花需要长途运输，需将箱内夏花再次放回池塘，第二天或第三天再拉网进箱出塘，即是第三次拉网锻炼。

在鱼的体质较好、环境条件适宜情况下，经两次拉网锻炼后，可将夏花移入溶氧含量高的清水塘中的捆箱中串水过夜，第二天进行长途启运。在捆箱中串水过夜需有人值班，以防意外。

77. 夏花出塘拉网、进箱锻炼有哪些注意事项？

夏花出塘拉网和进箱锻炼对鱼的干扰、影响大。为了避免死亡，达到拉网、锻炼和出塘的目的，有如下注意事项。

第一，首次拉网、锻炼之前，必须清除水面和水边杂物，如水草、水边杂草和水绵等敌害生物。

第二，拉网、进箱操作需要仔细入微，不能拉网过急过快，防止鱼苗贴网受伤，故此还要求网具柔软、网目不能太大或过小，一般以丝麻混纺或维纶材料作网布为上乘，网目为14毫米左右。

第三，鱼体锻炼时，为使鱼体不受伤或少受伤，力争使网内鱼群自动游进箱内。操作时，当网拉到鱼池一大半面积，在收网一端附近插好网箱，并将靠近收网一端的网箱横边头沉入水下约20～25厘米，然后将收网一端的网头少许放搭入网箱内，并由两人分站在网箱两旁水下，掌管网与网箱的衔接，并随着网的另端不断靠近，而收上、下网绳；当鱼群向网箱游来，又要逐渐放开上、下纲绳，由网的另一端逐渐收网上提，于是最后鱼群逐渐游进箱内。为了加快鱼群入箱，掌箱人不时用手轻轻地由内向外拨动箱水形成微流，引导鱼群入箱。

第四，夏花鱼种入箱后，稍息片刻，两人由网箱一端向另一端慢慢提起网箱衣，驱赶鱼群到另一端，然后回过来，清洗箱内杂物进行暂养；中间再洗箱 1 次，清除鱼类粪便和黏液，保持箱内外水体畅通交换。

第五，鱼群在捆箱内暂养锻炼，或在清水塘捆箱中串水过夜，一定要安排人员值班、看管，防止缺氧或其他意外事故。

78. 夏花鱼种怎样过数？

夏花鱼种出塘销售或分塘饲养，都涉及到数量问题。目前生产上常用的过数方法，多采用体积法和重量法两种。

(1)体积法 该法用适当大小的鱼盘或类似鱼盘形状、大小的其他器具（塑料碗或搪瓷碗），有的还用微型捞海，量出夏花鱼种盘数（碗数、捞海数），再数出一盘中的夏花鱼种的尾数，最后计算总尾数。

操作时，先提起箱底，将鱼群赶到网箱一端或网箱一格中，然后收缩箱衣，漏出池水，快速用鱼盘量出盘数，并取出具有代表性的一盘数其尾数。

为了消除计数误差，要求先在网箱中用鱼筛进行夏花规格分类，以便计数取样均匀一致。

(2)重量法 该法是在体积法的基础上，改计体积为称其体重，并计数单位体重的尾数，然后计算总尾数。

操作时，先用鱼桶加少许清水，并称其重量（皮重），然后将网箱中的夏花鱼种集中，用捞海快速捞出鱼种放入桶内，称其重量，然后减去皮重即为鱼种净重，最后通过单位重量的尾数计算总尾数。

消除计数误差的方法与体积法相同。

79. 怎样运输夏花鱼种？

夏花鱼种的运输方法多种多样。传统的人挑、车拖、船运仍在不同区域或一定范围和方式中有所采用。随着社会、经济和科技的发展，目前生产上大多采用充纯氧塑料袋包装、橡皮包包装，汽车、火车、轮船和飞机运输或充氧活鱼车运输。其特点是操作简便、快捷、高效。

夏花鱼种运输主要受溶氧、水温、距离（时间）的影响。因此，在不同的条件下，包装、运输的密度不同（表3-2）。

表3-2　主要养殖鱼类夏花塑料袋装运的密度*（水温25℃左右）

运输时间（小时）	装运密度（尾/袋）		运输工具
	乌仔（1.7厘米）	夏花（2.6厘米）	
5～10	8000～10000	4000～5000	汽车、火车、飞机
10～15	5000～6000	2500～3000	汽车、火车、飞机
15～20	3000～4000	1500～2000	汽车、火车、飞机
20～25	2000～3000	1200～1500	汽车、火车、飞机
25～30	1000～2000	800～1000	汽车、火车、飞机

*塑料袋规格为70～80厘米×40～50厘米

如果采用活鱼车充纯氧运输，在水温25℃，运输10小时左右，每立方米水体放夏花鱼种15万尾左右。

夏花鱼种的运输是活体高密度小水体的特殊运输。鱼的状况、水质状况、水温等项目都是变数。在运输过程中，每时每刻处在变化过程中，所以加强运输管理尤为重要，运输前后及途中的管理工作关系到运输成败。具体注意事项如下：

（1）鱼的体质要好　鱼体质健壮并按锻炼的程序锻炼好鱼体，充分排空粪便和消除过多的黏液，这是提高运输成活率的基础。

（2）正确判断鱼的状态和水质状况　正常状态的鱼游动从容、集群，朝一定方向；反之则乱游、乱冲、成团。正常水质清新，反之则浑浊，水面泡沫特多。一旦出现不正常状态应采取相应对策，如换水、换气、充氧等。

(3)适当换水 途中换水一定要避免使用有不同程度污染的水和情况不明的地下水,选用可靠性大的自然水。换水量应酌情掌握,一般换去1/3～1/2,或少量加水等;也应避免换水过多、过勤耽误运输时间。一般塑料袋装运,不需换水、换气;万一需要换,操作比较麻烦、费时。

(4)妥善放鱼 运输抵达目的地后,应及时下塘,下塘要操作细致,防止过多、过重伤鱼,并注意水体温差不要过大(±5℃以内)。如果温差过大,可加池水平衡或搅动放鱼处上、下水层等措施,以缩小温差。

80. 鱼种培育怎样分类?

鱼种培育分一龄鱼种培育和二龄鱼种培育两类。

一龄鱼种培育即从夏花分塘后养至当年年底出塘或越冬后开春出塘。根据养殖目标不同,放养密度的不同,出塘规格也不一样。一般若长途运输到外地,则出塘规格较小,为6.5～10厘米,以便于高密度运输。出塘规格达到15～20厘米(50克左右),可供当地二龄鱼种培育需要,或直接在食用鱼池套养。

二龄鱼种培育,即利用一龄鱼种经过越冬后,翌年继续进行培育,养到第二年底,规格达到250克或500克左右,甚至达到1 000克左右。二龄鱼种也可通过食用鱼池套养。

81. 鱼种下塘培育前应做哪些准备?

尽管鱼种比鱼苗大得多,对环境的适应能力有很大增强,但仍然有一定的敌害,并且随着培育的进程,鱼病也逐渐增多。因此,在鱼种下塘培育前,对鱼池同样需要清塘消毒,彻底杀灭鱼种的直接、间接敌害和病原体。

清塘、消毒的基本方法与鱼苗培育相同,只不过鱼种培育期间,水体较大,水温较高,清塘药物应适当增加,药物毒性消失的时间较短,需要根据鱼池、水质情况具体掌握。

当清塘药物毒性消失后,同样需要施用有机肥,培植鱼种的天然饵料,即浮游植物、浮游动物和底栖生物。

值得注意的是鱼种池清塘消毒、施肥和夏花鱼种锻炼分塘三者的时间都是一定的,需要依据各自的时间进程,做好计划,衔接紧密,使各项准备具有时效性和整体高效性。

82. 鱼种培育放养的品种比例和密度是多少?

各品种夏花的食性已明显分化,分塘继续鱼种培育,需要根据不同种类鱼的食性进行较为简单的混养,以便充分利用水体、天然饵料,达到互利互惠,提高效率。

如果以鲢鱼为主养,鲢鱼应占60%~70%,搭配鳙鱼8%~10%和草鱼(或青鱼)20%~30%;如果以草鱼为主养,草鱼应占60%~70%,搭配鲢鱼20%~30%和鳙鱼8%~10%;如果以青鱼为主养,青鱼占60%~70%,搭配鲢鱼20%~30和鳙鱼8%~10%。鳙鱼在池塘中的自然生产力很低,一般较少主养。如果主养,需要同养草鱼和青鱼一样提供较多精料。主养鳙鱼,鳙鱼可占60%~70%,搭配20%~30%的草鱼或青鱼。

在确定混养比例时,还应结合池塘的情况、水源、水质、饲料和市场等确定主养对象,做到主、次分明,便于饲养与管理。

鱼种放养密度需根据养殖目标、池塘条件、饲料情况和技术水平等多方面因素决定。如果需获得尾重50~100克的鱼种,每667平方米水面投放夏花5 000~8 000尾;要求获得尾重50克左右的鱼种,则投放夏花1万尾左右;要求获得较小规格(8~10厘米/尾)鱼种,便于长途运输,则投放夏花1.5万尾左右;要求获得尾重250~500克的大鱼种,则投放尾重50~100克的一龄鱼种3 000尾左右,即培育二龄鱼种。

在生产上,二龄鱼种大多采取食用鱼池套养的方法,即每667平方米水面投放尾重50~100克的草鱼或青鱼一龄鱼种200尾左右，年底成活率达到50%左右，尾重可达到700～800克，套养鲢鱼、鳙鱼夏花（其中鳙鱼占5%～8%）200尾左右，年底成活率可达80%左右，尾重达到150克左右。食用鱼池套养鱼种，可以满足或部分满足该池翌年饲养食用鱼对特大鱼种的需要。这是实现池塘养鱼大面积、大范围高产、稳产的重要技术措施之一。

83. 鱼种培育的放种有哪些注意事项？

根据夏花食性明显转化和池塘天然饵料生长规律，对混养的品种不能一次性放养到位。尽管草鱼、青鱼、鲤鱼、鲫鱼、团头鲂和鳙鱼的食性已基本分化，但在夏花鱼种入池，即鱼种培育早期均喜食各类大型浮游动物，所以首先放入这些鱼类，让其对水中浮游动物的大量摄食，有利于浮游植物大量繁殖。隔7～10天，再投放鲢鱼，使鲢鱼同样也能获取大量天然饵料。这样每种鱼入池后都能各得其利，生长快、体质好，为进一步生长打下良好基础。

84. 怎样喂养鱼种？

鉴于夏花鱼种食性已明显分化，根据主养方式采取相应的饲养方法。

无论是哪一种主养方式，在鱼种放养之前都应施放基肥，每667平方米，水深1米，施绿肥或粪肥200～250千克，以培植鱼种的天然饵料，即浮游动、植物和底栖生物。

以鲢鱼或鳙鱼为主养，继续采取施肥的方法进行饲养。在水温25℃左右时，有机肥转化利用的时间为7～10天，化肥为3～5天。根据肥料转化、利用的时间进行追肥，每次每667平方米施有机肥量为基肥的1/3～1/2，或尿素2～3千克（碳酸氢铵加倍），过磷酸钙或钙镁磷肥4～6千克，或微生物菌肥1～2千克，保持池水呈绿褐色或茶褐色，透明度30厘米左右。为了获得良好的施肥效果，三类肥料可结合使用，即穿插分次轮施或各占一定比例混施。

随着时间推移，鱼体不断长大，或放养密度较大，施肥所培植的天然饵料不能完全满足需要，或因天气、水质不宜施肥，加之还混养了其他鱼类，应当增投精饲料，即每天、每万尾鱼种投喂精料1～2千克，并逐渐增加到3～4千克。喂鲢鱼、鳙鱼，以粉状料在鱼池上风头干撒于水面；喂草鱼、青鱼、鲤鱼、鲫鱼、团头鲂，则用少量水调湿，条状投于水下坡滩上；如果是专用优质配合颗粒料同样投于坡滩上，便于各类鱼取食。

以草鱼、青鱼、鲤鱼、鲫鱼、团头鲂为主养，采取"四定"投饵法投喂各专用质优饲料或其他饲料。

所谓定量是在生长旺季，投饵量占鱼总体重的5%～8%，其他季节适当减少(表3-3)。但实际投饵时，还必须依据当时的水温、天气、水质和鱼的状态灵活增减，防止形成太多残饵造成浪费和影响水质；太少则营养不良，生长缓慢，降低体质。

表3-3　鱼种培育日投饲率　(%)

水温(℃)	尾重(克)						
	1～10	10～30	30～50	50～100	100～200	200～300	300～500
10～15	1	1	0.5～1	0.5～1	0.5～0.8	0.4～0.7	0.2～0.5
15～20	5～6.5	3～4.5	2～3.5	1.2～2	1～1.5	1～1.7	1～1.6
20～25	6.5～9.5	5～7	3～5	2～4	1.5～3	1.7～3	1.8～2.2
25～30	9～11.7	5.5～9	5～7	4～5.7	3.1～4.3	3～4	2.6～3.5

所谓定质，即是新鲜、不霉变、不腐烂和有专用的营养素含量。对于草鱼和团头鲂还应适当补充青饲料，以增加维生素和矿物质。

所谓定时，即在正常天气条件下，每天上午9～10时和下午3～4时各投喂1次，在早春或秋末冬初水温较低时，只在中午投喂1次，要避免投夜食和无规律投饵。利用专用优质配合饲料喂养，依水温变化，每天投饵2～3次，适宜生长季节4～5次，并以人工驯食方法投饵或机械投饵。所谓人工驯食，是利用动物条件反射原理，在池边搭投饵桥板，每撒一把饵料敲击桥板2～3下，每次驯食20分钟左右，约经5～7天可驯食成功。驯食好的鱼种，每当投食时,能集群于水面或水下抢食。投喂初期,抢食激烈,范围较大,到后期抢食下降,范围缩小,即可停投。

所谓定位,即固定在较为安静、方便、适中的池边区域投饵。池塘较小,即每 6 667 平方米面积以内可设投饵点 1 个,6 667 平方米面积以上可设投饵点 2 个,以便鱼类均匀摄食。如果投喂其他精料,则湿化定点投于水下坡滩上,相对集中呈条状分布。对草鱼投喂青饲料,也应用竹(木)框架拦在固定投饵区内。

85. 培育鱼种如何管理?

当鱼种入池后,日常管理随即开始。通过早、晚巡塘,观察水的变化和鱼的动态,并且采取相应的管理措施。

(1)定期注水,改善环境 在鱼种培育过程中,水质、水位处在不断变化过程中。这是由于随着培育的进程,肥料、饲料不断投入,鱼体不断生长,气候不断改变,往往水环境易于恶化。在管理中,每月定期注入新水 1～2 次,其中包括部分换水,使水位保持 1.5 米左右。这对于改善池塘环境,防治鱼病,促进生长十分必要。

(2)掌握动态,调节投饵 根据鱼的活动状况、吃食状态、生长速度和气候变化,定期调节投饵量和次数,是满足鱼种正常生长的基础。这种调节分为两种情况。其一,每月检测鱼体平均体重,宏观调控投饵量和次数;其二,根据天气变化、鱼的活动和吃食状态,具体调节(增、减)投饵量和次数。所谓满足需要,客观上是通过人工调节达到鱼饱食度的 70%～80%。

(3)观察水色,调节水质 好的水色呈绿褐色、茶褐色,透明度为 30～35 厘米,应当长期保持。但对于蓝绿色、砖红色、暗黑色和乳白水色,需要人工调节。其调节方法,除定期注水、换水外,还可通过巧施化肥补磷,加施微生物菌肥,改善池底生态和适当的药杀控制蓝藻和浮游动物优势等,以确保鱼种正常生长。

(4)防治病害,防止泛塘 随着鱼体日渐长大,鱼病也逐渐增多，敌害依然存在。在鱼种培育期间常见鱼病有细菌性白皮病、白头白嘴病和暴发病等；有小型寄生虫引起的车轮虫病、鳃隐鞭虫病和斜管虫病等。常见的敌害为水蜈蚣、水绵、水网藻和湖靛等。当水质恶化、天气突变，鱼种也会泛塘。因此，在管理中，要及时发现，及早防治。具体方法参见本书鱼病防治问题解答。

86. 鱼种如何越冬？

经过近1年的培育，各类不同的鱼种达到了既定的培育目标。在年底越冬之前，有一部分可提供当地或外地食用鱼池放养的需要。由于当年食用鱼有一个提供市场消费和资金周转过程，不可能在年底将当年培育的鱼种全部处理完，况且还有部分鱼种需要翌年继续培育，故部分甚至大部分鱼种需要越冬。

每年秋末冬初水温在6℃～15℃时是鱼种并塘越冬时期。越冬前需要做好相关各项准备。首先要选择水源好、保水性强、水较深(2米左右)的池塘作为越冬池，并加以清整，水质具有一定肥度；其次，对需要越冬的鱼种进行拉网、锻炼鱼体，同时掌握鱼种品种、规格和数量，做好越冬安排。

一般2～3个池塘的鱼种并为一池，其密度每667平方米400～500千克。为了便于出塘销售和放养，将主养品种相同的鱼种并在一起或同种鱼、同种规格范围的鱼种并在一起。

为了安全越冬，仍需要一定的饲养与管理。在我国南方，冬季不十分寒冷，不结冰或仅局部薄冰。当晴天暖和时，在背风、向阳的深水区，不定期投放少量精料或少量猪粪，以供越冬鱼种随时摄食，保持体质，并于局部放些树枝，盖上杂草，以避风浪和敌害(鸥鸟)；在我国北方，冬季严寒，结冰期长，冰雪较厚，需要打一定数量冰眼，以便观察鱼的动态和水质状况，并要局部扫雪，提高冰下透光度。一旦发现鱼池渗漏，水位下降，或鱼浮头，应及时补水。如果水质太瘦、缺氧，需在冰眼处挂施(袋)适量化肥(氮肥和磷肥)，培植冰下浮游植物，增加水体溶氧；如果冰下浮游动物太多，则每立方米水体需用0.5克晶体敌百虫或其他杀虫剂杀虫。

越冬管理不可缺少。在正常情况下，不必大动水体干扰鱼种越冬，但必须掌握情况，发现问题及时采取对策，并注意防鸟害。

87. 鱼种如何过数和运输？

鱼种出塘过数和运输的方法基本上与夏花相同。由于鱼种规格较大，一般多采取重量法过数和控制运输密度。当水温6℃～15℃时，运输时间10小时左右，充纯氧活鱼车运输，每立方米水体放鱼种300千克左右。

88. 如何清除池塘水草？

一般使用多年的池塘易滋生各类水草，特别是鱼类苗、种池，冬季和早春渔闲期间，水浅、水清极易自然生长菹草、轮叶黑藻、金鱼藻、聚草、苦草、茨藻等各类水生草类，严重时，鱼类苗、种入池后还会生长和蔓延。尽管水草是草食性鱼类的天然饵料，但鱼类苗、种无法利用。如果让其发展或清除不彻底，往往不可能养好鱼类苗、种。

为了健康养殖，比较好的办法是在冬、春渔闲时期排干池水，通过日晒、冰冻，防止各类敌害和水草越冬生长。然而，往往鱼池大多低凹，不易排干池水，有水必长草。这是我国南方普遍存在的现象。

为此，还要因势利导，可采取投放一定数量的大规格草鱼和团头鲂(250～500克)，控制水草生长，待培育鱼类苗、种之前将其捕出进行清塘。

尽管如此，池塘滋生水草仍难以避免。为了提高鱼产量，历来大多采取人工方法下池割除或下水用竹竿夹绞。下水操作不但艰难，劳动量大，而且效率低，消除也不彻底。为了减轻劳动强度，提高效率，采取17～18号铁丝，不用下水，沿池堤不同走向拉割，可提高功效4～5倍。

具体操作方法是，取长度为鱼池宽度1.5～2倍的铁丝，两端固定在直径3～4厘米，长60～70厘米的竹竿或木杆的中间，即成拉具。

拉割时，两人操作。根据水草的分布，每次拉割2米左右，即沿鱼池长边或宽边放下铁丝，一人将一端的拉杆插在靠近水面池边泥土中，另一人沿池堤回折铁丝反向后退，间断突然用力，一下一下拉割。一次拉割完2米后，再从不同方向同样操作拉第二次、第三次……。经过多次分段拉割后，一塘水草可全部被拉割完。割断的水草浮出水面，被风吹集到下风头，即可捞起。

值得注意的是，放铁丝时，切勿使铁丝回绞打弯，否则易于拉断，即使重接，形成接头影响拉割效果。为此，每次拉割完之后，必须一圈圈集中收好铁丝，使用时重新一圈圈放开铁丝，以便于控制铁丝不打弯，顺利进行下一次拉割。

一塘水草拉完捞出之后，配合适当施肥，降低透明度，使水底草根缺乏光照不易再生长发展。即使部分再长，也十分有限，如果及时再行拉割也比较容易、简单。这样池塘水草就可控制。

利用铁丝拉割，以菹草、轮叶黑藻和聚草等较脆嫩茎叶的水草效果最佳。

89. 如何清除和控制水绵、水网藻和湖靛等敌害生物？

同水草一样，水绵、水网藻和湖靛同样是鱼类苗、种的常见敌害。在池水较浅、较清的条件下极易生长水绵和水网藻；在富含有机质和含氮量高、pH值高、水温高的水体则易于滋生湖靛。

清除水绵、水网藻等丝网状藻类的方法较多，但要及早发现，及时清除和杀灭才有良好效果。

当池边可以看到少量丝状藻类时，可采用局部（池边）高浓度硫酸铜（大于0.7克/$米^3$）杀灭十分有效；当可以看到一定数量丝状藻类时，也可局部用高浓度硫酸铜杀灭或用草木灰撒在其上，同样有良好效果，而不造成对鱼、水质显著影响；当丝状藻类布满大部分水面时，药杀效果不佳，可通过人工捞取，或拉网捞出，并结合局部药杀可收到较好效果。

控制水绵和水网藻等丝网状藻类的关键是要改变水质过于清瘦状态，即对池塘施用适量肥料，改变水的颜色，降低透明度，减弱光照强度，以抑制丝状藻类的生长。

至于湖靛，一般在高温季节，碱性水体和有机质过多的条件下，蓝藻（微囊藻等）形成绝对优势，附在泥层表面，在强光下产生气体呈块状浮出水面。蓝藻优势不断繁生，不断死亡，分解后产生有害物质（羟胺、硫化氢等），影响鱼类生长、甚至造成死亡。

这种水质非常顽固，长期不变，危害很大。一般通过大量换水、机械增氧，搅动水体和补磷或加施微生物菌肥和其他微生物制剂等多种途径进行水质的根本性改变，才能抑制其生长。此外，试验表明罗非鱼可以消化利用湖靛，所以可通过饲养罗非鱼控制湖靛生长。

90. 食用鱼池怎样清塘、消毒？

食用鱼池的清塘、消毒基本原理和方法与鱼类苗、种池相同。不过根据食用鱼池的特点，在选药种类、药物用量、清塘时间与频率和其他有关方面有所差别。

食用鱼放养的鱼种一般除了本池套养和因达不到上市规格个体留塘、翌年继续饲养外，部分来自一龄或二龄鱼种池出塘的鱼种，总体鱼种规格较大，对环境适应能力较强，所以生产上，人们对食用鱼池的清塘，不及鱼类苗、种池重视，加之食用鱼销售往往因多种原因，拖的时间较长，或留塘鱼种换池暂养不具备清塘条件，故年复一年转养，造成野杂鱼类、螺、蚌等直接和间接敌害增加，鱼病流行严重，降低了食用鱼饲养效果。因此，根据食用鱼池的特点彻底清塘十分必要。

凡经 10 年以上养鱼的食用鱼池，一般池底淤泥较厚，池塘生产能力明显下降，表现为水体缩小，耗氧增加，鱼病增多，池坡坍塌。因此，清塘的第一步是清淤和护坡，或将两者结合起来，即用淤修坡。这是一项劳动量较大和需要一定投资的措施。如果每年利用泥浆泵或清淤船（带水清淤）适当分解清淤和修坡或部分实施，往往易于办成。随着我国社会与经济发展，为了科学养鱼和成为稳定发展的企业，已有相当多的养殖者，利用水泥、砖石护坡和机械清淤，使池塘生产能力有了显著提高，经济效益明显增加。

食用鱼池药物清塘主选药是生石灰。干池清塘每667平方米用生石灰100～150千克。每年秋末冬初食用鱼出塘销售后，用塘中余水将生石灰熟化并化成石灰浆，趁热将池底、池坡都泼到，第二或第三天翻动底泥，并曝晒7天左右，以增强效果。

食用鱼池清塘是一项艰巨的任务，劳动量大。在有条件的地方应力争每年清整1次，至少隔年应彻底清整1次。

91. 饲养青、草、鲢、鳙“四大家鱼”食用鱼放养的品种、比例、规格、密度是多少？

根据“四大家鱼”生物学与池塘生态学的原理，饲养食用鱼的鱼种放养是以1～2个品种为主养的多品种、多规格的混养方式，同时根据不同条件控制放养密度。因此，放养方式多种多样，现以常见和典型的方式表述如下。

(1)以鲢鱼为主养的放养方式 该放养方式滤食性鱼类的放养量和预计产量均占60%～70%，增长倍数为5左右。这种方式适用于肥料来源丰富和水质易肥的水体。在城郊和村镇附近的水域适合主养鲢鱼；在养殖历史较短、养殖基础较差、技术水平较低的地区，主养鲢鱼往往易于成功；在我国北方光照时间较长的地区也较为适用（表3-4）。

(2)以鳙鱼为主养的放养方式 该放养方式滤食性鱼类的放养量和预计产量均占70%～80%，增长倍数为5左右。适合这种放养方式的地区与主养鲢鱼相同（表3-5）。由于鳙鱼的天然饵料浮游动物有限，以鳙鱼为主养的方式较少。

(3)以草鱼为主养的放养方式 该放养方式摄食性鱼类的放养量和预计产量均占60%～65%，增长倍数为5左右。这种方式适合我国南方草基鱼塘地区，在其他地区也广为应用（表3-6）。

(4)以草鱼为主的集约化放养方式 该放养方式摄食性鱼类的放养量和预计产量均占70%～80%，增长倍数为4。这种放养方式适合全国各地集约化饲养应用（表3-7）。

表3-4 鲢鱼为主养的拟放养与预收获 （667米^2）

鱼 名	拟放养			预收获			备 注
	规 格（克/尾）	尾 数	重 量（千克）	成活率（%）	规 格（千克/尾）	重 量（千克）	
鲢 鱼	250～400	50	14.6	90	0.7～0.8	33.8	轮 捕 1～2次
	50～100	300	22.5	80	0.7～0.8	180	
	夏 花	100	0.2	70	0.2～0.3	16	留 种
鳙 鱼	250～500	20	6.8	90	1～1.5	22.5	
	50～100	30	1.8	80	0.8～1	21.6	
草 鱼	250～750	20	10	80	2～3	40	
	（或50～60）	150	9	50	0.5～0.8	53	留 种
青 鱼	250～750（或50～100）	3	1	80	2～3	5	
团头鲂	50～100	50	3.4	90	0.4～0.5	20	
鲤 鱼	50～150	50	4.5	90	0.5～0.6	24.8	
鲫 鱼	50～100	200	13.5	90	0.2～0.3	45	
合 计			≈80			≈400	

表 3-5 鳙鱼为主养的拟放养与预收获 (667 米^2)

<table>
<tr><th rowspan="2">鱼 名</th><th colspan="3">拟放养</th><th colspan="3">预收获</th><th rowspan="2">备 注</th></tr>
<tr><th>规 格（克/尾）</th><th>尾 数</th><th>重 量（千克）</th><th>成活率（%）</th><th>规 格（千克/尾）</th><th>重 量（千克）</th></tr>
<tr><td rowspan="2">鳙 鱼</td><td>250～500</td><td>200</td><td>75</td><td>90</td><td>1</td><td>180</td><td rowspan="2">轮捕1～2次，部分留种</td></tr>
<tr><td>50～100</td><td>100</td><td>7.5</td><td>80</td><td>0.5～0.8</td><td>52</td></tr>
<tr><td>鲢 鱼</td><td>50～100</td><td>200</td><td>1.5</td><td>80</td><td>0.7～0.8</td><td>120</td><td></td></tr>
<tr><td rowspan="2">草 鱼</td><td>250～750</td><td>20</td><td>10</td><td>80</td><td>2～3</td><td>40</td><td></td></tr>
<tr><td>（或 50～60）</td><td>150</td><td>9</td><td>50</td><td>0.5～0.8</td><td>53</td><td>留 种</td></tr>
<tr><td rowspan="2">青 鱼</td><td>250～750</td><td rowspan="2">3</td><td rowspan="2">1</td><td rowspan="2">80</td><td rowspan="2">2～3</td><td rowspan="2">5</td><td rowspan="2"></td></tr>
<tr><td>（或 50～100）</td></tr>
<tr><td>团头鲂</td><td>50～100</td><td>50</td><td>3.4</td><td>90</td><td>0.4～0.5</td><td>20</td><td></td></tr>
<tr><td>鲤 鱼</td><td>50～150</td><td>50</td><td>4.5</td><td>90</td><td>0.5～0.6</td><td>24.8</td><td></td></tr>
<tr><td>鲫 鱼</td><td>50～100</td><td>200</td><td>13.5</td><td>90</td><td>0.2～0.3</td><td>45</td><td></td></tr>
<tr><td>合 计</td><td></td><td></td><td>≈80</td><td></td><td></td><td>≈500</td><td></td></tr>
</table>

表 3-6 草鱼为主养的拟放养与预收获 (667 米^2)

<table>
<tr><th rowspan="2">鱼 名</th><th colspan="3">拟放养</th><th colspan="3">预收获</th><th rowspan="2">备 注</th></tr>
<tr><th>规 格（克/尾）</th><th>尾 数</th><th>重 量（千克）</th><th>成活率（%）</th><th>规 格（千克/尾）</th><th>重 量（千克）</th></tr>
<tr><td rowspan="2">草 鱼</td><td>250～750</td><td>70～80</td><td>30</td><td>80</td><td>2～2.5</td><td>180</td><td></td></tr>
<tr><td>50～100</td><td>150～200</td><td>13</td><td>50</td><td>0.5～0.8</td><td>57</td><td>留 种</td></tr>
<tr><td rowspan="2">鲢 鱼</td><td>250～400</td><td>50</td><td>14.6</td><td>90</td><td>0.7～0.8</td><td>34</td><td></td></tr>
<tr><td>50～100</td><td>250</td><td>13</td><td>80</td><td>0.7～0.8</td><td>150</td><td></td></tr>
<tr><td rowspan="2">鳙 鱼</td><td>250～500</td><td>20</td><td>6.8</td><td>90</td><td>1～1.5</td><td>23</td><td></td></tr>
<tr><td>50～100</td><td>30</td><td>1.8</td><td>80</td><td>0.8～1</td><td>22</td><td></td></tr>
<tr><td rowspan="2">青 鱼</td><td>250～750</td><td rowspan="2">3</td><td rowspan="2">1</td><td rowspan="2">80</td><td rowspan="2">2～3</td><td rowspan="2">5</td><td rowspan="2"></td></tr>
<tr><td>（或 50～100）</td></tr>
</table>

续表 3-6

鱼名	拟放养			预收获			备注
	规格(克/尾)	尾数	重量(千克)	成活率(%)	规格(千克/尾)	重量(千克)	
团头鲂	50～100	50	3.8	90	0.4～0.5	20	
鲤鱼	50～150	50	4.5	90	0.5～0.6	25	
鲫鱼	50～100	200	13.5	90	0.2～0.3	45	
合计			≈100			≈550	

表 3-7　草鱼为主养的集约化拟放养与预收获　(667 米^2)

鱼名	拟放养			预收获			备注
	规格(克/尾)	尾数	重量(千克)	成活率(%)	规格(千克/尾)	重量(千克)	
草鱼	500～750	300	180	80	2.5～3.5	720	
青鱼	500～750	3	1.9	90	2.5～3.5	10	
鲢鱼	250～400	50	14.5	90	0.7～0.8	33.8	
	50～100	300	18	80	0.7～0.8	180	
鳙鱼	250～500	20	6.8	90	1～1.5	22.5	
	50～100	30	1.8	80	0.8～1	21.5	
鲤鱼	50～150	50	4.5	90	0.5～0.6	25	
鲫鱼	50～100	200	13.5	90	0.2～0.3	45	
合计			≈240			≈1083	

(5)以青鱼为主养和集约化两种方式　该两种放养方式摄食性鱼类的放养量和预计产量均占 65%～85%，增长倍数为 4.5。该两种放养方式与对应的草鱼主养和集约化两种放养方式结构相同，只需将草鱼换成青鱼，所搭配的青鱼换成草鱼即成。以青鱼为主养方式适合我国南方湖、河水网地区应用，而集约化主养方式适

合全国各地集约化饲养。

92. 饲养鲤鱼、鲫鱼、团头鲂食用鱼的品种、比例、规格、密度是多少?

鲤鱼、鲫鱼、团头鲂食用鱼池塘饲养,分池塘搭配混养和池塘集约化主养两种方式。所谓池塘搭配混养是以"四大家鱼"为主养,搭配鲤鱼、鲫鱼、团头鲂;所谓池塘集约化主养,是以鲤鱼、鲫鱼、团头鲂分别主养,搭配"四大家鱼"或其他鱼类。

(1)以鲤鱼为主养的集约化放养方式 该放养方式,鲤鱼的放养量占60%~70%,搭配混养鲢鱼、鳙鱼。一般每667平方米放养尾重50~100克的鲤鱼800~1 000尾,搭配50~100克的鲢鱼300尾,鳙鱼100尾。预计产量可达750~900千克。

(2)以鲫鱼为主养的集约化放养方式 该放养方式,鲫鱼的放养量占60%~70%,搭配混养鲢鱼、鳙鱼。一般每667平方米放养尾重50~100克鲫鱼1 500~2 000尾,搭配50~100克鲢鱼300尾,鳙鱼100尾。预计产量达500~600千克。

(3)以团头鲂为主养的集约化放养方式 该放养方式,团头鲂放养量占60%~70%,搭配鲢鱼、鳙鱼。一般每667平方米放养尾重50~100克团头鲂1 500尾左右,搭配50~100克鲢鱼300尾,鳙鱼100尾。预计鱼产量可达700~800千克。

93. 池塘饲养食用鱼放养的鱼种如何进行配套?

为了池塘食用鱼饲养高产、稳产,必须具有与之相应的鱼种配套体系,特别是在大面积、大范围池塘养鱼的条件下尤其是这样。

这种配套体系主要由两种途径形成。其一,由食用鱼池套养和分化出来的特大规格鱼种(表3-8),其重量占当年食用鱼总产量的15%~20%,但都占该池翌年鱼种放养量的80%左右。这种特大规格鱼种大多为二龄鱼种,称为留塘鱼种,到翌年摄食量大,生长快,饲料利用率高,是翌年鱼产量主体。其二,由占养殖水面

6%～7%的鱼种池培养出来的50～100克的一龄鱼种。

这种鱼种配套方式,适合个体养殖者采用。

表3-8 “四大家鱼”及其他混养鱼类食用鱼和留塘鱼种规格

鱼 名	食用鱼最小规格（千克/尾）	留塘鱼种最大规格（千克/尾）	备 注
青 鱼	1.5	1	各种鱼的中间规格灵活掌握
草 鱼	1.3	0.8	
鲢 鱼	0.8	0.4	
鳙 鱼	1	0.5	
团头鲂	0.4	0.2	
鲤 鱼	0.5	0.2	
鲫 鱼	0.2	0.1	

对于食用鱼池塘集约化饲养,鱼种配套体系的形成与一般有所差别,即食用鱼池留塘鱼种重量约占当年鱼总产量的5%左右;二龄和一龄鱼种由占养殖水面30%的鱼种池培育。

94. 池塘饲养食用鱼什么时间、季节放养鱼种?

池塘饲养食用鱼的鱼种放养有两个时间和季节。第一个时间、季节是每年的11月底至12月上中旬,即秋末、冬初。这个时间、季节水温在6℃～15℃之间波动,适合鱼种拉网、搬运和放养。因此,此时是鱼种投放的主要季节,需要不失时机地销售食用鱼,清整池塘,注入池水,投放鱼种,准备越冬,以便翌年开春后,早开食、早生长。

在生产中,往往由于食用鱼滞销或其他种种原因,如鱼种配套不完善,在主要放养季节贻误了鱼种投放或投放不完全,只有往后推迟到冬末春初,即每年的2月中下旬至3月初。冬季,水温在0℃左右,不适合鱼种投放,这是应该避开的季节。

我国南北纬度跨越较大，所以南方和北方鱼种投放的时间与季节相应分别延后和提前。在适宜的水温条件下，尽早计划，尽早放养，以使鱼体有一个恢复、适应和越冬过程。

95. 饲养食用鱼如何投饵？

根据食用鱼的放养方式，投饵的方法分为传统饲料和专用优质配合饲料的投喂两类，并且都以“四定”（定量、定质、定时、定位）投饵法为基础（详见鱼种喂养问题解答）。

(1)传统饲料的投喂方法 所谓传统饲料是指各类农产品的饼（粕）类、麸糠类、大麦等副产品或原粮和天然的螺、蚬类、野生禾本科陆草和水生草类或人工种植的青饲料（苏丹草、黑麦草、象草等）。

传统饲料适用于传统养鱼方式。投喂时，定量即是根据放养摄食性鱼类（草鱼、团头鲂、青鱼、鲤鱼、鲫鱼等）当时的放养或阶段性生长的体重，在生长旺季每天投喂传统精料占体重的8%左右；青饲料占草食性鱼类（草鱼、团头鲂）体重的30%～40%。因此，每半个月都要根据鱼体重增长参数调整饲料量。定质即是新鲜、不发酵、不霉变、不腐烂。定时即是每天上午9～10时和下午3～4时各喂鱼1次。定位即是固定投在鱼池1～2处较为适中、安静水区。对于精饲料需经泡软后投在水下斜坡上或浅水区，并且要求饲料相对集中成条状（包括螺、蚬类）；对于青饲料则需投在用竹竿或木杆扎成的方框中，以免草料随风飘动无法定位。

利用传统饲料喂鱼，为了提高饲料的营养水平，降低饵料系数，应采用多种饲料原料交叉喂养或混合喂养，避免单一饲料喂鱼。

(2)专用优质配合饲料喂养方法 所谓专用优质配合饲料，是指按某种鱼生长对各类营养素的需要量和各类饲料原料营养物质的含量进行科学搭配、组合、加工的配合饲料。

利用专用高质配合饲料喂鱼，多采用驯食法进行投喂（详见鱼种喂养问题解答),而且多采用投饵机进行撒饵,在缺乏投饵机的地方,以人工撒饵喂鱼。

96. 如何对食用鱼池施肥?

食用鱼池施肥方法基本上与鱼种培育池相同(详见有关问题解答)。无论以哪种鱼主养,因是多品种、多规格混养,所以各食用鱼池在越冬或开春后施基肥(有机肥)应是一样的,即通过施基肥培肥一定水质,有一定的浮游生物含量,以供部分滤食性鱼类和小规格其他鱼类摄取天然饵料;同时,水体中具有一定的浮游植物含量,其光合作用为水体增氧也是不可缺少的。

对于以滤食性鱼类(鲢鱼、鳙鱼)为主养,则需要观察水质变化,定期不断追肥,保持丰富的天然浮游生物,以提供正常生长必需的饵料生物。

根据池塘营养盐类、浮游生物周年变化规律,各种肥料的特性和预防病害要求,科学地对池塘施用肥料尤为重要。

为此,池塘施基肥和春、秋两季施肥,适合以粪肥和绿肥等有机肥为主;春夏之交,夏季和夏秋之交适合以施氮、磷等无机肥为主,实行两类肥料的结合施用。

97. 怎样观测鱼池水质?

池塘既是鱼类生活的环境,又是培植天然饵料的场所,所以了解池塘水质状况非常重要。养好一塘鱼,必须管好一塘水。要管好一塘水,首先需要认识水质,并了解其变化规律才能进行科学调控。

水质是水的物理性、化学性和生物性综合表现。通过物理、化学和生物学测定可以了解水质状况及其变化规律;通过肉眼观察外表状态,也可以分析内部变化状况。

凡是良好的水质,一般大多为绿褐色和茶褐色。这种水,一般春、夏、秋季节每天都有变化,即早淡、晚浓,并有轻度“水华”(水表面下风头有一薄层同色油膜状物或颜色深、浅不同的云状团块)。这种水质显示水的物理、化学、生物性处在良好动态变化中,这是池塘所追求和应保持的水质。

凡是不好的水质,一般为蓝绿色、砖红色、淡灰色和黑灰色或乳白色。这些不好的水质,都发生在夏天高温季节,而且无每日早、晚淡浓变化。

蓝绿色水,大多为鱼类不易消化的蓝藻占绝对优势(微囊藻或颤藻或栉旋藻等);对鱼类有利的蓝藻(螺旋鱼腥藻)很少并难得出现。一旦形成蓝藻优势,水质非常顽固、稳定,不易改变。这种水透明度很低,蓝藻光合作用产氧能力很差,特别是形成"水华"后,水面下风头飘浮一层蓝藻藻体,死亡后呈天蓝色,岸边能嗅到鱼腥味。在这种水质中鱼类生长缓慢,甚至不长,还易于泛塘。

砖红色水,一般为裸藻优势水质。一旦裸藻优势形成后,在藻体繁殖盛期出现"水华",水色草绿并有明显早、晚变化,但藻体由盛转衰,大量死亡飘于水面,裸藻的砖红色细胞核显现出来,使水呈砖红色。裸藻壳厚,鱼吃后不易消化,藻体死后浮于水面,使水体缺氧,鱼类易于浮头、泛塘。

淡灰色和黑灰色水是稍远看的水色,近看大多透明度高,浮游生物非常贫乏,是典型的缺磷的水质。在这种水质中,鱼类生长缓慢,也易于浮头、泛塘。

乳白色水,是小型浮游动物轮虫和小型枝角类形成优势的水色,表明池塘中放养的鳙鱼很少,或者没有混养。由于浮游动物量大,池塘耗氧多,加之浮游植物少,产氧能力差,鱼类极易浮头、泛塘。

此外,还有黄绿色水和深绿色水。这类水每日早、晚也有一定淡浓变化,水体溶氧量高,但营养价值不高。这种水是由于缺氮(黄绿色)或氮太多(深绿色)所致。

98. 如何调控鱼池水质?

鱼池水质调控技术是建立在池塘生态学的基础上,通过鱼池水质周年和季节性变化规律,并在鱼类饲养过程中对水质变化的具体观测下进行综合人工调控。

每年冬季和早春水温低,池水处在相对静态,水质清澈或保持夏、秋季遗留具有一定肥度(一定浮游生物)的水供鱼越冬。此时的水质调控方法是清塘消毒、施基肥,为翌年鱼类饲养打好水质基础。

春季到夏初(3~6月份),水温不断回升;秋季到冬初(9~11月份)水温又不断下降。这两个季节及其交替,水温在15℃~25℃或略高的水平上来回波动,同时昼夜温差较大,水体上下对流交换好,水质处在良性变动中。根据主养鱼类不同,进行适当追肥、投饵,可形成良好水色、水质。所以这两个交替季节是一年中鱼类生长最快和较快的季节,同样也是鱼类疾病和敌害生物易于生长、传播的季节。因此,在这两个时期,特别是交叉阶段,经常注入新水,并使用对症药物预防鱼病。其中调控水质尤为重要。

夏季7~8月间,水温高,经常在30℃左右波动,并且昼夜温差小,水体上下对流交换差,严重时,甚至处于静止状态,水体上下的水温、溶氧和其他理、化、生物因子分层现象明显,池塘生态条件很差。加之通过春季鱼类快速生长,池塘载鱼量增加,池塘营养盐类减少,甚至缺乏,特别是缺磷严重。所以此时期容易形成不良的水质、水色。一旦遇上天气突变(气压低,闷热天,雷暴雨),打破池水静止状态,水体上、下剧烈交换,水质极度恶化,极易发生鱼类浮头、严重浮头直至泛塘,造成毁灭性损失。因此,高温季节亟需人工调控水质。首先,当需要施肥时停止使用有机肥,巧施化肥;第二,经常注入新水并冲动上下水层;第三,用好增氧机搅动水层。特别是天气剧烈变化前后进行池塘增氧,防止鱼类严重浮头和泛塘。

对于蓝绿色和砖红色水，采取大量换水、搅动水体增氧，必要时，局部用硫酸铜或络合碘等药杀浮游动物，配合加水防泛塘，增施磷肥或微生态菌肥等综合方法进行调控。

对于淡灰色和黑灰色水，采取增施磷肥的方法调节。对于乳白色水，采用杀虫剂药杀浮游动物和增施化肥的方法进行调节。若施化肥的效果不佳，显示水质中还缺乏其他营养素，则采取施用适量有机肥配合调节。

此外，对于某些食用鱼池，由于鱼种放养不合理，如放养鲢鱼、鳙鱼密度太大，对池塘浮游生物强度滤食，尽管施肥，浮游生物仍难以繁殖、生长。故此时应轮捕鲢鱼、鳙鱼，减少其数量。

99. 如何正确使用增氧机?

增氧机分为叶轮式、喷水式、水车式和射流式等多种。根据不同型式增氧机的特点和池塘生态学原理，合理购置和正确使用增氧机，才能更好地发挥其增氧、救鱼的关键作用。

叶轮式和射流式增氧机不但可以进行直接的机械增氧，而且还可搅动上、下水层，促进上下水体对流，使淤泥中贮存的营养元素释放和有害物质氧化、分解，扩大浮游植物光合增氧作用。因此，这两种增氧机既是救鱼机，又是丰产机。

喷水式和水车式增氧机主要作用是直接的机械增氧，而搅动上、下水层的作用较小。所以，当池塘整个水体缺氧，鱼类出现浮头或严重浮头甚至泛塘死鱼时，开机可以充分发挥增氧作用，保障鱼类安全；如果高温季节，昼夜温差小，水体分层现象明显，表层氧通常过饱和，然而与此同时下层水体缺氧，若此时开机，不但不能增氧，还加重表层过饱和氧逸出水面。所以，这两种增氧机只是救鱼机。

故此，为了正确使用增氧机，当预测池水将可能缺氧，鱼类有严重浮头和泛塘危险，或正在严重浮头，已经开始死鱼泛塘时，所有不同型式的增氧机，都应及时提前开机，防止严重浮头和泛塘，或不断开机救鱼。当平时水质较好，天气正常，鱼没有严重浮头和泛塘危险，但水底层缺氧、甚至无氧时，并随时间推移，不断加重其程度，为了改善池塘水环境，促进水体上、下对流，提高整个水体含氧量，平时也要用好叶轮式和射流式增氧机，即高温季节晴天每天中午或下午开机2～3小时。这样，当天气剧烈变化时，池鱼也能安然无恙。

此外，所有的增氧机，傍晚都不开机；鱼有危险，下半夜或凌晨都要开机；长期阴雨，池水总体溶氧降低，上午或下午都应有一定的时间开机增氧，特别是鱼的放养密度较大，或者池塘载鱼量过重，尤其是这样。在这种情况下，即使是良好的天气和水质，每天下半夜也应有一定时间开机增氧，以适应整个池塘水体、淤泥和鱼类对氧的消耗。

100. 如何鉴别鱼类浮头、严重浮头和泛塘的状态，各有什么对策？

鱼类在池塘养殖条件下，浮头、严重浮头和泛塘是一种常见现象。一般轻微浮头，短时消失，不对鱼体正常生活、生长形成损害性影响；如果经常浮头，特别是严重浮头和泛塘，对鱼类的显著影响是肯定的。轻则降低生长速度，重则生长停滞、亲鱼降低催产率，严重者，造成毁灭性损失。因此，必须预防经常性浮头、严重浮头和杜绝泛塘事故。

要做好预防鱼类经常性浮头、严重浮头和杜绝泛塘事故，首先应善于鉴别浮头的程度和泛塘征兆，并且果断采取预防和杜绝的措施。

所谓轻微浮头，即是主要养殖鱼类，出现浮头的时间较迟，一般在凌晨或天已开始亮后才出现部分鱼浮头，而且大多为团头鲂、鲢鱼、鳙鱼，并且是在鱼池中央水面，用手电照射或发出响声，鱼群反应灵敏，能迅速逃向水下，当太阳出来不久浮头即会消失。

所谓严重浮头，即是出现浮头的时间早，越早越严重。而且随着时间的推移，不同种鱼类都开始浮头，除团头鲂、鲢鱼、鳙鱼之外，青鱼、草鱼、鲤鱼、鲫鱼等也会出现浮头，并且鱼池中央、池边即满塘都有鱼浮头，野杂鱼类、虾类都聚到池边，易于捕捉，鱼群受惊，反应迟钝。

所谓泛塘，即在严重浮头的基础上继续恶化，鱼类处于昏迷和半昏迷状态，浮头鱼易于捕捉，部分鱼失去平衡，腹部朝上，鱼体发黄、发白，开始死亡，直至大部死亡和全部死亡，即泛塘。

对于轻微浮头，无需采取什么特别措施，一般持续观察情况，防止连续浮头和渐进加重。轻度浮头需暂停施肥，适当注入新水或中、下午开动增氧机，搅动水层，适当增氧。

对于每一次严重浮头和泛塘，必须早预测、早发现、早抢救。即大水量加、冲新水，连续开动增氧机直接增氧。在缺乏动力、机械的地方，为了救鱼，可迅速泼洒水质改良药物或增氧药物（依说明书操作）或双氧水（纺织工业用，含量30%）。泼洒双氧水时，每667平方米用药1～2升（1～2千克），掺水稀释，浮头水面全池泼洒救治。泼洒时，拧开塑料桶密封口，每次适量倒出双氧水，迅速掺入15～20倍清水泼洒，并防止直接泼在鱼体上和溅到人身上。

101. 鱼类泛塘有哪些原因？

鱼类泛塘损失惨重。一次泛塘不但损失当年，还会影响翌年，甚至第三年，所以了解泛塘原因，才能防患于未然。

鱼类泛塘有内因和外因。而内因是泛塘的基础，外因是泛塘的条件，两者具备即造成泛塘。

泛塘经常的内因是水质太肥，或一次性施肥过量；鱼的密度过大，或池塘载鱼过多；池水太深，或淤泥深厚；水质老化，或水中浮游动物过多。此外，还有投食过量、鱼吃食过饱与残饵腐败等原因。

泛塘经常的外因是天气突变和季节转换。

所谓天气突变，是指夏季连续多天晴朗高温，昼夜温差小，突然变天，即闷热低压，雷雨、暴雨；或多天高温常刮南风，突转北风；或连续多天阴雨光照差，池水溶氧水平低下。

所谓季节转换，主要是春夏之交水温飚升快捷，突遇寒潮和秋冬之交大寒潮初袭，水温陡降。

对于具体泛塘，往往只要具备一、两种内因，加上一种外因，就可酿成大祸。

102. 鱼类泛塘前有哪些征兆，如何应对？

鱼类泛塘是灾难性事故，必须防范，力争杜绝；即使已发生，也应及时抢救，减少损失。为此，需要建立预警机制。

为了做好预警，首先应了解鱼类泛塘前的征兆。根据泛塘的内、外原因，往往在泛塘前 1～2 天就有征兆出现，应当通过早、晚巡塘不失时机地发现，并果断采取应对措施防范。

鱼类泛塘的直接征兆，如水质太肥，透明度小于 30 厘米；水质太老呈蓝绿色、砖红色和灰黑色；水中浮游动物太多，池边肉眼可见；水底向水面自然冒气泡增多；鱼类当天突然明显减食等。

鱼类泛塘的间接征兆，如当天下过雷暴雨；天气闷热、气压低，湿度大；背阴处水泥地板起潮，水缸外壁潮湿；蚂蚁搬家拦路，燕子低飞捉虫，人体不舒服，风湿病人的腰酸腿痛明显加重；在水温较高条件下，突来寒潮、冷风，显著降温等。

一旦鱼类泛塘征兆出现，特别是直接和间接征兆同时出现，第二天凌晨泛塘危险性更大。为此，不能麻痹大意，应加强管理，不失时机地启动预警机制，即提前加冲新水，开动增氧机；停肥、减食，或停食；并加强巡塘，观察鱼的动态，及时不同程度地强化增氧。只有这样，才能防患于未然，以保鱼类安全。

103. 食用鱼池日常管理应做哪些事？

食用鱼的饲养是周年性的，需要按照鱼类季节性生长规律，规范鱼池的日常管理事项。

秋末、冬初，当鱼种放养结束后，日常管理随即开始，一直到翌年早春，为鱼类适应池塘环境和进入越冬期，此时的管理，应做好如下事项。

其一，施好基肥，使水质具有一定肥度；冬季天气晴好，在避风、向阳深水区不定期投喂少量精料，以保持鱼的体质。在我国南方冬季不太寒冷，不结冰或部分薄冰，冬季过后鱼体重会略有增长。

其二，池塘防渗、防漏，保持水深(1.5～2米)，以利鱼类越冬。我国北方冬季冰封期长，冰厚，下雪多，需适当打冰眼和部分扫雪，以利增氧和观察鱼的动态，保障安全越冬。

其三，预防鸟害、鼠害。

开春以后，随着水温不断回升，鱼的活动量和摄食不断增强。这个时期的管理主要是当水温回升到10℃以上时，力争早投饵、早开食、早生长，并经常检查鱼的吃食和体重增加状况，适时调整投饵量；观察水质，适当追肥。

春季(4～6月份)水温常在25℃左右波动，而且昼夜温差大，水体上下自然交换好，正是鱼类生长旺季。根据鱼的生长，加强管理，不断增加投饵量和施肥量，促进鱼类生长。

春夏之交，正是鱼病流行季节，通过管理防鱼病(先杀虫后杀菌)。此阶段，水温上升快，鱼生长快，投饵、施肥多，水质比较肥沃，但常遇寒潮侵袭，在管理中，预防严重浮头和泛塘尤为重要。

仲夏(7～8月份)炎热，温度常在30℃以上，有时高达35℃左右，池塘生态环境较差，水质老化，鱼体生长减慢。管理中适当减食，控制施肥，不施或少施有机肥，巧施化肥，经常注入新水，开机增氧改善池塘环境，防止雷暴雨后泛塘，预防细菌、病毒性鱼病流行。

入秋(9～11月份)后水温慢慢下降，常在25℃左右波动，昼夜温差增大，池塘环境明显改善，鱼类生长速度又有所加快。本阶段管理与春季基本相同。

不同季节的日常管理都是通过经常性的早、晚巡塘，及时、准确掌握鱼的动态、水质变化、天气情况等诸多方面的具体信息动态，进行科学调控，使鱼与环境和谐相处，以达到既定的饲养目标。

104. 食用鱼饲养阶段有哪些常见病，如何防治？

食用鱼饲养期间的常见病与鱼的规格、体质、生长季节和人为操作等有关。

在鱼种投放初期，往往因放养时拉网和搬运操作不慎，使鱼体或多或少受伤，若当时水温较低（15℃左右）时极易感染水霉菌而得水霉病，水体不清洁时则更加严重；在夏季高温条件下受伤（轮捕），易感染细菌或病毒而得暴发病、赤皮病、腐皮病；在春季，中、小规格个体又易感染各类寄生虫病（车轮虫病、斜管虫病、鳃隐鞭虫病、复口吸虫病、中华鱼蚤病、锚头蚤病等），尤其是体质较差的情况下更为严重；特别是草鱼易得赤皮、烂鳃、肠炎、出血、鳃霉等病；鲢鱼、鳙鱼、团头鲂、鲫鱼易得暴发性鱼病，尤其在施肥、投饵不当和水温较高条件下，更易感染或继发感染，造成重大损失。

从养殖角度，通过药物彻底清塘消毒，合理施肥、投饵，增强鱼类体质，加强日常管理，熟练掌握拉网捕鱼，放养运鱼，计量操作等保护鱼体技术，把好季节性药防等综合预防措施，会有非常显著的防病效果。因此，凡养鱼历史较久、养鱼技术精湛的地区及养殖者，鱼病较少发生，高产、稳产。

一旦发病，可参照本书有关问题解答，及早正确诊断，严格对症用药，务必精确算药，认真妥善施药，从而达到事半功倍之效果。

105. 池塘溶氧有哪些主要来源和主要消耗途径？

众所周知，池塘水体溶氧对于养鱼的重要性是不言而喻的。高效地对池塘增氧和尽可能地减少耗氧，是促进鱼类生长、减少疾病、保障安全、降低成本的根本性技术措施。然而，溶氧的主要来源和消耗途径养殖者并不清楚，或不完全清楚。

科学研究表明,池塘溶氧80%~90%来源于浮游植物光合作用产氧,10%~20%来源于风浪增氧和池外注入新水带入。而池塘耗氧,浮游生物占50%左右,底泥占5%~20%,逸出水面2%左右,鱼类消耗30%左右。

从以上数据不难看出,浮游植物对池塘溶氧的作用至关重要。因此,在机械增氧、风浪增氧和注水增氧的同时,应认识到浮游植物增氧的重要性和相关技术的必要性。与此相对应的是控制一定的浮游生物量,特别是浮游动物量,以降低耗氧,并进行合理施肥、投饵,减少淤泥,合理放养,轮捕轮放等。

106. 池塘混养食用鱼时,如何实现池塘生态学与鱼类混养生物学的统一?

我国池塘养鱼实现了池塘生态学与鱼类混养生物学的统一。科学研究表明,草鱼、团头鲂等草食性鱼类和青鱼、鲤鱼、鲫鱼等杂食性鱼类,统称摄食性鱼类,它们与鲢鱼、鳙鱼的比例为70%~80%∶15%~20%,而鲤鱼、鲫鱼仅占摄食性鱼类的5%左右。鲢鱼、鳙鱼间的比例,鳙鱼的放养尾数或重量占鲢鱼的5%~8%,也就是不超过10%。

这种放养大多以草鱼或青鱼为主养,也可换成以鲤鱼、鲫鱼、团头鲂或其他摄食性鱼类为主养。无论以哪种摄食性鱼类为主养,鲢鱼、鳙鱼所占的比例均为15%~20%。换言之,70%~80%的摄食性鱼类的粪便所培植的浮游生物,可以使鲢鱼、鳙鱼生长良好,即每生长1千克摄食性鱼类,其粪便可带养0.4~0.6千克的鲢鱼、鳙鱼(包括池塘原有的自然生产潜力),并且也使摄食性鱼类生长良好。所以,我国池塘养鱼被联合国粮农组织称为生态学的杰作。

107. 鱼类哪个季节生长最快，哪个季节生长较快，哪个季节生长较慢？

鱼类是变温动物，其活动、生长、繁殖等新陈代谢过程要受温度和环境影响，并且不同鱼类对温度和环境的要求不完全一样。

池塘主要养殖鱼类大多属于温水性鱼类。根据其对水温和环境的要求和气候的周年性季节变化，长江流域带每年4～6月份是鱼类生长最快季节，其次是9～10月份，而7～8月份高温季节，鱼类生长速度显著减慢。因此，充分利用有利的生长季节，加强饲养管理，防好鱼病，保障安全，发挥其生长优势，提高产量十分重要；同时，在不利的高温季节里，改良池塘环境，促进鱼类生长，对于获得整体良好的养殖效果十分必要。

至于我国北方和南方由于纬度跨度大，相应温度和季节变化差别大，生长季节长短不一，与长江流域比较，一般相应推迟和提早1个月左右。

108. 池塘食用鱼饲养，周年群体正常的增长倍数是多少？

我国池塘食用鱼饲养是多品种、多规格混养，充分利用水体和饵料。在具体确定混养方式时，根据地区具体情况不同，有的混养比较复杂，有的比较简单；有的放养密度小，有的放养密度大，即集约化程度高；有的主养品种不同。

在正常饲养条件下，一般小规格的鱼种增长倍数高，但绝对增长量较小；大规格鱼种增长倍数小，但绝对增长量大。整体的群体增长倍数为4～6倍，表明各种鱼生长良好。如果达不到这个倍数，往往由于放养密度太大，或规格太小，或饲养（营养）不够，或环境太差。此外，还与鱼病和其他事故有关。

鱼的群体增长倍数达到4～6倍，最少不小于3倍，不但表明群体生长良好，而且经济效益可观，故称“经济增长倍数”。

109. 食用鱼饲养为什么要进行轮捕、轮放,操作时有哪些注意事项?

食用鱼轮捕、轮放是提高池塘鱼产量的技术措施之一。这是鉴于池塘环境在任何情况下,其载鱼量都是有限的,如在不进行人工增氧的条件下,一般每667平方米载鱼量为500千克左右。在对鲢鱼、鳙鱼不投喂人工饵料,仅依靠施肥和摄食性鱼类粪便培植天然饵料浮游生物,供其滤食,其生产潜力为250千克左右。在这种情况下,不进行轮捕、轮放,其鱼产量潜力有限,如果轮捕、轮放,就能适时降低池塘载鱼量,进而促进鱼类生长,增加产量。如果进行人工增氧则根据增氧程度不同,鱼池具有不同程度的载鱼量。在这种情况下,进行轮捕、轮放又可进一步提高鱼产量。

开展轮捕、轮放必须实施鱼种多规格放养,并且具有一定数量大规格或特大规格的鱼种可供轮捕。轮捕的时间以饲养中期为主。此时,正是鱼产品淡季,既可调节市场,价格又较好,可以增加收入。

轮捕、轮放,分一次放足、分期起捕和捕多少、相应补多少两类。

轮捕时期大多正值高温季节,又对鱼的活动和生长有一定干扰,因而要求拉网捕鱼操作熟练、快捷,上网率高,并且选择在天气晴好、鱼不浮头、水温较低的下半夜或凌晨,以便缩小影响和方便活鱼上市。此外,良好的网具,避免过分伤鱼也是值得注意的。为此,也不能轮捕过多,一般1~2次,不超过3次。如果,轮捕次数过多,再加之捕鱼技术不高,鱼受伤过重,干扰太大,则得不偿失。

轮捕、轮放,或多或少、或重或轻,总要伤及一部分鱼,特别是鲢鱼、鳙鱼。为了避免引发暴发病或其他病,轮捕之后根据情况,必要时及时泼洒杀菌药物进行预防。

110. 如何开展池塘养鱼大面积、大范围高产、高效养殖?

尽管单个池塘或小面积、小范围池塘养鱼高产高效与大面积、大范围池塘养鱼高产、高效的基本技术相同,但面积大(总面积100～1 000公顷)、范围大(一到几个县)则情况有很大不同。正因为这样,单个池塘或小面积、小范围池塘养鱼高产、高效的典型各地都有,但大面积、大范围高产、高效并不普遍。

为了实现池塘养鱼大面积、大范围高产、高效,从宏观上必须解决三大问题,即必须走区域发展的道路(具有当地的特色);建立鱼种、饲料和防(病)管三大技术体系;推行技术与社会结合的途径。

所谓走区域发展的道路,即根据当地的气候条件、资源状况、技术水平和市场需求确定主养类型、放养方式和产量级别。如我国三北(西北、华北、东北)地区以集约化主养鲤鱼;东北主养鲢鱼、鳙鱼;长三角主养青鱼、草鱼和名、优鱼类;珠三角主养草鱼、鲮鱼和名优鱼类;江汉平原主养草鱼和名优鱼类等。

所谓建立鱼种、饲料和防管三大技术体系,即根据主养类型、放养方式和产量级别,建立起相关的鱼种体系、饲料体系和防管体系。如江汉平原鱼种体系,即80%左右的特大规格的鱼种由食用鱼池套养,20%左右的大规格鱼种由占养殖水面6%～7%的鱼种池培养。饲料体系,即由草基鱼塘种植苏丹草、黑麦草和绿肥及优质配合饲料共同组成。这两大体系,全国各地既有共同点但也有很大不同,而防管体系差别不大。

所谓推行技术与社会结合的途径,即为实现池塘养鱼大面积、大范围高产、高效既定目标的运行机制。

这种运行机制全国都是一样的,简明概括为"一个中心",即以产量、效益和与之相应的技术体系为中心;"两套网络",即行政网络和技术网络;"三种动力",即推动力(行政)、滚动力(技术)和协动力(后勤);"四大要素",即领导要素、技术要素、投入要素和后勤(供、销)要素。它们的定量关系如表3-9。

表 3-9 池塘养鱼大面积、大范围高产、高效要素定量关系 (分值)

产量类型	领导要素	技术要素	投入要素	后勤要素	总量(分)
250千克/667米^2	15	19	7	0	40
400千克/667米^2	22	26	14	6	68
500千克/667米^2	20	30	18	12	80
650千克/667米^2	15	36	23	18	92

以上运行机制的四个方面是一个互补、协同、相互关联的统一整体,只有形成了统一整体,才能使池塘养鱼大面积、大范围养殖具有结构的稳定性,发展的有序性和效益的高效性。这种运行机制是池塘养鱼科学研究、成果转化和技术推广全过程的衔接,体现了技术与社会的紧密结合,协调运行,健康发展。这里值得指出的是这种结合与协调依靠行政和技术两套网络,根据内部生产的不平衡性和外部的市场经济以及特殊情况(灾害等)担当起组织和协调的主作用。这是池塘养鱼大面积、大范围高产、高效健康发展的关键。

111. 池塘养鱼怎样与大农业结合?

池塘养鱼属农业范畴。正因为这样,池塘养鱼与大农业结合则是顺理成章,并采取体现生态农业和循环经济的科学方式。所谓大农业,系指农、林、牧、副、渔五业。渔是其中一业。其结合包括渔农结合,渔林结合,渔牧结合和渔副结合。这种结合非常适合我国广大农村。由于这种结合是生态型和循环型,所以从能量的转换和环境保护角度评定,非常合理和科学;也正因为这样,才能做到成本低,效益高。

从池塘养鱼结合大农业实际情况表明,以渔牧结合,其中包括鱼畜(牛、羊等)结合,鱼猪结合,鱼禽(鸡、鸭、鹅等)结合等最为常见,其次是渔农结合,其中包括鱼菜结合、鱼瓜结合、鱼稻结合、鱼稗结合、鱼桑结合等。

无论哪种结合，应以养鱼为主，其他为其利用，为其服务。

所谓结合，不能简单或抽象理解为两者相加，如鱼猪结合，就将猪舍建在池塘边，猪粪、猪尿直接经常地自行流入池塘，供池塘肥水或供鱼直接吃食。鱼鸭结合就将鸭棚建在池边和将鸭拦在池塘活动，鸭粪直接进塘，并且还美其名曰省时、省力。其实这种简单的结合，对养鱼不利，因为池塘施肥、投饵和水质调控、管理有严格的技术要求；不然，严重时会造成水质污染，易于诱发或直接引起鱼病和泛塘，造成巨大损失，违背了结合的初衷。

正确的结合方法，是猪粪、牛粪，鸭粪不能自动流入池塘，必须先流入事前建好的粪坑中，经发酵或利用沼气后，按施肥的技术要求（见本书有关问题解答）进行池塘施肥。如果利用新鲜粪直接喂鱼，必须每天将舍、棚打扫干净，第二天上午及时收集新粪同样按投饵的技术要求进行池塘投饵。不可新粪旧粪混杂喂鱼，特别是高温季节尤其注意。

至于鱼稻、鱼稗结合，即是干塘浅水种植稻、稗，当植株繁茂时，可割除适当部分作青饲料，移出喂其他塘鱼，或作绿肥肥其他池水；本池留有适当部分，逐渐注水放鱼供其吃食，吃剩的可用于肥水。总之，都应按池塘养鱼技术要求为鱼所用，促进生长，降低成本，提高产量。

112. 如何运输食用鱼？

随着人们生活水平不断提高，不但要有鱼可吃，而且还要求吃好鱼、吃活鱼；对生产者和经销者而言，出售活鱼价格较高，所以活鱼运输非常必要；加上鱼价地区性差别和交通物流发达，活鱼长途运输也十分普遍。

为了运输快捷，成活率高，目前大多采用简易活鱼汽车水箱充纯氧（高压氧瓶微泡充氧）运输。食用鱼一般在冬季（10℃～15℃）出塘销售，每车 5.5 立方米容量装运食用鱼 1 500 千克左右，水与鱼的比例为1∶1,运输时间15小时以内。运输途中,一般不需加换新水。如果水箱内泡沫特多,水质较差,必须换水时,即选定未被污染的自然新水,换进总水量的1/3左右。应避免换水过多、过勤,贻误运输时间。

113. 为什么要进行池塘鱼类多品种混养,如何混养?

池塘鱼类多品种混养是为了充分利用水体和天然饵料生物,同时也可使天然饵料和人工饲料得到多次转化利用,提高其利用率。池塘几种主要养殖鱼类,其中鲢鱼、鳙鱼属上层鱼类,滤食水体中的天然饵料浮游植物和浮游动物;草鱼和团头鲂属中层和沿岸带鱼类,天然饵料为各类水草,鱼粪又培植了浮游生物,对鲢鱼、鳙鱼有利;鲢鱼、鳙鱼滤食了浮游生物,清瘦了水质,对草鱼、青鱼、团头鲂和鲤鱼、鲫鱼都有利;而鲤鱼、鲫鱼和青鱼属底层性鱼类,水生昆虫、底栖生物和螺类等为其天然饵料,还吃其他饲料。总之,鱼类混养充分利用了上、下水体和天然饵料,既互惠又互利。

为此,在放养时,除有外源性肥料自然流入池塘外,由于水易肥沃、肥料易得或因养殖技术基础较为薄弱,各类鱼种难以配套时,往往以主养鲢鱼或鳙鱼(占70%～80%)外,一般大多以主养摄食性鱼类搭配混养滤食性鱼类(15%～20%)。

114. 为什么要进行池塘鱼类不同规格混养,如何混养?

池塘鱼类不同规格混养的原因有三。第一,池塘浮游生物生命周期短暂,不可累积,每年4～6月份池塘生态良好,浮游生物量大,鱼类生长最快,单凭鲢鱼、鳙鱼中、小规格鱼种,因食量有限,不可能充分利用天然饵料,必须有一部分大规格个体;同样,此阶段各类青饲料丰富,草食性鱼类也应有大规格鱼种,使青饲料能充分利用。第二,为了轮捕,降低池塘载鱼量和基础代谢,转换规格角色,继续充分利用饲料。第三,有利于发挥池塘套养特大规格(二龄)鱼种,为翌年高产、稳产打下基础。

所谓不同规格混养，是指鱼类生长最快阶段的规格和较快阶段的规格进行同池混养，如草鱼 500～750 克/尾(二龄)与 50～100 克/尾(一龄)混养，鲢鱼 250～400 克/尾(二龄)与 50～100 克/尾(一龄)和夏花鱼种混养等。其中生长最快阶段的特大规格鱼种(二龄)一般由食用鱼池套养一龄鱼种而成，尽管养成二龄鱼种只占当年食用鱼的 15%～20%，但却占翌年食用鱼池投种量的 80%左右。

这种不同规格的混养，食用鱼和留塘鱼种的比例及留塘鱼种占翌年投种量的比例，体现了较好生长速度的鱼种群体组成及其稳定性，从而有利于天然饵料和人工饲料的充分利用，兼顾了经济与社会效益，也符合养殖周期和生产的实际情况。

这里需要指出的是，鲢鱼、鳙鱼还可套养一定数量的当年夏花鱼种。这是鉴于鲢鱼、鳙鱼的天然饵料在水体中分布比较均衡，到处都可滤食到天然食物，受同类大规格个体竞争小，所以在鲢鱼、鳙鱼大规格鱼种不足的情况下，可以套养一定数量的当年夏花。

115. 主要养殖鱼类的正常生长速度和饲养周期是多少？

鱼的生长速度是否正常，是衡量鱼种放养是否合理，饲养管理是否到位，鱼病防治是否良好的重要标志。根据鱼的生长速度和食用要求，几种主要养殖鱼类的群体正常生长速度和饲养周期如表 3-10 所示。

表 3-10 池塘主要养殖鱼类群体生长速度和饲养周期(长江流域)

鱼 名	第一年(克)	第二年(千克)	第三年(千克)	饲养周期(年)	性成熟年龄(年)
青 鱼	50	0.5～0.8	2.5～3.5	3	6～7
草 鱼	50	0.5～0.8	2.5～3.5	3	4～5
鲢 鱼	50	0.5～0.6	2.0～2.5	2～3	3～4
鳙 鱼	50	0.8～1	3.0～4.0	2～3	5～6
鲤 鱼	50	0.5～0.8	2～2.5	2～3	2～3
鲫 鱼	40	0.2～0.4	0.4～0.8	2～3	2～3
团头鲂	40	0.1～0.12	0.4～0.5	3	3～4

鱼生长速度总的趋势表明，第一年比较慢，从第二年开始到性成熟年龄，生长速度不断加快，而以第二年至第三年最快。性成熟之后，显著减慢，但仍可向前生长，一直到最大个体。所以几种主要养殖鱼类的饲养周期是2～3年。

此外，鱼类生长速度在稀养或密养条件下，在营养状况不同条件下，在环境条件优劣情况下，在不同纬度情况下，差异较大。

116. 在自然情况下，不同季节池塘水体状态有什么变化？

水体是不同于固体、气体和其他液体的一种最为普遍的特殊液体（介质）。它与其他介质最大的不同点是以4℃处的密度和比重最大，水结冰总是先从表面开始，并随着寒冷程度不断加强，冰的厚度不断增加。正因为这样，在冰封的条件下，鱼类照样能在冰下水体中越冬。在我国南方冬季不十分寒冷，但水体变化也是一样，只是程度较轻而已。

由于水的这种独特的物理性，故在不同季节具有不同的状态，并对鱼类生活产生不同的影响。

在冬季，随着气温不断下降，首先影响水体表层温度不断下降。根据热胀冷缩原理，表层水体因水温下降收缩，其密度和比重增加，于是表层水向中、下层沉降，使中、下层水温相应不断下降，当整个水体降到4℃时，表层水体继续再降温则密度和比重反而变小，而不会下沉，当降到0℃时，即开始结冰。此时，冷向下传导十分缓慢，继续降温的结果只能使冰层缓慢增厚。

根据冬季池塘水体这种状态，鱼类处于深水区底层越冬。故此，应保持水体安静，不应拉网或以其他方式搅动水体，以免干扰其越冬和冻伤鱼体。

开春后，气温逐渐回升，同时昼夜温差加大，水体因水温上升和昼、夜温差改变，上下密度和比重不断变化，而上下自然对流交换在不断增强，池塘环境是一年中最好的季节。此时鱼体活动和吃食相应增强，所以饲养管理紧紧跟上，可以促进早开食，早生长，加快生长。当春夏之交水温上升快，又会受周期性寒潮和雷、暴雨等剧烈天气影响，易形成上下水体剧烈对流，并往往发生在夜间，致使鱼类易于发生严重缺氧、浮头，甚至泛塘。在此时期应加强管理，防止严重浮头和泛塘事故。同时由于水体上、下对流交换频繁和剧烈，各种鱼病也易于流行，防治鱼病也不可忽视。

夏季，尤其是盛夏，水温高，而且昼夜温差小，水体上下对流交换很弱，甚至停顿，池塘环境很差，鱼类生长减慢，在天气剧烈变化时，也易于发生严重浮头和泛塘，也多流行细菌性和病毒性鱼病。所以夏季经常对池水增氧和注入新水，人为促进上下水体交换，改良环境，对防治鱼病尤为重要。

秋季，水体的改变与春季基本相同，加强饲养管理，促进鱼类生长，是良好的时机，也是夺取全年丰收的最好机遇。

117. 盐、碱地区池塘养鱼有哪些注意事项？

我国内陆的西北、华北等地区，部分地方土壤盐碱化比较严重。水质的化学性（盐、碱）和生物性（小三毛金藻）直接危害鱼类的生存、生长。为了充分利用这部分国土资源，开展池塘养鱼必须防止盐碱和小三毛金藻对鱼类的危害。

消除盐碱的危害需要经常引入淡水（黄河水、溪河水等）冲淡盐、碱，特别是在干旱、蒸发量大时，尤其应当加强防范，要抽出老水、冲加新水，保持池塘较高水位。下雨时，特别是暴雨，防止盐、碱地面水流入池塘。翌年养鱼，一定排干原池老水，重新加水，不断淡化塘泥中的盐、碱。

对于小三毛金藻，应定期或不定期检查其数量，当每升水含小三毛金藻达到 300 万个以上时，可采取每立方米水体用 6～10 千克泥土化浆全池泼洒，消除小三毛金藻的毒素。平时经常施用氮肥和磷肥培植绿藻等浮游生物，以抑制小三毛金藻的繁殖、生长，避免形成小三毛金藻优势而造成危害。

四、流水养鱼

118. 什么是流水养鱼,流水养鱼有哪些特点?

流水养鱼是利用自然落差流水,潮汐落差流水,或人工抽提流水高密度养鱼的方法。其特点如下。

(1)鱼产量高　在我国,曾经有:四川省彭山县5口鱼池面积550平方米过水流水养鱼,净产鲤鱼28 038千克,每平方米净产50.98千克,折合每667平方米净产33 987千克;珠江水产研究所潮汐自然流水养鱼5口池塘面积10 472平方米,平均每667平方米净产2 015千克;浙江省杭州青山水库自然流水养草鱼,每平方米净产26.5千克;江苏省常州市循环流水养鱼一级池每667平方米净产10 000千克。在国外,德国电厂温流水养鲤鱼,每立方米水体年产400~600千克;日本自然流水养鲤鱼,每平方米达220千克。总之,流水养鱼的产量相当高。

(2)技术含量高　流水养鱼可利用机械、电器、化学和电子计算机等现代化设施,以提供和保持充足的溶氧,良好的水质和高质专用配合饵料;在水源、水量缺乏和气候寒冷地区,还可控温充氧,水质净化循环用水,周年生产。

(3)形式多样　根据各地自然条件、经济实力、技术水平和工业化程度不同,可开展多种形式的流水养鱼,如家庭式流水养鱼,工厂化流水养鱼,温流水养鱼,冷流水养鱼,潮汐流水养鱼等。

(4)潜力很大　我国幅员辽阔,高原、山地、丘陵、平原、海疆形成多种地貌,湖、库、塘、渠、溪分布广泛,流水条件到处都有。此外,还有冷热泉流、工厂余热水流等具有多种多样流水条件,只要稍加改造即可开展流水养鱼,潜力巨大。

(5)效益显著　因为是流水条件,环境优越,高密度放养,高产量产出，并且大多饲养优质鱼，价格高，如果充分利用好自然水资源，注意降低成本，一般都有良好的经济、社会和生态效益。

必须指出的是，如果人工抽提形成流水，再加上水质净化，充氧、控温等较大能耗，成本偏高，所以一方面需提高流水养鱼的科技含量，另一方面，还要不断完善先进养鱼技术，并饲养名贵鱼类，注重经济效益，才能健康发展。

119. 流水养鱼有哪些方式？

根据流水养鱼特点，分为农家流水养鱼、灌渠流水养鱼、潮汐流水养鱼、温流水养鱼、冷流水养鱼、循环过滤式流水养鱼和池塘循环流水养鱼等。前三种为自然流水方式，后四种大多为提水式。

根据我国的国情和生产实践表明，充分利用自然流水条件开展流水养鱼，成本较低，流水池结构简单、灵活，风险较小，易于形成良好的经济效益、社会效益和生态效益。在有温流水和冷流水的地方，也可因势利导引流或提水分别开展热带性鱼类越冬、养殖和冷水性鱼类养殖。至于循环过滤式流水养鱼和池塘循环水养鱼，可以根据设备、技术、投入等多方面的具体情况，酌情应用。

流水养鱼池的面积，除潮汐流水养鱼和池塘循环水养鱼较大外，一般都比较小。

120. 如何开展农家流水养鱼？

在山区、半山区和丘陵地带，往往有许多农村分布在水源充沛的溪河、水库一带，依山傍水，径流不断，水量稳定，地势倾斜，引水方便，能灌能排。

农家流水养鱼，即在上列条件下，利用溪边、河边、库下，房前屋后的空闲地建池，引水入池，进行流水养鱼。农家流水养鱼池面积一般较小，3～30 平方米；水较浅，0.6～0.8 米。鱼池形依地形而定，能方即方，能圆即圆，能长即长，不拘一格。池底铺沙，略向排水端倾斜，圆形池排水管口位于中央池底的锅底处。进水管口上与水源相接通，下与排水口相对(图4-1，图4-2，图4-3)。

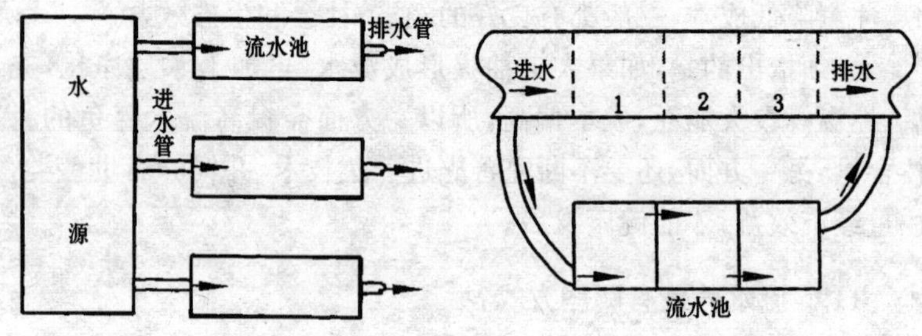

图4-1　并联流水养鱼池(示意)　　　图4-2　串联流水养鱼池(示意)

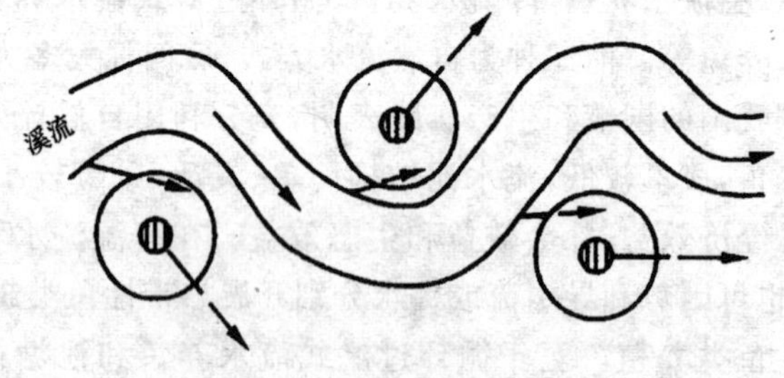

图4-3　瓜藤式流水养鱼池(示意)

进水口管位于鱼池口面上或与鱼池水面相平，排水管口位于鱼池底下，进、排水口都应有充分面积的拦鱼栅。为了保证溶氧充足，一般流水串联不超过三级。

农家流水养鱼，与大农业易于结合，农副产品下脚料都可用于喂鱼，饲养管理也比较方便。由于农家流水养鱼大多地处山区、半山区，应特别注意防洪、防害、防毒、防盗，以保养鱼安全。

121. 如何开展灌渠流水养鱼?

灌渠一般处在水库、河道等水源之下，大多用于农业灌溉，所以灌渠流水养鱼是借水还水式自然流水养鱼，可以节省抽水动力开支，又能保持农业灌溉。

灌渠流水养鱼同样是利用灌渠边或附近空闲土地建池(图4-

4,图 4-5);也可用铁栏栅拦截部分渠道,部分在渠道之外,形成流水池。

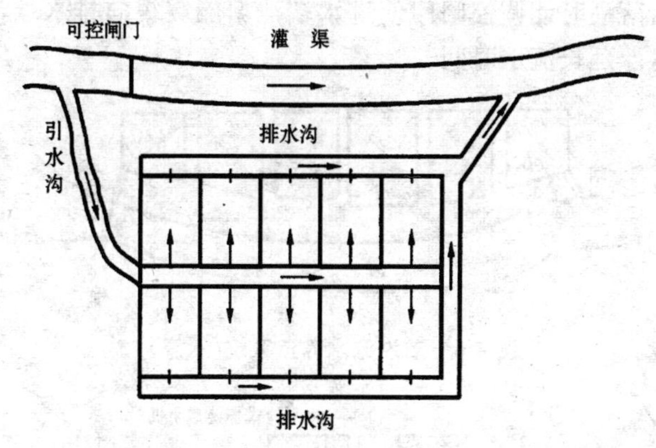

图 4-4 灌渠流水养鱼(示意 1)

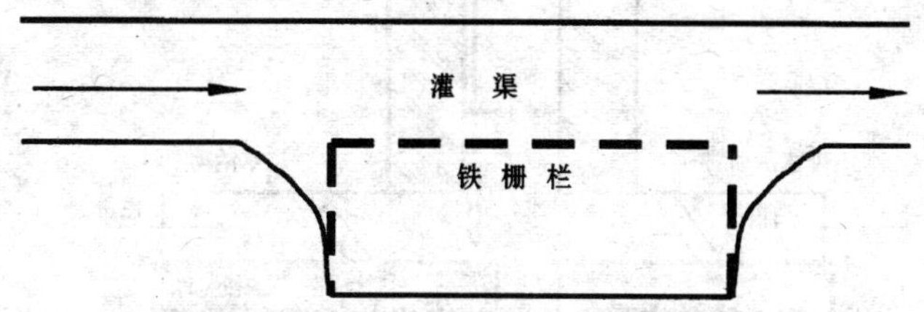

图 4-5 灌渠流水养鱼(示意 2)

灌渠流水养鱼的渠道必须具备周年用于灌溉,即农业和养鱼的生长季节有常流灌溉用水,以保持农业和渔业的种、养周期的完整,同时也应处理好农业用水和养鱼可能出现的矛盾。

122. 如何开展潮汐流水养鱼?

在我国沿海一带,河流受潮汐影响大,每天水位涨落差达 0.9～2.1 米。根据潮汐差可以设计或改造鱼池开展潮汐流水养鱼。

潮汐流水养鱼池与一般池塘大小,结构类似,不同点是池塘串连(图 4-6),两端池塘与河道间建有随潮水涨落自动开、关的闸门(图 4-7)。在串连池塘较多的情况下,在串连池塘的中段加设调控闸,当落潮时能调控闸门使进水端池塘能缓缓向排水端池塘连续流水,即延长流水时间。

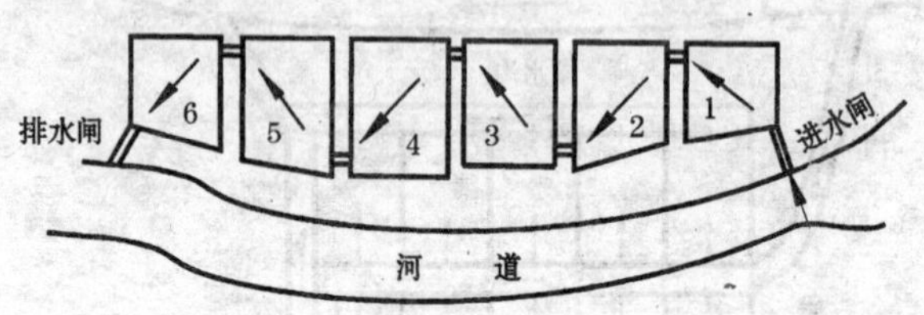

图 4-6 潮汐流水养鱼系统(示意)

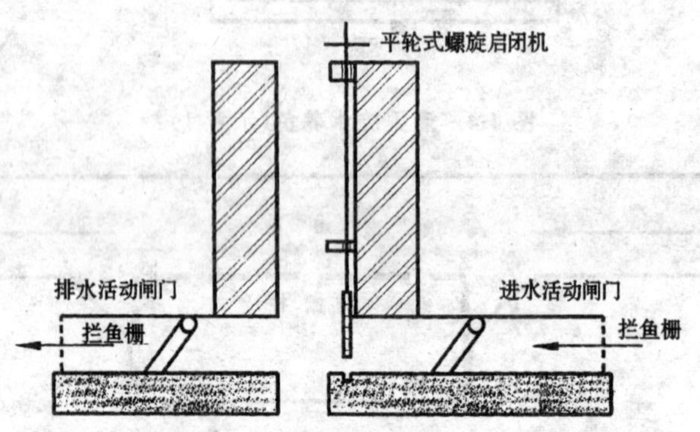

图 4-7 潮汐进排水活动闸门(示意)

潮汐流水养鱼的进、排水闸门因是随水流推力自动开关,所以活动栓应十分光滑、灵活,易于自动开关,同时闸门应轻巧牢固、关闭严实。闸孔和池间连通管道的直径大小应适合,并留有余地。一般根据鱼池数量、面积,管径为 50～80 厘米,以保证进、排水平衡。同时,各闸孔和池间连通管道应有拦鱼栅,以免鱼类逃逸和窜池。

123. 如何开展温流水养鱼和冷流水养鱼?

(1)温流水养鱼 温流水养鱼是利用电厂废热水，或其他工厂的余热水及温泉地热水养鱼。在无地形、地物落差时，一般需要动力机械提水，形成流水，或在可能情况下利用电厂或其他工厂管道排出的废、余热水经调节后直接进入流水养鱼池，不另外配备动力设备，以降低成本。

由于工厂废、余热水和温泉地热水的水温高低不同，需利用一般池水或地下水调节后，使其达到养鱼的需要(20℃～30℃)，同时还需经增氧方可进入流水池养鱼。

为了便于排污，温流水养鱼池一般设计建成圆形池，面积50～100 平方米，水深 1 米左右。根据地面情况，也可建成长方形。

(2)冷流水养鱼 冷流水养鱼是利用地下泉水、雪山泉水、溶洞流水或水库底层低温流水，开展冷水性鱼类的流水养殖。我国各地泉水分布广泛，大小水库多种多样，开展冷流水养鱼也具有较大潜力。

冷流水养鱼方式、方法，其本质与温流水养鱼相同，只不过是将温水换成冷水，饲养冷水性鱼类。

由于温泉水和冷泉水都属于地下水，而地下水又受不同地质影响，故地下水化学成分较一般淡水复杂，所以利用地下水进行流水养鱼，还需要了解某些元素的含量是否过高。养鱼用水应符合养鱼水质标准。

124. 如何开展池塘循环水养鱼?

池塘循环水养鱼是将多个池塘以“田”字形或“一”字形用管道串联起来(图 4-8，图 4-9)，通过水泵或潜水泵抽取一个池塘的水到另一个池塘，或通过沟渠进入另一个池塘，造成多个池塘因水位差和连通原理，循环往复，从而推进池塘水体上下对流交换，充分发挥浮游植物光合造氧作用，促进物质良性转化，提高能量转换效

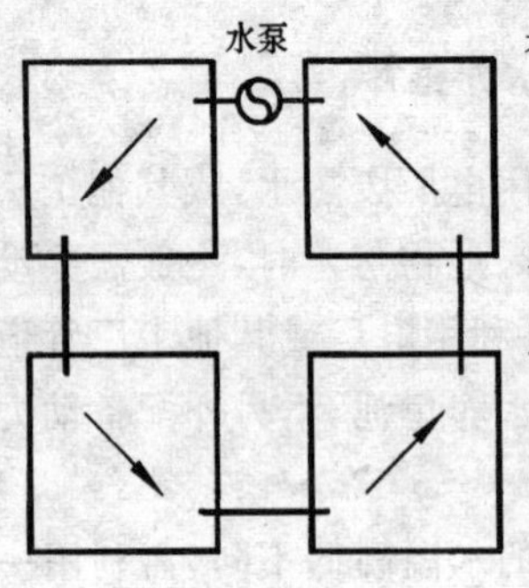

图4-8　池塘"田"字形循环水养鱼(示意)

果,改良池塘环境,达到增产的目的。

池塘循环水养鱼的产量高低与水的交换量有密切关系。根据池塘大小、容水量多少而确定一定的交换量,再确定水泵大小(出水量)。池间连通管道和沟渠大小应与水泵口径相匹配,一般连通管道直经应为水泵口径的3～4倍,以便使进出水平衡,同时还要使进水口位于水层底部,出水口紧靠水面以下(图4-10)。此外,参与循环的池塘大小应基本一致,避免相差太大。

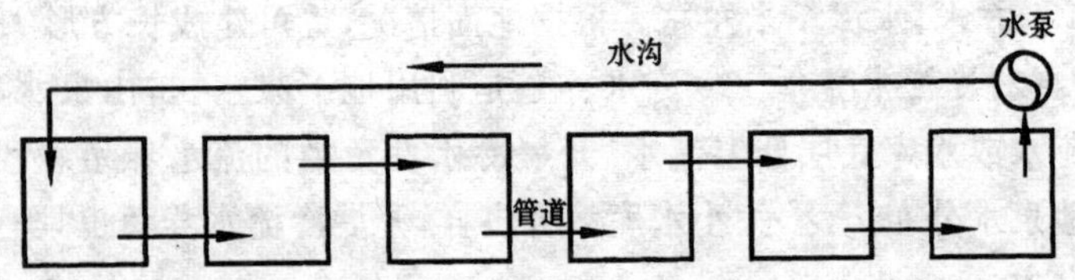

图4-9　池塘"一"字形循环水养鱼(示意)

池塘循环水养鱼,具有一定的能耗,这是与提高鱼产量相一致的。为了节省能源,在夜间可以停机,暂停水循环;白天日出后,开始循环,中午和下午加强循环,可以收到既节省能源又可促进鱼类生长之目的。

循环水是否易于传播鱼病,是一个值得探讨的问题。一般看来,一池发病会传播到其他鱼池是传统养鱼常发生的问题。对于池塘循环水养鱼,由于环境的改善,一般有利于预防鱼病。但由于可变因素较多,加上有些细菌性和病毒性鱼病传染性极大,因此在鱼病流行季节和对某些

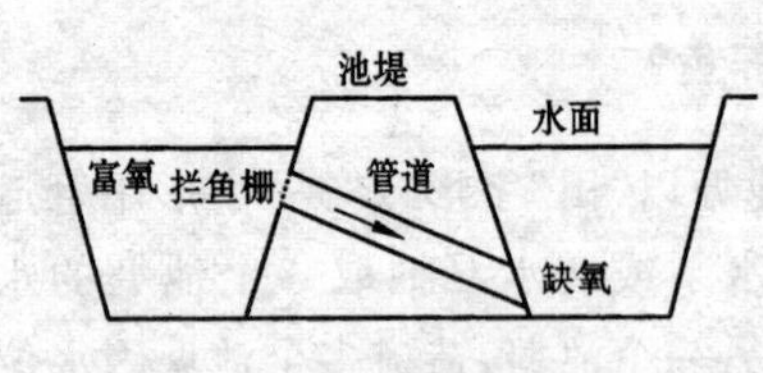

图4-10　池塘循环水养鱼连通管道(示意)

传染性较大的鱼病，同样应当进行预防，发病时积极治疗。

125. 如何开展池塘与人工湿地结合流水养鱼?

池塘与人工湿地结合流水养鱼，是池塘生态与湿地生态以流水方式相结合的一种复合生态型养鱼。它对于物质转化和能量转换的机制更强，有利于环境保护，也是一种健康养殖方式，值得推广和深入探索。

所谓池塘，即是传统的池塘，也包括其他类型的池塘；所谓人工湿地，即是人工创造的湿地，当然天然的下湿地也行，但一般较少。两者结合，即通过机械提水，造成流水而实现。

李谷等研究表明，为了使池塘与人工湿地更好地结合，人工湿地一般建在池塘边上，或者因地面限制也可通过沟渠连通建在其他方便之处。正因为要形成流水和发挥湿地的作用，一般湿地与池塘间应有 50～80 厘米的落差，即人工湿地应高于池塘。

人工湿地的厚度为 80 厘米左右，面积至少为池塘面积的 10%～15%，当然大一些效果会更好。湿地铺上一层厚 50～80 厘米、大小如拇指甲的碎石或卵石。

在人工湿地上种植蒲草、菖蒲等水生植物和美人蕉等阔叶草生性植物。当水泵抽取池水，通过管道系统导入湿地，再接上多根具有纵向排列并具一排纵列小孔的支管，通水后即可喷水。水中微小物质和化学成分通过碎石层过滤、植物根系及细菌吸收转化之后，回流到集水沟内，最后进入池塘(图 4-11)。

为了提高湿地生产力，还可种植耐水性的经济作物和蔬菜类(空心菜、水芹、慈菇等)。这种既养鱼又种作物，还可美化环境的方式充分体现了循环经济技术的特别作用。

126. 如何选择流水养鱼的地点?

根据流水养鱼的特点，首先应选择具有常流水的良好水源，以便降低成本，提高效益。在我国具有常流水水源的山区、半山区和

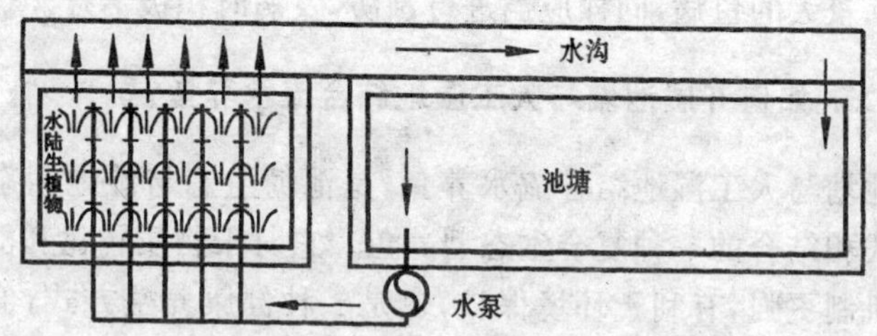

图 4-11 池塘与人工湿地结合流水养鱼(示意)

丘陵区非常普遍,这些地区的河道、溪流或水库众多。在河道、溪流沿岸两旁,在水库的下游、灌溉渠道两侧,都是选择流水养鱼建池的广阔天地。此外,在沿海一带海潮促使淡水河流水位有规律的涨落的地方或其他具有流水条件的地方,都有可供选择流水养鱼的地方。

但是,并不是所有具有流水条件的地方都可以开展流水养鱼,还必须考虑是否有利防洪,是否有利管理,交通是否方便,水量是否充足,与农业灌溉和生活用水是否有矛盾。这些条件和有关参数都应掌握,从而进行综合分析和比较之后,才能做到科学选点。

至于具体建池地点,可在以上选址原则基础上,因地制宜,能大则大,宜小则小,能圆则圆,能长则长,灵活掌握。

对于具有冷、热泉流的地区和工厂余热流水地方,选点的原则与以上基本相同,只要具备高差,即可选点引流开展冷水性鱼类和热带性鱼类的养殖与越冬。但对于水温过高的热泉和工厂余热水流还必须具有一般淡水水源调节,或地下水调节。由于冷、热泉流水质受不同地区地质影响,其水质化学成分应符合健康养殖要求。

对于池塘循环水养鱼和人工湿地与池塘结合流水养鱼的选点比较简单。因为都需要人工提水,只要将池塘稍加改造,或有一定的空闲地面建造人工湿地,就可开展流水养鱼。

127. 准流水养鱼池的结构分哪几部分,各有哪些要求?

准流水养鱼池有圆形、方形和长方形三种。从便于排污和结构均衡牢固考虑，一般以圆形居多；如果受地面限制也可建成方形或长方形。

准流水养鱼池一般面积不大，由几平方米至上百平方米，水深在 1 米以内，小则 0.5～0.6 米。

准流水养鱼鱼池结构分进水管口、主体池、拦鱼栅、排污管口和溢水管口。

(1)进水管口 进水管口的形式依据流水池的池形而不同。

圆形池一般有两种进水管。一种是斜冲式，即进水口呈 45°角进水；另一种是在圆形池面中间，平行装上一个“T”形进水管，在“T”形管的横管左右两段分别钻多个相对同向小孔喷水入池。这两种进水方式都可形成圆周运行流水，以利向中心聚集污物，便于排污。

方形池进水管口位于池面四周墙壁上。管上钻多个小孔向池中喷水。

长方形池进水管口，一种是装在与宽边平行的池面墙壁上，并在管上钻有多个小孔，向池中喷水，也有分 2～3 个或多个分管口向池中进水，这种长方形池为短长方形，即长与宽的长度相差不太大。另一种是装在与长边平行的池面墙壁上，并在管上钻有多个小孔，向池中喷水，这种长方形池为长长方形，即长与宽的长度相差较大。

为了使进水管大小有充分的调节余地，一般进水总管应装上闸门，管径宜大一些，即为 15 厘米左右，分管为 5～8 厘米，小孔为 0.5～1 厘米。

(2)主体池 主体池呈圆形或方形或短长方形或长长方形，水深不超过 1 米。圆形主体池池底呈锅底形，中央底部有一排水口，下接排水管，排水口上加拦鱼栅板；方形主体池池底形状，排水口、拦鱼栅和排水管与圆形主体池相同；长方形主体池的池底由进水端向排水端倾斜，排水端池底尽头有一长度同池宽边或长边等长、宽约 30 厘米的排污槽，上盖拦鱼栅板，槽深 20～25 厘米，中间接一排水管。

(3)拦鱼栅 拦鱼栅起拦鱼作用,一般为方形(或圆形)或长方形。方形拦鱼栅的长、宽均为30～50厘米,长方形拦鱼栅,长度同池的长或宽,宽度30厘米左右。拦鱼栅用角铁和钢筋焊接而成,盖上拦鱼栅后,栅与池底相平。

(4)排水管口 排水管口上接池底排水口,下接到池外,再接90°弯头,使口朝上,当插上PVC管后,既可以止水,又可通过一定高度(低于池面15厘米)控制池水水面。平时从上口溢水,需要排污时,拔起PVC管即可,需要止水时即再插上此管。

排水管为PVC管,管径15厘米左右。

(5)溢水口 溢水口为使流水养鱼池维持一定水位的开口,故开口在池面以下20厘米左右。如果利用PVC管垂直止水,拔起排污,那么插上时,其管口即为溢水口;如果溢水口直接开在口面池墙上,那么在排水管上接上阀门,控制排污。

128. 流水养鱼适合养哪些鱼类?

一般流水养鱼的设备、动力、饲料及其相关技术都较其他养鱼方式要高,即有较高的科技含量,是高密度、高产量、高成本和高效益的养鱼方式。为了达到"四高"目的,流水养鱼适合养产值较高的摄食性(吃食性)鱼类和名、优鱼类。这些鱼类包括草鱼、鲤鱼、鲫鱼、鳊鱼、团头鲂等常规鱼类,罗非鱼、淡水白鲳、宝石鲈、鲮鱼等热带性鱼类;虹鳟鱼、金鳟鱼等冷水性鱼类;大口鲶、长吻鮠、美国鮰、云斑鮰等无鳞鱼类;中华鲟、史氏鲟、俄罗斯鲟等鲟科鱼类;鳗鱼、鮰鱼、鲈鱼、鳜鱼等其他名贵鱼类。

总之,需要根据流水条件和各地鱼类来源、价格、技术和市场需求选定养殖品种,以求获得良好的养殖效果和经济效益。

129. 如何确定流水养鱼的放养品种、规格、比例和密度?

流水养鱼中潮汐流水养鱼、池塘循环水养鱼和池塘与人工湿地结合流水养鱼的放养品种、规格、比例与一般池塘养鱼相同，而放养密度大于池塘养鱼。由于密度大，产量高，故通常摄食性鱼类的放养量和鱼产量都占到80％以上，而滤食性鱼类和其他混养鱼类只占20％左右。

其他形式的流水养鱼，大多采取单养某个品种，如温流水养罗非鱼，冷流水养虹鳟鱼，灌渠流水养鱼、家庭流水养鱼和循环过滤式流水养鱼等养草鱼，或鲤鱼，或鲫鱼，或团头鲂，或鳗鲡等。

放养规格较大，并且较为一致，几个月，或半年，或1年达到食用要求。当然也有小规格养2年左右的，中间需要分池继续饲养以达到食用标准。

流水养鱼根据不同种类和不同规格放养密度不一样。在一般条件下，当年收获，小规格鱼种密度为每平方米15～20尾；大规格每平方米9～10尾。

影响放养密度的因素很多。对于流水养鱼，因流水池比池塘养鱼环境单纯，在保证饲料、适温和良好排污、管理条件下，水体、溶氧量是影响放养密度的主要因素。溶氧量与流水量大小直接相关。所以，根据注水溶氧量、注水水量，鱼类耗氧量和维持鱼类正常生长最低溶氧量（一般养殖鱼类为2.5毫克/升）等参数可以计算流水养鱼池鱼的最大容纳量。然后根据育成规格和最大容纳量计算放养尾数。其计算公式如下。

$$W=(A_1-A_2)Q/R$$

式中：W——最大容纳量（千克/全池）；

A_1——注入水溶氧量（克/米^3）；

A_2——维持鱼类正常生长最低溶氧量（毫克/升）；

Q——注入水量（米^3/时·全池）；

R——鱼类耗氧量（克/千克·时）。

式中各种养殖鱼类的耗氧量（R）可参见表4-1。

表 4-1　几种淡水鱼的耗氧量　(单位:克/千克·时)

种　类	体　重 (克)	水　温 (℃)	耗氧量 (克/千克·时)	备　　注
草　鱼	0.36	30	1.0	根据流水池测定结果
	0.37	28	0.917	
	4.33	24.7	0.263	
	5.4	15.8	0.245	
	6.0	18.8	0.255	
	9.33	22	0.296	
	500	28	0.175	
鲤　鱼	0.9～1.85	18.4～18.5	0.181	
	0.7～1.55	22.6～22.8	0.229	
	7.2	15.0	0.102	
罗非鱼	50	28	0.271	根据流水池测定结果
鲫　鱼	50	14.8～15.4	0.109	
泥　鳅	14.2	15.0	0.095	
鲶　鱼	58	15.0	0.106	
	68	20.0	0.295	
鳗　鲡	5	25	0.150	
	10	25	0.120	
	20	25	0.100	
	50	25	0.076	
	100	25	0.062	
	150	25	0.055	
	200	25	0.051	
	300	25	0.045	

(引自《中国池塘养鱼学》)

$$I=W/S$$

式中:I——放养尾数(尾数/全池);

W——最大容纳量(千克/全池);

S——计划育成规格(千克/尾)。

以上仅是理论计算,在实际放养时,还必须根据各种条件的具体情况、放养成活率和可能的其他损失，对计算数据予以调整，以便实现既定的养殖目标。

130. 如何进行流水养鱼的鱼种配套?

鱼种是养鱼的基础之一。流水养鱼属高密度、高产量的养殖方式，需要大量的鱼种，特别是大规格的鱼种。所以着力抓好鱼种配套是高产、稳产的必备条件。

流水养鱼的鱼种来源与配套，可以与池塘养鱼相结合加以解决，也可以通过流水养鱼分级饲养加以解决和辅以其他途径加以完善。

对于农家式的流水养鱼和小规模的流水养鱼，由于鱼池面积有限，同时所需的鱼种不多，一般鱼种来源和配套易于解决，随意性也较大；但对于较多流水养鱼池，生产规模较大，则需要鱼种配套。如珠江水产研究所通过 4 个流水养鱼池饲养草鱼，即将草鱼自小到大分四级饲养(表 4-2)，使分级后各鱼池育成规格及所饲养天数基本相符，以达到鱼种配套的目的。

表 4-2　草鱼流水分级饲养

鱼池级别	流水池体积(米^3)	进水量(米^3/时)	放养规格(千克/尾)	育成规格(千克/尾)	放养密度(尾/米^3)	饲养天数(天)	净产量(千克/米^3)	成活率(%)
小鱼种池	4	20	0.01～0.13	0.27	451	35～40	58.9	90
中鱼种池	4	20	0.27	0.45	171	35～40	43.9	90
大鱼种池	4	20	0.45	0.75	162	35～40	43.7	90
成鱼池	4	20	0.75	1.25	98	35～40	44.1	90

实践证明，凡是流水养鱼能与一般池塘养鱼结合，解决鱼种配套问题比较容易，互相调剂，总体效果良好。

131. 流水养鱼投喂什么饲料，如何投饵？

流水养鱼的放养密度大，容纳量大，水流交换量大，故饲料的用量相应加大，并且易于流失。为了用好饲料，防止流失浪费，一般都采用高质配合颗粒饲料喂养。目前，各种鱼类的专用高质配合颗粒饲料较多，可根据不同鱼类对营养的需要量，选择营养适合、质量可靠、粒径适宜的配合颗粒料（见本书鱼类饲料问题解答）。

正因为流水养鱼放养密度大，也比较集中，适合驯化投饵，并以人工撒饵或机械投饵来实施。根据水温高低和鱼的吃食强度，颗粒料每天投饵3～5次，投饵量为鱼总体重的3%～5%（小规格）或2%～3%（大规格），草类占草食性鱼类总体重的20%～30%，做到量少、次多，饱食度达到70%～80%即可（根据鱼的抢食状况推断）。

为了充分利用好饲料，降低成本，提高效益，除注意适度喂养，避免流水浪费外，在有条件的地方，可将流水养鱼与池塘养鱼结合。这不但可以有利鱼种配套，而且还可将流水池的污物专门排到一般池塘中，进一步让鲢鱼、鳙鱼和其他杂食性鱼类再次利用。因为高质配合饲料的营养物质不可能一次性完全为主养鱼类消化吸收，况且总有少量饲料不可避免地沉入池底随污排出，若不再次利用，不仅浪费了营养素，而且还会污染环境。

132. 流水养鱼如何管理？

流水养鱼的管理包括调节池水流量，观察鱼的动态，注意水质变化和定期排污及洗池等。

(1)调节池水流量 流水养鱼是在流水条件下，通过一定流量开展鱼类养殖。为了降低成本，满足鱼类生长对氧的需要，人工调节池水流量是不可避免的。在饲养初期，鱼体规格较小，或水温不高，鱼类耗氧不大，可以适当降低流量；但随着时间推移，鱼体逐渐长大或水温较高，鱼类耗氧明显增加，需要相应增大流量。所以水流量大小需要根据鱼类生长、动态、水温和水质的变化进行人工调控。

(2)观察鱼水状态　流水养鱼一旦开始，随着饲料不断投入，鱼的生长和水质都在变化之中，需要随时掌握并及时进行人工管理。

每月测定鱼的生长参数，以便了解鱼的生长是否正常，并根据其体重调整投饲量。

鱼的活动状态通过其抢食程度、集群或游动情况判定是否正常。如果部分独游，或灵敏度下降，或身体发黑则是病态，需要及时检查对症防治；如果鱼类浮头则显示水体缺氧或鱼池容纳量过多，需要增大水量或将达到食用规格的部分出池销售，或分池饲养。

鱼的活动状态与水质变化有关。缺氧、氨过量，pH 值过高或过低，有机物耗氧增高，水色由清变浑，泡沫增加，需要及时清污、洗池。在有条件的地方可对主要理化指标进行定期或跟踪测量，以便了解水质变化趋势，及早采取相应对策。

排污、洗池是流水养鱼经常性的管理工作。由于鱼的密度大、空间小，鱼排泄的代谢产物较多，需定期和经常性随流水排出。为了便于排污，一般以圆形流水池能较好集污，随水排出，其他池形排污较差。根据流水池积污具体情况每天排污 1～2 次(边进水边开闸门排污)；每 5～10 天洗池 1 次(停水边排边洗)，即可较彻底排污。

133. 流水养鱼如何防治鱼病?

流水养鱼的鱼病防治与池塘养鱼和其他方式的养鱼基本相同。

在流水条件下，一般水质清新，如果饲养、管理较好，鱼病相对较少；反之，由于鱼的密度大、投饵多，如果饲养管理不善，仍常有鱼病发生，特别是多个鱼池串联流水养鱼和循环过滤式流水养鱼，一旦发病易于传播，应特别做好鱼病预防，以防患于未然。

防病的方法，除选择体质健壮的鱼种和注意操作避免鱼体受伤外，应定期对鱼池和相关设施消毒，尤其是在鱼种还未入池前，应用高锰酸钾浓溶液进行彻底消毒；草鱼种入池前注射免疫疫苗或鱼种药液浸浴，定期投喂药饵，预防细菌性和病毒性鱼病。

此外，一个经常性的和具有一定难度的预防措施，是要科学地饲养与管理，尤其是要利用良好的流水水质条件，注重流水池内的水域环境改良，即排污是否经常、彻底。在循环用水流水条件下，各排污过滤、净化、消毒、充氧等设施运转是否正常，功能是否保持；由于循环过滤式流水养鱼，经过长期运转后各设施功能都不同程度下降，加上换新水不及时，或有一定难度，环境恶化往往会引发鱼病造成较大损失。所以必要的测试手段和定期清洗或更换有关设施不可或缺。

当鱼一旦发病，可参照本书鱼病防治问题解答，根据流水条件可短期停水或缓流进行正确诊断，对症选药，精确计算，妥善施药，坚持治疗，以求获得良好效果。对于循环过滤式流水养鱼，除以上措施外，还应加上水环境改良，可利用“微生物制剂”消除不利因素(氨态氮、亚硝酸盐等)的影响。

五、稻田养鱼

134. 稻田养鱼有哪些意义与作用？

我国稻田养鱼有 2 000 多年历史。原来主要集中在四川、贵州、湖南、江西、广西等省、自治区的丘陵、山区。到 20 世纪 80 年代末全国稻田养鱼面积为 79.6 万公顷，鱼产量达 10 万余吨。一般每 667 平方米鱼产量达到 15～25 千克，或培养大规格鱼种 300～500 尾。稻田养鱼地区也由传统的省（区）发展到全国许多地区，养殖技术与方法有了很大改进和提高，如改窄沟为宽沟，改“十”字沟为“回”形沟，改小鱼溜为大鱼溜，改养鲤鱼、鲫鱼为多品种混养，改不投饵为适当投饵，使稻田鱼产量每 667 平方米提高到 50～100 千克，或培养大规格鱼种 1 000～3 500 尾，产稻谷 500 千克以上，增产 10%左右，实现鱼、稻双丰收。

我国有稻田 25 万公顷，其中有相当部分可以结合养鱼，潜力巨大。这对于调整农村产业结构，增加农民收入，改善人民生活，实现全面小康社会的意义和作用很大。

从科学上讲，鱼类可吃掉田水中浮游生物和水生昆虫，其中包括水稻害虫和蚊子的幼虫，可减轻水稻害虫危害和预防人类传染病。养草鱼可以吃掉杂草，鱼的活动疏松了土壤，鱼粪又可作为水稻的肥料；稻田中各种生物为鱼类提供了天然饵料，高温季节稻叶遮光起到降温作用。总之，鱼稻共生，互惠互利，各得其所，生态循环，良性发展，不但具有显著的经济效益和社会效益，而且还具有良好的生态效益。

综上所述，我国稻田养鱼历史悠久，经验丰富，技术提高，理论发展，潜力巨大，意义深远，作用不小，是我国广大农村增加收入比较灵活、易行的养殖方式。

135. 稻田养鱼有哪些类型?

稻田养鱼有早稻田孵化鲤鱼和鲫鱼苗育成夏花鱼种、田头鱼溜养鱼、宽沟养鱼、"回"形沟养鱼、冬闲田养鱼和垄稻沟养鱼等多种多样类型。各地可因地、因时制宜开展稻田养鱼。

136. 如何利用早稻田孵化鲤鱼、鲫鱼苗和培育夏花鱼种?

鲤鱼、鲫鱼产卵的季节正是插早稻时期。在靠近湖泊、水库的地方甚至自己的鱼塘,当发现鲤鱼、鲫鱼在湖、库、塘边水草或其他须状杂物上产卵时,可以收集着有鱼卵的水草放入早稻田中孵化出苗,就田培育鱼种;在缺乏水草的地方也可利用其他水区水草、水花生或柳树须根做成人工鱼巢放入可能有鲤鱼、鲫鱼亲鱼前来产卵的水边收卵。

放入早稻田孵化的鱼巢的数量(或巢中卵数)应有一定控制。一般掌握每667平方米孵化鱼苗数2 000～3 000尾,则鱼巢中的卵数应为鱼苗数的2～3倍,通过一定数量鱼巢,抽检着卵数进行初步估算。为了提高孵化率,将鱼巢散开放在水较深和宽阔处孵化,防止堆放和离水干死。

当鱼苗孵出后,分散吃食稻田水中天然生物饵料,经20天左右可长到3.3厘米左右,如果鱼苗多,10天之后,每天可适当撒喂粉状人工饲料,以提高夏花体质和成活率。

一般早稻田培育的鲤鱼、鲫鱼夏花鱼种,可以提供4～5倍早稻田面积的中稻田放养。当中稻插秧3～5天后即可将夏花鱼种移入继续饲养。这种方法简单、实用、经济。

137. 如何开展稻田鱼溜、鱼沟养鱼?

由于种稻需要晒田、施肥、施药,有的早、中稻接荐复种,为了解决种稻和养鱼的矛盾,往往在种稻之前开有鱼沟、鱼溜。沟、溜相通,当种稻需要排水、晒田或施肥、施药或复种时,鱼可通过沟集中到鱼溜中暂养。为了提高鱼产量，在面积许可的前提下，可适当扩大鱼溜面积(一般占稻田面积5%～10%)。田头鱼溜，即田头小塘，其深0.8～1米，面积从数十平方米至百余平方米不等。

这种稻田养鱼，较为传统、典型。一般每667平方米可产鱼数十千克，稻谷增产5%～10%。

此外，在土地宽广地区，适当改造传统稻田养鱼，将沟、溜合一，即将横沟由浅沟加宽至2米左右，纵沟加宽到1米左右，沟深1米左右，成为永久性的鱼沟，即稻田宽沟养鱼。鱼沟面积占稻田面积10%左右，每667平方米鱼产量达50千克以上，水稻产量不减。

138. 如何开展“回”形沟稻田养鱼？

在湖区、低洼稻田，因产量不高，或水位上升淹浸稻谷而产量无保障，可进行稻鱼结合改造，实施“回”字形稻田养鱼。即在稻田四周开挖一圈沟，根据历年高水位开沟取土筑埂，沟深1.5米左右，宽度以筑埂需土量而定。中间留田种稻，沟中养鱼，埂上种草、种菜或栽果树等以提高综合利用能力。

当中稻秧返青后，即注水提高水位，使鱼能进入田中觅食，当稻谷成熟后只收割稻穗，留下稻草肥水培植鱼类的天然饵料。

这样，既防洪种稻，又有利于养鱼，综合效益高。

139. 如何开展冬水田养鱼？

冬水田养鱼，亦称闲田养鱼。山区种稻，往往靠冬季加高田埂蓄水，准备翌年开春再种。利用稻田冬季蓄水开春免耕插稻、放种养鱼，秋季移动部分稻棵形成鱼溜捕鱼。冬水田养鱼在四川省东部山区比较多。在我国其他地区也有很多类似闲田可以养鱼，如两广一带雨水较多，在两季稻之间也存在空闲时间，水量充足，水质肥沃，也宜养鱼。

这种养鱼方式，因养鱼时间长短不同，所以投放的鱼种规格较大，密度较小，加上适当加高田埂、提高水位，适当施肥投饵，同样可获得可观产量，增加收入。

140. 如何开展垄稻沟养鱼？

所谓垄稻沟养鱼，即是利用低产稻田、下湿地，挖沟建垄，沟中养鱼，垄中种稻。沟宽约0.5米，深0.7米，垄宽1米左右。沟土、沟泥建垄，抬高稻田高度，使土壤与空气接触增加，提高地温，协调水、气、热的矛盾，使土壤、水分、热量等小气候始终稳、匀、足、适，促使水稻根系发达；沟内鱼的活动使上、下水层对流，促使养分分解增加肥力，并有利于稻根吸收。

这种方式养鱼，适当施肥、投饵，对鱼、稻都有效，可采取草鱼、鲤鱼、鲫鱼和鲢鱼、鳙鱼各1/3混养。每667平方米垄稻田可产鱼50千克左右，水稻500千克以上，经济效益、生态效益令人满意。

我国内陆盐碱地或其他下湿地，也可进行改造，实施垄稻沟养鱼。即建塘或宽沟抬田或宽埂，水陆结合，养鱼种稻或种其他作物，包括果树等。通过这种综合经营方式消减盐、碱，十分有效。如果有充足的河沟水源，则更加理想，可使这部分国土资源得到改良、利用，造福于当地人民。

141. 哪些稻田能养鱼？

理论上，种稻离不开水，养鱼也离不开水，有水种稻就存在养鱼的可能性。为了既能种稻，又能养鱼，而且要将两者结合好，就需有一个最佳或较佳的选择。

首先，要有充足的水源，能灌能排，保水力强，干旱不涸，大雨不淹，水质清新无污染。在平原和平坝地区，一般水源较好，排灌系统较为完善，抗洪、抗旱能力强，大多数稻田都可养鱼。丘陵、山区情况较为复杂。凡有水库、山塘水源并能自流灌溉的，养鱼条件就比较优越；而缺乏水源，下雨有山洪，无雨就干旱，不能基本保水，就无法养鱼。但有的山区通过冬闲田蓄水，就既能保水又能养鱼。

需要指出的是，一类低产田、下湿地、盐碱滩、河滩地通过水利建设和人工改造，既能种稻，又能养鱼，还能开展其他作物种植，以养鱼作为一种途径与方法，进行国土资源改造，综合效益会显著提高。

142. 稻田养鱼有哪些基本设施？

利用稻田养鱼，是根据鱼类对生存与生长的最基本要求，对稻田进行适当的改造，使稻田既能种稻，又能养鱼。

对稻田改造的基本设施有加高、加固田埂，开挖鱼沟、鱼溜，建造进、出水口及平水溢口，设置拦鱼设施和遮阳设施。

(1)加高、加固田埂 稻田养鱼需要维持基本水位，同时还要防止漏水、漫水逃鱼。为此，需要对稻田埂适当加高加固。埂高30～60厘米，顶宽30～50厘米，并捶打结实，防止塌垮和鳝洞漏水逃鱼。

(2)开挖鱼沟、鱼溜 鱼沟、鱼溜是鱼类活动集中和捕鱼的场所。鱼沟、鱼溜的形状、大小、数量，根据稻田的大小、形状而定。

鱼沟呈“十”字形、“田”字形，“ 田 ”形或“ 田 ”形。小面积稻田一般呈“十”字形或“田”字形，较大稻田呈“ 田 ”形或“ 田 ”形。沟宽、深各为50厘米。一般每隔20米开一条横沟，每隔25米开一条竖沟，四周围沟距田埂1～2行稻苗宽。此外，鱼沟的宽度和深度根据养鱼的要求和可能，还可适当加宽加深以利提高产量。

鱼溜与鱼沟相通，面积2～5平方米不等，约占稻田的5%～10%。鱼溜深0.8～1米，以设在稻田排水口处为好。根据稻田大小可挖鱼溜1个至几个，如果田边附近有小塘或三角空地，可以疏通或挖小塘与鱼沟接通则更为简便。

(3)进、出水口与平水溢口 稻田进、出水口开在相对的田埂上，或呈对角线的田埂上。进、出水口可用木质框架嵌成，框架长70厘米，宽40厘米；也可用砖砌成，使其牢固不易损坏，以防逃鱼。在进、出水口上装有拦鱼栅。

平水溢口建在出水口上。平水溢口主要起维持稻田一定水位的作用，当下大雨或进水较多时，多余的水从平水溢口中流出，防止田埂漫水逃鱼。平水溢口用砖砌成，宽约30厘米。

(4)拦鱼栅 进、出水口和平水溢口上都设有拦鱼栅，主要功能是防止逃鱼。拦鱼栅可用乙纶胶丝布、铁丝网或竹篾做成，其眼目大小，依鱼种大小而定。为绝对防逃，拦鱼栅必须牢固，安装稳妥；为了水流畅通，拦鱼栅宜面积偏大，而不能太小。

(5)遮阳棚 稻田水浅，鱼沟、鱼溜面积有限，高温季节太阳光强烈、温度高，对鱼生长不利，故应在鱼溜处朝西端用木杆或竹竿加树枝搭建简易遮阳棚，旁边种上丝瓜或其他有牵藤的瓜类、豆类，藤牵棚上可遮阳，长出瓜、豆又可供食用。

143. 稻田适合放养哪些鱼类？

稻田水浅，天然生物主要是底栖动物、水生昆虫、丝状藻类和杂草等，所以，适合稻田养殖的鱼类有鲤鱼、鲫鱼、团头鲂、草鱼等，还可配养少量鲢鱼、鳙鱼。此外适合稻田放养的或罗非鱼、鲮鱼、胡子鲶、普通鲶、黄颡鱼、泥鳅、乌鳢、月鳢等其他名、优或小型鱼类。

稻田养鱼既可养食用鱼，也可养鱼种，还可养鱼苗，可因地制宜进行养殖。

144. 怎样利用稻田培育苗种？

利用早稻田培育鲤鱼、鲫鱼苗种前已述及。当鱼苗孵出后直接在早稻田中养成夏花；如果孵出鱼苗较多，可移出部分到其他稻田中进行培育，每667平方米稻田可放养鱼苗约3万尾。

当稻田鱼苗养成夏花后，可出鱼溜并按一定密度放入其他稻田进行鱼种培育，或从其他地方购进夏花放入稻田进行鱼种培育。在不投饵的情况下，一般每667平方米稻田放夏花鱼种1 000～

2 000尾，其中草鱼、鳊鱼、团头鲂占 70%，鲤鱼、鲫鱼各占 10%，鲢鱼、鳙鱼各占 5%左右；也可鲤鱼、鲫鱼占 70%，草鱼占 30%左右；还有罗非鱼占 50%，青鱼、草鱼、鲤鱼、鲢鱼、团头鲂占 50%左右，一般每 667 平方米稻田可产鱼种 15～25 千克。在投饵料饲养的情况下，一般每 667 平方米稻田可放养夏花鱼种 3 000 尾左右，各类鱼种的比例如上所述，可产鱼种 50 千克。

145. 稻田养食用鱼如何放养？

稻田养食用鱼，适合选深水田和冬水田。由于各地条件差异，养鱼时间长短不同，不投饵或适当投饵，故放养品种、规格、密度也不一样。

四川省大足县利用冬水田养鱼(1982)，每 667 平方米投放夏花鲤鱼 100 尾，一龄鲤鱼 150 尾，10 厘米草鱼 67 尾。稻谷收割后，经常对草鱼投喂草类，年终起捕，鱼产量达到 145 千克，其中草鱼 800 克/尾，鲤鱼 600 克/尾。四川省新都县稻田养鲤鱼和草鱼，每 667 平方米投放一龄鱼种 1 200～1 500 尾或 3 000～4 000 尾，鱼产量一般达到 50～70 千克，高产的可达 100 多千克，稻谷产量达到 600 千克左右。

江苏省盐城郊区稻田养鱼(适当投饵)，主养鲤鱼、罗非鱼和草鱼，各放养 3～4 厘米鱼种 400 尾左右，搭配同规格鲢鱼、鳙鱼共 200 尾左右，鲫鱼 100 尾左右，共计 1 500 尾左右，鱼产量达到 50 千克左右，产稻 550 千克；主养草鱼和鲤鱼，每 667 平方米投放3～5 厘米鱼种各 1700 尾左右，搭配同规格鲫鱼 300 尾左右，共计 3 700多尾，在适当投饵情况下，鱼产量近 70 千克，产水稻 600 千克。

浙江省湖州郊区稻田养鱼(适当投饵)，主养草鱼、白鲫、鲤鱼，每 667 平方米投放 2.7～3 厘米鱼种分别为 2 283 尾，3 683 尾和 1 208尾，配养同规格鲢鱼、鳙鱼、鳊鱼分别为 1 683 尾，434 尾和 737 尾(合计约 1 万尾)，产鱼 192 千克。

以上事例表明，稻田养食用鱼，大多以主养草鱼、鲤鱼、鲫鱼等，搭配其他鱼类，其中搭配鲢鱼、鳙鱼较少；放养规格一般为3厘米左右，大规格为10厘米左右；放养密度每667平方米稀养500尾左右，中等1 200～1 500尾，密养3 000～10 000尾。一般稀养养成规格较大。每667平方米鱼产量不投饵者30～40千克，适当投饵者50～100千克，最高的约200千克；水稻产量500～600千克。

146. 养鱼稻田的种稻技术有哪些要点？

稻田养鱼后，稻田生态由原来单一植物群体变成了动、植物复合体。因此，稻栽培技术应有一定改进，以求既提高稻的产量，又有利于养鱼。其改进的原则如下。

其一，水稻品种宜选择生长期较长，茎秆粗壮，耐肥，抗倒伏，抗病虫害，产量高的水稻品种。

其二，秧苗类型以长龄壮秧、多蘖大苗栽培为主。

其三，采用壮个体、小群体的栽培方法。即在水稻生长发育全过程中，个体要壮，提高分蘖成穗结实率，群体要适中。

其四，栽插方式以宽行窄株距条栽为宜(20厘米×16.5厘米)，为了保证基本苗数，全部行距不变，以适当缩小株距；还可在田埂四周增株呈篱笆状，以充分发挥和利用边际优势，增加稻谷产量。

其五，稻田施肥以有机肥为主，化肥以量少次多来施用。

其六，稻田排灌应保持沟中一定水位，晒田的时间和程度不能过长、过重。

其七，水稻病虫害防治以生态综合防治为主。

147. 稻田养鱼的农田施肥有哪些注意事项？

农田施肥不仅可促进稻增产，也有利于养鱼增产。但这是建立在兼顾稻、鱼两者的基础上，进行科学施用。农田施肥有如下注意事项。

第一，养鱼稻田施肥应坚持以有机肥为主，无机肥为辅，重施基肥，轻施追肥的原则。

第二，基肥应在放鱼种之前5～7天施用，基肥量占全年施肥量的70%左右，一般以厩肥、绿肥、粪肥为主，也可掺一定量化肥，在耕田后或耕田时施下。基肥量根据稻田土质肥、瘦程度而定，通常每667平方米施有机肥400～500千克。

第三，追肥宜采取量少、次多、经常化，避免一次性重施猛施，否则既对鱼有害，对稻也不利。追肥一般用化肥，也可用粪肥，严格控制用量，通常每667平方米施尿素一次性用量3～5千克，或过磷酸钙6～10千克，或硝酸钾2～3千克。不宜施用氨水、氯化铵和碳酸氢铵。追肥时水位不低于5～7厘米，还应避免多种化肥同时一次性施用及避免放入鱼沟和鱼溜。

148. 稻田施农药有哪些注意事项？

水稻的病虫害较多，稻田施农药不可避免，但要注意避免伤害鱼类。并尽可能做好预防，力争不用药或少用药，并且注意用药方法。

(1)提倡生态综合防治水稻病害 本来稻田养鱼，鱼可吃掉水稻许多害虫和水生昆虫，加上保护青蛙等都能有利预防水稻病害；此外，稻种经过药物浸泡和培植壮秧，作物轮作，提高栽培技术都是综合防病措施。只有重在预防，完全可以达到不用药和少用药。

(2)主张使用高效、低毒药物防治水稻病虫害 对稻、鱼都有利，以实现健康养殖。

(3)选择适当时机施药 如果是粉状药物，宜在清晨露水未干时喷洒；如果是液体药物，宜在上午露水干了以后喷洒，并且不使药物泼到水中、鱼沟和鱼溜中，以免鱼类中毒，特别是在高温条件下，更应加以注意。一旦鱼类有中毒表现应及时注水稀释救治。

149. 稻田养鱼如何浅灌、晒田？

水稻浅水灌溉和晒田促根是其高产的必须措施，但与养鱼有一定矛盾，所以妥善掌握浅灌、晒田才能为稻、鱼创造互利的环境。

所谓浅水灌田，是在稻活苗之后，浅水灌溉，适水露田，促进分蘖，即稻生长前期要求浅水，此时鱼种较小，只要适当清好鱼沟、鱼溜，一般对鱼影响不大，以后随着稻、鱼生长逐渐加深水位，都能生长良好。

所谓晒田，是指在水稻插秧后1个月左右排水晒田，这对养鱼有一定影响。解决的方法除轻晒、短晒外，还需从水稻栽培和挖好鱼沟、鱼溜综合办法着手，使轻晒、短晒才有效果。在栽培上，主要是培育多蘖壮秧、大苗，栽足预计穗数的基本茎蘖苗，以大大减少无效分蘖发生。在施肥上实行蘖肥底施，严格控制分蘖肥用量，特别是控制氮素肥用量，使水稻前期不猛发，使其稳发、稳长、群体适中。此外，水稻根有70%～90%分布在20厘米之内的土层，如果开好鱼沟(深50厘米)，挖好鱼溜(深100厘米)，晒田时降水20厘米，鱼沟和鱼溜仍有30厘米和80厘米的水深，加上清好鱼沟和鱼溜，换上清水，对鱼影响不大，同时也促进了水稻根系生长。

150. 稻田养鱼如何投饵？

稻田养鱼分不投饵和适当投饵两类。不投饵即纯粹利用稻田天然饵，鱼种放养少，鱼产量较低；适当投饵即在鱼溜和固定某段鱼沟中投饵，鱼种放养密度较大，产量较高。

所谓适当投饵，即根据放养的鱼种种类、食性及其数量，按“四定”投饵法，投喂精料或草料。一般精料占鱼总体重(根据鱼体、大小估算)的5%左右，草料占草食性鱼类总体重的20%～30%，并根据天气、鱼的吃食情况增减，以免不足或过多浪费而影响水质。

151. 稻田养鱼如何管理?

稻田养鱼的成败,与管理有很大关系。管理除严格按稻田养鱼和种稻的技术规范实施外,每天需要通过巡田及时掌握稻、鱼生长情况,并针对性地采取管理措施。特别是在大雨、暴雨时候要防止漫田;检查进、出水口拦鱼设施功能是否完好;检查田埂是否完整,是否有人畜损坏,有无黄鳝、龙虾洞漏水、逃鱼;有无鼠害、鸟害,并及时采取补救措施。

一般在传统稻田养鱼的区域,已形成公共秩序,管理较为单纯;而新区则较为复杂,往往需通过技术与行政措施相结合才能奏效。为了便于管理,以成片、成大片开展稻田养鱼有利于管理。

此外,当稻田养鱼的鱼种放养密度较大、鱼产量较高(投饵型)时,也有鱼病发生。主要是做好预防,即定期对鱼沟、鱼溜利用杀虫剂、杀菌剂消毒,以清洁水质。发现鱼病对症治疗(详见本书有关问题解答)。值得注意的是,稻田水不深,沟、溜水体小,需慎重用药,注意药性,严控药量和妥善施用,以求既能防治鱼病,又不中毒死鱼。

152. 怎样将稻田养鱼与池塘养鱼及其他养鱼方式相结合?

稻田养鱼与池塘养鱼及其他养鱼方式相结合,最大的有利条件是为稻田养鱼的鱼种调剂(鱼种因种稻操作需要转移)提供了便利,同时养殖技术可以融会贯通,养鱼工具、物资也能充分利用,从而降低成本,提高效率,增加收入。

凡有这种条件,尽可能利用;不具备条件可以创造条件。如利用田边、地头空闲之地,开挖池塘养鱼;利用房前、屋后、村头、庄后的水坑洼地,稍加整治后养鱼;利用附近湖、库、河沟,实施网箱养鱼、围拦养鱼、流水养鱼等。这样多种方式与稻田养鱼结合,充分开发水面、土地和渔业资源,为农村致富奔小康发挥综合作用。

153. 稻田养鱼如何捕鱼？

当稻田养鱼的鱼、稻双收之时，是先收稻、后捕鱼，还是先捕鱼、再收稻，这要看当时的具体情况。如深水田、冬水田、宽沟田、回形沟田，收稻之后还要继续养鱼，则先收稻穗，留下部分稻秆肥水养鱼。

一般稻田养鱼，需先捕鱼，待稻田泥底适当干硬之后利用收割机收稻。这种捕鱼，在稻田比较平整，田中鱼群能顺利随排水进沟到溜，才便于捕捞；否则有部分鱼或少量鱼在田中搁浅会造成损失。所以捕鱼中应适当检查田中、沟中是否还有留鱼，如有可进行人工捕捉。

如果先排水集鱼割稻再捕鱼，或同时进行则比较直观，捕鱼彻底。

为了有效、快捷、安全捕鱼，需要一定的工具和设备。其中包括捞海、抄网或小网、鱼桶、网箱。这些小鱼具和简单设备，可以自行制作（参照本书养鱼工具问题解答）或用通用设备代替。

捕鱼前，要先疏理鱼沟、鱼溜，使沟、溜通畅，然后缓慢放水，使鱼落沟，加上适当驱赶到鱼溜，再用小网、抄网或捞海轻轻地捕鱼，集中放到鱼桶，再运往附近塘、河的网箱中暂养。如果鱼多，一次性难以捕完，可再次进水集鱼排水捕捞。之后需检查沟、溜和脚坑中是否还留有少量鱼并捉净。

鱼进箱后，洗净余泥，清除杂物，分类分规格，对于不符合食用标准个体的鱼种，转入其他养殖水面，以备翌年放养需要。

在捕鱼过程中，要注意保护鱼体，及时放入网箱，鱼种要尽量减少受伤和死亡，成鱼要保持活鱼上市。

六、"三网"养鱼

154. 什么叫"三网"养鱼?

为了充分利用大中型水面进行渔业生产,近年来我国各地纷纷开展在湖泊、水库等天然水面中进行"三网"养鱼。所谓"三网"即网箱、网围和网拦。

网箱养鱼就是在用网片制造的箱笼内进行养鱼的生产方式。网箱一般设置于较大水体中,水流可由网孔通过,使箱体内形成一个活水环境,保持水质清新,溶氧丰富。因此,可进行高密度养鱼。我国的淡水鱼网箱养殖开始于 20 世纪 70 年代,近年来有了长足发展,几乎在所有的大、中、小型湖泊、水库都有网箱养鱼,在某些缓流的河道甚至池塘中也有进行网箱养鱼的。

在大水面(湖泊、水库等)的浅水区,用网片围绕一片水域,面积在几公顷至数十公顷不等,四面环水的称"网围",而一面靠岸,用网拦住一部分水体进行养鱼的称为"网拦"。前一种适用于畅水地区,后一种适用于湖汊、库湾等地区。网围养鱼和网拦养鱼都是利用池塘养鱼的精养或半精养方法,以获得较高产量的养殖方式。

为了兼顾经济利益和生态效益,保护水域环境,在某一水域"三网"养鱼的总面积一般不超过该水域面积的 3‰。

155. 怎样选择网箱的设置地点?

一般面积较大的水域,如水库、湖泊等均可进行网箱养鱼,某些条件较好的河道、面积较大的池塘等也可设置网箱。为了取得较好的养殖效果,一般应选择水底平坦、风浪较小、水位相对稳定、水深在 2.5 米以上、水源充足、水质清新无污染、溶氧丰富、背风向阳、最好有微流水的地方,以利于网箱内外的水体交换,获得更高的产量。

网箱的设置地点应尽量远离交通繁忙的水上航道，远离工矿企业的排污口。还应注意养殖地区周边的治安环境是否良好，交通是否畅通，鱼种及饲料来源是否方便，鱼产品的市场销售是否顺畅等。

156. 网箱的结构与使用材料是如何确定的?

网箱的结构和使用材料与养殖对象有密切关系。网箱结构应适合养殖对象的生态特点，一般要求经久耐用、造价低、操作管理方便。网箱主要由四部分构成。

(1)箱体 是网箱的主体，用网线等软质材料构成，也可用铅丝、竹、木等硬质材料。我国目前使用的网箱主要是用聚乙烯网线制成的网片装配。箱体截面一般为正方形或长方形，也有圆形和多边形的，一般前二者成多。箱体的形状、大小及网目大小应根据放养对象的种类、大小、习性等来确定。

(2)框架 一般使用圆木或毛竹，制作方便、成本低，也可使用塑料管、铝管或钢管、角铁等。

(3)浮子 竹、木框架也可起浮子作用。泡沫塑料块、塑料球、桶及玻璃钢浮球、废油桶等均可作浮子用。

(4)投饵装置 在投饵网箱内要加设饵料台，匹配投饵框及自动投饵机等。

除上述主要结构外，有的网箱还需要沉子、锚绳等附属设施。

157. 网箱的设置有哪几种形式?

(1)敞口浮动式网箱 箱体悬挂在浮力装置或框架上，使之在水面浮动，可根据需要移动网箱，避开不利环境条件，移入更合适的水域。一般适宜在较深的水库、湖泊中使用。

(2)固定式 箱体被毛竹等支撑物固定在水面，适宜安装在水较浅、水位变化不大的湖泊、河道中。

(3)沉下式 箱体要加箱盖网,全部沉入水面下,可避开水面风浪的影响,一般在风浪较大的敞水大水面使用。

(4)升降式 与沉下式网箱相似,可在水面之下移动。平时露出水面,风浪大时或越冬时可沉下水面。

158. 网箱的大小如何确定?

网箱的大小以底面积计算。面积大小应根据放置水域的环境条件、养殖种类的习性以及养鱼者的经济实力来确定。底面积在30平方米以下的为小型网箱,30～60平方米的为中型网箱,60平方米以上的为大型网箱。我国目前使用的网箱规格一般为3米×5米,5米×5米,10米×8米等。箱体深度的确定视养殖水域的深浅而定,一般深度在2米左右。

159. 网箱适合养哪些鱼,如何确定放养密度?

目前我国网箱养殖对象的种类繁多,除传统的养殖对象青、草、鲢、鳙"四大家鱼"外,鲤鱼、罗非鱼也成为常规的养殖对象。此外,还有鳜鱼、黄鳝及虾、蟹等特种水产品。养殖的密度一般根据水质条件、养殖对象的特性、饵料来源的难易等来确定。一般养殖滤食性不投饵鱼类(如鲢鱼、鳙鱼),鱼种放养密度为1～3千克/米^2,即进箱鱼种规格如为50克/尾,则放养鱼数量为20～60尾/米^2。吃食性鱼类(如鲤鱼、草鱼),一般按10～15千克/米^{2}放养,放养鱼的规格在100克/尾时,放养量应为100～150尾/米^2。

160. 网箱养鱼的流程及日常管理有哪些?

网箱安装在水域后,应静置一段时间(一般为15～20天),待网衣上生成一层生物膜后再放鱼种,以免网衣伤鱼。在鱼种入箱前要进行一次全面检查,框架是否牢固,网衣有无破损等。放养入箱的鱼种都要求体质健壮,无伤无病,并要经3%～5%的食盐水消毒。放养后的滤食性鱼类摄食水体中的天然浮游生物,一般不需投食。吃食性鱼类一般投喂人工颗粒饲料，日投饵量一般为鱼总体重的5%～8%，每天投喂3～4次，并要根据鱼的摄食情况、天气、水温等灵活掌握。

网箱养鱼的日常管理一般有如下几项。

第一，清箱。网箱养殖一段时间后，水中的藻类等生物可能堵塞网目，应及时进行清理，一般为15～20天清箱1次，以保持箱内外水流的畅通。

第二，巡箱。每天坚持早晚巡箱，检查网箱是否有漏洞，捞除杂物和死鱼，观察鱼的摄食及发病情况，及时采取措施，高温时要加遮阳网等降温。

第三，病害防治。应以预防为主，防治结合。保持良好的水质环境、投喂新鲜质优的饲料，治病应以挂篓、吊袋为主，对症下药，或将鱼赶至网箱一角用塑料膜隔开进行药浴，防治鱼病。

第四，适时捕捞。网箱养鱼的起捕较为方便。可根据市场需求，用投饵量的多少来控制鱼的生长速度，捕大留小，做到长年均衡上市与节日集中上市相结合。

此外，经过较长时间饲养后，网箱周围水域和所在位置的水底环境不同程度恶化，需要定期改换网箱位置，以防泛箱和引发鱼病。

161. 如何利用网箱培育鲢鱼、鳙鱼鱼种？

在水质条件较好、浮游生物丰富的湖泊、水库，可进行不投饵网箱培育鲢鱼、鳙鱼鱼种，使鱼种直接摄食水体中的天然饵料，这种方法在一些贫困山区或饵料来源困难的地区普遍应用，其养殖成本低、效益好。一般方法为：使用浮动网箱，在箱中放养体长4～5厘米的夏花100～400尾/米^3，经50天左右可育成12～13厘米的鱼种，这时的鱼种可直接放养到池塘或水库中，也可继续在网箱中培育，经3～4个月，可养成30厘米的大鱼种，放养的成活率更高。不投饵网箱的管理较简便，定期清除网衣的附着物，只需防止堵塞水流，防止网破逃鱼，大风浪时及时采取安全措施。

162. 网箱养鲤鱼的主要技术有哪些?

鲤鱼是北方人的喜食鱼类,也是北方网箱养鱼的主要种类。其主要技术措施如下。

(1)网箱设置 规格一般为5米×5米×2.5米,网目为3厘米的乙纶网片,全封闭的六面体。框架用毛竹制成正方形。框架上有钢筋制作的圆环,以便挂上网衣。

(2)鱼种放养 4月上旬水温在15℃左右时可放鱼入箱。鱼种规格为50～100克/尾,进箱时用3%～5%食盐水消毒,放养量为150～200尾/米^3。

(3)饲料投喂 每日投喂5～6次。投喂人工颗粒饲料,日投饲量为鱼总体重的0.5%～5%,依水温的升高逐渐增加。在水温降至5℃以下,即停止投喂。

(4)日常管理 每天定时投喂,随时清除杂草、漂浮物,特别在大风、汛期要注意巡查,防止逃鱼,在必要时将网箱转移至避风处。平时注意防病,可在饲料中添加防病药物。

163. 如何利用小体积网箱养殖鲫鱼?

在水库中设置小体积的网箱养殖鲫鱼,管理方便,可随时根据市场需要适量上市,经济效益良好。所采取的技术措施如下。

(1)网箱设置 用聚乙烯双层网片,内层网目1.5厘米,外层3厘米。规格为1米×1米×1.1米。网箱为漂浮式,用毛竹做支架,在网箱底部中央设饵料台。网箱应设置在背风向阳,水面宽阔,水深在5米左右,最好有微流水的库区。

(2)鱼种放养 3月中下旬选购生长速度快、病害少的优良鲫鱼品种如异育银鲫、高背鲫、彭泽鲫、湘云鲫等。每箱放养尾重75克的鱼种200～250尾。

(3)饲料投喂 使用粗蛋白质含量>30%的颗粒饲料,日投饵量为总体重的2%～5%。

(4)日常管理 经常观察鱼的活动情况、摄食量,7～10天洗刷网箱1次,及时清除残饵,做好疾病防治工作。

164. 如何利用小体积网箱养殖罗非鱼?

(1)网箱设置 小体积网箱由箱体、箱盖、饲料盘、投饲管、框架等几部分组成。网箱规格有1米×1米×1米,1.5米×1.5米×1.1米,2米×2米×1.1米等几种,聚乙烯网片的网目大小一般为2～2.5厘米。箱盖由不透光的合成纤维制成,防止罗非鱼受惊吓。饲料盘可用密眼网布制成,投饲管由打通竹节的毛竹制成。框架用毛竹制成代替浮子,下框架用钢筋制成代替沉子。小体积网箱可设置在水质清新无污染的湖泊、水库、河道中。

(2)鱼种放养 罗非鱼在水温上升到20℃时放养。罗非鱼种的体重为50～100克,在北方地区,由于罗非鱼的生长期较短,适宜放养较大规格鱼种;在南方地区,生长期较长,可放养小些的鱼种。放养密度为150～200尾/米^2,如放养50克的鱼种,90天可养到体重400克左右,达到上市规格。

(3)饲料投喂 颗粒饲料粗蛋白质含量在30%左右,投饲量为体重的2%～4%,每日投喂2～4次。饲料可通过投饲管进入饲料盘。

(4)日常管理 罗非鱼管理主要是保持环境安静,避免罗非鱼受到惊吓,每天观察鱼的动态,及时防治鱼病、防止逃鱼,防止大风浪及洪水冲坏网箱。

165. 网箱养鳜鱼有哪些技术要点?

(1)网箱设置 因鳜鱼原生活于有流水的河道中,所以鳜鱼网箱一般应设置在水位和流速平稳、水质清澈的河道或有微流水的水库中。网箱规格一般为7米×4米×2米。为敞口浮动式网箱,以毛竹做框架,以废油桶做浮子,架设时要避开主航道(靠近岸边)。

(2)鱼种放养　鱼种规格为50～100克,放养密度为12～15尾/米^2。应特别注意鱼种的规格要大小一致,以免大鱼吃小鱼。

(3)饵料投喂　鳜鱼以活的小鱼虾为食,因此,投喂规格要适宜,数量充足的饵料鱼是网箱养鳜鱼成败的关键。解决活饵料鱼的途径有三个。一是自己培育配套的饵料鱼如鲢鱼、鳙鱼、团头鲂、罗非鱼、鲫鱼等;二是在江河中捞取野生的饵料鱼;三是到市场或渔场采购饵料鱼。根据水温决定投饲量,一般5～15天投喂1次,投喂量为鳜鱼种尾数的20倍左右。

(4)日常管理　每天要早、中、晚3次检查网箱,每周清洗网箱1次,保证水流畅通。箱内始终保持一定密度的适口饵料鱼,并注意防治鱼病。

166. 在水库网箱中如何养殖团头鲂?

(1)网箱设置　网箱设置在水质清新、溶氧丰富、避风向阳的库湾中。规格为4米×5米×2.5米的双层封闭式聚乙烯网。网目3厘米,用毛竹做框架,浮动式。

(2)鱼种放养　规格为60～80克,放养密度为90～100尾/米^2。每个网箱放养的鱼种应规格整齐一致。放养前用4%的食盐水消毒15分钟。

(3)饲料投喂　团头鲂为草食性鱼类。网箱养殖可以颗粒饲料为主(粒径为2～4.5毫米)。辅以青饲料如浮萍、菹草、黑麦草等。投喂颗粒饲料需经过“驯食”,即投喂时在网箱边敲打水桶,以形成条件反射,一般1周内可驯食成功。

(4)管理要点　搭配青饲料时要消毒,当天投喂的当天吃完,残草应及时捞出,在网箱周围定期泼洒生石灰水,以改善网箱内外水质。还要在饵料中加入防病药物,做到预防为主,发现病害及时采取措施。

167. 网箱养黄鳝需注意哪些问题?

(1)网箱设置 养殖黄鳝的网箱一般设置在水源较好的池塘、小型湖荡及河沟中。网箱为长方体,规格一般为6米×2.5米×1.2米,为固定式,四周用毛竹或木桩固定,箱底距池底50厘米左右。在鱼种入箱前15天左右要放入水草,如水葫芦、水花生等,以便黄鳝隐蔽。

(2)鳝种放养 由于目前鳝鱼的人工繁殖还未完全成功,因此以放养野生鳝种为主。春季4～5月份收集野生鳝种投放,放养规格为30～60克/尾,放养密度为1.5～2.5千克/米^3。

(3)投喂饵料 一般以天然动物性饵料较好,如河蚌肉、蚯蚓等,也可以颗粒饲料和天然饵料结合投喂。

(4)网箱管理 黄鳝怕高温,水温在35℃时应搭建遮阳棚,或加盖遮阳网。加注新水,投放一定数量的泥鳅,以搅动水流。一般在冬季水温降至10℃时起捕出售。若需越冬,则要注意防冻。

168. 如何在水库中利用网箱养殖黄颡鱼?

(1)网箱设置 网箱设置在有微流水的水面宽阔的库区。网箱规格为4米×4米×2米,聚乙烯网片、网目为1.5厘米,单层封闭式,以角钢制作箱架,泡沫塑料浮筒做浮子。鱼种入箱前在网箱中放入水葫芦或水花生作遮阳物,其覆盖面积占网箱水面的1/4。

(2)鱼种放养 人工繁殖的春片鱼种,规格20～25克/尾,放养密度为200～300尾/米^2。鱼种放养前用5%食盐水消毒。

(3)饵料投喂 先投喂剁碎的新鲜小鱼虾,以后逐渐驯食投喂颗粒饲料。采用慢—快—慢的投喂方式,投喂量要控制在2小时内吃完为宜。

(4)网箱管理 每半月用强氯精等进行网箱消毒。定期投放药饵防治鱼病,每日清除残饵。由于黄颡鱼体外有硬刺,容易互相扎伤患皮肤病,要及时用中药五倍子液药浴(浓度40毫克/升),防治皮肤病害。

169. 网箱养殖虹鳟鱼有哪些技术要点?

(1)水域选择　根据虹鳟鱼的生物学特点,应选择水质清澈、水流通畅、溶氧充足、水位稳定、年水温变化在4℃～24℃之间的水库开阔水面,有一定的水流刺激,透明度大于2米。

(2)网箱设置　使用长方形网箱,设置时与水流垂直。网箱大小可随培育鱼体的大小制作不同规格(大、中、小型)的网箱,因网箱管理繁杂,需设置框架式浮动操作平台,以便操作人员走动操作。一般用角钢及泡沫塑料构成框架平台。网箱以尼龙网片制成,加盖网。网箱呈“一”字形排开,每个箱均与水流垂直。

(3)鱼种放养　规格在50克以上。放养密度可用公式计算:放养量(尾/米^3)=收获时每立方米水体中鱼的总重量/收获时每尾鱼的平均体重。鱼种放养时间应在水温8℃～10℃时进行,水温高时可造成死亡。

(4)饲料投喂　应投喂粗蛋白质含量在40%以上的全价高营养颗粒饲料。饲料应保持新鲜,注意防潮、防晒、防鼠害。

(5)日常管理　虹鳟鱼种常出现长势不均的现象,为避免大吃小现象,每月要进行1次筛选。将不同大小鱼种分开饲养。温度升高时应适当降低密度,每周要投喂1次药饵,防止鱼病,发现有烂鳍的病鱼,即用高锰酸钾溶液洗浴后分开饲养,以免传染。

170. 如何在水库中利用网箱养殖大口鲶?

(1)水库条件　5～11月份养殖期间的水温在14℃～32℃之间,溶氧>5毫克/升,透明度>1米,水流<0.2米/秒,水位稳定,风浪小,网箱应远离主航道。

(2)网箱设置　如从鱼种一直养到成鱼,则需三种规格的网箱:一级鱼种网箱:4米×2米×2米,网目0.6厘米,单层;二级鱼种网箱:4米×4米×2.5米,网目1.2厘米,单层;成鱼网箱:规格同二级鱼种，双层，全封闭，目大2厘米。框架用金属钢管，废油桶作浮子。网箱底距水底>15厘米。

(3)鱼种放养 一级鱼种即夏花为3～4厘米/尾，放养密度为300～500尾/米³；二级鱼种为5～8厘米/尾，放养密度为200～300尾/米³；10厘米以上的大鱼种入成鱼箱，放养密度为100～150尾/米³。鱼种入箱时的水温为13℃～15℃，入箱前用食盐水消毒。

(4)饵料投喂 鱼种进箱后，停食1～2天，有利于颗粒饲料驯食，要求投喂蛋白质含量较高的颗粒饲料。日投饵量是鱼总体重的3%～5%，每次投饵量以80%的鱼不再抢食为度。

(5)筛选分箱 为避免大鱼吃小鱼，应及时筛选分箱，鱼种在50克之前需7～10天分筛1次；50～250克时，15～20天分筛1次；250～500克之间每月分箱1次。500克以上不再分箱，养至1千克左右上市。分箱时必须带水操作，以免损伤鱼体，在分箱时可随时除去网片上附着的污物，也可在箱内放入少量食腐屑性鱼类(如鲫鱼、罗非鱼等)。

171. 网箱养殖斑点叉尾鮰有哪些技术要点？

(1)水域选择 一般应选择在流速较小，水位稳定，无大风浪的水库库湾或湖湾，要求避风向阳，环境安静，交通方便，水深在5米以上，透明度1米以上，溶氧6毫克/升以上。远离主航道。

(2)网箱设置 规格为5米×5米×2.5米，双层，加盖网，网目2.5厘米，用毛竹或杉木做框架，油桶作浮子，石块作沉子。在网箱内放入水葫芦作遮阳物，占网箱总面积的20%左右。因叉尾鮰喜弱光怕强光。网箱为浮动式，在鱼种入箱前10天安置好。

(3)鱼种入箱 鱼种在3～4月份，水温在18℃以上时放养。规格60克/尾左右，放养密度为200尾/米²。放养前鱼种用5%的食盐水消毒。

(4)饵料投喂 生长前期投喂含粗蛋白质35%左右的饵料，

后期投含量为25%的饲料，并加喂一些新鲜的野杂鱼。投喂的饲料当日应吃完，可视残饵情况调整投饵量。每日及时捞出网箱中的残饵及杂物，及时防治鱼病。

172. 如何在水库网箱中养殖草鱼?

(1)水域选择 网箱设置区域水质良好，无污染，水深4米以上，水面较宽阔，底质平坦，水位较稳定，有微流水，透明度50厘米以上。要避开排洪流水区、主航道及水草丛生的区域，水、陆运输方便。

(2)网箱设置 网箱规格为5米×5米×2.5米，双层，网目3厘米，用毛竹作框架，加盖网，用竹竿撑起，以免影响草鱼摄食。网箱排列与水流方向垂直。为防止水库中漂浮物等损毁网箱，可在网箱养殖区外周围拦网一圈。

(3)鱼种放养 草鱼种规格为300～400克/尾，放养量为20～25尾/米^2，网箱内适当套养少量的鲢鱼、鳙鱼，规格为200克/尾，以摄食网箱中的浮游生物，清洁水质。

(4)饵料投喂 主要投喂颗粒饲料，可搭配少量的水、旱草，每次投饵按照少—多—少的步骤进行，保证鱼类均衡生长。

(5)管理防病 每10天清洗1次网箱，每半月用生石灰、漂白粉等泼洒消毒，在高温及鱼病流行季节，可在网箱四边挂袋(用漂白粉等消毒药物)预防疾病。

173. 如何利用网箱进行青虾养殖?

(1)网箱设置 规格为6米×4米×2米。聚乙烯网布制成的敞口浮动式网箱，网目为24目/厘米^2。入水1.5米，水上预留0.5米以防逃虾，为防止青虾爬逃，可在防逃网边缘缝一条宽10厘米的塑料膜。

(2)虾巢悬挂 青虾喜生活于草丛中。因此，在网箱中仿天然生态，在箱底悬挂苦草、轮叶黑藻等水草，水中部悬挂杨、柳树根须等,水面放养水葫芦、水花生等漂浮水生植物。

(3)幼虾放养 1月份放养规格为2～3厘米/尾的幼虾,密度为400尾/米^2,养至6月份可起捕出售,可接连放养第二茬幼虾,年底起捕。

(4)饵料投喂 蛋白质丰富的虾用颗粒饲料,投饵量为虾总体重的5%～8%。

(5)病害防治 由于密度大,易发生虾红体病、烂鳃病等,要及时全池泼洒漂白粉预防。在操作时动作要细致,避免虾体受伤。在春夏和越冬时要特别注意,用药时应注意青虾对含磷药物及菊酯类药物敏感,要慎用。

174. 怎样在山区水库网箱中培育长吻鮠大规格鱼种?

(1)网箱设置 网箱宜设置在库汊与主库区交汇、离大坝较远处,此区域水质良好,水流平稳,背风向阳,水深适中,有利于网箱的设置及管理。网箱规格为5米×5米×2.5米,网目1厘米,框架由毛竹或钢管制成,废油桶做浮子,砖块做沉子,网箱入水深为2米,水面上留有50厘米,无盖。

(2)鱼种放养 投放的长吻鮠规格为3克/尾,密度为150尾/米^3。可根据鱼种大小及水质情况,养殖技术等灵活掌握放养密度。

(3)饲料投喂 使用颗粒饲料,粗蛋白质含量在30%以上。入箱第三天后开始驯食,以敲打饵料桶使鱼种形成条件反射,饲料投喂按慢—快—慢的方式投向网箱中央。每次投饵以鱼群下沉、不抢食为限。阴雨天少投或不投。

(4)日常管理 经常检查网箱是否有破洞,及时修补;每7～10天清洗1次网箱,使水流畅通;检查浮子、沉子、锚绳等,防止水流中断,并及时防治鱼病。一般经6个月培育,可养成40克/尾左右的大鱼种。

175. 如何利用网箱培育花鲭商品鱼?

(1)水域选择 在水质条件较好的水库或湖泊,无污染,有微流水,水深适中(5 米左右)之处设置网箱,最好是位于库湾、湖汊中,风浪较小便于管理。

(2)网箱设置 网箱由聚乙烯无结节网制作,规格为 5 米×5 米×2.5 米,框架用角钢制作,网箱可采取直接抛锚在水中固定和岸桩上拉锚绳固定相结合,使网箱更加牢固。网箱沉入水下 2 米左右,水面上有 50 厘米左右。一般在放养鱼种前 1 周网箱下水。

(3)鱼种放养 花鲭鱼种的放养规格为 100～120 尾/千克,初始放养密度为 500～600 尾/米^2,后经 3 次分箱,最后的放养密度为 80 尾/米^2 左右。经 1 周年的养殖,可养成规格在 200 克/尾以上的商品花鲭鱼。

(4)饲养管理 投喂颗粒饲料,粗蛋白质含量在 40%左右,经过制作让鱼到水上层抢食,也可补充投喂一些螺、蚬、小虾等天然饵料。日投饲率在 2%～5%,视天气、鱼的摄食情况而定,在养殖过程中为了加快鱼的生长,每 3～4 个月分箱 1 次,并在网箱中用漂白剂挂袋防治鱼病。

176. 怎样在网箱中养殖鮰吻鮈?

(1)水域条件 水质良好,无污染,水流平稳,水中浮游生物丰富,平均水深为 5 米左右的水库、湖泊均可,要求环境安静、背风向阳。

(2)网箱设置 规格为 5 米×4 米×3 米,除网盖外全箱为双层,吃水深度为 2.5 米。框架用毛竹或钢筋制成。箱底用铁锚固定在水底。

(3)鱼种投放 鱼种规格为 50～80 克/尾,放养密度为 15～20 尾/米^2,一般在 5 月中旬投放,不投饵网箱可适当降低放养密度(3～10 尾/米^2)。

(4)饲养管理 匙吻鲟以浮游生物为食。如水域中浮游生物丰富,可不投饵养殖匙吻鲟,以降低成本。如水中天然饵料较少,水质清瘦,则需投喂饵料,颗粒饲料的粗蛋白质含量应在40%左右,投饵量为鱼总体重的1%~4%。每月检查1次鱼的生长情况,及时调整投饵量。注意检查与清洗网箱,防逃鱼、偷鱼。每周投喂药饵1次,防治鱼病。

177. 怎样用网箱繁育锦鲤?

(1)水域条件 水质较好,无污染的小型水库、湖汊均可,要求水中溶氧充足,透明度在50厘米以上,远离大坝,周围环境安静,背风向阳,水体交换良好,水深在5米以上。

(2)网箱设置 培育锦鲤亲鱼的网箱规格为5米×5米×2.5米,网目1.5厘米;培育鱼苗的网箱为2米×2米×1.5米,网目0.2厘米。用毛竹做框架,为浮动式网箱。可随水位升降。

(3)亲鱼培育 从商品鱼中选择三龄的锦鲤,体重1.5~2千克,体色艳丽,无病无伤,健壮肥满,在秋季用食盐水消毒后放入网箱中强化培育,投喂粗蛋白质含量在40%以上的优质颗粒饲料,以满足亲鱼性腺发育对营养物质的需要。在产卵前1个月,将雌、雄亲鱼分开培育,以免自然产卵造成损失。

(4)人工繁殖 3月上中旬即可注射激素,以雌雄1∶2的比例在每个网箱中放入3~4组亲鱼,估计产卵时间,及时在网箱中布置好棕片、杨柳树根须等鱼巢,使卵粘附其上。受精卵在5天左右出苗,出苗4~5天后方可撤去鱼巢。

(5)苗种培育 在鱼苗网箱内培育鱼苗,10天后可分箱疏养,每箱放养2万尾。投喂鳗鱼用的粉状配合饲料,经3~4天驯食,可投颗粒饲料,半个月后,鱼苗长至3厘米,可分箱,每箱放5000尾。在鱼种培育期应加强管理,根据鱼种的生长情况及时更换不同网目的网箱,同时调整饲料的粒径和投饲量。

178. 怎样在水库网箱中养殖倒刺鲃?

(1)网箱设置 网箱设置在水质好、无污染的水库库湾内,水面宽阔,水交换量在 1/3 以上,平均水深在 10 米左右,网箱规格为 5 米×5 米×2.5 米,双层,有盖网封闭,钢管做框架,废油桶作浮子,砖块作沉子。一端以锚石固定,另一端可随水位升降浮动。

(2)鱼种放养及投喂 放养鱼苗的规格为 3 厘米/尾左右,放养密度为 150 尾/米^3。投喂开始要用含粗蛋白质 40%以上的粉状配合饲料。鱼苗培育阶段可用含粗蛋白质 35%左右的开口颗粒饲料。成鱼阶段可用含粗蛋白质 30%左右的成鱼颗粒饲料。坚持量少次多原则,投饲速度要比其他鱼慢些,并可搭喂少量青草。

(3)日常管理 每日巡查鱼的摄食及活动情况,及时增减饲料,定期清洗网箱,保持水流畅通。及时更换大网目的网箱,在饵料中添加中草药防病,防止逃鱼、偷鱼等。

179. 怎样在网箱中养殖鲟鱼?

(1)网箱设置 网箱设置应选择水质条件良好,水深 3 米以上的水库库湾、湖汊等处,水面宽阔,具微流水,环境安静,船只来往少的地方,全年水温变动在 10℃～30℃,网箱为浮式敞口。网箱规格为 5 米×4 米×3 米。双层,聚乙烯网片制成。网目 2 厘米左右。

(2)鱼种放养 一般养殖对象为史氏鲟、俄罗斯鲟及鲟鳇杂交鱼,因这几种鱼均可人工繁殖鱼卵、苗。一般在春、秋二季放养,鱼种规格为 80～100 克/尾左右。放养密度为每箱 300～400 尾。

(3)饲料投喂 鱼种阶段要求饲料粗蛋白质含量在 45%左右,成鱼阶段为 40%左右,鱼种阶段投饲率为 30%,成鱼阶段为 10%。由于鲟鱼摄食缓慢,饲料要投于食台上,每天量少次多地投喂。

(4)日常管理 经常检查网箱及鱼的活动情况，定期在网箱内泼洒生石灰防治鱼病。并在饲料中加入中草药及维生素C、维生素E等，有明显的防病作用。

180. 怎样利用小网箱养殖乌鳢？

(1)网箱设置 网箱设置在水质清新、无污染、库底平坦、平均水深在3～5米的小水库中，网箱规格为2米×2米×1米，网目1.5厘米，用聚乙烯网片缝制成的双层网箱，用毛竹做框，油桶作浮子，砖块作沉子，网箱吃水深度为0.8米。

(2)鱼种投放 投放鱼种的规格为80克/尾左右，可自繁自育或外购，放养密度为50尾/米²，用3.5%的食盐水浸洗后放入网箱。

(3)饲养管理 入箱后第三天开始投喂，主要饵料是小鱼虾、蚯蚓、小蝌蚪等，随着鱼种的长大可投喂动物内脏。在网箱的一角放些水生植物如水葫芦、水花生等作为乌鳢栖息场所。每隔7～10天检查清洗网箱1次，保持水流畅通。为防治鱼病可采取在网箱挂袋的方法(用强氯精等药物)。在饵料充足的条件下，小体积网箱养殖的乌鳢当年就可以上市，管理较方便。

181. 怎样利用网箱养殖香鱼？

(1)网箱设置 网箱应设置在水质良好、背风向阳、来往船只少的库湾或湖汊中，最好水温在30℃以下。随着香鱼的生长，网箱规格要有所变化。前期为6米×3米×2米，用密眼网布做箱体，中期6米×3米×2米，网目1厘米，无结节网做箱体。后期6米×6米×3米，网目1.8厘米，聚乙烯结节网片做箱体，均用毛竹做框，浮式单层网。网箱方向与水流垂直，便于水流畅通。

(2)鱼种放养 香鱼为一年生的小型鱼类，网箱养殖应尽量选择大规格鱼种，一般尾重10克左右，放养密度为50尾/米² 左右。

(3)养殖管理 投喂香鱼专用饲料，投饵率视鱼体大小有所不同,前期为总体重的10%左右,后期为5%,投饵方法要掌握"慢—快—快"的原则,不使香鱼过度摄食。要定期清洗及更换网箱,检查鱼的活动情况,发现死鱼及时捞出,阴天及水中溶氧较低时不投饵,每月2次在饵料中加入药饵预防鱼病。养殖时间一般为5月中旬至10月中旬。

182. 怎样利用网箱养殖翘嘴红鲌?

(1)网箱设置 规格一般为5米×5米×2米,网目2厘米,选择水质好、无污染、水深3米以上的水库或湖泊设置网箱,框架用钢管或木杆、毛竹制成,可因地制宜地选择框架材料。网箱可为浮动式或固定式均可,为防止逃鱼,可做成双层加盖网封闭网箱。

(2)鱼种放养 可根据当地市场需求情况确定放养规格,一般50～80克/尾的鱼种放养密度为50～100尾/米^3;400～500克/尾的大鱼种的放养密度为10～30尾/米^3。

(3)饲喂管理 鲌鱼为肉食性,可投喂鲜活杂鱼或配合饲料均可,应在网箱内设饵料台,以便清洗残饵,每次投喂量以1小时内吃完为宜,日投3次,阴雨时,可不投喂。每日巡查,要保证养殖地环境安静、清洁,每15天清洗网箱1次。定期泼洒食盐及生石灰,预防鱼病。

183. 怎样利用网箱培育幼蟹?

(1)水域选择 为满足水库、湖泊等大水面放养大规格河蟹的需要,可选择水质清新、有微流水、无污染、船只来往少、水深在3米左右的水库库湾或湖泊的湖汊等设网箱培育幼蟹,以便就近放养到大水面。

(2)网箱设置 培育幼蟹宜使用小型浮动式封闭网箱,网目大小以逃不出大眼幼体为度。网箱规格为2.5米×2.5米×1.5米。网箱露出水面0.5米,网盖上开一可关闭的口子,以便投饵和观察。

(3)蟹苗放养 蟹苗进箱前，先在网箱中放入河蟹喜食的水生植物，如浮萍、水葫芦、苦草等，作为蟹苗的栖息、活动、摄食场所，水草覆盖面占网箱总面积的1/2左右。放养规格为16万～20万只/千克的大眼幼体，放养密度为0.2～0.5千克/米^2。

(4)饲料投喂 大眼幼体期间投喂水蚤、鱼粉、豆浆等，幼蟹时投喂绞碎的螺蚬、杂鱼及水草等，每日投喂2～3次，投喂量为蟹总体重的8%。管理要注意及时分箱，以免密度过大自相残食。每周泼洒1次生石灰防病。

184. 湖泊网围养殖河蟹有哪些技术要点?

(1)水域选择 网围区水质无污染，水位保持在1.5米左右，有微流水。湖底平坦，底质硬，淤泥在20厘米左右，水草及底栖生物资源丰富。

(2)网围设置 根据养殖及河蟹的数量确定网围的面积，一般由数千平方米至数公顷不等。围网由聚乙烯网片、绳纲、竹桩、石笼和地笼网构成，单层。围网总高度2.5～3.5米，应高出水面1～2米。网目为2厘米，网片下接石笼，沉入湖底20厘米左右，网的上端设飞檐网与墙网向内呈45°角，四周加设地笼网。

(3)培植天然饵料 放养前应彻底清除网围内的鱼类敌害，培植水草，投放螺蛳等软体动物，较好的水草有轮叶黑藻、苦草、马来眼子菜等，密度应达90%以上。

(4)蟹种放养 网围养殖要投放大规格蟹种。一般每667平方米放规格为50～60只/千克的蟹种300～400只，放养蟹种时间为2～3月份。

(5)饵料投喂 投喂野杂鱼类、螺蛳、水草、玉米等，日投饵量为蟹总体重的7%～10%。

(6)日常管理 每天坚持早、中、晚3次巡查，观察水质及河蟹的摄食活动情况，检查网围设施，汛期及台风期间要加固网围设施，严防逃蟹。起捕时间为9月底至11月中旬。

185. 网围养鱼的一般技术要求如何？

(1)网围水域选择 应选择水位落差不大的湖泊或水库，用网片围拦出一定面积的水域养鱼。网围的水域要求无污染，有微流水，环境较清静，过往船只少，距岸边20～40米，水底平坦，淤泥层厚20～40厘米，水深2～4米。网围水域的面积一般以2～3公顷为宜，太大了不宜管理。

(2)围网设置安装 拦网用聚乙烯网片。一般网目为3.5～4.5厘米，每隔3～5米设1根毛竹或木桩支撑网片。各桩都要夯入地下40厘米以上，网片底部用石笼相连，并将石笼埋入淤泥中，以防底部逃鱼。

(3)鱼种放养 鱼种规格一般为60～100克/尾，鱼种愈大成活率愈高。放养量根据主养鱼类的不同而不同。主养鲫鱼的每667平方米放养量为2 000～2 500尾，适当搭配一些鲢鱼、鳙鱼鱼种。主养草鱼的每667平方米放养500尾左右，可搭配少量的鲢鱼、鳙鱼、青鱼。主养青鱼为每667平方米400尾左右，搭配少量鳙鱼及草鱼种。主养团头鲂每667平方米放养2 500尾左右，搭配少量鲢鱼、鳙鱼。主养斑点叉尾鮰为每667平方米放养800尾左右。

(4)饲料投喂 为提高养鱼效益，在网围养鱼中应使用浮性颗粒饲料。驯食鱼类，使鱼浮到水面上摄食。一般3～4天可驯食成功，有条件的可设置自动投饵机。投饲量以投后1.5～2小时内吃完为准，每日投2～3次。

186. 如何利用水库库汊进行网拦养鱼？

(1)库汊选择 选择三面为山坡、较为平整的库汊，拦截的水面小、客量大，可节省网片。围拦区内水草丰盛，水质好、无污染。水深在5米以内，网拦面积一般在6.7公顷以内。

(2)拦网设置 拦网由内、外两层网片组成，均用2×2的聚乙烯网片。内层网目3厘米，外层网目6厘米。网片要高出水面1米以上，网架为毛竹或杉木，以石笼作沉子，底纲要埋入底泥中。

(3)鱼种投放 一般尾重80克的鱼类，每667平方米放养量为500～1 000尾，一般以冬季放养为好。放养前用3%的食盐水浸泡10分钟。

(4)饵料投喂 草食性鱼类可驯食吃颗粒饲料，每天投喂，如养殖鳜鱼等肉食性鱼类，最好投喂新鲜的饵料鱼，每7～10天投喂1次。每次投喂新饵料鱼时，围拦水域内还应剩有少量的饵料鱼，如饵料不充足，会导致肉食性鱼类互相残食，造成损失。

(5)日常管理 早、晚巡视拦网，清除杂物，发现网底破损及时修补，防止逃鱼、鸟类食鱼及偷鱼等现象。

187. 怎样利用河道网拦养殖河蟹?

(1)河道选择 水质良好，上游无污染，且无船只通过的小型河道、沟渠，水深在2米左右，水草及底栖生物螺、蚬等丰富，淤泥层不厚，宽度在5米以内，水位变化不大，宜于架设拦网的水域。

(2)拦网设置 在河道的横断面设置双层拦网，底部用石笼固定。网目要深入底泥30厘米以上，拦网上部高出最高水位约1.5米，向内倾斜，防止逃蟹，拦网一般不与河流方向垂直，与河岸呈45°角，以减轻河水冲击力量。

(3)蟹种投放 蟹种在3月份以前投放完毕。投放蟹种的规格为100～200只/千克，每667平方米投放500～600只，如水草、螺蚬丰富，则不需投饵当年可以上市。

(4)日常管理 主要是防逃、修补网片，严禁毒鱼、炸鱼等危害，防止水质污染。9月份以后适时捕捞上市。在河道中捕捞可采用网簖、网笼、小刺网等。

188. 怎样利用河道进行金属网箱养鱼?

(1)河道选择 可充分利用水位变化较大(如行洪河道)、过往船只较少的河道养鱼,选择上游无污染的河段放置金属网箱。

(2)网箱制作与设置 用 ϕ18 钢筋焊制成 5 米×3 米×2 米的长方形框架,用镀锌金属筛网做网底,网目 3 厘米,旧油桶作浮子,六面体全封闭的金属网笼,浮动式,可随水位的涨落而升降。也可用钢筋、铁皮制成船型网箱(20 米×6 米×1.5 米),船两端用铁皮包围,中间为钢丝网片,船中间可隔成几个小箱,可抗风浪,移动方便。金属网箱或船型网箱最好设置在河流的回水处及流速较小、背风向阳处,箱体顺水流放置。

(3)鱼种放养 鱼种规格为 20～30 克/尾,放养量为 100～200 尾/米^2,金属网箱适宜养殖鲤鱼、草鱼、团头鲂等。3 月份放养,10 月份起捕。

(4)饵料投喂 投喂颗粒饲料,每天 3 次,每次投饲量以 80%的鱼不抢食为宜。晴天多投,阴天少投。

(5)日常管理 每日检查网箱有无损坏、逃鱼情况,及时采取措施,特别要注意天气变化,及时掌握汛期水文情况。汛期之前要检查网箱的稳定性。河水洪峰到来之前将网箱移至岸边,增加稳定性,若发现鱼病,将网箱移至水流较小处撒药防治。

七、湖库增养殖

189. 水库鱼类增养殖的主要途径有哪些?

(1)根据水质及天然饵料条件,放养适宜的鱼类 如水质条件好,浮游生物密度较大,则可多放养鲢鱼、鳙鱼鱼种,规格要适当大些(13～16厘米),每667平方米水面平均放30尾以上,则每667平方米产量可达6～8千克。

(2)加强天然鱼类资源的繁殖保护 水库,特别是修建多年的大、中型水库中,往往有一些能自行繁殖的鱼类,如鲤鱼、鲫鱼、鲴鱼类、鳜鱼等,为了促使鲤鱼、鲫鱼类的繁殖,可在鲤鱼、鲫鱼产卵场投放水草及人工鱼巢。为了保护鳜鱼、鲌鱼类等肉食性鱼类,又不至于大量吞食其他鱼类,可采取捕大留小的办法使凶猛鱼类保持一定数量,既可抑制小杂鱼的迅速繁殖,又提高经济效益。

(3)鱼种与成鱼养殖配套 在库湾利用网箱或网拦等方式培育鱼种。将鱼种放养到大库养至成鱼,形成"一条龙"的养殖方式,经济效益较高。

(4)移植驯化外来鱼类 移植驯化其他水域的鱼类到水库中,调整鱼类结构,增加经济效益。如近年来许多水库移植了太湖短吻银鱼,在水库中自然繁殖形成新的群体,收到了良好的经济效益。

190. 小型水库养鱼有哪几种类型?

根据水库的水质及饵料生物特点、自然条件、管理人员的技术水平等,将小型水库养鱼分为四种类型。

(1)以养殖鳙鱼为主 如水质较肥,可不施肥,不投饵;如水质清瘦,也可少量施肥,不投饵。这种水库管理较简单,但效益也较低。水库面积大都在66.7公顷以下。

(2)草鱼、鲤鱼等吃食性鱼类和鲢鱼、鳙鱼等滤食性鱼类并重 既施肥又投青饲料和精饲料。在水库周围天然饲草丰富的水库可采取此法。

(3)在水库中设置网箱精养草鱼、鲤鱼等吃食性鱼类 网箱内投青饲料和精料，精养草鱼、鲤鱼；网箱外的大水面放养鲢鱼、鳙鱼，不投饵、不施肥。精养与粗放相结合，经济效益较高。

(4)在水库内设置网箱主养鱼种 网箱养鱼种，大库养成鱼，均需投饵。岸边养些畜禽，做到鱼—畜—禽综合管理，充分利用水体，使经济和生态效益达到最高。

191. 怎样利用小型水库养殖河蟹？

(1)水库条件 平原型水库，面积数十公顷至数百公顷，水深一般不超过5米，底质平坦，水草及底栖动物丰盛，水草覆盖率在50%以上。库内已放养鲢鱼、鳙鱼等鱼类，野生的小杂鱼类较多。

(2)蟹种放养 放养较大规格的扣蟹300只/千克，每667平方米放养量为800～1 000只，在3月底之前放完。放养地点一般在水库中游，离岸有一定距离，水草生长茂盛，水深3米左右，水底为淤泥，远离大坝和上下游进、出水口。

(3)日常管理 因水库中有丰富的水草及底栖生物，一般不需投放饵料。管理的重点是防逃、防盗。防逃的方法是在水库的进、出水口设置拦网及地笼，每天检查，发现河蟹外逃当即采取补救措施，还要昼夜值班，防止被盗。

(4)捕捞育肥 在8月中旬至10月份进行分批捕捞，可集中到网箱中暂养，投喂精饲料，进行一段时间育肥，以提高上市的经济效益。

192. 怎样利用小水库养殖南美白对虾？

(1)水库条件 放养对虾的水库一般在70公顷左右，水位稳定，底质为沙底、平坦，平均水深在1.2米以上，排、灌水方便。周围无工厂，水质清新、无污染。

(2)苗种培育 在水库岸边可网围几个数公顷的围网区，作为对虾苗的中间培育地，投喂优质饲料，经15天培育，虾苗长到4.5厘米/尾时可放养到大水面中，平均每667平方米放虾苗2万尾。

(3)饲料投喂 选用优质虾用颗粒饲料，用小船在水库四周及中心投喂，在水库四周放饵料台，检查摄食情况。早、晚各投1次，视残饵的多少决定投饲量的增减。在幼苗期如浮游生物丰富时，可减少投喂。

(4)日常管理 每日巡视、观察水色、透明度、溶氧等，每10天测定和分析1次虾的生长情况，并采取促进生长的措施。一般经4个多月的养殖，就要及时起捕。平时还应注意防盗及水库大坝的渗漏情况等，及时采取措施。

193. 水库移植银鱼有哪些技术要点？

(1)水库条件 水库中的浮游动物饵料不能充分被现有的鱼类利用，造成饵料资源的浪费，现有鱼类的经济价值小，可用经济价值高的银鱼替代，以提高经济效益。水库的溶氧、pH值、营养盐、饵料生物、水温、繁殖条件等均适合银鱼的生长、繁衍。没有敌害生物及食物竞争者。

(2)移植方法 选择新鲜的成熟度较好的银鱼亲鱼，以雌雄1∶3配组，干法授精获得受精卵，采用尼龙袋充氧密封运输。选择水深1～2米避风的浅水库湾，硬质泥土底质的几个点同时投放。投放时，将尼龙袋放入水中，待与库水水温一致时缓缓打开袋口，将受精卵均匀倒入库水中。

(3)检查管理 将银鱼受精卵放入水库后，每年春、秋两季均要用银鱼网拖捕检查，一般在放养第三年后数量逐渐增多。因银鱼是一年生鱼类，繁殖过后便死亡，因此一定要及时捕捞，以免造成银鱼资源的浪费，一般在秋季10月份捕捞量较大，经济效益良好。

194. 怎样利用水库库湾培育鲢鱼、鳙鱼鱼种?

(1)清库除野 用土坝或网片将库湾拦起来,用刺网、钓具等清除库湾内的野杂鱼。如库湾内水生植物较多,则需投放一定数量的草鱼,抑制其生长过盛,消耗水中的氧气。

(2)鱼种投放 投放鲢鱼、鳙鱼鱼种的规格为30～40尾/千克,每667平方米投放量在10千克左右。并搭配少量的鲤鱼、鲫鱼、团头鲂和草鱼种。

(3)施肥 如库湾中水质较清瘦,则需人工施肥,培养浮游生物,有机肥(堆肥等)在投放鱼种前施放,可提早培育出浮游生物,供鲢鱼、鳙鱼种摄食。化肥(尿素、过磷酸钙等)则在培育期内视水质肥瘦及时施放。

(4)管理 土拦库湾的管理较简单,而网拦库湾则需要经常检查网片是否有破损逃鱼现象。随时观察水位、水质的变化及鱼种的生长情况。适时撤除拦网及土坝,使鱼种进入大库内生长。

195. 水库施化肥养鱼需注意哪些问题?

(1)施肥水库的条件 主养滤食性鱼类(如鲢鱼、鳙鱼)的水库,水库内没有过于繁茂的水草,可存在少量的沉水植物,不与浮游生物争夺营养。水质较清瘦,透明度在30厘米以上,水质浑浊的水库不适宜施化肥养鱼。水位变化不大,水交换量较小。水交换量过大的水库不宜施肥,以免养分流失。库水的酸碱度对施肥也有影响,酸性水质不宜施化肥。

(2)施肥方法 液态肥料比固态的好,液态肥可直接为浮游植物吸收,固态肥料易沉入水底降低肥效。如用固态化肥需先溶于水再泼洒。施肥的浓度应低些,一般为0.5毫克/升即可,15～20天施1次,施肥所追求的水质适宜肥度一般为透明度40～60厘米。化肥开始施用时间为水温达15℃以上。水交换量过大或库水浑浊时不宜施用。

(3)化肥与有机肥配用 施用化肥的水库配用一定种类、数量的有机肥,可提高肥效。其中以鸡粪或牛粪最好。能促使水库中浮游植物,特别是鱼类喜摄食的硅藻类繁育。水质较稳定,有利于鱼类的生长。

196. 怎样提高水库中鲤鱼、鲫鱼的资源增殖效果?

(1)人工设置鱼巢 为了提高鲤鱼、鲫鱼等产粘性卵鱼类的增殖效果,一般要在水库设置人工鱼巢。可做鱼巢的材料有:杨柳树须根、棕片、柏树枝、水草(如金鱼藻)、旱草(如五节芒等)。鱼巢一般应布置在鱼类的繁殖场,如岸边浅水区、库汊等地。鱼巢的放置时间应在鲤鱼、鲫鱼的繁殖期前(3 月至 4 月初)。每扎鱼巢要捆成一束放置,并用拉绳固定在岸边,以免被风吹走。应加强鱼巢的管理,在鱼类的产卵高峰期不准任何船只、网具进入产卵区,防止风浪损坏鱼巢。产卵后及时收集腐烂的鱼巢,以免影响水质。

(2)保护自然增殖 根据鲤鱼、鲫鱼的天然繁殖场多在岸边、库汊等浅水区的特性,应在水库中划定鱼类自然繁殖保护区和禁捕期(鱼类的整个繁殖期和幼鱼成长期),在禁捕期内,不准任何个人和单位下库捕鱼,加强渔政管理。

197. 水库套养鱼种有哪些技术要点?

(1)套养鱼种的时间 宜早不宜迟,一般 7 月底前套养完毕。套养愈早,夏花鱼种生长快、生长时间长,到冬季育成的鱼种规格大。一般应从 5 月中旬至 7 月中旬分三次投放夏花鱼种,以便翌年起捕成鱼时可不间断捕捞,保证成鱼均衡上市。

(2)套养鱼种的规格 套养夏花鱼种的规格愈大愈好,一般规格应达到 5～6 厘米,鲢鱼、鳙鱼、草鱼的规格稍大,鲫鱼、鳊鱼的规格可稍小。

(3)套养鱼种的密度 水库鱼种的套养密度应根据水库成鱼计划产量,水库中有无凶猛鱼类,夏花鱼种的规格等综合因素考虑。鲢鱼、鳙鱼鱼种的套养密度一般为每667平方米500～1 000尾;鲫鱼鱼种为100～200尾,草鱼、鳊鱼鱼种为50～100尾。

(4)日常管理 投放鱼种应在晴朗无风的天气进行。投放在水库的浅水区。投放后即按水库成鱼的生产管理方式进行。有的还需投喂青饲料或精饲料。日常应加强巡查管理,防止逃鱼。

198. 水库移植池沼公鱼有哪些技术要点?

(1)收集亲鱼及采卵 在池沼公鱼的产卵季节,在水库中用刺网捕获上溯产卵的亲鱼。选择成熟度好的亲鱼(雌雄比为1∶2)。同时挤出精卵混合并加入0.7%生理盐水,搅拌使精卵结合,完成受精过程。

(2)孵卵及运输 池沼公鱼卵为粘性卵,用棕片做鱼巢,使卵粘附其上,放入网箱中孵化。当受精卵发育到“发眼卵”阶段时,可进行运输。运输时将附卵棕片同水一起装入双层塑料袋内充氧运输。到达放养水库后即将附卵棕片放入水库库湾中的网箱内继续孵化,约20天后可孵出鱼苗,鱼苗可游出网箱进入水库。

(3)日常管理 池沼公鱼摄食水库中的浮游动物、轮虫等,不需投喂饵料,如天然饵料充足,可在水库中良好生长并自然繁殖。适合在冷水性水库中移植此鱼。要定期检查鱼的生长情况,调整捕捞数量,以期取得更好的经济、生态效益。

199. 怎样在小型湖泊中进行鱼、鳖混养?

(1)水面条件 一般选择中小型湖泊的湖汊,面积在7公顷左右,水深1.5～2米,湖底淤泥厚20～30厘米,水位稳定,水质清新,无污染,无交通船只往来,环境较安静。

(2)防逃设施 一般用土坝围拦与大湖隔开,留有进、出水口。土坝高出水面约60厘米作为“防逃墙”。

(3)鱼种、幼鳖的放养 放养前要除野,并用生石灰消毒,鱼种放养规格为100克/尾(包括草鱼、鳊鱼、鲫鱼、鲢鱼、鳙鱼等),每

667平方米放养密度为500尾左右，放养时间为3月初。鳖的放养时间为5月下旬，规格为200克，每667平方米放养密度为300～400只。

(4)饲料投喂 鳖的饵料以鲜活的螺、蚌、低值鱼及小杂鱼等为主，搭配少量的颗粒饲料，鱼的饵料主要是投入水、旱草及少量的施肥，培肥水质。饵料投喂在水面下的饵料台中。上、下午投喂2次，根据鳖的摄食情况决定投喂量。

(5)日常管理 检查土坝有否洞穴，防逃鳖。利用进排水量的大小来进行水质调控。并注意预防鱼病。在5月上旬和9月中旬各撒一次生石灰，进行水质调控和预防鱼病。因湖汊与大湖的水相通，水质较好，养成的鱼、鳖与大湖中的野生鱼、鳖相似，经济效益较好。

200. 如何在湖泊中养殖鳜鱼？

(1)鱼种培育 将人工繁殖出的鳜鱼苗放入湖泊的网箱内或周围的池塘中培育成鱼种，并配套养殖鳜鱼的饵料鱼团头鲂、草鱼、鲢鱼、鳙鱼等。

(2)大湖放养 一般在冬季气温较低时放养。鱼种的规格在3.5克/尾左右。放养是根据湖泊中的野杂鱼数量多少而定。如湖泊中餐鲦鱼、麦穗鱼、鰕虎鱼、鳑鲏鱼等鳜鱼的天然饵料较丰富，则可以多放，若野杂鱼数量少，则要少放。

(3)经济效益 在湖泊中放养鳜鱼，可控制小型野杂鱼类及有害生物（如克氏螯虾）的种群，增大其他鱼类（如鲫鱼等）的规格，同时由于大湖水面开阔、水质良好，鳜鱼的生长速度较快，当年的鱼种放养到年底可成为商品鱼，质量也比池塘内养的优良。

201. 怎样提高浅水草型湖泊的鱼类增养殖效果？

(1)湖泊的自然条件 一般在700公顷（万亩）以下的湖泊，平均水深1.5米左右。湖中水草（苦草、轮叶黑藻、眼子菜等）生长茂盛，水草覆盖面积占全湖水面的1/3以上。湖底多为壤土，螺蚬等软体动物资源丰富，水质良好无污染，水位稳定，往来交通船只较少。

(2)放养多种鱼类 根据水草、螺蚬等丰富的情况，可放养多种鱼类，如草鱼、青鱼、鲤鱼、鲢鱼、鳙鱼等。也可搭配放养一些名优品种，如河蟹、鳜鱼、鲌鱼、黄颡鱼等，以充分利用饵料资源。放养规格应尽量大些，如河蟹为5～10克/只，鲢鱼、鳙鱼为100～150克/尾。每667平方米的放养量在15～20千克。

(3)保障苗种来源 对于不能在湖中自然繁殖的鱼类(如鲢鱼、鳙鱼、青鱼、草鱼等)，必须保证其鱼种来源。可在湖中用围网、网箱等培育鱼种，以供大湖放养。有条件的也可在湖周开挖鱼池培育大规格鱼种。

(4)加强日常管理 在与河流相近的湖泊进、出水口处必须有牢固的拦鱼设施(网片、竹箔等)，以防逃鱼，要经常检查，发现问题及时采取补救措施。

(5)采用轮捕轮放 湖泊养鱼的产量较高，不能集中捕捞上市，以免造成滞销。应采取全年均衡捕捞上市的方法，并改一次放养为多次放养，充分利用水体，提高经济效益。

202. 怎样在水库、湖泊等大水面中移植鲴鱼？

(1)移植鲴鱼的条件 水域内有机碎屑、植物碎片、固着藻类等丰富，水底淤泥中腐殖质含量较多，可为鲴鱼提供充足的天然饵料。鲴鱼适应的水温条件为15℃～32℃，全年至少有8个月的水温在此范围内，有一定的水流刺激，可在水域中自然繁殖。

(2)移植技术 移植鲴鱼的数量要根据水面的大小、饵料基础、敌害鱼类的多少等决定，一般为每公顷2 000～4 000尾鱼苗(水花)，鲴鱼苗也可采用双层塑料袋充氧运输。每袋可装鲴鱼水花5万尾。移植的时间，当水温在20℃～28℃时进行。选择水质较肥，鲴鱼的饵料(碎屑等)比较丰富的库湾、湖汊等浅水区投放鱼苗,可分多处均匀投放。

(3)繁殖保护 移植鲴鱼苗后,第三年的春季即可发现鲴鱼的集群产卵活动,夏季可发现大量的鲴鱼苗,表示移植成功。此时要加强鲴鱼天然繁殖场所的保护,清捕敌害鱼类,不用投喂饲料,鲴鱼就可在大水面中良好的生长、繁殖,提高大水面渔业的经济效益。

203. 怎样提高大水面养鱼的经济效益和生态效益?

水库、湖泊等大水面一般均为灌溉及饮用水的主要水源地。因此,在大水面从事渔业生产时,不仅要考虑渔业的经济效益,还要考虑不污染水质,保持大水面良好的生态环境,为使两个效益统一,一般可采取如下措施。

(1)充分利用天然饵料资源 要求养殖的鱼类既不能污染水质,又要有助于净化水质,所养鱼类只能充分利用水域中的天然饵料,不能人工投饵或施肥。

(2)选择合适的放养鱼种 为了提高渔业和生态的双重效益,必须选择既能以水域的天然饵料(如浮游生物等)为主的鱼类,又能使水体起到净化作用,这就是“以水养鱼,以鱼净水”的生态养殖技术。如有的大水面以放养鳙鱼和大银鱼为主,鳙鱼以摄食浮游动物为主,兼食浮游植物,银鱼除摄食浮游动物外,还可摄食水体中的小杂鱼虾,可起到减少水中的营养物质和净化水体的目的。

(3)确定合理的放养量 根据水库、湖泊等大水面合理的渔产力水平来确定放养量。放养鱼种的规格应大些,一般为50克/尾,在冬季投放,2年内可形成鳙鱼的产量。大银鱼亲鱼规格为150尾/千克左右,所产的卵粒饱满,受精率较高。

(4)加强管理 建成年代较久的水库及湖泊内往往有多种食鱼的凶猛鱼类,如乌鳢、鳜鱼、鲶鱼、鲌鱼等,必须加以清除。在大水面的进、排水口设置双层拦鱼网,防止逃鱼。定期(1～2个月)拉网检查鱼的规格、生长情况等。如发现密度大、规格小,可进行适当的捕捞，稀疏密度，增大规格，并要注意天气、水流等情况，以免遭受损失。

204. 怎样在小水库里投草养殖草鱼？

(1)水库养草鱼的好处 其对鲢鱼、鳙鱼有明显的增产作用。生产 1 千克草鱼可增产鲢鱼、鳙鱼 0.3～0.6 千克。提高水库的养殖效益。

(2)草鱼饲料的来源 可收集多种自然生长的水草、旱草、各种菜叶等，可利用水库周边的山坡、消落区及一切零星土地种植黑麦草、苏丹草等高产青饲料，并可收购各种饲草。

(3)鱼种放养 根据饲料来源情况、草鱼的起捕规格、起捕率，可推算出每年草鱼种的投放量。如每年能够向水库投草 17.5 万千克，投放 7～9 厘米的草鱼种，回捕率为 15%，起水规格为 1.4 千克/尾，饲草的饵料系数为 50，则草鱼种的年投放量为：

年计划投草量/(饵料系数×平均起水规格×回捕率)＝175 000/(50×1.4×0.15)＝16 666 尾

另外，可根据水库中鲢鱼、鳙鱼的生长状况，适当增加鲢鱼、鳙鱼鱼种的投放量，提高经济效益。

205. 怎样利用水库冷水资源养殖虹鳟鱼？

(1)水库条件 虹鳟为冷水性鱼类，适宜生长温度为 3℃～22℃，最适水温为 15℃～18℃。以发电为主的水库，其电站尾水的水温一般为 10℃左右，可将此尾水水温调控在虹鳟生长的适温范围内。一般的方法是在尾水出口处修建屯水池，以便调控水温和增氧。屯水池的水经过人工调控后，再流入虹鳟养殖地。

(2)鱼种放养 虹鳟鱼种规格在 5～10 厘米时，放养量为 1 500～2 500 尾/米^3；15～25 厘米时，放养 150～350 尾/米^3；30 厘米以上的大鱼种，放养量为 50～80 尾/米^3。

(3)饵料投喂 使用虹鳟专用的颗粒饲料，蛋白质含量在

40%以上,每天投喂2次,在2小时内吃完为宜。

(4)日常管理　注重水源的清洁卫生。从水库电站的尾水进入鱼种池的水要保持清洁,不得污染。日夜巡查,防逃防偷,并在饲料中加入防病药物,及时捞除病鱼、死鱼。

206. 怎样在水库中养殖罗非鱼?

(1)水库条件　养殖罗非鱼的适宜水库一般为南方水温较高的小型水库,最低水温在15℃,全年生长期在350天以上,周围多村庄、农田,水质较肥,天然饵料丰富。

(2)鱼种投放　罗非鱼在天然水体中可自然繁殖,一次投放后可在数年内不再投放鱼种,每年均可获得一定的产量。投放鱼种的规格在5厘米以上,每667平方米放养50尾左右。可充分利用水库中的浮游生物及碎屑等。在放养罗非鱼的水库中,可适当减少鲢鱼、鳙鱼的投放量。

(3)日常管理　罗非鱼为杂食性鱼类,在水库天然饵料充足的情况下,可不投饵;若天然饵料不足,可投放少量的粗饲料(糠、麸类)及施用少量的无机或有机肥料,促使天然饵料增长。因罗非鱼繁殖多,生长迅速,要采取长年捕捞的办法,可长年均衡上市,又可减少水库内鱼的密度。

207. 在水库中放养小规格鱼种养鱼的技术要点有哪些?

(1)投放夏花鱼种　一般水库多投放大规格鱼种,但成本高。改为投放小规格鱼种——夏花后,可使空出的鱼种池循环利用,提高经济效益。因夏花的成本低,如水库内凶猛鱼类较少,也可获得较高的成活率。

(2)增大放养量　由于小规格鱼种成活率较低,必须加大放养量,并且连续几年投放,每年投放夏花的数量为每667平方米500~1000尾,使水库中的鱼种可充分利用水中的天然饵料,保持高产稳产。

(3)放养时间由冬季改为夏季 夏花鱼种一般在6月中旬放养，此时水库中饵料生物最为丰盛，水温又最适合鱼类生长，放养后即可迅速生长，提高成活率和加快生长速度。

(4)控制凶猛鱼类 为提高夏花鱼种的成活率，必须长年坚持清野和捕捞底层的凶猛鱼类，如鲌鱼、马口鱼等。特别是在鱼种投放初期，加大对凶猛鱼类的捕捞强度，以提高夏花鱼种的成活率。

(5)完善拦鱼设备 在进、出水口要加设双层的密眼拦网，以防鱼种逃逸。在投放鱼种时尽量在水库的上游投放，远离大坝溢洪道等进、出水口处，减少逃鱼损失。

208. 怎样在水库中进行珍珠养殖？

(1)水质条件 一般为小型水库或大中型水库的库湾，有微流水，水深在5米左右，四周有农田、村庄等污水流入，水中浮游生物量较大，珍珠蚌喜食的硅藻类及轮虫类充足。溶氧充足，水质为中性或微碱性。

(2)搭建养殖架 先用毛竹或木杆打桩，再在横杆的两头系上绳子，拴在桩上，可随水位高低浮动。也可不用横杆而用延绳，即在桩之间拴上绳子，绳子中间再拴若干个浮球，以支持延绳及吊养的珍珠蚌。

(3)吊养育珠蚌 用绳子、网袋或笼子(竹、铁均可)将插片手术后的育珠蚌吊养在一定水层中(水面下1～1.5米)。吊养绳的上端绑缚在养殖架上。吊养时应将蚌的腹缘朝上，以便壳的开启。

(4)饲养管理 水库中除吊养珍珠蚌外，还可放养一定数量的鲢鱼、鳙鱼鱼种，但数量不能太大(一般每667平方米在300尾左右)，以免与珍珠蚌争食浮游生物。在春季浮游植物(主要是硅藻类)大量繁殖的季节，应按氮、磷肥1∶2施化肥，也可施入有机肥料。每半个月施1次生石灰，以便改良水质。根据水库水质肥度情况，可选择2～3年的养殖期。

209. 怎样在湖泊中放养河蟹?

(1)湖泊条件 适宜放养河蟹的湖泊一般为水浅(2米以内)、水草生长茂盛的中小型湖泊。湖内草食性鱼类较少,水草资源未得到充分利用。

(2)蟹苗放流 放流规格不宜太小,一般在0.5～1克/只。放养密度可根据湖中水草丰盛情况来确定,一般为5～10只/米^2。放流时间在4～5月份。

(3)注意事项 蟹苗放流后,应注意观察湖中水生植物的现存量及水质的变化。如放养量过大,则湖中水草的现存量在放养河蟹后直线下降,水中透明度降低,水中浮游生物增长,导致湖水产生富营养化现象,为防止浮游生物过度繁殖,可同时放养一些鲢鱼、鳙鱼鱼种。如湖泊中水生植物大量减少,不能满足河蟹的生长需求时,则需人工投入一定的水草等饲料。

210. 怎样在湖底种青养鱼?

(1)湖泊条件 以前围湖造田的湖泊,由于农业产量低,现重新退田还湖,此类湖泊一般水较浅(2米以内),湖底淤泥较厚。在湖中筑矮堤或建设堤、沟、台三部分,使种植青饲料面积与养鱼面积成一定比例(一般为2∶8)。湖泊水深在1～1.5米时可将湖泊一分为二,一半种植青饲料,另一半养鱼,隔年轮换,这样交替进行有利于湖泥肥力的持续利用和青饲料的持续高产。

(2)种植青饲料种类 选择湿生或挺水植物为好,要求鲜草产量高,再生能力强,可多次刈割。在湖底可种植黑麦草、大麦、蚕豆、小米草、水稻等,在湖堤上可种植油菜、苏丹草、玉米、蚕豆等。播种可在冬季和春季进行。

(3)鱼种放养 可搭配放养各种食性的大规格鱼种。鱼种规格一般在50～80克/尾。每667平方米放养量为300～500尾。其中草食性鱼类(草鱼、团头鲂等)在总放养量中占30%左右,鲤鱼、鲫鱼等杂食性鱼类占 20%左右。鲢鱼、鳙鱼等滤食性鱼类占 50%左右。

(4)投饲施肥 除用湖底种植的青饲料喂鱼外，在鱼类的快速生长期还应投喂一些精饲料(颗粒饲料等)。为增加青饲料的产量，可根据湖底淤泥的肥度及青饲料的生长情况，适当补施一些肥料(化肥及有机肥料均可)。

211. 大、中型湖泊的渔业增养殖主要有哪些措施?

(1)人工放流与移植 青鱼、草鱼、鲢鱼、鳙鱼及鲤鱼、鲫鱼、鳗鱼、河蟹等都是湖泊放流的优良品种，与江河相通的湖泊，也可开闸灌江纳苗，将江河中的苗种引入湖内。银鱼、池沼公鱼等可移植到湖泊内自然繁衍。在放流与移植前，首先要对湖泊的自然饵料资源及湖内天然鱼类资源进行调查，以便取得良好的效果。

(2)设立"禁渔期"和"禁渔区" 针对湖泊中主要鱼类的繁殖期，要设立 4～8 个月的禁渔期；针对鱼类的越冬期和幼鱼肥育期，要设立占全湖面积 3%～10%的禁渔区。并对捕捞网具做出限制，以利湖泊鱼类资源的增殖。

(3)适当开展"三网"养鱼 利用湖泊浅水区的湖汊等进行网箱、网围、网拦等"三网"养鱼，采用池塘精养的措施，可大大提高鱼产量，并可为大湖放养就地提供鱼种。但"三网"养鱼的面积要严格控制，一般占湖泊总水面的 3‰～5‰，以免影响湖泊水质。

(4)实施湖泊的综合开发 将湖泊养鱼和养鸭、莲藕、珍珠、果树、芦苇等生产相结合，形成农、林、牧、副、渔的综合立体开发，提高湖泊水体及岸滩的利用率，提高湖泊整体的经济效益。

212. 沼泽地湖泊如何改造利用?

(1)沼泽地湖泊状况 由于水利工程及围湖造田等原因，使入湖水量逐渐减少。湖盆自边缘逐年向中央淤塞、裸露，湖床增高、水位变浅(水深不到 1 米)。鱼类及经济水生生物锐减，杂草遍布全湖。

(2)修堤清淤,提高水位 在湖周修堤,湖盆清淤,使水位升高到1.5米以上。

(3)湖周滩地的利用 在湖堤外的滩地,可修建成精养鱼池,培育鱼种,供大湖放养。湖堤及池埂上可种菜、果树及鱼的青饲料等。

(4)湖中放养与增殖 湖泊水位提高后,可放养大规格鱼种。并对湖泊中原有的鱼类进行增殖保护。

(5)湖区的综合经营 改造后的湖泊形成湖堤、港口,排灌沟渠、道路及池埂等,均可植树造林,进行鸡、鸭、猪等家畜家禽的养殖,以获得综合经济效益。

213. 盐碱性湖泊鱼类增养殖的技术要点有哪些?

(1)改良水域生态环境 盐碱性湖泊的含盐量平均在600毫克/升以上,pH值在8以上。对水体活性影响最大的是pH值,因此降低pH值是改良水体生态环境的关键一环。主要措施是向湖中投施酸性无机肥料硫酸铵、氯化铵和过磷酸钙,从而降低水体的碱性。

(2)采取鱼—畜—禽相结合的综合生产技术 在湖周大量养殖家畜、家禽,使畜禽粪便大量流入湖内。在湖岸边沤制绿肥,以有机肥料中的腐殖酸来降低水体的pH值。同时获得鱼、畜、禽的综合经济效益。

(3)调整放养鱼类的品种、规格 盐碱性湖泊内由于草食性鱼类较少,水生维管束植物生长旺盛,某些耐盐碱的浮游生物(如螺旋鱼腥藻、蒙古裸腹溞等)也繁殖较快,因此可增加草食性鱼类(草鱼、团头鲂等)的放养量,提高放养规格。

214. 怎样解决改善湖泊水域环境与发展渔业生产的矛盾?

在我国的许多大、中、小型湖泊中,近年来都大力发展了"三网”养鱼，但由于养殖面积过大，因投饵施肥等造成了水质污染，对周围群众的生活及工农业用水带来影响。为了改善水域环境，促进湖泊渔业的持续健康发展，许多地方采取了有力措施，如湖北省洪湖开始拆除占湖泊面积 70%的养鱼围栏；上海市淀山湖拆除了湖泊中的养殖网箱 200 余公顷。为了保持湖泊渔业的持续健康发展，可加强在湖泊中的移植放流工作。如淀山湖在拆除网箱后，向大湖放流鲢鱼、鳙鱼、鲤鱼、鲫鱼种和河蟹蟹种共计 4 万多千克，充分利用天然饵料，促进了湖泊渔业的健康持续发展。

215. 怎样利用山区溪河进行增殖放养？

在山区，有许多天然溪河可以用来进行渔业生产。即向这些溪河投放各种适宜当地生活的水产经济动物苗种，使这些苗种在水质良好的水域中索取天然饵料。有些种类还可在水域中自行增殖，从而增加天然溪河中的鱼类资源量和捕捞量。放养种类应因地制宜地选择。一般的品种为鲤鱼、鲫鱼、鲴鱼、倒刺鲃、鳜鱼、黄颡鱼等。放流的河段应无污染、水流平缓、水草丰富。投放的数量、规格要根据鱼种的生物学特性、水域的营养条件、敌害多少、水文情况等决定，可分别投放受精卵、仔幼鱼、鱼种、成鱼等。投放以后要加强日常的巡查管理，特别要严格禁止电鱼、炸鱼、毒鱼现象。要分工明确，责任到人，确保溪河增殖放养工作的顺利开展。

216. 湖泊为什么会发生富营养化，对渔业有哪些危害？

我国的许多中、小型湖泊已发生富营养化，其主要有四个方面的原因：①城市中大量生活污水排放，增加了湖泊中磷的含量；②工业废水未经处理直接排放到湖泊中，导致湖泊中有机物质及有毒物质增加；③农田中大量使用化肥增加了湖泊中氮的含量；④水产养殖中大量投喂饲料、施肥等造成湖泊富营养化。

湖泊富营养化以后，由于氮、磷的含量增加，水中的浮游植物(特别是蓝藻等有害藻类)异常增殖，消耗水中大量的氧气，使水质恶化。一般水中的含氧量下降到4毫克/升以下时，即可影响鱼类的正常生长；降到2毫克/升以下时，将影响大多数鱼类的生存。水质污染后养殖的水产品常有异味，影响商品价值。某些有毒物质还可在鱼体内蓄积，人食用这些鱼后会影响身体健康。

217. 怎样防治湖泊富营养化？

目前，防治湖泊富营养化主要有以下措施。

(1)控制污染源 严格控制流入湖泊水中的氮、磷及有毒物质的含量。

(2)制定氮、磷物质的排放标准 排入湖泊水中的氮浓度应小于0.3毫克/升，磷浓度应小于0.02毫克/升。

(3)切实加强工业废水的管理与监督 废水只有经过有效处理达到国家的排放标准时，才能排入湖泊等天然水体。

(4)减少农业中化肥、农药的使用 控制湖泊水源污染。

(5)严格控制湖泊中“三网”养鱼的面积 一般应在3‰以下，减少投饵性鱼类的放养量，防止渔业生产过程中的“二次污染”。

(6)修复湖泊生态系统 利用生物调控技术，恢复其天然生态功能。如增加食鱼性鱼类和食浮游生物性鱼类，或直接利用“食藻鱼”控制“水华”。在湖泊中种植水生植物，吸收水中大量的氮、磷等营养物质。

218. 如何开展水库生态渔业养殖？

在我国的众多水库中，有些是城市供水的水源地，水体不能有任何污染。在这样的条件下养鱼，要求养殖的鱼类，既不能污染水质，又要对净化水质有帮助作用。养殖的鱼类只能利用水库中的天然饵料资源，不能进行人工投饵。根据水库中天然浮游生物的数量和种类情况，一般应选择摄食浮游动物的鳙鱼与摄食浮游植物的鲢鱼搭配放养（大水面放养或网箱养殖），如浮游生物、小杂鱼、底栖生物较丰富，还可以鳙鱼和大银鱼搭配放养。鳙鱼可净化水质，提高透明度，大银鱼可吃掉水中的小型野杂鱼，减少氧气及营养的消耗。在养殖中，应随时监测水质各项指标及鱼的生长情况，及时调整放养量，以真正达到“以水养鱼，以鱼净水”的目的，提高经济效益和生态效益。

八、名优鱼类养殖

219. 如何培育中华鲟苗种?

中华鲟为国家一级保护动物。目前培育的苗种以放流为主,并兼顾开发利用。其仔、幼鱼培育有四种方式,即为室内静水培育、温流水培育、循环过滤式培育和网箱培育。苗种适宜温度18℃～22℃,低于12℃或高于30℃生长缓慢。因此,水温应保持在18℃～25℃。各地据当地条件不同可因地制宜,灵活采用。

高密度工厂化流水培育的室内水泥池形状最好为圆形,也可为正方形或长宽相差不大的长方形。池角砌成圆弧状且用水泥抹光,池底由四角向中央倾斜,倾斜度1%～2%。稚鱼池底可铺一层瓷砖,幼鱼池则只需抹平、抹光即可。池面积3～10平方米、水深50～80厘米。使用表层笛式管或圆管供水,水流量10～20升/分钟。水池外侧设置截止阀启闭,并安装有溢流管。池底中间网栅面积为池的1.5%～2%,能较好地排污,网目为15～20目。有条件的地方可采用玻璃钢桶、塑料盆培育仔、幼鲟,且在桶、盆上设硬塑管注水并吊挂充气石增氧。

放苗前一周应将培育池、玻璃钢桶或塑料盆洗刷干净,并用500毫克/升高锰酸钾溶液对培育池彻底消毒,并安装好网栅,进、排水应正常,且仔鱼应尽早入池。

中华鲟放养密度因培育方式而有所差异,应综合考虑。一般当投喂水蚯蚓时,苗种投放密度为5 000～6 000尾/米^2,投放0.1克的稚鲟密度为500～600尾/米^2,再过1个月,密度减为400～500尾/米^2,当幼鲟全长达27厘米、个体重70克时,其密度为100～200尾/米^2。当改为配合饲料投喂时,密度则适当下降。

中华鲟仔、幼鱼培育主要在秋冬季节。如水温低于15℃,影响其成活率，水温一般控制在 20℃～22℃。水中溶解氧要求在 5 毫克/升以上，并及时清除污物和残饵。采用流水培育或充气石增氧，在开始投喂配合饲料后应每日排水 1～2 次，同时吸污 2～3 次。

中华鲟开口时间为 12～13 日龄，平均全长 3 厘米左右的鲟开始喂水蚯蚓。最初两天日投喂 2 次，日投饵量为鲟总体重的 8%～10%；第三天起至 1 周内，全长达 3～4 厘米时，日投喂 6 次，以每次 5～7 分钟内食完为宜，日投饵量为鲟总体重的 42%～48%；长至 4～5 厘米时，日投喂 4 次，日投饵量为鲟总体重的 24%～28%；长至 9～27 厘米时，日投喂 3 次，日投饵量为鲟总体重的 15%～18%。一般白天投饵 70%，夜晚 30%。当用配合饲料时，稚鲟全长 4～5 厘米时日投转食饲料占鲟总体重的 10%～12%，分 6 次喂；全长 5～9 厘米时改投幼鲟饲料，日投饲量为鲟总体重的 8%～10%，日投喂 4 次；全长 9～27 厘米时，日投喂量为鲟总体重的 4%～8%，日投喂 3 次。

220. 怎样饲养中华鲟食用鱼？

一般将全长 27 厘米、体重 70 克以上的幼鲟饲养成食用规格。主要有池塘饲养、水泥池流水饲养和网箱饲养三类。

(1) 池塘饲养　池塘面积 0.3～0.5 公顷，水源充足，无污染，排灌方便。池塘形状为长方形，长宽比为 3 ∶1，以东西向为好。池深 2～2.5 米，池水溶氧在 5 毫克/升以上，透明度 30 厘米以上，pH 值为 7～8。池底最好为沙石底，如为泥底，则淤泥厚度不宜超过 8 厘米。在进水口一方的 1/3 面积范围内，设有装、拆方便的遮阳网，且进水口用密网包扎。放种前按常规法进行清池消毒。

在南方地区，一般全长 23.5 厘米、个体重 50 克以上的幼鲟可在 2 月份转入饲养；在受自然水温限制的北方，可在 3 月上中旬水温 15℃ 左右时投放。此时中华鲟个体全长为 32～36 厘米，体重 130～170 克，其放养密度为每 667 平方米 150～250 尾；二龄鲟，密度为20～40尾。应一次放足，而且规格尽量相同。还可混养不与其争食的匙吻鲟、鳙鱼、草鱼等。要经常加注并更换池水，最好保持有微流水并增氧。增氧机设在池中的一网箱中，防止伤鱼。

饲养时，0.3～0.5公顷的鱼池可初设7个饲料台，其中进水方向2个，出水方向1个，池两旁各2个。应尽快驯化鲟上食台摄食。正常摄食后，及时调整食台位置与缩减饲料台数。饲料台呈长方形，面积为2～3平方米，要及时清洗，并定期曝晒消毒。日投饲量因水温、水质、天气、鲟规格而灵活掌握，一般为鲟总体重的1%～5%。个体越大，投饲率则下降，而投饲量要增加。日投饲次数依水温、溶氧而定，一般日投喂2～4次。

管理包括巡池，清理残饵、青苔及水草，搞好防病，防高温，增氧等。

(2)水泥池饲养　水泥池面积50～100平方米，圆形或椭圆形，也可为长方形。水深1～1.2米，上方注水，池面高出水面20厘米以上。池壁抹光、平整，池底最好铺瓷砖。池四周向中央排污口倾斜，倾斜度2%。排污口面积为池面积的2%～3%。

中华鲟全长27～55厘米、体重70～650克时，放养密度为15～40尾/米^2；全长55～70厘米、体重650～1 500克时，为9～11尾/米^2。

饲料投喂按“四定”投饲法进行，即“定时、定位、定质、定量”投喂饲料。水温高时可多投含蛋白质高的饲料，秋末冬初水温18℃以下时，则投越冬饲料。开春后至5月底，或9～11月份日投饲量为鲟总体重的2%～4%，其中油脂添加量为投饲量的3%～5%，日投饲3次，分别为上午9时、下午4时与晚上11时。6～8月份，日投饲2次，即上午8时和晚8时，日投饲量为鲟总体重的1%～2%，其中油脂添加量为投饲量的4%～7%。12月至翌年2月份，水温10℃以下时，日投喂1次，即下午2时，日投饲量为鲟总体重的0.2%～0.5%，其中油脂添加量为日投饲量的2%～

3%。

管理上基本与池塘饲养相同,但最好在水泥池中应用空气压缩机增氧。

221. 如何培育史氏鲟苗种?

(1)水源水质 水源为一般地下泉水、井水、水库水、河水以及其他水源。要求符合渔业水质标准,即水质清新、无污染。水体pH值7~8.5,溶解氧达6毫克/升以上,水温17℃~20℃。

(2)苗种池条件 鲟苗池为水泥池或玻璃钢容器,池壁、池底光滑。外形为长方形、正方形、八角形和圆形等,但以圆形或八角形为好。池半径1米,面积以3平方米左右为好。池深60~70厘米,水深保持在20~50厘米。池上供水可为喷头式供水、喷管式供水或单口式注水,排水为池底中央设排水口,有塞式或套管式排水节门,并有排水拦网。

鲟种池比鲟苗池面积大,一般为10~20平方米。池深1.2~1.5米,水深1米左右。设置有排水口与溢水口,其上装有拦网,网目为3.5毫米,并随鱼种长大网目相应增大。

(3)放养密度 规格0.04~0.5克鲟苗,密度为3.5万~1.5万尾/米^3;0.6~1克鲟苗,密度为1万尾/米^3;1.1~3克鲟苗,密度为2 500尾/米^3;3.1~5克鲟种,密度为1 000~1 500尾/米^3。

(4)饲养管理 史氏鲟苗种培育水温应控制在18℃~21℃,池水交换量20~40升/分钟,并根据水温、密度的变化而进行调节,一般水深保持在40~50厘米。颗粒饲料粒径与鲟苗种口径相适应,由小到大。日投喂次数,初期10~12次,后期调至5~6次。使用活饵为水蚯蚓、水蚤、卤虫等。初期日投饵量占鲟总体重100%,并随鲟苗种规格而及时调整;后期日投饵量则降至鲟总体重的40%~50%。也可采用混合投喂活饵,活饵为水蚯蚓、水蚤、卤虫等。开口初期,每2~3小时投喂1次,随个体长大,次数则适当减少,夜间也应投食。

(5)日常管理 每天至少清池1次，且操作要轻；苗种应及时过筛、分养；搞好防病，及时清除残饵并保持水质清新。

222. 如何饲养史氏鲟食用鱼？

史氏鲟食用鱼养殖可分流水池养殖与池塘养殖。

(1)流水池养殖 流水池为主要养殖方式。水源有江河水、水库水、地下井水等。水量应充足，水温稳定。水泥池面积一般15～50平方米，形状呈圆形、方形、长方形均可，以圆形为好。当鲟体规格3～30克时，水深0.7～0.8米；30克以上时，水深1米。进水可选在池顶部，圆形池排水口在池底中部，底面四周向中央倾斜5°。长方形池进、排水口分别开在池两端，排水口在底部，池底坡降1%～5%。小型池水交换量每小时1～3次，较大型池则为1～4小时1次。

在水温22℃～26℃时，规格3～5克鲟，密度为5 000～8 000尾/米^2；规格5～30克鲟，密度为2 000～2 500尾/米^2；鲟30克/尾以上时，密度为1 000～1 500尾/米^2；2龄鲟，其密度为50～100尾/米^2。

鲟种经驯化后可投喂人工配合饲料。在适温范围，日投饲率依规格增大而下降，即3～10克鲟，日投饲率占鲟总体重的10%～8%；10～50克鲟日投饲率为9%～7%；50～120克鲟，日投饲率为7%～5%；二龄鲟，日投饲率为4%～3%。要根据水温和鱼吃食、生长情况，及时调整供水量和投饲量，并经常检查进、排水口有无堵塞。此外，还要及时捞出病鱼、死鱼，搞好防病。

(2)池塘养殖 面积0.7公顷以上，水深2米以上。池塘能定期补充新水，池水能排干，且水位须保持相对稳定。每667平方米密度为：一龄鲟为450～600尾；二龄鲟为400～450尾。饲料有混合料和配合饲料，均须投在饲料台上。要经常检查残饵并及时按流水池养法调整日投饲量，观察鲟活动、吃食变化与病害情况，发现问题要及时处理。

223. 怎样繁殖大口鲇?

(1)产前准备 设施与工具包括:催产池(小型水泥池)或土池中架设网箱,孵化池,18～24 目乙纶或尼龙网片或棕榈片,水泵,小型增氧机或带气石的冲气泵,亲鱼担架,毛巾,面盆,注射器等。

(2)催产药物与剂量 药物主要为鲤脑垂体(PG)、鱼绒毛膜促性腺激素(HCG)、促黄体素释放激素类似物(LRH-A_2)、催产灵1号。具体使用时可采取单独或混合使用(2 种或是 3 种药物混合)方式。一般采用催产灵与 LRH-A_2 混合使用或 PG、HCG、LRH-A_2 混合使用。常用药物总剂量为:(PG 1.5～2 毫克 + HCG 1 500～2 000 国际单位 + LRH-A_2 1 微克)/千克体重或(催产灵 1 号 800 活性单位 + LRH-A_2 1 微克)/千克体重。雌、雄亲鱼同剂量,并同时注射。注射用水量以平均每尾亲鱼总用水量不超过 5 毫升为标准,一般用水为 0.2～0.4 毫升/千克体重。

(3)雌、雄亲鱼的选择 雌亲鱼体重一般在 8～16 千克之间。成熟雌鱼腹部膨大、松软且有弹性,仰腹可见明显卵巢轮廓;生殖乳突圆而短,生殖孔扩张、呈红色;挖出的卵粒在透明液中核全部偏位,卵圆球形。成熟雄亲鱼体重每尾在 5 千克以上。手摸其胸鳍有粗糙感,轻压腹部有乳白色精液流出,入水能迅速散开。

(4)催产水温与注射方法 催产水温一般为 19℃～27℃,最适为 22℃～25℃;一般采用二针注射法,第一针注射药物总剂量的 1/8～1/6,第二针注射余量,二针间隔时间 8～10 小时;效应时间与水温有关,适温范围内一般为 8～12 小时。

(5)人工授精与布卵 将挤出的精液用 0.8% 的生理盐水按体积比 1∶5 稀释后再与卵在面盆中背阳光混匀,尔后加入清水立即充分搅匀(受精),然后将受精卵均匀撒布在网片鱼巢上。此法受精率平均达 90% 以上,较传统的湿法、干法授精要好。

(6)孵化 粘卵网片应放入流水孵化池中进行流水或微流水孵化。孵化过程中,要加强管理,勤洗刷纱窗和网片,要及时清除未受精卵，并用气泵增氧，还要控制好水量和放卵密度，防止缺氧死亡。

224. 怎样培育大口鲇鱼苗？

(1)育苗池 大口鲇育苗池应为水泥池，面积10～50平方米，水的深度随大口鲇苗种生长而加深。初期水深40～50厘米，鲇苗长至2厘米时加至60～70厘米，长至3厘米时加至0.8～1米。底质以水泥底或砂壤土为好，应平坦。进、出水口应配有40目的纱窗来拦挡鲇鱼苗种，以防其逃跑。

(2)苗种池消毒 无论水泥池还是粗养的土池必须清整消毒。消毒药物：茶籽饼或生石灰，每667平方米茶饼用量为30～40千克，用水浸泡24小时以上，对水成浆全池泼洒；生石灰每667平方米用量120～150千克。消毒时，池水深保持10～15厘米。待毒性消失并经苗种试水后再投放入池。

(3)鲇苗入池 大口鲇苗卵黄囊基本消失，鱼体灰黑色，能平游并摄食浮游生物时方可入池，入池前鲇苗在捆箱中用熟蛋黄浆先开口。每5万尾鱼苗1个蛋黄，投喂后2小时入池。入池时间应选择在傍晚，水体温差不超过2℃～3℃。

(4)放养密度与规格 同一池应放同日龄苗。放养密度应根据各方面条件灵活掌握。一般水泥池1 000尾/米^2，砖埂泥底池每667平方米5万～8万尾。

(5)饲料与投喂 大口鲇开口饲料以天然饵料——浮游动物(轮虫、小型枝角类)为主，熟蛋黄浆为辅。随后是枝角类、摇蚊幼虫、水蚯蚓及各种家鱼水花苗；人工饲料为绞烂的鱼肉浆、熟猪血、血粉和蚕蛹粉各半的混合粉等。当鲇苗清水下池时，投适口活饵料，一般用40～60目过滤的小型浮游动物，3日后不再过滤而直接投喂；也可每万尾鱼苗投1～2个熟蛋黄浆；当鲇苗达到2厘米规格时，可投喂水蚯蚓，直至长到3～4厘米。

粗养池培苗需提前3天用精料培肥池水。具体操作如下：每天用黄豆 1.5 千克磨浆、熟猪血 2.5 千克，全池泼洒，以促进水体浮游生物的繁殖。随着鲇苗的增长，可增投人工配合饲料黄板，即用黄色熟糊(3 份熟蛋黄＋2 份面粉)均匀涂在粗糙木板上，待晾干后反扣于水表层，待鲇苗摄食；或用血粉和蚕蛹各半的混合粉投喂，日投 3 次(早上 8～9 时、中午 12～13 时、下午 6～7 时)，晚上更要投足。每次每 667 平方米投喂 0.5 ～1 千克，并采取“先四周后满池”的泼洒方法。

(6)日常管理 首先是分期注水，保持池水透明度 25 厘米以上；定期排出部分底层水，再注入新水。同时在水面上应搭有遮阳设施，一般将水葫芦、水花生或浮萍等漂浮水生植物投放于水体中，且其面积少于一半水面，或用石棉瓦等固定于鱼池四角水面上。早晚还应巡池，观察鱼苗吃食和活动情况、水质变化，发现问题及时解决。当鲇鱼苗种达到 3 厘米左右时应及时拉网锻炼与分池。此外，管理中还要搞好鱼病防治。

225. 怎样培育大口鲇鱼种？

(1)培育池 培育池为水泥池、池塘或小体积网箱等。面积 150～500 平方米，水深 1 ～1.5 米；底质平坦，水泥底或泥底。附属设施与工具应有遮阳棚或水体表面移植部分水葫芦、浮萍等水生植物；还应有饲料台、小型增氧机、水泵、鱼筛、网具、网箱等。

(2)放养密度 水泥池每 667 平方米放 3 厘米的鲇鱼苗种 4 万～5 万尾；粗养池每 667 平方米放 1 万～2 万尾。要求苗种规格应尽量一致。具体放养密度依各地养殖条件与技术水平灵活掌握。

(3)投饲量 饲料有家鱼苗、大型浮游动物、切碎的陆生蚯蚓、鱼糜及人工配合饲料等。饲料配方：鱼粉 40％，蚕蛹粉 30％，血粉 10％，面粉 15％ 和 5％ 诱食剂。诱食剂为绞碎的鱼靡、动物内脏等。前期饵料为水蚤、梡足类、水蚯蚓、鱼糜等。鲇鱼种长至 5～6 厘米时应转投人工配合饲料，转食期 10 ～15 天。日投 3 ～4 次，日投饲量为鲇鱼苗种总体重的10% ～15%；随鲇鱼苗种体重不断增大，日投饲量则逐渐降至5%～7% 。

(4)日常管理 应正确、适量地投饲与施肥，池中不能断食。因此，要经常检查活饵密度与食台上饵料丰欠，投饲应做到少量多次。适时补充肥料，以利于浮游动物繁殖。管理中还要注意调节水质和水位，分期注水，即每3～5天注水1次，使池水透明度保持在25～30厘米 。高温期，池水每日对流1次，每次约2小时。为了做好以上管理，每天应巡池3次，即日出前、中午12时许及日落时，应观察鱼活动和水质情况，发现问题，及时处理。

(5)培育效果 一般经30～40天培育，可将全长1～1.2厘米大口鲇苗培育至9～12厘米的大规格鱼种。

226. 怎样饲养大口鲇食用鱼?

大口鲇食用鱼养殖主要有池塘主养与套养以及网箱养殖等方式。

(1)池塘主养大口鲇 鱼池应有充足的水源，进、排水方便并配备增氧机，面积600～1 500平方米，水深1.5～2米。鲇鱼种放养量依水源、饲养技术、饲料质量、消费习惯等而定。一般规格8～10厘米鲇鱼种，每667平方米放养量为800～1 000尾。主养池还可搭养大规格鲢鱼、鳙鱼鱼种，即50～500克鲢鱼、鳙鱼，每667平方米放100～120尾，但切忌搭养鲤鱼、鲫鱼、草鱼。这样，大口鲇成活率可达80%以上，每667平方米鲇鱼产量达400千克以上。

(2)池塘套养大口鲇 在小型野杂鱼较多的一般食用鱼池、亲鱼池、坑塘、小水库套养大口鲇，其套养密度依水体中“饵料鱼”多寡来定。通常每667平方米放10厘米以上的鲇鱼种20～30尾，在不减少主养鱼放养量，不增加投饲量约条件下，每667平方米可收获大口鲇30～50千克。

(3)网箱养大口鲇 大口鲇食用鱼网箱，用网目2.5～3厘米聚乙烯网片加工成封闭箱。网箱为双层，外箱网目大于内箱，放养

25 克以上鲇鱼种，密度为 120～150 尾/米^2，产量 40～100 千克/米^2。设置网箱水域应相对开阔、向阳，有一定风浪或缓流，水深 5 米以上，透明度 1 米以上。全年水温 22℃有 3～5 个月，水体 pH 值 6.8～8.4 。可投喂野杂鱼和冰鲜低质海、淡水鱼类以及配合饲料等。按鲇体规格不同适时分养，并要求做到饲料适口。还要注意防病、清洗网箱、及时清除残饵、观察鱼活动以及注意水质情况。

227. 怎样区别大口鲇与普通鲇(土鲇)?

大口鲇与普通鲇同属鲇形目、鲇科、鲇属，为不同种。外形上都具须 2 对。大口鲇口裂深，末端至少与眼球中部相对，胸鳍前缘粗糙或有微弱锯齿，犁齿带分为 2 团，尾鳍小，中间内凹，且上叶长于下叶，自 2～3 厘米一直保持到成鱼。分布于我国长江、珠江及闽江等流域。普通鲇则口裂浅，末端仅与眼前缘相对，胸鳍前缘有明显锯齿，犁齿带连成一片，尾鳍上下叶相对称。普通鲇分布于我国黑龙江、黄河、长江、珠江等水系。

大口鲇生长快，起捕率高，普通鲇则相反。

228. 如何区别我国常见的三种鳜?

鳜在分类上属于鲈形目、鮨科、鳜亚科，共有 3 属，即鳜属、少鳞鳜属和长体鳜属，共 11 种。在我国鳜类有 3 属 9 种，其中常见有 3 种，即翘嘴鳜、大眼鳜、斑鳜。三种鳜在我国分布不同，翘嘴鳜最广，分布于黑龙江至珠江水系；斑鳜次之，分布于珠江、长江、淮河、黄河、辽河、鸭绿江水系；大眼鳜则分布于珠江、闽江、长江、淮河、钱塘江水系。三种鳜生长速度也不同，翘嘴鳜最快，在天然水体中 2～3 年达上市规格(500 克)；大眼鳜次之，在天然水体中 3～4 年可上市；斑鳜最慢，在天然水体中要 4～5 年才能上市。

三种鳜在幼苗阶段区别不大，长至 4～5 厘米时，其体型结构与成鱼相似，较容易区别。斑鳜与另两种鳜最大区别是体色较暗，为暗褐色，体表具较多的大黑斑或古铜钱状斑，体型较延长且个体小，翘嘴鳜与大眼鳜体色多呈黄褐色，具棕黑色斑点或斑块，它们的斑块比斑鳜小而少，身体比斑鳜高，且在同一批鱼种或成鱼中个体也大。

翘嘴鳜与大眼鳜区别是：翘嘴鳜体型较高，背部隆起，眼较小，上颌骨后端伸达眼后缘之下或更后，颊下部及鳃盖下部被鳞，下颌骨前端颌齿强大，呈犬齿状；而大眼鳜体型较窄，背部不甚隆起，略呈弧形，眼较大，上颌骨后端不伸达眼后缘之下，颊下部及鳃盖下部光滑无鳞，下颌骨前端犬齿不明显。

229. 养鳜鱼有哪些主要技术措施？

(1)搞好水质调节与管理 鳜鱼正常生活对水质要求比“四大家鱼”高得多，要求水质清新、含氧高。刚下池时更应注意，使其尽快适应，且不出现浮头。应经常冲注池水，溶氧保持在5毫克/升以上，水体透明度保持在40厘米左右。水质偏酸往往会出现多种病害。

(2)饵料鱼的规格配套与保证供应 鳜鱼为凶猛肉食性鱼类，在养殖中饵料鱼要有一定的密度与一定的规格，且能保证其充足供应和规格适口，否则会导致鳜鱼吃不到食物而相互残食，影响其成活率。饵料鱼主要有鲮鱼、团头鲂、四大家鱼苗种、鲤鱼、鲫鱼、罗非鱼苗种等。生产中养1千克鳜鱼需配套3～4千克的饵料鱼。饵料鱼培养可一次放足，逐步稀疏。并采取饵料鱼分期投放鳜鱼池的方法。

(3)加强鱼病防治工作 鳜鱼下池前池塘应彻底清整消毒，一般用生石灰消毒。养殖期经常检查鱼病，一旦鱼感染病原体立即采取预防与治疗措施。常见病害是寄生性的原生动物侵袭引起的，常导致鳜鱼种大量死亡。平常要准备好相关药物，如硫酸铜、硫酸亚铁、福尔马林等。

(4)适当起捕 鳜鱼常栖息于池底泥、石洞和草丛中，受惊时平贴池底，拉网起捕率很低。少量上市时，可在岸边徒手捕，或采用抛网起捕。大量上市时则干池捕。

230. 网箱如何养鳜鱼?

(1) 水域选择 水质清新、溶氧量高、无污染、水位变化不太大的湖泊、水库或水深3.5米以上的河道,有一定微流水为好。

(2) 网箱结构与设置 网箱有三种结构,可分为小规格鱼种箱、大规格鱼种箱与成鱼网箱。小规格箱网眼小,网目为18目/厘米^2,网线用尼龙线或乙纶线织成网布制成箱,用于饲养个体重0.5～50克的鳜鱼种;大规格鱼种箱的网眼较大,网目为0.6厘米,网线材料为3×4乙纶线编结的网片,制成箱后,饲养个体重50～250克的鳜鱼;成鱼箱网眼大,网目为2厘米,网线材料为3×4乙纶线编结的网片,饲养个体重250克以上的鳜鱼。三种箱均为长3米、宽3米、深2.2米,设置时入水深度为1.8米。网箱为敞口浮动式,多箱串联与多排并列较为合理,便于箱内外水体交换与饲养管理。

(3) 放养规格与密度 小规格箱放养体长3～4厘米鳜鱼种250～300尾/米^2,经30～45天培育鳜鱼个体重由0.5克增至50克。大规格鱼种箱可放体长10厘米左右或体重25～50克的鳜鱼鱼种50～60尾/米^2,经45～60天培育,鳜鱼个体重可达250克左右。成鱼网箱放养体重约250克的鳜鱼35～45尾,一直养至个体重达500克以上的食用鳜鱼。

(4) 饲养管理 网箱养鱼要依据鳜鱼不同生长阶段,投入相应规格和数量的适口饵料鱼。前期可2～3天投1次,每次投饵量为鳜鱼总体重的4倍以上(鳜鱼饵料系数为4);中、后期每天1次,随水温升高,鳜鱼摄食量逐渐增大,应每天调整投放饵料鱼1次,每次投饵量为网箱内鳜鱼总体重的5%～15%的适口饵料鱼。饵料鱼以体型细长为好,其体长约占鳜鱼体长的30%较为适口。鳜鱼饵料鱼主要有鲢鱼、鳙鱼、鲫鱼、鲮鱼、鳊鱼及海水、淡水冰鲜杂鱼等。

(5)日常管理 应在网箱中安装小型增氧机或冲水装置，在天气变坏或水体缺氧时增氧。要坚持每天早、中、晚3次巡箱，检查鳜鱼摄食与活动情况，并及时补充饵料鱼，调整饵料鱼规格与数量。注意保持箱体形状，并检查网箱有无破损，防止逃鱼。如发现问题，应及时处理。还应定期清洗箱衣，清除箱内杂物与粪便，并定期防病。

231. 怎样繁殖斑点叉尾鲁鮰？

斑点叉尾鮰又称美国鮰、沟鲶。为温水性、杂食性鱼类。其性温驯，易捕捞，肉细嫩，味鲜美。20世纪80年代从美国引入我国，并深受欢迎。其繁殖要点如下。

(1)池塘条件 面积0.2～0.3公顷为宜，东西向为好，水深1.5～1.8米，池塘保水性好，池底平坦，淤泥少或为硬底，放亲鱼前彻底清塘消毒。

(2)亲鱼放养 亲鱼密度为每667平方米120～150尾；亲鱼年龄为4～5龄，体重1.5～3.5千克；雌雄比为1∶1。同时每667平方米搭配鲢鱼、鳙鱼鱼种200尾，不得投放鲤鱼、鲫鱼等杂食性鱼类。

(3)亲鱼培育 斑点叉尾鮰亲鱼可常年精养。以配合饲料为主，且饲料中粗蛋白质应达33%～36%。日投饲量在水温5℃～12℃时为亲鱼总体重的1%，12℃～20℃时则为2%，20℃～35℃时则为3%～4%。产卵前1个月，每10～15天投喂1次动物性饲料。可采用定位并设多点进行投饲。

(4)设置鱼巢 斑点叉尾鮰一般采取池塘自然产卵。在4～5月份产卵季节需放入鱼巢，其大小以容纳一对亲鱼在内正常活动为宜。一般为陶瓷长缸(罐)作鱼巢，也可使用长木桶或长白铁桶。鱼巢投在池四周，离池边3～5米，平放于池底。开口端向池中央，并用绳子系住，绳的另一端系一塑料瓶，浮于水面作为标记。鱼巢数约为配组亲鱼数的25%，巢间距5～6米。

(5)人工催产 为了较集中产卵、孵化,也可对斑点叉尾鮰进行人工催产。成熟雄亲鱼个体较大,头宽而扁平,灰黑色,生殖器肥厚而突起,似乳头状;雌亲鱼个体较小,淡灰色,体胖,腹部柔软而膨大,生殖器似椭圆形。催产药物为PG、LRH-A_2、HCG。其中PG催产效果最好。剂量PG 4.5～6.5毫克/千克体重,或HCG 1 200～1 800单位(IU)/千克体重。雌鱼分2次注射,第一次占总量的1/4～1/3,2次间隔12小时。雄鱼可一次注射,剂量为雌鱼的2/3或相同,在雌鱼注射第二针时注射。

(6)收卵孵化 斑点叉尾鮰催产40～48小时后开始产卵,卵集成块。收集时若卵块超500克,需用刀或手将其分成小块,以避免卵块缺氧。如有白色卵粒,为未受精卵,应剔除。以流水池在弱光下孵化为好,水温23℃～28℃,5～7天幼体可孵出。孵化期间应注意防水霉病。

232. 如何培育斑点叉尾鮰苗种?

(1)鱼苗培育 刚孵出的斑点叉尾鮰幼苗全长约0.6厘米,淡红色。其卵黄囊较大,都集群在水体底部。经3～4天后卵黄囊吸收完,并开始游动,体灰色。此时方可放入暂养池培育。培育池为圆形,面积1～2平方米,水深0.7～0.8米。斑点叉尾鮰鱼苗放养密度为2万～3万尾/米^2。前3～4天,不断流水即可;4～5天后开始投一些浮游动物或人工配合微型饲料,坚持少量多次原则;至9～10天斑点叉尾鮰鱼苗达2厘米时,即可转入鱼种培育。

(2)鱼种培育 斑点叉尾鮰鱼种池面积667～1 300平方米为宜。苗种下池前10～15天使用生石灰或漂白粉等对池塘彻底清塘消毒,尔后用人粪、畜粪将水体培肥。待水中有大量浮游动物时再放入苗种(长2～3厘米),其密度为每667平方米3万尾左右,搭配少量鲢鱼、鳙鱼鱼种以控制水质。投喂配合饲料,日投饲量为斑点叉尾鮰总体重的5%～8%。待其长至约10厘米时分池,放养量每667平方米为5 000～8 000尾,经饲养100多天,斑点叉尾鮰个体重可达50克以上。

233. 如何饲养斑点叉尾鮰食用鱼?

(1)池塘条件 面积0.2～0.4公顷为宜,池底平整,水源充足,水质好,水深约2米,放鱼种前15～20天,用生石灰彻底清塘。

(2)鱼种放养 主养斑点叉尾鮰,放养规格10～15厘米鱼种,密度为每667平方米800～1 000尾,规格应一致,同时搭配鲢鱼、鳙鱼鱼种100～150尾;放养规格约20厘米鱼种,密度为每667平方米400～450尾,再投放同样规格的鲢鱼、鳙鱼、草鱼、团头鲂等约450尾。

(3)饲料投喂 饲养斑点叉尾鮰可投喂全价配合饲料,也可投单一的米糠、麦麸及各种饼(粕)。在15℃～36℃水温下均可投喂,日投饲量为鱼总体重的1%～4%,可分上、下午2次投喂。

(4)水质调节 斑点叉尾鮰鱼种下塘时,水深1～1.5米。每半月加水1次,每次加水10厘米;高温时,每7～10天加注新水1次,每次加水15～20厘米。同时应每半月泼洒漂白粉1次,浓度为每立方米水体1克。

(5)搞好防病 定期用食盐、灭虫灵、硫酸铜、强氯精等药物防病治病,但不得使用敌百虫。高锰酸钾也不宜用作浸洗药物。

234. 尼罗罗非鱼养殖有哪些技术要点?

尼罗罗非鱼是原产于非洲的热带鱼类,1978年首先由中国水产科学研究院长江水产研究所从苏丹引进。尼罗罗非鱼在分类学上属于鲈形目、鲡鱼科、罗非鱼属。其体型侧扁形、较高。口较小,尾鳍后缘为平截形或稍带圆形,尾柄高大于尾柄长。体表有8～10条纵向黑色条纹,背鳍和尾鳍上有黑色和白色斑点。尾鳍终生有明显的垂直黑色条纹8条以上,尾鳍、臀鳍边缘呈粉红色。鱼体青灰色,可随外界环境而变化。一般上半部体色深,下半部体色转亮呈银白色。其前胸部白色,侧线可分上下两列。

尼罗罗非鱼具有耐高盐度的特点，在盐度高达35‰～40‰的海水与普通淡水中均能正常生长。从海水移向淡水，或淡水移向海水，它们都能正常生长和繁殖。其耐低氧的能力也很强，在含氧量0.4毫克/升中仍能生存。其对高温适应能力也很强，但不耐低温。适应温度范围为13℃～42℃，最高极限温度是45℃，最低为12℃。尼罗非鱼食性广，以天然的有机碎屑、浮游生物、丝状藻类、大型浮游植物茎叶、水蚯蚓、孑孓以及虾类为食。人工饲料为米糠、麦麸、豆饼、菜籽饼、蚕蛹以及配合饲料。

尼罗罗非鱼生长速度较快，当年水花经培育体重可达250克，越冬鱼种体重可达800克；其性成熟早，产卵周期短，在长江流域一年可繁殖3～4次，且均为自然繁殖，无需孵化设备。一般情况下池塘每667平方米放养3厘米鱼种5 000尾，经饲养4个月后每667平方米产罗非鱼1 000千克左右。网箱养殖每立方米水体放养越冬鱼种250～300尾，可收获罗非鱼100～150千克。有条件的地方可加大放养密度。其养殖方式多样化，在淡水、海水及稻田里都可养殖，主要有池塘、网箱、工厂化和稻田养殖等类型。

235. 罗非鱼怎样越冬？

引进我国的罗非鱼有尼罗罗非鱼、莫桑比克罗非鱼、奥尼鱼等。原产非洲尼罗河流域，都为热带性鱼类。其耐寒能力较差，水温降到12℃以下就会被冻死。我国大部分地区养殖罗非鱼必须进行越冬保种，才能保持可持续发展，并降低养殖生产成本。

(1)越冬方式 罗非鱼需在温室中越冬。温室有玻璃棚温室、塑料大棚温室及简易温室。其中玻璃棚采用全玻璃式屋顶，顶部向南的一面为玻璃顶，向北的一面为后墙；塑料大棚用钢材、水泥板或毛竹作支柱和拱架，墙和顶部用薄膜覆盖；简易温室则在池边搭棚成全封闭式，或采光面用玻璃或薄膜采光，无日光时用草帘覆盖保温。越冬水源可利用热电厂冷却水、温泉水、深井水，亦可人工加热。采用电厂冷却水，其成本低，越冬效果好；用深井水，水温恒定，可保持在18℃左右；温泉一般水温为30℃～70℃，可加冷水调节，越冬池水温可控制在18℃以上，以利于罗非鱼正常越冬。用人工锅炉加热，投资相对较大。

（2）越冬前准备 新建水泥越冬池需经浸泡使水体酸碱度呈中性，才能加注新水后使用；老池需维修并消毒后使用。越冬所需设备如水泵、增氧机或冲气机、电动机、电热器、锅炉、管道、电源设备及渔具等应配备齐全，罗非鱼种或后备亲鱼进池前须调试运转完好。越冬前半个月左右，对要越冬的罗非鱼进行拉网密集锻炼，淘汰掉体弱或受伤的鱼。

（3）进池时间与规格及密度 一般情况下，自然水温降为18℃～20℃时，最低不能低于16℃。具体时间依各地实际而定。越冬罗非鱼亲鱼严格挑选，鱼种规格以4.5～5厘米为好。亲鱼密度为每立方米水体30～40千克，鱼种为每立方米水体10～25千克。入池前需用3%～4%食盐水浸浴5分钟消毒。

（4）日常饲养管理 早、晚期温度可稍高一些，适当多投饲；中期温度较低，并相应减少投饲。饲料以精饲料为主。在罗非鱼越冬期间坚持两头多，中间少为原则投喂。即早、晚期日投饲量为罗非鱼总体重的2%，日投喂2次；中期日投饲量为鱼总体重的1%～0.5%，亦分2次投喂。投饲以1小时内吃完为好。鱼种投饲则少量多次，日投喂3～4次。越冬期最好补充部分青料，如浮萍、绿叶菜等。水温要控制在16℃～18℃，不可突降水温。早、晚期为18℃～20℃，中期16℃～18℃为好。坚持巡池、定期排污并及时充氧。如发现鱼病应及时治疗。此外，还应注意室内通风与换气。

236. 如何培育翘嘴红鲌苗种？

（1）培育池 面积1 300～2 700平方米，水深1.2～1.5米。使用前用生石灰彻底清塘消毒，并于鱼苗下池前约5天，每667平方米施人粪尿300千克以培肥水质。

(2)苗种放养 翘嘴红鲌苗种密度为每667平方米10万～13万尾,放苗前用夏花网拉空网,以除敌害。待70%苗能平游时下池。放苗前,少许活鱼在小桶或盆中试水不少于6小时。苗种下池时温差不超过3℃。翘嘴红鲌苗种规格2.5厘米左右时,密度为每667平方米0.5万～0.7万尾。

(3)饲养管理 鱼苗下池后应及时向池中泼洒豆浆喂养和肥水。其操作与用量同“四大家鱼”苗种培育。待长至1.5厘米左右时,应投喂“红虫”,当长至2.5厘米时,应分池进入夏花培育。培育池也需清塘消毒与肥水,以人工投饵为主。前期为黄豆加肥肉烧熟后的豆糊,后期为活鱼苗或鱼糜。活鱼苗为团头鲂、鲮鱼等,规格为翘嘴红鲌夏花长度的一半左右。所需量约为翘嘴红鲌夏花量的200倍,并分3次投放,即每10天投放1次。当鱼种规格达4厘米时适宜投喂鱼糜并需经驯食。驯食时每天2次,每次1小时,驯食1周即可主动摄食。也可投喂配合饲料,前期粉状,约半个月后,则过渡到颗粒状,日投喂2次,即上、下午各1次,沿池边或池边饲料台上投饲。经饲养至11月份,鱼种规格可达8～10厘米。

(4)水质管理 要求水质肥而爽,透明度约30厘米。投喂人工饲料后防“臭清水”出现,所以要及时补充新水,防好鱼病。

237. 如何饲养翘嘴红鲌食用鱼?

(1)池塘条件 要求水源充足、水质良好与排灌方便。透明度35厘米以上,鱼池呈长方形,面积0.2～0.7公顷,水深1.2～1.5米,池底平坦。

(2)鱼种放养 翘嘴红鲌鱼种放养前半月左右,用生石灰清池消毒,注水50厘米即可放养。放养规格5厘米以上,应整齐一致,密度为每667平方米800～1 200尾。冬季放养以晴天上午为好。可搭配一定量鲢鱼、鳙鱼、鲫鱼等上、底层鱼类,以改良水质。一般每667平方米可产食用翘嘴红鲌300千克左右。

(3)饲养管理 翘嘴红鲌饲料有三种,即活饵、冰鲜鱼及配合饲料。活饵主要为鲢鱼、鳙鱼等上层鱼类,其规格为翘嘴红鲌体长的1/2左右;投喂冰鲜鱼饵必须经过驯食;配合饲料粗蛋白质要求35%~37%,粒径为2~3毫米,以浮性膨化料为好。饵料鱼每5~7天投放1次,每次投放翘嘴红鲌总体重的1~2倍,并灵活掌握。冰鲜鱼应磨成鱼糜,并添加维生素与矿物质类,日投喂3~4次。当鱼长至10厘米以时,将饵料鱼切成块状投喂,以2小时内吃完为宜。配合饲料日投喂2次,以1小时内吃完为宜。投冰鲜鱼的饲料系数为4~5,喂配合饲料则为2左右。一般投饵做到全年不断,中间适度;在水温达28℃以上时,日投饲量应在翘嘴红鲌总体重的4%以下。

(4)日常管理 保持水质清新,透明度40厘米左右。夏季高温时及时补充新水,经常巡池并检查鱼病,观察鱼活动与吃食情况,发现问题及时处理。

238. 黄鳝有哪些繁殖习性?

黄鳝一般为一冬龄性成熟,其成熟最小个体体长20厘米,体重17克。其性腺发育独特,两侧不对称,一般为左侧发育,右侧退化。黄鳝还具有独特的性逆转现象,即在某一时期的雌性个体在另一时期会变成为雄性,并在以后终生保持雄性。一般情形下,二冬龄体长30~40厘米的个体均为雌性;三冬龄体长35~50厘米的个体,雌性约占60%,其余已转为雄性;四冬龄体长47~59厘米,雌性比例降至约30%;五冬龄体长50~70厘米,雌鳝比例降至约12%;六冬龄体长68~75厘米,已全部转为雄性。雌鳝怀卵量一般为200~800粒,大个体可达1000粒。

繁殖季节随气候不同而有差异,在南方,产卵季节5~8月份,盛产6~7月份。自然界中黄鳝多属子代与亲代的配对。在无雄鳝存在时,同批鳝中有少部分雌鳝转雄后再与同批雌鳝配对繁殖。产卵活动多在水域较浅的崖边进行,亲鳝常在栖居洞口附近的乱石堆或水草丛中建巢。巢由亲鳝发情时吐出的白色泡沫物堆积而成。巢建好后，雌鳝将卵分批产于巢中，雄鳝在卵上排精，受精率很高。卵金黄色，半透明，无粘性，比重略大于水，卵径 3.8～4 毫米，吸水后为 4.5 毫米。受精卵借泡沫浮力浮于水面并发育。雄鳝有护幼习性。由于卵是分批成熟、分批产出，因而护幼持续时间相对较长。雄鳝在仔鳝卵黄囊完全消失并能自由觅食后才离去。

239. 网箱如何养黄鳝？

(1)水体选择 设置水域不宜过小，0.1～0.7 公顷为宜，水深 1～1.5 米。底泥不能太厚，应小于 15 厘米。水体可放入鲤鱼、鲫鱼、鲢鱼、鳙鱼等鱼类，每 667 平方米放养量 25～50 千克，具体依规格而定。设置网箱的水池最好是水泥护坡，有防护板，可防鼠害。

(2)网箱制作与设置 选用材质好、网眼大小一致、网线紧的聚乙烯无结节网片，网目大小依规格而定，一般为 10～36 目。网箱上、下纲直径 0.6～0.8 厘米，长方形网箱，规格 3 米×2 米×1 米。网箱设置有固定式和自动升降式。网箱应成排排列，两排之间架设人行桥。设置箱数量依水体、技术管理等而定，一般不超过水体面积的 50%。食台固定在箱内水面下 10 厘米处，用边长 40～60 厘米的方木框制成。每箱 1～2 个食台。黄鳝种入箱前 1 周网箱下水，以利于藻类附着，避免黄鳝种受伤。还需在箱内水面放置适量水花生、水葫芦或水浮莲，其量约占网箱水面的一半左右。

(3)鳝种的放养 黄鳝规格应在 20 克以上，下箱前用 3%盐水浸洗 10 分钟消毒，按大小进行分级饲养，一般分 50 克/尾以下和以上两级。放养时间为 4～5 月份或 7 月下旬至 8 月份。投放量以 1.5～2.5 千克/米^3 为宜。

(4)饲养管理 饲料以小杂鱼、蚯蚓、螺蚬和蚌肉等为主，也可为人工配合饲料。苗种刚入箱时，投饲范围可大些，后经驯食到按“四定”法投饲。定质即要求饲料新鲜，做成条状，大小以黄鳝张口可吞入为宜;定点则坚持在固定食台投饲;定时则每日1次,日落前1小时投喂,10月份后提前至下午;定量为在黄鳝养殖期间,鲜饵日投饲量占黄鳝总体重的5%~10%,11月份以后减至3%;干饵占2%~4%,11月份后减至1%,具体应灵活掌握。一般应做到投喂后2小时内吃完为好。

(5)日常管理 坚持早晚巡箱,细观察与勤检查,并定期清洗网箱。一般在生长季节隔天可用扫帚或高压水枪清洗网箱1次,箱体如有漏洞及时修补。注意防逃、防鼠和防病,及时按不同规格分箱,一般每月分1次。

240. 池塘怎样养黄鳝?

(1)鳝池条件 黄鳝池应通风向阳、水源方便,其大小依养殖规模而定。其形状可呈方形、圆形或椭圆形。水泥池则池深0.8米左右,池边墙高出地面30厘米,墙面"厂"形出檐,池底铺泥20厘米,水深15~20厘米,水面可放1/3面积的水葫芦,有进、排水口,并用细网目铁丝网拦住。黄鳝种放养前10~15天,用生石灰清池,用量为150~200克/米^2,放苗前6~7天注入新水。

(2)苗种放养 时间可冬放(黄鳝越冬前)、春放(开食后),也可在5~6月份笼捕大量上市时收购放养。黄鳝种放养前要用3%~4%食盐水浸洗4~5分钟消毒,严格剔除有伤病的黄鳝种。鳝种要求背侧深黄色,并常有黑褐色斑点,尾重20~30克为好。如采用天然黄鳝苗,放养密度约为60尾/米^2(规格30~60克);饵料丰富、换水方便、经验丰富的则密度可为5千克/米^2,不能超过10千克/米^2;采用人工培育的幼鳝,密度约150尾/米^2(重量约3.5千克/米^2),放养时规格应尽量一致。

(3)饲养管理 入池后经10~20天驯食,可养成黄鳝白天摄食习惯。投饵按"四定"原则。定位,每100平方米,2~3个投喂点;定时,在水温20℃~28℃时,日投喂2次,分上午9时,下午2~3时,水温15℃~20℃或28℃~32℃时,只在下午投1次;定量，应灵活掌握，15℃左右时，日投饲量约占黄鳝总体重的3%，15℃～20℃时为6%～10%，20℃～28℃时为10%～20%，超过28℃则降为6%～10%；定质，要求饵料新鲜，不变质。

(4)日常管理 要求保持水质清新，溶氧4毫克/升以上，池水以中性或弱酸性为好。夏季有水葫芦的池应每15～30天换水1次，否则每5～10天换1次水；防止黄鳝池"发烧"，导致黄鳝大量死亡。加强巡池和观察，搞好防病、防敌害、防逃工作。黄鳝病防治具体可参考本书鱼病防治问题解答。

241. 稻田如何养黄鳝？

黄鳝可食水稻田中各类昆虫及幼虫，有利于水稻生长，既能提高水稻产量，又可收获黄鳝。黄鳝产量每667平方米可达100千克以上，综合效益显著。

(1)稻田选择 稻田水源充足，水质良好无污染，进、排水方便、安全可靠，保水性好，土质呈弱酸性。

(2)稻鱼工程 田埂加高、加宽、加固，应高出田面0.5米，埂宽0.4米以上，夯实。进、排水口用密眼铁丝网拦鱼；田块平整，四周开挖宽、深0.4～0.5米的排水沟，田内开数条纵、横沟，沟宽、深0.3～0.4米，呈"井"形，沟面积为稻田面积的8%～10%；翻耕、曝晒、粉碎泥土后，每667平方米施猪、牛粪800～1200千克作基肥，均匀施于田块中，4月初，进、排水沟每667平方米施鸡粪50～100千克肥水，注水深度0.3米。

(3)水稻栽培 选优质、高产、耐肥、抗倒伏的杂交一季稻，株行距20厘米×26厘米。保证稻蔸数。

(4)鳝苗放养 黄鳝苗应无伤病、活泼、规格齐。体黄色或棕红色。放养密度为每667平方米800～1000尾，规格为30～50克/尾，并搭配5%泥鳅防黄鳝缠绕(损失)。放苗前用3%～5%食盐水浸泡黄鳝5～10分钟消毒。生长期每隔半月向沟中泼洒生石灰水1次，每次用量10～15克/米^3。

(5)饲养管理 动物性饲料一次不能过多,鲜活饵主要为小鱼、蚯蚓、蝇蛆等。每5～7天投1次,投饲量为黄鳝总体重的30%～50%,搭配一些蔬菜与麦麸。生长期也可投含蛋白质较高的配合饲料,分多点投喂。初期傍晚投,后经1～2周驯食可形成上午9时、下午2时、晚6时3次投喂,应灵活掌握。日投饲量一般为黄鳝总体重的5%。投饵坚持"四定"原则。

(6)日常管理 保持水质清新,溶氧丰富。及时捞除病、死黄鳝及残饵,暴雨时做好防逃。水质调节要根据水稻生长需要,并兼顾黄鳝习性。初期,注入新水以扶苗活棵;分蘖后期水层加深;生长期每5～7天换注新水1次,每次换水量为20%,加高10厘米水位。在施农药时宜选用高效低毒农药,并防止过多农药喷入水面。

242. 怎样进行黄颡鱼繁殖?

黄颡鱼又称黄腊丁、黄牯、黄鳍鱼、嘎牙子等。其肉质细嫩,味鲜美,少刺,营养价值高,病少,饲料来源广,饲养简单。黄颡鱼为底栖鱼类,对环境适应性强,广泛分布于我国淡水水域,为我国江河、湖泊中的一种重要经济鱼类。随市场需求的扩大,价格不断上升,养殖前景十分广阔。其繁殖技术如下。

(1)亲鱼选择与暂养 黄颡鱼亲鱼来源于江河、湖泊中捕捞的性成熟个体或池塘中饲养的食用鱼。要求黄颡鱼种质纯、个体大、体质壮、无伤病,且达性成熟的个体。雌鱼75克以上,雄鱼100克以上。黄颡鱼亲鱼在冬季每667平方米可放养150～200千克,并搭配鲢鱼、鳙鱼200尾。冬季可少投或不投饲,开春后要进行强化培育,适当投喂一些小杂鱼、螺蚬肉、河蚌肉等鲜、活饵料并经常冲水,以促进黄颡鱼亲鱼性腺发育。成熟雌鱼腹部饱满柔软、卵巢轮廓明显,生殖孔圆而红肿;雄鱼生殖突明显,个体大于雌鱼。自然繁殖时,雌、雄亲鱼配比为1∶1～1.5。

(2)人工繁殖 挑选成熟雌、雄亲鱼,按8～10∶1配组来进行催产。催产激素主要有 PG、HCG、LRH-A_2、DOM(地欧酮)等的混合剂。雌鱼采用两针注射法,第一针注药物总量的 1/3,第二针注药物总量的 2/3,两针间隔时间 24 小时;雄鱼用一针法,在雌鱼注射第二针时注射,雄鱼药物量与雌鱼相同。在水温 24℃~25℃时,效应时间为 11~13 小时。催产剂量以雌鱼体重计,每千克体重用量为 LRH-A_2 15~20 微克+HCG 2 000~3 000 单位(IU)+DOM 3~4 毫克或 PG 4 毫克。雌鱼开始产卵时,及时分选,并进行人工挤卵和授精。首先解剖雄鱼取精巢用滤纸吸干血污并剪碎,用纱布包好。在研钵中研细,加入少量生理盐水混匀,然后倒入盛卵容器中搅匀,加水使其受精。受精后马上换清水,将盆中受精卵撒布在密眼(网目 40 目)网片上。

(3) 鱼卵孵化 将粘卵网片用 3%~4%食盐水消毒 5 分钟,随后将其移至孵化池中进行流水或微流水孵化。在 25℃左右时,第二天洗网片鱼巢,清除未受精卵;并清洗孵化池,重新注水继续孵化。经 48~60 小时可破膜,仔鱼脱膜后 48 小时可出池培育。

243. 如何培育黄颡鱼苗种?

(1)鱼苗培育 黄颡鱼苗池为长方形水泥池,底部光滑,设有进、出水口,面积 10~30 平方米,水深 0.5~0.7 米。放养密度 3 000~5 000 尾/米^2。开始 2~3 天有微流水进入并连续充气。这一阶段鱼苗集于池底四周,随卵黄囊消失,即开始摄食。开口饵料可以为卤虫无节幼体,日投喂 2 次,每天每万尾苗投 25 克。下池 5 天后可投喂枝角类、桡足类等浮游动物作活饵,投饲量适当增加。也可开口直接投轮虫、枝角类等活饵,少量多次为好。保持水体溶氧丰富,每 2 天吸污 1 次。经 7~12 天培育,黄颡鱼苗可长至 2 厘米左右。

(2)鱼种培育 指从 2 厘米左右黄颡鱼苗培育至 5~8 厘米的鱼种过程。鱼池面积 600~1 300 平方米,水深 1.5 米左右,池底平整、少淤泥、保水性好,环境安静并有遮光物。放养的黄颡鱼夏花要求规格齐、体壮、无伤病、游动敏捷，放养前用4%食盐水浸洗消毒。密度一般为每667平方米8 000～10 000尾。放苗后可投饲在饲料台上，其面积6～8平方米，离池底10～20厘米。转食投喂配合饲料日投饲量为鱼总体重的10%，后降至5%～6%，日投喂2～4次；鱼种3～5厘米时，日投喂2～3次；达5厘米以后，日投喂2次。黄颡鱼种配合饲料要求粗蛋白质40%～43%，粗脂肪8%～10%，碳水化合物18%～23%，纤维素3%～5%。

(3)日常管理 投饲要做到"四定"。每3～5天清整食场1次，每半个月用漂白粉消毒1次，每日清晨巡池1次。勤巡池并观察水色和鱼活动情况，及时注水，一般每10～15天加水1次。此外还要搞好防病，具体参考本书鱼病防治问题解答。

244. 如何饲养黄颡鱼食用鱼？

池塘要求注、排水方便，保水性强，池底平坦。池内配备3千瓦的增氧机1台。池塘面积为1 3004～3 300平方米，水深1.5～2米，淤泥不能过厚。水源充足，水质良好，无污染，符合渔业水质标准。

黄颡鱼种要求体质健壮，色泽鲜艳，体表光滑且无病无伤。其配合饲料要求粗蛋白质含量35%以上的全价配合颗粒饲料，动物性饲料新鲜且无异味。

投放黄颡鱼种前15天用生石灰进行干法清塘，每667平方米用100～150千克全池泼洒，彻底杀灭寄生虫、病原体及野杂鱼类。经7天曝晒后，每667平方米施300千克发酵腐熟的有机粪肥，以培养适口饵料，同时注入新水约80厘米。进水口需设置30目筛绢过滤，以防野杂鱼及其鱼卵进入。鱼种下塘前用3%的食盐水浸泡5～10分钟消毒。黄颡鱼鱼种放养10天后，分别投放鲢鱼、鳙鱼、草鱼和鲤鱼、鲫鱼等鱼种混养。

每667平方米放规格为4.5～6厘米的黄颡鱼鱼种6 000尾左右，并搭养规格为20～30尾/千克的鲢鱼6千克，规格20～30

尾/千克的鳙鱼3千克和规格2～4尾/千克的草鱼8千克。投入产出比约为1 ∶2。饲料系数一般干料为1.5～1.6,鲜料为3～4。黄颡鱼每667平方米产量为300～400千克。

每塘设置4个食台,分设在四角,食台离塘边2米;饲料投在食台中央让黄颡鱼鱼种自由觅食。

黄颡鱼鱼种下塘2天后开始对其驯食。初时,用鱼肉浆加人工配合饲料(粉料)搓成小团状作为驯食饲料,2～3天后以食台为中心缩小投饲范围,7天后饲料全部投于食台之上,且逐渐将鱼肉饵料转为人工配合饲料。

日投饲量占黄颡鱼总体重的1%～7%,并根据水温、天气及鱼的摄食情况而定。每日上午9时和下午6时各投喂1次,其中下午投饲占日投饲量的2/3 。

坚持早、中、晚3次巡塘,认真观察鱼类活动、摄食与生长状况,发现问题及时处理;每隔15天注入新水20～30厘米,阴雨天加开增氧机,勤洗食台;每个月用生石灰泼洒1次,每次用量每立方米水体20克。投饲采用"四定"原则。

池塘套养黄颡鱼,可利用塘内野杂鱼、虾,不需另外投饵。每667平方米放养35克左右鱼种50～100尾,可收获黄颡鱼10～15千克。塘内不得搭配凶猛肉食性鱼类,如大口鲇、乌鳢等。

245. 如何培育乌鳢苗种?

乌鳢俗称黑鱼、才鱼,为肉食凶猛性鱼类。乌鳢营养价值高,并有药用价值,对伤口愈合有益处。其苗种培育方式有:网箱培育、水泥池培育、土池培育等。可依据不同阶段采取不同方式。

(1)网箱培育 一般用于培育乌鳢大规格鱼种。网箱规格8米×2米×1米,网目为8～16目。在池中,箱间距要大,箱底离池底50厘米以上,箱上口有盖网。夏花(3厘米左右)进箱前1周池水培肥,以后追肥依水质而定。进箱密度600～700尾/米^2,规格应一致,出箱规格在6～8厘米。开始时以红虫装稀眼袋挂袋为主，在箱内用网片搭一食台，低于水面20厘米，红虫随乌鳢摄食动作不断顶撞布袋而漏出，供乌鳢吃食。日投饲量约为乌鳢总体重的16%，投喂前以声响作“信号”，连续4～5天形成条件反射，乌鳢会上台摄食。乌鳢长至4厘米时就可过渡到以鱼糜投喂。每天刷箱1次并吸污，每周换箱1次，换下的箱清洗与消毒，晒过后再使用。要坚持早晚巡池，发现问题及时处理。

(2)水泥池培育 乌鳢池面积5～10平方米，高80～100厘米，进、排水口有防逃设施，底部向出水口倾斜，每池内设一个食台，低于水面20厘米，有增氧设施。投苗前用3%～5%食盐水浸浴消毒5分钟，池水需培成嫩绿色。乌鳢放苗密度，静水池400～500尾/米^2，微流水池为600～800尾/米^2。刚下池仔鱼每万尾日投喂0.2～0.3千克浮游动物，长至2厘米后，除了喂活红虫外，还要在食台上挂1～2袋红虫，每万尾鱼苗挂500克红虫，每5天加300～500克。管理包括水质调节、巡池、防病、防逃与及时分养等。经2～3次分养，乌鳢鱼苗长至3～4厘米，可转入网箱或土池培育。

(3)土池培育 面积100～200平方米，池深1米以上，池底平坦，进、排水方便，淤泥少。鱼池需清整消毒，池中可种入适量水花生。投乌鳢苗前7～10天注入新水，水深40～50厘米，用漂白粉清池消毒。投苗前3天施足基肥，每667平方米施入200～400千克绿肥或厩肥，水加深至80～100厘米。当乌鳢苗出膜后第五天即可放苗，且规格应一致。乌鳢放苗密度100～150尾/米^2，一般经20～25天培育，长至3～4厘米时分养1次，密度为50～60尾/米^2。培育可达10厘米。乌鳢饵料有鱼糜、丝蚯蚓、蚯蚓、蝇蛆、小鱼块等。

246. 怎样养殖乌鳢食用鱼？

(1)池塘条件 面积一般在600～1300平方米，池深2～2.5米。水深1.5～2米，池埂高于水面50厘米以上。进、排水口有拦鱼设施，池四周埂上有竹篱笆或渔网围栏。池水水面的四周种上漂浮性水草，面积占水面的 20%～25%。放鱼种前先清塘消毒，已养过乌鳢的池塘消毒前用铁耙将底泥扒一遍，清除残余乌鳢。

(2)水源 河水、湖水、地下井水和溪流水均可，地下水先曝气 2～3 天再使用。水质中性或微碱性。

(3)鱼种放养 乌鳢规格为 4～6 厘米的当年鱼种或 10～20 厘米的隔年鱼种。每 667 平方米放养 4～6 厘米鱼种 5 000～8 000 尾或 10～15 厘米鱼种 3 000～5 000 尾。可在池中投放少量鲢鱼、鳙鱼大规格鱼种，以调控水质。当年鱼种 6～8 月份放养，一冬龄鱼种 3～4 月份放养。下池前乌鳢鱼种用 4%食盐水浸泡消毒。

(4)饲料 饲料可分两类，一类以野杂鱼为主的鲜、活动物性饲料，另一类为人工配合饲料。使用鲜、活动物性饲料应注意鲜度，防止高温时腐败变质。速冻淡水、海水杂鱼化冰后洗净，待水温平衡时再投喂。饵料脂肪不能过高，防止污染水质发病。还可在乌鳢池上挂黑光灯引诱昆虫作为补充饲料。食用乌鳢配合饲料要求粗蛋白质 40%以上。总体配方：动物性原料 48%，植物性原料 51%，预混料 1%。

(5)投饲 做到“四定”。每天 2 次，上午 8～9 时，下午 4～5 时各 1 次。动物性饲料初期占乌鳢总体重的 8%～10%，后逐渐降低；长至 150 克左右时，降至 6%。投配合饲料时，日投饲量约为乌鳢总体重的 4%，随乌鳢生长逐渐下降。

(6)管理 可分为水质管理、分养、防逃、巡池等。早期每周换池水体总水量的 1/3，每半个月换水占池水的 4/5；随乌鳢个体长大，每 3 天一次小换，每 7～10 天则大换一次池水，具体换水量灵活掌握。一般 10 厘米乌鳢种养至 20 厘米规格要分养 2～3 次，每次分养时应停食 1 天。

247. 如何繁殖月鳢？

月鳢又称七星鱼。肌肉蛋白质含量 18.61%，氨基酸总量

15.65%,营养丰富;并有滋阴强身、活血生肌功效,具有较高的开发价值。

(1)亲鱼鉴别　成熟亲鱼雄性个体稍大于雌性。雌性腹部稍膨大,松软有弹性,颜色浅淡,头略钝圆;雄鱼腹部颜色较深,头稍尖。雄亲鱼臀鳍颜色深,其上和泄殖孔周围分布很多珠色亮点,雌亲鱼无点或少且颜色较淡。

(2)亲鱼培育　鱼池面积667平方米左右,水深0.5～1米。密度每667平方米3 000～6 000尾,雌、雄亲鱼同池饲养。鱼池水温要求16℃以上,水质要好。投喂以高蛋白饲料为主,日投饲量为鱼总体重的3%～4%。

(3)产卵池　可以是水泥池、小土池、水缸或大水桶等。水深约45厘米。池内壁光滑,池上加盖,并且池中要放入一些水草作鱼巢。使用前池塘应消毒,待毒性消失后再放亲鱼。

(4)月鳢人工催产　与“四大家鱼”方法基本相同。按雌、雄亲鱼比为1∶1配组,每组占一领地。其催产药物为LRH-A_2、PG、HCG,可单独或混合使用。一般雌鱼剂量为每千克体重LRH-A_2 20～30微克＋HCG 1 200～1 500单位(IU)＋PG 1～2毫克;雄鱼剂量减半。可进行一次或两次注射,如二针注射雌鱼每针注一半,雄鱼在雌鱼注射第二针时才注射,两针间距12～14小时。一般效应时间为9～10小时。

(5)孵化　月鳢亲鱼产卵后可在原池孵化,也可捞出按批次在脸盆或小水池静水孵化,适温18℃～26℃。在水温20℃～22℃时,孵化历时48～52小时。孵出后3～5天即可开口摄食。孵化中应注意保持水质清新,剔除未受精卵或死胚胎并预防水霉病的发生。

248. 如何培育月鳢苗种?

月鳢鱼苗经7～10天培育,体色由黑变黄,再经15～20天饲养可达2.5厘米左右。

(1)鱼苗培育　可在水泥池、60目的网箱中或铺设塑料薄膜的小池中进行。面积3～5平方米，水深25～30厘米。要求水质良好并有充足的鲜、活饵料供应。放苗前水池或箱体用高锰酸钾严格消毒。放苗密度1万尾/米^{2}左右，放苗后先投小型浮游动物如轮虫、枝角类等，待月鳢苗长至1～1.5厘米时，除水蚤外，还需投水蚯蚓、旱蚯蚓(陆生)、鱼糜等，并开始驯食人工配合饲料，日投4～5次。依据水质状况适当换水并及时捞出病弱与畸形苗。

(2)鱼种培育　月鳢鱼种可在水泥池或20目的网箱中培育。其箱体面积为几至几十平方米，水深0.5～1米。可放养规格2.5厘米鱼种3 000～5 000尾/米^2，饲料由鲜、活饵料转为粗蛋白质为40%～45%的人工配合饲料。日投喂2～3次，日投饲量为鱼总体重的5%～6%。在鱼体色由黄色变灰色时，应特别控制好水质。要求水体透明度35厘米左右，pH值7～8，溶氧5毫克/升以上。还可每3～5天泼洒1次光合细菌，浓度为每毫升3亿～5亿个，每次用量20～30毫升/米^3，可有效控制氨态氮的含量。月鳢苗种经40天培育一般可长至4.5～5厘米规格。

249. 如何饲养月鳢食用鱼?

(1)水泥池主养　鱼池面积20～80平方米，水深0.8～1米，池面上搭石棉瓦、葡萄架或瓜棚等遮阳，池内布放瓦管或凤眼莲等。放养密度为月鳢规格4.5～5厘米的鱼种80～100尾/米^2。投喂以配合饲料为主，其粗蛋白质达38%～42%，也可适当投喂螺、蚌、蚯蚓、杂鱼虾等，按“四定”法投饲。还应经常换水或冲水，每次换水量为池水体的1/3～1/2，并要及时清除污物与残渣。水泥池主养月鳢食用鱼，其产量一般为8～10千克/米^3。

(2)池塘主养　面积以600～2 000平方米为宜，水深1～1.5米，池埂坚固，池周用胶丝网拉好，池边水体种植水浮莲或在池中放入凤眼莲等。每667平方米放养月鳢规格4.5～5厘米的鱼种5 000～8 000尾，并搭配部分鲢鱼、鳙鱼种。以配合饲料为主，长至10厘米以上时,还可投适口的冰鲜杂鱼。经7～9个月饲养,每667平方米可获体重100～200克的月鳢300～400千克。

(3)池塘搭养 以养家鱼为主,每667平方米搭养月鳢鱼种800～1 000尾,月鳢以小杂鱼虾为食,不另外再投饲,每667平方米可收获80克左右的月鳢约40千克。其管理主要是做好防逃工作。

此外,还可在水缸与稻田进行月鳢食用鱼养殖。

250. 怎样繁殖斑鳢?

亲鱼年龄2～3龄,体重700～1 000克,且体质健壮、无病无伤。一般在小型水泥池培育。放养前用生石灰清池消毒,7～10天毒性消失后放亲鱼。雌雄比为1∶1.2,分池培育。水深约0.5米,需强化培育,饵料以鲜活野杂鱼、虾等动物性为主,并注水调节水质。每2～3天换水1次,每次换水约1/2。成熟雌鱼腹部膨大、松软有弹性,腹部白色有斑点,生殖孔大而突出,呈红色;雄鱼腹稍大,腹面黑色,生殖孔较小,呈三角形。催产药物一般用HCG,雌鱼剂量每千克体重HCG 3 000单位(IU),雄鱼减半;采用胸鳍基部一次注射法。

(1)产卵池 面积约30平方米,水泥池,池中设置长、宽各0.8米的小网箱数个,每箱放一组亲鱼,并投放新鲜水草作产卵鱼巢。产卵池上有遮阳设施。25℃水温下,催产药效应时间为17小时。斑鳢产浮性卵,卵内有油球。受精卵在产卵箱内孵化,在25℃下48小时出膜,96小时仔鱼平游,此时鱼体色较黑,全长7～8毫米。

(2)自然繁殖 面积100～200平方米,池中央水深1米,池边水深30厘米,池底锅底形。池四周设凤眼莲等水草作鱼巢,供受精卵粘附。池四周用砖或网片加高30～40厘米,防亲鱼逃跑。每平方米放雌鱼1尾,另配雄亲鱼2～3尾,产后及时捞出附卵鱼巢,并将其移至鱼苗池中孵化与培育。

251. 斑鳢苗种如何培育?

鱼苗池面积 30～50 平方米,放苗前清池消毒,毒性消失后放苗。培育开始喂轮虫、枝角类等动物性饵料,6 天后鱼苗长至 1.5 厘米可喂红虫(水蚤),经 20 天饲养,全长至 4～5 厘米,改喂鲜鱼浆,后为鱼糜。约 1 个月后,全长可达 7～9 厘米,体重 4～8 克。

(1)投饲 饲料应投在饲料台上,按“四定”原则投喂,日投 2 次,早、晚各 1 次。前期浮游动物应鲜活、适口,红虫应用水清洗并用盐水消毒后投喂。后期小杂鱼也应新鲜、去内脏、无污染。在鱼种阶段,日投饲量为斑鳢总体重的 10%。

(2)水质调节 一般日换水 1 次,换水量为池水的一半。随鱼体长大,应加大换水量。及时清除残饵和污物,并保持溶氧在 5 毫克/升以上。

(3)防病 苗种培育过程中应注意预防小瓜虫和车轮虫病,防治方法是用硫酸铜与硫酸亚铁合剂(比例 5 ∶2)全池泼洒,使池水浓度为 0.7 毫克/升。

252. 斑鳢食用鱼如何养殖?

(1)池塘主养 面积 600～1 300 平方米,水深 1～1.5 米,池埂高于水面 30 厘米以上,或用网片加高池四周 40 厘米以防逃鱼。也可在池四周种植水浮莲等水生植物为鱼栖息和遮蔽场所。放养前清池消毒,规格 6～8 厘米斑鳢密度为每 667 平方米 700～1 500 尾,另搭配大规格鲢鱼、鳙鱼鱼种,分别为 20～30 尾、30～40 尾。在食用鱼阶段,投饲量为总体重和的 5%～7%。斑鳢饲料以小野杂鱼、冰鲜鱼等动物性为主,也可用人工配合饲料,但必须经驯食。要求配合饲料含粗蛋白质 40%以上,主要以杂鱼、米糠等绞碎均匀拌成团块状,投在食台上。经 4～6 个月的饲养可收获。

(2)池塘搭养 规格 5～8 厘米的斑鳢鱼种,其密度为每 667 平方米 40～100 尾,经 5～6 个月饲养,个体重可达 350～400 克。

主要在主养罗非鱼池中搭配饲养。普通家鱼池中一般不能混养斑鳢。混养池必须经清池消毒以清除往年的斑鳢。另外，在小规格鱼种的食用鱼池中应控制斑鳢放养规格。

253. 日本养殖鳗苗有哪些技术要点？

人工养殖鳗苗指从线鳗（白仔）养至体重为 20 克的鳗种（种苗），也称线鳗养殖。

放养前鳗苗进行药浴，剔除伤病、异形、游动迟缓的鳗苗。鳗苗池面积 50～60 平方米，水深 30～40 厘米，为室内遮光水泥池，池水加入食盐至盐度达 6‰～7‰。

鳗苗放养后 1～4 天内进行渗透压调节，每天进、排水 10 厘米以减退养鳗池水体中的盐分，不投饵；每天升温 3℃～4℃，当水温缓升至 26℃～28℃、鳗苗已适应人工环境时进行试投饵诱食。投饵前开 15～25 瓦灯引诱鳗苗趋于饵料台附近摄食。一天可进行 3～4 次诱食，3～5 天后鳗苗能形成条件反射，且能自动上台摄食。

投饵诱食后 2～4 周开始改变饵料组成，可将人工配合饲料与丝蚯蚓搅拌一起投喂，并逐渐增加人工配合饲料比例。

鳗苗密度一般为 600～800 尾/米^2。养殖中随个体差异与长大，应及时分级分养。

254. 国内养殖鳗苗（日本鳗）有哪些技术要点？

池水净化池面积 60～80 米^2，水深 30～35 厘米，盐度达6‰～7‰。池水经过滤后开动水车式增氧机增氧。

（1）鳗苗放养　鳗苗运回后应将尼龙袋置于温室内换水充氧 1～2 小时，或移入等温池让其适应 30～40 分钟后再将鳗苗放入遮光的保温池中。

经 3～4 天连续反复的进、排水 10 厘米操作，池水中盐分消退尽，鳗苗已适应淡水生活。同时池水温度每天上升 2℃～3℃，至 26℃～28℃时，即可投饵诱食。开始时，日投量（消毒过的丝蚯蚓）

为鳗苗总体重的10%～20%,以后递增。养至30天后,过渡到丝蚯蚓与白仔专用饲料混合投喂,直至投白仔粉料。在其养殖过程中每隔2～3天需对水体用15毫克/升甲醛消毒,随鳗苗长大,消毒药增量。体重0.15～0.2克线鳗的放养密度为0.10～0.17千克/米^2。

诱食驯化方法类似日本养鳗苗的方法。

(2)分级分养 鳗苗分选前一天少投或不投饲,第二天投饲时鳗苗因饥饿而游动并聚集在一起,此时,可用鱼筛将其捞起,分级筛选并分开养殖。

(3)日常管理 每天早、中、晚及午夜巡池4次。发现有烂鳃、烂尾、水霉等病症,应及时处理。

255. 日本养殖食用鳗有哪些技术要点?

日本食用鳗养殖技术有两种形式。一种是从线鳗开始,通过分养逐渐进入食用鳗阶段;另一种为直接购入大规格鳗种养成食用鳗。

线鳗养殖为食用鳗,要不断进行分级分养。分养后,日投饲量为鳗总体重的2%～6%。放养密度依鳗规格而异,如体重10克的鳗苗,密度为3～6千克/米^2;若大于10克,则密度为9～21千克/米^2。

养殖与管理技术的其他方面,与线鳗养殖类似。池中残饵、粪便等应经常用虹吸管吸除或经排污口排出。冬季,保持水温在鳗适温范围,加温时保持池水清洁,尽量减少换水量,以利节省开支。

256. 我国养殖食用鳗有哪些技术要点?

国内多是从线鳗养至食用鳗,也采用分级分养方式。有静水式土池和流水式加温养殖两种。

(1)静水式养殖技术要点 鳗种放养前5～10天,应清池排污。前3～5天,以0.11千克/米^{2}生石灰液泼池消毒。鳗种放养分春、夏季放养两次。春放每尾规格20～70克，密度0.45～0.60千克/米^2，需养至年底达上市食用规格。夏季放养规格5～20克，密度0.075～0.3千克/米^2，如养至年底未达食用规格，可作为翌年春放的大规格鳗种。水质指标要求溶氧6～9毫克/升，pH值7.2～8.5，透明度20～25厘米，铵态氮(NH_4-N)0.2～1毫克/升，硫化氢0～0.2毫克/升，亚硝酸盐＜0.1毫克/升，总硬度含碳酸钙140～800毫克/升，总铁量＜0.9毫克/升。投饲按“四定”法，鳗种池投鲜、活饲料，日投饲量为鳗总体重的15%～20%；投配合饲料则为2%～4%；食用鳗池投鲜、活饲料，日投饲量为鳗总体重的10%～15%，投配合饲料则为2%～3%。日投喂2次，即上午6～7时，下午5～7时。管理为每天巡池3次，放养时间要早。勤观察天气、水色、鳗活动摄食及发病情况，并防高温、病害、逃跑、污水进入等。还要做到轮捕轮放。

(2)流水式加温养殖要点 水源丰富，鳗池面积小于250平方米，池中可设人工礁，配备增氧机或在摄食后加大流量，及时清洗排水口拦鱼网栅。加温有热电厂温排水、其他工厂温排水或地下温泉水。普遍是工业锅炉热蒸汽加温法。加温水泥池面积60～80平方米，水深0.6～0.8米，池呈八角形；分养池面积100～360平方米，水深1～1.3米，池为八角形或稍长方形。另配1～2个调温池。

257. 欧鳗苗与日本鳗苗有什么区别？

外表上，欧鳗苗(白仔)体圆，个体大，透明，眼大，吻短，尾柄无唇状黑色素环，沿脊椎骨有一条稍红的线通连到尾部。夜间被灯光照射时腹部会发青光。白仔放在掌面上只能作左右平面弯曲并似蛇行样将头部昂起爬动。摄食时不如日本鳗活泼，个体大小差异较大。

日本鳗白仔体健，透明活泼，胴体较圆，眼小，吻尖长，尾柄上有黑色素环，诱食后很快能集中夺饵，放在掌面上会敏捷地作左右、上下弯曲跳动。

欧鳗主要来自法国沿海，11 月至翌年 4 月份为捕苗期，体长 62～85 毫米，体重 0.25～0.55 克，平均约 3 000 尾/千克，脊椎骨数 107～116。在 0.46×10^{-6} 丁烯磷溶液中 1 小时内全部死亡。

日本鳗白仔 10 月至翌年 5 月份捕自日本、韩国、太平洋西岸和中国海。其体长 46～70 毫米，体重 0.11～0.17 克，平均 6 000～8 700尾/千克，脊椎骨数 114～119，在 0.46×10^{-6} 丁烯磷溶液中 1 小时内不会死亡。

258. 欧鳗养殖有哪些技术要点?

(1)水温 摄食时适宜水温 16℃～26℃，6℃～8℃摄食水平最低；32℃～34℃时 2～4 天内欧鳗相继死亡。

(2)线鳗驯养 诱食所用饵料与日本鳗相同。水温宜在 10℃以上，饲料台遮蔽要大，附近要注入新水，利用灯光诱食。

(3)饲料 人工配合饲料中需拌入鲜、活的粉碎饵料(如鲜鱼肉碎末)；投饲应量少次多，至少 1 日 2 次；最好不另加油脂，高温时更不能添加。

(4)水质管理 应在流水池或半流水池中饲养，静水池不适合欧鳗养殖。池面积 200 平方米以上，换水量以池水略带浮游植物颜色为好。

(5)分养 欧鳗皮薄，分养时操作要小心，宜采用水选法选苗，尽量减少对鳗体的伤害；要尽量减少分养时选别次数，分养前后水质应尽可能一致。

(6)防治疾病 春季，欧鳗易患白点病，进而并发其他病症而死亡。生产上可泼洒福尔马林，水中浓度为 30 毫克/升，或泼洒甲基蓝，浓度为 2～5 毫克/升，或泼食盐水，浓度为 0.4%以上来防治。夏季易患纤毛虫病，可用 0.2～0.5 毫克/升马速展或 30 毫克/升福尔马林液药浴。

259. 泥鳅有怎样的生态习性？

泥鳅是一种高蛋白、低脂肪的高档营养珍品。肉含蛋白质高达65.21％，脂肪16.16％，灰分5.42％，磷、钙、铁含量也较丰富。其体肥肉多，味鲜美，为夏令时鲜，也为药用水产品。

泥鳅属温水性底层鱼类，常生活于底泥较深的湖泊、池塘、稻田、水沟等浅水水域以及静水底层淤泥中。底泥中性或弱酸性。体色随环境中的泥土颜色而变。昼伏夜出。适宜水温15℃～30℃，最适24℃～27℃。低于5℃～6℃或高于34℃～35℃时，便钻入10～30厘米厚的底泥层休眠。

泥鳅除用鳃和皮肤呼吸外，还能用肠进行呼吸。其肠壁薄、肠管直，后半段肠壁密布微血管，能行气体交换，起辅助呼吸作用。当水中溶氧不足时，泥鳅便游向水面吞吸空气，直入肠管行气体交换。肠呼吸可提供1/3的需氧量。因此可进行高密度养殖。

泥鳅杂食性，口下位，可吮吸底泥，以摄取有机碎屑和底栖生物。其食物还有硅藻类、绿藻类、蓝藻类、原生动物、轮虫、枝角类等，人工饵料有蔬菜、小杂鱼、米糠、豆饼、豆渣、动物内脏、麸皮等。一昼夜有2个摄食高峰，即为上午7～10时和下午4～6时。

泥鳅还有逃逸习性，且相互诱发，多发生在夜间。因此，养殖过程中应有防逃设施。

260. 怎样培育泥鳅苗种？

(1)鱼苗池　面积以50平方米为宜，水深50～60厘米。底泥30厘米左右，如为水泥池则加土垫底。放养前10～15天用生石灰清池消毒，消毒1周后加入新水，进水口要用密网过滤，以防野杂鱼混入。

(2)鱼苗放养　泥鳅孵化后第三天就可下池，要求为同一批苗，防止自残。密度为750～1 000尾/米^2，有流水的，则可加大密度。可养至1～3厘米规格。

(3)投饵 以轮虫、枝角类为好。如投蛋黄，每10万尾鱼日投1个熟蛋黄(捣碎用水稀释分3次喂完)；如为粉末状配合饲料，以1小时内吃完为宜。

(4)水质要好，溶氧要高 因泥鳅孵化后15天内尚不能用肠呼吸，需靠鳃和皮肤呼吸。

(5)鱼种池 面积比鱼苗池稍大，土池效果好。池埂、池底需夯实。进、排水口有拦鱼防逃设施。池底须挖“集鱼坑”，深度为15～20厘米。经曝晒、消毒、放入新水(方法同鱼苗池)，浸泡几天后，排完，再注入新水，施少量人、畜粪肥培育泥鳅天然饵料，水以黄绿色为好。

(6)放养 密度为规格1厘米泥鳅苗40克/米^2，且规格应尽量一致。

(7)投饲 泥鳅放养后半月内以天然饵料为主，尚需投喂粉末状人工配合饲料(动物性与植物性部分比为6 ：4)，起初全池泼洒，后固定几个位置，1周后调成糊状投喂。半月后增加部分泥鳅食用鱼饵料。如米糠、菜屑、动物内脏等碎末，与上述饲料一起搅拌，调成软团子投喂。1个月后可用泥鳅食用鱼配合饲料投喂。日投饲2次，投饲量上午占70%，下午占30%。日投饲量在水温20℃～25℃时，为池中泥鳅总体重的2%～5%；25℃～30℃时为5%～10%。30℃以上少投或不投喂。投喂以泥鳅在1～2小时内吃完为好。

(8)管理 水质保持良好，注意夜间巡池，泥鳅体长达4厘米时及时分池并相应降低密度。

261. 怎样利用池塘、网箱养殖泥鳅食用鱼？

泥鳅食用鱼养殖有池塘养殖、稻田养殖、网箱养殖、箱式养殖、家庭养殖等。

(1)池塘养殖 池面积100～250平方米，池埂高于水面30～40厘米，池周架设防逃网，进、排水口设双层拦网。池底有一集鱼坑，其面积为池塘的1/30～1/15，深30～50厘米；有溢水口1～2个，设拦鱼栅。设饲料台和搭遮阳棚，底泥厚20～30厘米。

(2)清池消毒与肥水　放养前将池水排至10厘米深，每667平方米用生石灰50～75千克化水全池泼洒消毒。7天后，加入新水至30厘米。消毒后，在池角堆猪、鸡等粪肥0.2千克/米^2。5～7天后可放苗种。

(3)鱼种放养　泥鳅鱼种放养有春放和秋放两种。春放泥鳅隔年鱼种(体长5～7厘米、体重6～7克)，4月份放养，翌年3～4月份收成；秋放于9月份放养泥鳅鱼种(体长3厘米、体重1～2克)，翌年7～8月份收获。每667平方米泥鳅密度为2万～3万尾或0.1～0.2千克。如有微流水，其密度相应增加。

(4)饲养管理　泥鳅天然种苗需驯养，改夜间摄食为白天吃食，改分散为定点摄食，改食天然饵料为人工配合饲料。泥鳅饲料组成与水温相关。在水温低于20℃时，喜食植物性饲料占60%～70%的配合料；水温20℃～23℃时，喜食动、植物性饲料各占一半的配合料；水温23℃～28℃时则喜食动物性饵料占60%～70%的配合饲料。日投饲量为泥鳅总体重的3%～10%，不超过15%。投饲后1～2小时吃完为好。日投2次，即上、下午各1次。按“四定”法投饲。

(5)日常管理　水质要肥、活、爽，水黄绿色，透明度20～25厘米，pH值约为7.5，溶氧2毫克/升以上。每周换1～2次水，闷热时开机增氧或及时注水。做好巡池与防逃工作。经常清洗饲料台，清出死鱼和水面漂浮物。

(6)网箱养殖　网目0.5厘米，规格3米×3米聚乙烯网片，制成底面积50平方米箱，设于湖、河或池内。箱底着泥15厘米以上。放鱼种密度2 000尾/米^2，水肥可多放。

(7)投饲　类似池塘养殖泥鳅投饲法。因网箱内无法施肥，可设灯若干个，用来诱集浮游动物和虫子作为泥鳅饵料。

勤洗网衣和检查网衣，注意防逃。

262. 怎样利用稻田养殖泥鳅食用鱼?

稻田不应是冷浸田,泥质弱酸性,降雨时不溢水。田埂高出水面 20～30 厘米,进、排水口有双层拦网防逃。田的四边或对角线挖有集鱼沟(宽 0.5～1 米、深 30～50 厘米)。集鱼沟与鱼坑相通,鱼坑面积 2～6 平方米(具体依稻田面积而定)。坑深 30～50 厘米,可以有数个坑。鱼沟、鱼坑总面积为田面的 1%～3%。集鱼坑应设在排水口附近。

稻田用畜肥和堆肥作基肥,要少施化肥,少施或不施有毒的农药和除草剂。

规格 3～6 厘米的苗种,稻田放养密度为 50～200 克/米^2;体重 0.4 克的苗,每 667 平方米放养量 2 万～2.5 万尾。具体应灵活掌握。放养时间,以早稻中耕时为好。种双季稻田,早稻收割时不捕获泥鳅,可一直养下去。

人工饵料可投在集鱼坑。其饵料有麦麸、糠饼、豆饼、菜籽饼、鱼粉、蚕蛹粉、动物内脏、食物下脚料、蔬菜等。投饲量及调整可参照泥鳅池塘养殖。稻田治虫可选用高效低毒农药,不超过常量,尽量不让农药进入水中。巡田检查不放松,中耕追肥多用有机肥,如用化肥应在阴天施用,应尽量减少对泥鳅的影响。

263. 怎样培育虹鳟鱼苗种?

虹鳟鱼属于冷水性鱼类,苗种适宜在水温 5℃～20℃内生长。

(1)鱼苗培育 虹鳟苗主动摄食时全长为 1.8～2.8 厘米,体重 80～250 毫克。可在培育槽或小型水泥池中饲养,水深 20～40 厘米。培育槽中密度为 1 000 尾/米^2;水泥池中密度为 3 000～5 000尾/米^2。适宜水流量为每万尾每分钟 10～12 升。

鱼苗的饲料以水蚤、摇蚊幼虫、丝蚯蚓等活饵为主,辅以蛋黄、肝脏和鱼肉糜等。开始投喂时遍洒,约 2 周后定点投。日投饲量为虹鳟鱼总体重的 6%～10%,日投喂 8～10 次。经 20 天饲养,个体长可达3厘米，个体重0.25～0.3克。可筛选规格一致的个体进行分养。

(2)鱼种培育 虹鳟鱼种池面积约100平方米，水深50～70厘米。鱼种池应经生石灰消毒。虹鳟鱼放养密度为1 000～2 000尾/米²，鱼种放养后第一个月全部投糊状动物性饲料，随鱼个体长大，动物性成分比例降低，植物性比例可逐渐提高至20%～30%，后慢慢改为细的颗粒饲料。日投饲量为虹鳟鱼总体重的4%～6%。投喂次数依据鱼生长而定，体重0.5克时，日投6次；1克时为4～5次；3克时为3～4次。除投喂颗粒饲料外，还应投部分水蚤、钩虾、小鱼等活饵料。虹鳟苗种培育过程中，要注意水量与水质的控制。及时清污与分养。坚持巡池，注意观察鱼吃食与活动情况，发现问题及时处理。

264. 如何饲养虹鳟食用鱼？

养殖场选择必须有清澈的流水，水量充沛，溶氧6毫克/升以上，地下水、河流、山溪都可利用。周年水温3℃～25℃，以7℃～20℃为好，pH值6～8。饲料来源方便，交通便利。地势要有一定的坡度，便于自流排灌。砂砾、黑土或黄土铺底。

面积100～200平方米，水深70～90厘米。池圆形或长方形，长方形则长为宽的10倍，水流畅通，无死角。池底有1/50坡度，有进出水口，且有拦鱼栅。

采用高密度流水池塘精养，控制好溶氧与水温，保证充足的饲料。

放养密度受水流量、溶氧量和温度等制约。放养量随规格增大而减少。温度升高应加大流量。可分稀养与密养两种。高密度多用水泥池，一般池长40米，宽4米，池底落差0.8米。每667平方米产量可达3万～4万千克。

配合饲料要求动物性成分不低于40%；饲料中粗蛋白质含量为32%～55%，最适含量约为40%；脂肪6%～12%，碳水化合物

9%～12%，还要添加必要的维生素和矿物质。

在水温3℃以上时每天要投饲，适温10℃～18℃时日投喂2～3次，日投饲量为虹鳟鱼总体重的1%～3%，以达八成饱为好。

日常管理要控制好水量，水交换率2次/小时，流速为3～16厘米/秒。定期排污，保持水质清新。高密度池排水口溶氧不低于5毫克/升，铵态氮应少于1毫克/升。否则应及时增氧。还应及时按规格分养，轮捕上市。坚持做好巡池与防病工作。

265. 如何培育鲈鱼苗种?

鲈鱼俗名花鲈、七星鲈、花寨等。其属广温、广盐性鱼类，在我国沿海分布很广，为海、淡水鱼类养殖主要品种之一。生存温度2℃～34.5℃，生长最适温度15℃～25℃，10℃时停食。

(1)鱼苗培育 可在池塘，水泥池，玻璃钢、帆布水槽或网箱中进行。池塘面积600～1 300平方米，水泥池50～200平方米，水深1米。网箱规格2米×2米×3米或3米×3米×3米为宜，深度为3米的有盖网箱。网片为无结节片，双层，网目0.6～1厘米。网箱可设在海区或淡水湖泊、水库等水体中，为浮动式网箱。

水体放鲈苗前先用生石灰、漂白粉或三氯异氰尿酸消毒。苗种来源为人工繁殖苗或海区捕捞的天然苗。放养密度一般小型水泥池或水槽为1万～3万尾/米^2；大型池为0.5万～1万尾/米^2；池塘为60～150尾/米^2。鱼苗在淡水中培育必经淡化过程，即每天向水中加入淡水，以降低原来水体中的盐度，需5～7天降至淡水。

(2)饲养管理 水温适温15℃～20℃，尽可能减少波动范围，注意保温与加温。小型池溶氧5～8毫克/升，大型池与池塘应达4～6毫克/升，不足时应及时充氧。初期水位低，后逐渐加深；并保持微流水，或换水，日换水量从池水1/4开始慢慢增加至30天时达池水的2倍。如投微粒配合饲料，日流(换)水量为池水的2～3倍。投鱼虾肉糜时，流(换)水量为池水的4～5倍。pH值控制

7.8～8.7，铵态氮应在0.07～0.15毫克/升。日投饲量为鲈鱼总体重的5%～10%，日投2～3次，以当天吃完为度。鱼苗达3厘米时应及时分筛分养。

(3)鱼种培育 可在网箱或池塘中进行。池塘面积1 300～2 000平方米，水深1～1.5米，池底平坦、水清洁、无污染土池为好，排灌方便。放种前20天，清池并用生石灰消毒，消毒后曝晒1～2天，便可加水至70厘米，并每667平方米施尿素1.5～2.3千克，同时施有机肥1.3～2千克以肥水培育浮游生物。池水的盐度不应超过0.8%。每667平方米规格2～4厘米的苗种放养密度约为1.3万尾。饲养管理可参照鱼苗饲养管理。

266. 如何饲养鲈食用鱼？

鲈食用鱼养殖主要有池塘和网箱养殖两种。池塘又分单养和混养两种方式。

(1)池塘单养 要求水源充足、水质良好、排灌方便和交通便利。池塘面积约1 000平方米，水深1～2米为宜，池埂高于水面30厘米以上。鲈鱼放养前清池并消毒，进水时应有密网过滤，且水温15℃以上。于5月份放养，规格为100～300克，要求鲈鱼种无病无伤、无畸形、健壮活泼。放养密度依据池塘条件、饲料、养殖水平等而定。条件好的每667平方米可放养鲈鱼种500～800尾，一般的可放200～300尾，并搭配少量规格200～250克的鲢鱼、鳙鱼来调节水质。鲈鱼娇嫩，捕捞时易受伤，放种前须用10～20毫克/升高锰酸钾溶液浸浴5～10分钟，以杀灭体表的病原菌、寄生虫。鲈鱼为肉食性鱼类，投饲要以动物性饲料为主。其为上层鱼类，抢食凶，投饲应按“四定”法投喂。日投2次，为上午9～10时和下午5～6时。摄食区在出水口附近，底部设一网片，便于检查吃食状况。日投饲量为鲈鱼总体重的6%～8%。水温10℃以下小于4%，低于6℃不摄食；高于28℃，日投饲量控制在鲈鱼总体重的2%～4%。投饲时应建立条件反射，加强巡池，发现问题及时处理。及时轮捕上市，做好防病、防逃工作。

(2)混养 可分为食用鱼池中混养与亲鱼池中混养。通常在鲢鱼、鳙鱼、草鱼、罗非鱼等食用鱼池中混养鲈鱼，以池中小杂鱼、虾为食。每667平方米一般放养规格3～8厘米鲈鱼20～30尾，在不投饲条件下，每667平方米可产鲈食用鱼10～20千克。池塘养有罗非鱼或杂鱼较多时，密度相应加大。鲈鱼规格不能大于其他养殖鱼类，且要一致，水质不能过肥。

亲鱼池中混养，每667平方米搭养4～6厘米的鲈鱼20～30尾，不另投饲，养5～6个月体重可达500克。

(3)网箱养殖 海、淡水中均可，海水中生长快一些。网箱规格3米×3米×3米，放苗时网目0.5厘米，随鱼长大，网目相应增大。鲈鱼体长6～8厘米时，使用网目3厘米箱；体重达500克时，网目要求达5厘米。多采用浮式网箱。规格10厘米时，密度140尾/米^2；20厘米时，密度降至80～100尾/米^2。鲈鱼种入箱前应消毒，其饲料为小杂鱼并切成碎块，日投饲量为鲈鱼总体重的5%～10%，可日投2～3次。鲈鱼产量可达10～15千克/米^3。日常管理要注意巡箱，防逃，防病，清洗网箱，并及时分箱等。

267. 如何进行加州鲈人工繁殖?

加州鲈，又名大口黑鲈、美洲大口鲈。属温水性鱼类，味鲜美，营养价值高，细骨少，对伤口愈合有特效，还为游钓品种。加州鲈生长快、适应性强、病害少，其养殖效益明显。

人工繁殖主要是采用人工注射外源激素，让其自然产卵或人工授精，达到同步产卵，从而保证鱼苗数量、规格与质量，便于规模化生产。

成熟雌鱼体型较粗短，体色较暗，鳃盖部光滑，胸鳍圆形，后腹部膨大、松软，卵巢轮廓明显，生殖孔红肿突出，其下2孔，用手轻压有卵粒流出。成熟雄鱼体狭长，体色深且艳，鳃盖部略粗糙，胸鳍较狭长，生殖孔凹入，只有1孔，轻压腹部生殖孔有乳白色精液流出，入水很快散开。

产卵池应用生石灰清池消毒，药性消失后按雌、雄成熟亲鱼1∶1配对催产后入池。池面积数十平方米。沙质底，土池，水深70～80厘米，每2～3平方米放一组亲鱼。池四周或浅水区每隔1米放一石子堆、砖头堆或旧网片作鱼巢附卵。

催产药物为PG、HCG、LRH-A_2等，可单独或混合使用。雌鱼剂量：每千克体重PG 5～6毫克，或HCG 1 800单位(IU)＋PG 3毫克，或LRH-A_2 5～10微克＋PG 2～4毫克；雄鱼剂量减半。雌鱼二次注射；雄鱼为一次注射，在雌鱼第二次注射时进行。在水温22℃～26℃时效应时间为18～20小时。

加州鲈为多次产卵类型，在产卵池中可连续3天完成产卵过程。产完卵后应捕出亲鱼或投新鲜鱼虾饵料。

将粘着精卵的鱼巢移至孵化池流水孵化或充气孵化。鱼巢应消毒防水霉。孵化率与水温、水质和溶氧相关。在22℃～24.5℃时，孵化约需31小时出苗。水泥池孵化率可达60%～70%，池塘相对较差。刚孵出苗在产卵池受雄鱼保护，几天后应将雄鱼捕出或将苗捞出另池培育。

268. 如何培育加州鲈苗种？

(1)水泥池培苗　面积50～100平方米，水深0.8～1米，水质良好，透明度40厘米，溶解氧4毫克/升以上。进水口50～60目网布过滤。密度200～250尾/$米^3$，具体依据苗规格和水源条件而定。投鲜活饵料，开始投轮虫、小型枝角类、水蚤；2厘米以上时投红虫、水蚤、水蚯蚓等，并开始驯食，使苗集中在池一角摄食，投小型野杂鱼、切碎鱼肉或软颗粒料，1周后喂人工饲料，日投饲量为鱼总体重的50%，日投喂2～5次。水温20℃～25℃时，出膜长至3～4厘米，需35天左右。

(2)池塘培苗　可在原孵化池或专池培育。孵化池中孵出的仔鱼能自由游动时，应将鱼巢取出，每天在池四周泼豆浆、蛋黄浆或鳗饲料等,一部分作食物外,大多是肥水培植浮游生物。并在池边、角堆鲜嫩大草,尔后每 3～5 天施粪肥和投大草。开始时水深 0.6～0.8 米,后加深至 1～1.2 米,后期为微流水。经 20 天加州鲈鱼可长至 3～4 厘米,成活率 50%～60%,此时应及时过筛分养。

加州鲈鱼苗长至 3 厘米左右时,就进入鱼种培育阶段。应视生长情况注意拉网过筛分级培育。可分大、中、小三级,在水泥池中每隔 10 天筛选 1 次,土池每 20 天疏分 1 次。同池规格尽量一致。

加州鲈鱼种培育一般分两阶段进行。第一阶段由 3 厘米养至 5～6 厘米或更大规格,并在水泥池或池塘中进行。水泥池面积 100 平方米,水深 0.8～1 米,密度 50～75 尾/米^2。可投喂水蚯蚓、罗非鱼苗和鱼糜。鱼种长至 4～5 厘米时,可驯食颗粒饲料。开始几天,每隔 2～3 小时投喂 1 次,以后每天喂 4 次,最后减至 2 次,日投饲量为鱼总体重的 5%～10%。经 20 天可达 5～6 厘米。池塘保持水质清新,养 1 周后每日注水 10 厘米,慢慢加深至 1.2 米。饲养 1.5 个月可达 7～10 厘米。第二阶段主要在池塘中进行,由 5～6 厘米养至 14～16 厘米。密度为 2～3 尾/米^2,日投饲量为鱼总体重的 4%～8%,分 2 次投喂。可投喂软颗粒饲料或冰鲜低质鱼糜,经 20～30 天培育即可,成活率达 80%以上。

(3)日常管理 水泥池可采取微流水或换水或充气形式来保持水质清新、溶氧丰富。土池透明度 25～30 厘米,水应“肥、活、嫩、爽”。也可适当泼洒光合细菌改良水质,经常加注新水。坚持早晚巡池,及时清除残饵;定期分筛分养,一般每周 1 次,随鱼生长其密度逐渐降低。

269. 怎样饲养加州鲈食用鱼?

加州鲈鱼种规格达 10 厘米以上时可进行食用鱼养殖。养殖方式主要有池塘主养、套养及网箱养殖。

(1)池塘主养 池面积 0.2～0.3 公顷,水深 1.5～2 米,透明度30～35厘米为宜，水质良好、通风透光、少淤泥、无渗漏，底质以壤土为宜。放种前按常规清池消毒，每10～15天换水1次，每次换水占池水1/3。有微流水或增氧设备更好。放养10厘米以上鱼种，要求无病无伤、体壮、规格齐、一次放足。密度为每667平方米2 000～2 500尾，条件好的可加大。同时应搭配少量鲢鱼、鳙鱼、鲤鱼、鲫鱼的一龄鱼种，每667平方米密度分别为70尾、40尾、10尾、80尾，其规格要大。加州鲈饲料粗蛋白质要求达40%以上，纤维素2.5%，脂肪6%为宜。其饲料主要为冰鲜低质鱼肉和软颗粒配合饲料。软颗粒料含蛋白质45%～50%，鱼肉日投饲量为鱼总体重的8%～10%，颗粒料占鱼总体重5%～6%，日投喂2次，上、下午各1次。加州鲈鱼种经5～6个月饲养，每667平方米产量为200～300千克。投饲要做到"四定"。管理要求巡池、清除残饵、换水、分级并疏养、防污染、防病害等。

(2)池塘套养 不改变原主养品种条件下，搭养加州鲈，可清除野杂鱼，增加经济效益。混养池面积宜大，野杂鱼多，每年应清池。每667平方米一般放养5～10厘米加州鲈鱼种200～300尾。主养鱼规格要大，且不能混养乌鳢、鳗鲡等肉食性鱼类。一般不另单独投饲。透明度20～30厘米，每半月加水1次。每667平方米加州鲈产量可达10千克以上。

(3)网箱养殖 主要是在湖泊、水库、河流中进行。网箱采用2×3或3×3聚乙烯线纺编成，规格2米×2米×2米或3米×3米×2.5米。8厘米鱼种网目用1厘米，50克以上鱼种网目用2.5厘米。8～10厘米的鱼种可放250～300尾/米^2；30～50克的鱼种放养150～200尾/米^2；250克以上鱼种则放80尾/米^2。鱼种入箱需停食2～3天，第四天开始驯食，少量鱼糜加水泼洒，约一周后形成抢食习性。每天上午9时、下午4时各投1次，采用抛投法投喂鱼块。其投饲量参照池塘主养。管理包括巡箱、分箱、洗箱、防逃、防病等。

270. 怎样繁殖长吻鮠?

长吻鮠俗称江团、肥沱,为我国特有名贵经济鱼类之一。分布于长江及辽河等水域,肉质细嫩、味鲜美、无肌间刺、营养丰富且具药用价值。鳔特肥厚,为名贵菜肴,鱼中珍品。

长吻鮠成熟雄鱼大于雌鱼。选择时,雄鱼个体3.5千克以上,雌鱼2.5千克以上。雌鱼腹部膨大而柔软,尤其后半部更软,仰腹可见明显卵巢轮廓,手摸松软富弹性,生殖孔松弛而圆,色泽红润,生殖突短,0.5厘米左右;雄鱼精巢高度分支呈指状,一般挤不出精液,每次排精量稀少,生殖突尖长,1厘米左右,末端呈深红色。采用自然受精,雌雄比为1∶1或2∶3;采用人工授精法,雌雄比为3～5∶1。

(1)催产 适合水温20℃～28℃,最适23℃～25℃。催产期一般在4月底至5月底,南方提前20天左右。药物有LRH-A_2、PG、DOM等,混合使用效果好。剂量依据性腺成熟情况、水温、注射次数等而灵活掌握。一般雌鱼剂量为每千克体重LRH-$A_2$30～60微克+PG 2～4毫克,或LRH-A_2 30～60微克+DOM 5毫克。雄鱼则减半或与雌鱼等量。雌鱼一般采用两次注射,第一针占总剂量的1/5,第二针注射余量。雄鱼在雌鱼注射第二针时注射。两针间隔时间10～12小时。水温25℃时效应时间在10～22小时,天然水域亲鱼效应时间相对较长些。

(2)产卵与受精 注射后将鱼放入产卵池,保持流水刺激,效应前1～2小时加大冲水量,发情后适当减少。可采取自然产卵和人工授精。自然产卵可直接在产卵池底部铺一层卵石,将底部进水口用纱布包起来,卵粘附在卵石上,原池孵化;或池中放置棕片、网片或水草作鱼巢粘卵。人工授精是先将雄亲鱼杀死,取出精巢剪碎并研成末,加入0.7%生理盐水稀释精液,与卵混匀,加水使其受精。尔后用水清洗受精卵,将其布洒在网片、棕片等鱼巢上。

(3)孵化 可在水泥池、网箱或原产卵池中进行。要求无敌害、水质清新、溶氧7毫克/升以上，水温20℃～28℃，pH值控制在7～7.5，铵态氮0.03毫克/升以下。水温决定孵化时间长短。一般24.5℃～27.5℃时，受精卵孵化至仔鱼出膜需40～50小时。

271. 怎样培育长吻鮠鱼苗？

长吻鮠鱼苗经20天左右培育，长至约3厘米规格夏花鱼种。

鱼苗池为水泥池，面积数十平方米，池深1.5米。池底、池面光滑，边角抹成圆弧状，比降2%～3%；池上有遮阳棚。池水体水质清新，无污染。水深前期约40厘米，后期1～1.2米。

放7日龄苗（全长1～1.5厘米）500～800尾/米^2，普通培苗池为100尾/米^2。鱼苗池消毒并试水后放入鱼苗。鱼苗下池前用3%食盐水浸浴消毒5分钟。下池时注意温差应小于2℃。

普通池塘池水消毒后还应肥水，一般每667平方米施腐熟的牛、鸡粪100～200千克，全池遍洒，透明度约40厘米为宜。

水泥池培育时，放养当天可投1～2次熟蛋黄浆，每万尾1～2个蛋黄。第二天喂轮虫、枝角类等小型浮游动物30～40克/米^2，以后适当补充。第四天可投大型水蚤，第五至第六天可投部分水蚯蚓。长至2～2.5厘米时可全部投喂水蚯蚓。依据水质变化经常及时冲水或换水，但每次换水量不超过池水的2/3。

普通池塘中培苗时，要控制好水质，中等肥度，溶氧5毫克/升以上，有机物耗氧量10毫克/升左右，铵态氮0.03毫克/升以下，总氮0.5毫克/升左右为好。

272. 怎样培育长吻鮠鱼种？

长吻鮠鱼种培育可在池塘或网箱中进行。将3厘米左右鱼种经4～5个月培育至全长15～20厘米、体重50～100克的大规格鱼种。鱼种培育的关键是鱼种的转食驯化与所需配合饲料的质量好坏。

转食饲料要求粗蛋白质含量达55%左右，以鱼粉、面粉为原料，加入一定的鱼糜、蚯蚓或生鸡蛋等配制。经加工成条状，现做现喂或在冰箱中保鲜，不能晒干。也可使用鳗饲料为转食饲料。配合饲料可干贮备用，要求粗蛋白质含量为45%～50%，碳水化合物20%～25%，脂肪为10%～15%，粗纤维4%～8%，有效磷1.37%，维生素B_6等。

(1)池塘鱼种培育 先将3厘米鱼种在小水泥池中按100～200尾/米^{2}培育至5厘米规格，水深0.8～1米。然后投软颗粒转食饲料驯化约1周，日投喂量为鱼总体重的15%～20%，90%以上鱼即可摄食人工配合饲料。转食期勤换水与清残饵。后转入1 000～2 000平方米，水深1.5～2米的池塘继续饲养。每667平方米密度为3 000～5 000尾，搭配鲢鱼、鳙鱼种约100尾。最好在池上搭盖一定面积遮阳棚。日投饲2～3次，日投喂量为鱼总体重的3%～5%，以喂后1～2小时内吃完为准。管理为每天清洗食台1次，每周用生石灰消毒食场1次。坚持巡池，发现情况及时处理。

(2)网箱培育鱼种 网箱应设置在水面开阔向阳、水深5米以上水区，透明度0.8米以上，风浪小的湖泊、水库和江河中。溶氧5毫克/升以上，pH值为7～8。

网箱分3～4级，箱体材料为聚乙烯，结构为开口式箱。一级箱为2米×2米×2米，单层网片，网目0.5～0.6厘米；二级箱规格4米×4米×2米，网目1厘米，单层网片；三级箱规格5米×5米×2米，单层网片，网目1.5厘米；四级箱为双层网片，规格内层同三级箱，外层箱网目3厘米，外层比内层高50～60厘米。按常规架设网箱，各排箱间距30～50米，每排箱间距10米。每箱设有食台，一级箱每箱设食台3～4个，2～4级箱每箱设2～3个。

一级箱密度500～800尾/米^2，放养规格3厘米左右，培育至5～6厘米，并已转食进入二级箱。二级箱密度300～400尾/米^2，培育至7～8厘米转入三级箱；三级箱密度200～300尾/米^2，培育至10厘米转入四级箱；对四级箱而言，其内层长吻鮠密度100～

200尾/米^2,外层箱每箱可放10～20克的鲤鱼种200尾。饲养方式同池塘饲养鱼种,宜多点分散投,傍晚可多投饲。管理包括勤巡箱、洗晒食台与网衣,注意食场与水体消毒或用药物挂袋,并防逃、防鱼浮头与防病,发现问题及时处理。

273. 如何饲养长吻鮠食用鱼?

(1)池塘养殖 鱼池面积600～3 300平方米,水深2米,呈长方形,且淤泥少于10厘米。此外,水源水要充足,无污染。鱼种投放前10天用生石灰清池消毒,消毒3天后注水。养殖方式可分主养与搭养。每667平方米主养密度为:规格40～50克的长吻鮠鱼种1 200尾或规格50～100克鱼种1 000尾,另每667平方米搭配150～250克鲢鱼50～100尾、鳙鱼20～50尾、鳜鱼或加州鲈3～5尾。搭养时,主养鱼品种及密度不变,长吻鮠可每667平方米投放规格40～50克鱼种10～15尾,不另需投饲。

配合饲料要求粗蛋白质40%～43%,粗脂肪6%～9%,碳水化合物23%～27%,粗纤维3%～5%。可用鱼粉、豆饼、花生饼、小麦、玉米、酵母等原料配成。体重150克以下日投3次,150克以上日投2次,即早、晚各1次。在水温18℃～29℃生长适温范围,日投饲量为鱼总体重的1.5%～3%,傍晚可多投,饲料应投在食台上。其管理要求保持水质清新,不缺氧,经常更换池水或保持有微流水,日换水量为池水的15%～20%。另外,应注意防肠炎和寄生虫病。

(2)流水池饲养 可利用河库、溪流等水位自然落差来修建小型水泥池,以长方形或圆形为好。成鱼池50～100平方米,水深1米左右,可采用串联或并联式,池底比降1.5%～2%;鱼池进排水方便,且有滤沙池。其放养密度为40～70克的长吻鮠鱼种10～20尾/米^{2}或者150～200克鱼种5～10尾/米^2。对流水池来讲,饲料与投喂技术是关键。长吻鮠饲料要求配合饲料或配合粉料加水揉成食物团,投在饲料台上,饲料在水中稳定性在30～45分钟。

放鱼种后要驯食，使其形成上浮并抢食习性。投喂前先排污，投喂时减少流量。日投饲 2 次，日排污 2～3 次。还要定期转池消毒与投药饵防病。

(3)网箱饲养 长吻鮠食用鱼网箱为双层网片，内层网目 2～3 厘米，外层 3～4 厘米。其布局同鱼种箱。放养规格 50～100 克鱼种 40～60 尾/米^2 或 150～200 克鱼种 15～20 尾/米^2。放养时期为 11 月份至翌年 3 月份。内外箱间搭养鲤鱼、罗非鱼或淡水白鲳等。管理包括防逃与防病害，最好 1～2 个月移动箱体位置 1 次。箱内定期药物挂袋，并搞好水体、食台消毒和药饵预防。

274. 如何繁殖胭脂鱼？

胭脂鱼俗称黄排、火烧编、紫鳊等，为国家二级保护动物，主要分布于长江水系。其体型奇特而色彩鲜明的幼鱼具有较高观赏价值。胭脂鱼养殖上具有个体大、生长快、抗病力强、性温驯与食性广等优点，为池塘、湖泊、水库新的优良养殖品种。

(1)亲鱼培育 面积 600～2 000 平方米，水深 1.5～2 米，每 667 平方米放 7～10 千克亲鱼约 15 尾，并适当搭配鲢鱼、鳙鱼或草鱼、鳊鱼等大规格鱼种，每 667 平方米总放鱼量 150～200 千克。放养前亲鱼用 3%～4%食盐水浸浴 5～10 分钟。伤口处用龙胆紫涂抹消毒。

首先供给充足适口活饵，一般以水蚯蚓为主，适量补充蚯蚓、螺蚌等动物性饵料。日投饲量 4～10 月份为鱼总体重的 3%～5%，11～12 月份为 1%～2%。繁殖前 1 个月控制投饲量，并采取每天增加流水刺激。

(2)雌雄鉴别 成熟雌鱼婚姻色和珠星不如雄鱼，珠星颗粒小，突起不明显，手摸无棘手感；雄鱼体色鲜艳且呈橘红色，鱼体分布有较多灰白色突起颗粒物——珠星，手摸有棘手感，挤压其腹部有乳白色精液流出。

(3)催产 雌雄比为 1∶1～2，采用多种激素混合注射。一般雌鱼剂量 LRH-$A_2$10～70 微克/千克体重，HCG 500～2 000 单位(IU)/千克体重，DOM 2～6 毫克/千克体重加 PG 少量；雄鱼减半。注射 1～2 次，分两次注射的间隔为 1 天。

(4)受精与孵化 采用半干法人工授精，将精、卵同时挤入事先装有少量生理盐水的盆内，用手指搅匀，加水静置 1 分钟，使其充分受精，用水漂洗 2～3 次，用泥浆、滑石粉脱粘或布卵洒在网片、棕片等鱼巢上，在孵化池或孵化桶内进行流水孵化。孵化适温 14℃～22℃，6～10 天可出膜，孵化前期受精卵要经常消毒防水霉，并剔除死卵。

275. 如何培育胭脂鱼苗种？

刚孵出的苗静卧池底，畏光，不会游泳，必须保持一定水流、溶氧及水温稳定。经 5～6 天，稚鱼全长达 1.5～1.6 厘米，开始摄食。宜用小网箱或小水泥池培育。其网箱用 40 目尼龙网缝制，面积 1～3 平方米，深度 0.6～1 米，设置于水质清新、有微流水且风浪小的水体中。水泥池面积数平方米，有微流水，要求排灌方便，排污能力强。其密度为 2 000～5 000 尾/米^2，养殖过程中逐渐分养。养至 3 厘米时，密度为 100～200 尾/米^2。

仔鱼开口以轮虫、小型枝角类为主，可在自然水体中捞取；也可投喂豆浆、蛋黄等精饲料以补充不足。仔鱼体长 1.9～2 厘米时，可增投枝角类和桡足类；体长达 2.5 厘米时，可投捣碎的水蚯蚓或鱼、畜禽肉糜等；体长 3～3.5 厘米时，可直接投鲜、活的水蚯蚓，鲜、活饵料均需清洗，水蚯蚓投喂前放入 5%盐水中浸泡 5 分钟消毒。日常管理主要为经常清洗或更换池水、排污等，并注意水温、水质变化。

仔鱼经 20～30 天培育，全长可达 3～3.5 厘米，主食底栖无脊椎动物，转入池塘中培育。池面积 600～2 000 平方米，水深约 1.5 米。鱼种下池前，按常规清池消毒，并施少量粪肥培育饵料生物。以水蚯蚓为主，也可投鳗鱼饲料、鱼粉、豆饼、花生饼等精饲料。一般鲜、活饵料日投饲率为胭脂鱼总体重的15%～25%，精饲料为5%～10%。

276. 如何繁殖淡水白鲳?

(1)亲鱼培育 越冬后亲鱼转入土池，面积600～1 300平方米，并搭配适量的鲢鱼、鳙鱼鱼种进行产前强化培育，投营养丰富的颗粒饲料与水草、青菜、瓜果皮等青饲料，使其尽快恢复体质，同时每2～3天冲水1次，刺激性腺发育。

(2)催产 当雌鱼卵在透明液(95%乙醇85份、10%甲醛溶液10份、冰乙酸5份配制而成)中出现分离并多数卵偏核时，就应及时进行人工催产。采用混合激素催产，其雌鱼剂量为每千克体重HCG 800～1 200单位(IU)＋LRH-A_2 5～10微克；雄鱼减半。采用胸鳍基部一次注射，雌雄比为1∶1～1.5，注射后放入产卵池并冲水刺激亲鱼发情产卵与排精，待其发情发出“咕、咕”叫声时，即可拉网，分别进行亲鱼挤卵与排精，然后人工授精获取受精卵，也可在产卵池收集受精卵。

(3)孵化 受精卵吸水膨胀后，在静水中为沉性卵，在流水中半浮。可在孵化环道中进行流水孵化，其流量以使受精卵在水中能浮起为准，在水温26℃～28℃时19小时可全部出膜。出膜仔鱼卵黄囊大而圆且尾短，经110～120小时肠管形成，然后口开启，鱼体透明，全长约3.4毫米。可及时投喂熟蛋黄浆或小型浮游动物开口。

277. 如何培育淡水白鲳苗种?

淡水白鲳仔鱼喜集群，为底栖习性。鱼苗出孵化环道或孵化桶与缸后应进入鱼苗箱，每10万尾鱼苗喂鸭蛋黄1个，并化浆泼洒，2～3小时后下苗池。

鱼苗池面积600～1 000平方米，下池前10天用生石灰清池，前3天注水0.6米，每667平方米施猪粪500千克作基肥。每667

平方米放苗密度10万～40万尾。下池时水质不能过肥，下池后日投豆浆2次，即上、下午各1次。日投饲量每万尾200克黄豆，浸泡磨浆后投喂，并视水质施追肥。在水温26℃～28℃时，15天可长至2.3～2.8厘米(乌仔)，进行分养。

夏花培育水深要求1米以上，投放乌仔密度为每667平方米3万～5万尾。应肥水下池，并投喂豆饼或菜籽饼，为每667平方米日投8～10千克，辅以小浮萍；2周后，鱼种长达4.5～5.5厘米。也可采用鱼苗直接培育至夏花后，每667平方米夏花放种密度约3万尾，培育至10月份，鱼种长至10厘米以上，可投喂豆饼、菜籽饼及浮萍等。在淡水白鲳越冬期，其密度为每667平方米6万～8万尾，规格10厘米以上，水温保持23℃以上，养至翌年5月份可出池。

278. 如何养殖淡水白鲳食用鱼?

成鱼养殖有越冬鱼种养成和夏花当年养成两种方式。

(1)池塘条件 面积0.1～0.7公顷，水深约2米，水质清新，透明度25～40厘米，池底平坦，淤泥约10厘米，排灌方便。每667平方米最好配有增氧机(0.2～0.3瓦)，按常规清池消毒后投放鱼种。

(2)鱼种放养 要求规格齐、体健、无病无伤。入池前用3%～4%食盐水消毒5～10分钟。每667平方米放养5～8厘米的鱼种密度600～800尾，50～100克越冬鱼种则密度为350～650尾；另搭配鲢鱼、鳙鱼、草鱼、团头鲂、鲤鱼、鲫鱼、罗非鱼等鱼种。也可在早繁夏花达4.5厘米时投池，每667平方米密度为2 000～4 000尾，同时搭配鲢鱼、鳙鱼、草鱼、团头鲂、鲤鱼、异育银鲫等鱼种和鲢鱼、鳙鱼夏花。

(3)饲料与投喂 淡水白鲳饲料有豆饼、菜籽饼、花生饼、大麦与稻谷等农副产品，也可投动物内脏与下脚料，还可投配合饲料。淡水白鲳以投精饲料为主。由于其肠道短，消化吸收快，因此，其投喂次数要多，日投 4 次，上午、下午各 2 次，即上午占 40%，下午占 60%。在适温范围内日投饲率为鱼总体重的 5%～10%，配合饲料则为 3%～6%。投喂时在底部设饲料台，投沉性饲料。投精饲料时以每隔 2～3 天补充一些青菜和动物下脚料较好。

(4)日常管理 坚持巡池，夏季每 3～5 天加注新水 1 次，秋季则每 7～10 天 1 次。晴天中午开增氧机 1～2 小时。发现鱼浮头时应开机增氧或冲注新水。此外，还要搞好鱼病预防。并在鱼池边投放一些浮萍等漂浮水生植物，能起到遮阳和调节水质作用。

279. 如何人工繁殖中华倒刺鲃？

中华倒刺鲃又称青波、乌鳞、岩鲤。杂食性，为河道型底层鱼类。初次性成熟年龄雄鱼 2～4 龄，雌鱼 3～5 龄；性成熟最小个体雄鱼体长 22.8 厘米，体重 350 克；雌鱼体长 29 厘米，体重 400 克。其产卵期为 3～6 月份，为分批产卵类型，雌鱼怀卵量为 3 万～18 万粒，受精卵弱黏性。

(1)亲鱼来源 江河中捕获或人工养成的性成熟个体。该鱼喜欢跳跃，最好是在池塘中驯养 1 年以上。亲鱼培育中保持溶氧充足、水质清新，使用人工配合饲料，多采取以流水刺激亲鱼性腺发育。

(2)雌雄鉴别与配比 生殖期间雄鱼上颌缘及鳃盖处有大量的珠星，用手摸有粗糙感，用手轻压腹部有精液流出。雌鱼则无“珠星”，腹部膨大而松软，卵巢轮廓清晰可见，生殖孔红肿、突出，呈粉红色。人工繁殖时，雌、雄比一般为 1～2∶1。

(3)催产药物与剂量 催产药物有 LRH-A_2、HCG 、PG，其催产剂量与家鱼催产剂量相同。一般单用剂量为每千克体重 LRH-A_2 5～10 微克，或 HCG 1 000～1 200 单位(IU)，或 PG 4～6 毫克。也可混用，但各药物用量相应递减，总的效用不变。雌鱼两次注射，第一针注射总量的 1/6，两针间隔时间2～4 小时，第二针注射余量；雄鱼在雌鱼注射第二针时注射，剂量为雌鱼总量的 1/2。

在水温23℃～25℃时，其效应时间为12～20小时。

(4)采卵与受精 亲鱼发情高潮时，进行采卵与采精，将精、卵同时挤入洁净的面盆中，用手指轻轻搅动1～2分钟，使精卵混匀，加入清水，并搅动使其充分受精，尔后换水约3～5分钟，受精卵脱粘，即可转入孵化池或孵化槽中孵化。

(5)孵化 黄色的受精卵在微流水中孵化。在21℃～25℃温度条件下，约43小时仔鱼出膜；26℃下则为36小时出膜。孵化最适温度23℃～26℃，适温19℃～28℃。出膜后仔鱼透明，呈橘红色，伏于池底，集群且畏光，3天后卵黄消失，即可开口摄食。

280. 如何培育中华倒刺鲃苗种？

(1)池塘条件 鱼池面积600～2 000平方米，呈长方形。鱼苗池水深约0.5米，鱼种池0.8～1.2米。池底平坦少淤泥，最好为壤土或黏土，保水性强。适宜水温15℃～35℃，溶氧5毫克/升以上，pH值6.5～8.5，透明度约30厘米。此外，鱼苗培育也可在小水泥池中进行。

(2)苗种放养 放养前按常规对池塘清整消毒并投放有机肥培肥水体。每667平方米投放密度，水花为10万～15万尾，乌仔5万～8万尾，可培育至3厘米规格。若是培育成大规格鱼种，则夏花密度为1万～2万尾，乌仔5 000～8 000尾，直接养至年底个体重可达50克以上。

鱼苗期主要摄食浮游生物，当全长达2厘米时则由鲜、活饵料逐渐转为配合饲料，配合饲料由粉状向微粒过渡，日投饲4～8次，日投饲量为鱼总体重的10%～15%，饲料中粗蛋白质含量为40%～45%。

鱼种阶段，日投饲3～5次，日投饲量为鱼总体重的5%～10%，饲料中粗蛋白质含量为35%～40%，饲料粒径0.1毫米。可在池内均匀撒投。

(3)日常管理 坚持巡池，观察鱼摄食和活动并有无浮头现象，发现问题及时处理。还应加强水质管理，定期加注新水。投饲坚持“四定”原则，灵活掌握投饲量。搞好鱼病预防。

281. 如何饲养中华倒刺鲃食用鱼？

池塘面积 0.2～0.3 公顷，水深 1.5～2 米。水质清新，溶氧保持在 3 毫克/升以上，透明度 30 厘米以上。

食用鱼放养可分主养和混养。

主养时，每 667 平方米可投放规格 4～5 厘米的鱼种 1 000 ～1 500 尾，或规格约 40 克鱼种 800 ～1 200 尾。少量搭配鲢鱼、鳙鱼鱼种，规格为 50 克，总量不超过 300 尾。

混养时，原则上不混养鲤鱼、鲫鱼等杂食性鱼类，且混养的数量不超过总放养量的 30%。

饲料主要为配合颗粒饲料，当规格达 50 克以上时，饲料粒径 1.5 毫米，日投饲 2～4 次，日投饲量为中华倒刺鲃总体重的 4%～6%。饲料中粗蛋白质要求为 32%～35%。

日常管理类同中华倒刺鲃苗种管理。一般每 10～15 天加水 1 次，每隔 15～30 天用生石灰化浆泼洒 1 次；在天气闷热、气压低时应开机增氧或冲水。饲料应定点投喂。

九、水产动物养殖

282. 如何繁育青虾(日本沼虾)苗?

(1)育苗池准备 面积0.2～0.3公顷,水深约1.5米,池底平坦,淤泥厚10～20厘米,底质以壤土为好,滩脚3～4米。水源应充足,排灌方便,池保水性好。抱卵虾(亲虾)下池前,排干池水,然后池底曝晒10天以上,挖出过多淤泥,清整并进行池塘消毒,并在池进、排水口安装40目筛绢的过滤网片。待毒性消失后方可投放虾苗。

(2)抱卵虾放养 时间一般为5月中下旬至6月初。亲虾选择体健、无伤、个体5厘米以上、受精卵颜色淡绿色或灰褐色,抱卵虾在清晨用可增氧的设备运输。放养时池水深0.7～0.8米,每667平方米密度4～6千克。投放后可投颗粒饲料或豆饼、麦粉、糠麸、杂鱼、螺蚬等。每天巡池观察吃食和活动情况,每天早上要冲注微流水,入池约10天可孵出幼体。待青虾幼体全部孵出后,将亲虾用地笼捕获出池。

(3)虾苗培育 一般在亲虾放养后1周左右,受精卵变为灰褐色且出现眼点时,每667平方米施鸡、猪等经发酵的粪肥250～300千克。育苗期还应及时追肥,每667平方米一般施碳酸铵、过磷酸钙各4千克。每施一次肥加清水15厘米。幼体主要食浮游动物,在其孵出3天后开始喂豆浆,每日2次,即上午、下午各1次,全池泼洒。初时每天每667平方米0.5千克黄豆,后逐渐增至1千克。孵出后3周左右,青虾变态完成,营底栖生活,食性变为杂食性,逐步投麦粉、杂鱼糜、鱼粉、蚕蛹粉等或破碎颗粒饲料;植物性饲料与动物性饵料比为3∶1配制。每667平方米日投饲量逐渐增至2千克,上午投40%,下午投60%。且投喂在池四周滩脚，池中间可投一些米糠。每万尾规格1.5～2厘米的虾苗，日需饲料约2千克。

(4)水质管理 透明度30～40厘米，溶氧5毫克/升以上，一般每3～5天加注新水1次，每次加水5～10厘米；每10天左右，每米水深每667平方米用生石灰5～8千克化水后全池泼洒1次。

(5)虾苗捕获 约经45天培育虾苗可达1.5～2厘米，此时可捕获出转入成虾池或出售。起捕时，要清除杂物，降低水位，避开蜕壳期，用箧网牵捕后放入暂养网箱，要带水操作。每667平方米一般可产虾苗40万～50万尾。

283. 池塘主养青虾技术要点有哪些？

(1)池塘选择 池塘面积0.3～0.7公顷，水深1.5米左右，浅水滩脚3～4米；池呈长方形且水源充足，排灌方便。淤泥厚15～20厘米，池中纵向开挖一宽4～5米，深0.2～0.4米，向出水口倾斜的集虾沟。放养虾苗前曝晒池底15～20天，以池底不裂为度。进、排水口安装防逃网片。并按常规进行药物清池消毒并肥水。肥水在苗下池前5～7天进行，可每667平方米施150～250千克腐熟的鸡、猪粪。

(2)设置虾巢 可在池四周滩脚或池底种植苦草、轮叶黑藻等沉水植物，在水面上离池埂1～2米的浅水处种植1米左右的水草带，即空心菜、水花生、水浮莲等水生植物。池底和水面水草面积占池总水面的10%；移植的水草均需经生石灰或漂白粉消毒处理过。面积较大或宽50米以上的池可在池中设置网片，在虾苗放养前3天设置。使用1～2米宽的夏花网片，以条形拉在水面下30～40厘米处，呈“人”字形设置。一般可设2～4排，网片的上部可平行种植空心菜等。网片供虾栖息生活。

(3)虾、鱼放养 单季主养，7月份每667平方米放虾苗约5万尾；双季主养，秋季7月下旬至8月上旬每667平方米放虾苗约4.5万尾，春季1月至2月份每667平方米放幼虾1.5万尾。虾苗规格1.5～2厘米，幼虾规格2～4厘米。放苗时带水操作，动作轻快，在池上风处投放。应注意温差。放养2周后每667平方米可搭养鲢鱼、鳙鱼、团头鲂等夏花鱼种各400～500尾。

(4)饲料与投喂 饲料为青虾专用颗粒料，还可以米糠、麸皮、豆饼为辅助料。在投饲中增加鱼粉、杂鱼、蚕蛹、螺蚬等动物性饲料和添加蜕壳素、促长剂等。按“四定”法投饲。颗粒饲料含粗蛋白质30%以上，日投饲2次，即上午8时占30%，傍晚占全天的70%。初期全池泼洒，后投池四周1米左右浅滩上及网片上。

(5)日常管理 虾苗放养时水深0.8～1米，10天后逐步加水，20天后增加换水次数。透明度前期25厘米、中期35厘米、后期30厘米。每隔15～20天用生石灰泼洒1次，每667平方米施5～10千克。每天早晚巡池，发现问题及时解决。要控制水草，过多时及时清除，不足时则补充，并要及时追肥。一般10月份后，补施1次复合肥，每667平方米5～7.5千克。还要做到轮捕上市。

284. 怎样在鱼种池混养青虾?

(1)池塘要求 面积小于0.7公顷，水深1.5～2米。坡度要大，并有一定滩脚，坡比1∶2.5～3，淤泥厚20厘米以内，水质清新，进、排水方便。冬季干池后曝晒数天，加水5～10厘米，每667平方米施生石灰80～100千克清池消毒。进水口用密网布过滤，1月份加水至20厘米。在向阳的池塘边，每667平方米堆放经发酵的牛、猪、鸡等粪肥200～300千克。

(2)虾、鱼放养 春季养虾，规格2.5～3厘米，每千克2 000～3 000尾，体健、无伤病。密度依据产量而定，一般每667平方米产30千克以内放5～10千克幼虾。投放时间为12月份至翌年2月份。秋季养虾，可利用本池自产的虾苗，只增放夏花鱼种；或将池中青虾全部出池，清池后放虾苗和夏花鱼种。虾苗每667平方米放1万～3万尾，规格为1.2～1.5厘米，放1周后再投夏花鱼种。鱼种可以银鲫鱼为主，也可以以草鱼、团头鲂为主，但不得与青鱼、鲤鱼混养。

(3)饲养管理 从3月份开始喂颗粒状料或混合料,混合料为麦粉、米糠、麸皮等掺和20%～30%的动物性饲料。3月份水温低时2～3天投1次,一般情形下每天应投1次,日投饲量为虾体重的3%;4～5月份日投饲量为虾体重的5%～7%;6月份日投2次,即上午10时投30%,下午6时投70%,还可在池边增投鱼粉、蚕蛹粉、杂鱼糜等。秋季养虾,夏花鱼种放养前专投喂青虾,放养后则主投喂夏花鱼种。青虾食残饵和浮游生物等,傍晚可在池边投青虾颗粒饲料或混合料。春季养虾结束后还需重新进行清池消毒。池中可设置水花生、水葫芦等水生植物为虾巢,其面积在夏季不超过池面的20%～30%。

(4)日常管理 坚持巡池,冲注新水;适时增氧,溶氧在4毫克/升以上。全年水质保持两头浓,中间淡原则。透明度春、秋30～35厘米,夏季40～45厘米;注意防逃、防敌害、防病。虾病常见的有聚缩虫病、黑鳃病等,防治主要是用硫酸铜与硫酸亚铁合剂、生石灰浆或漂白粉泼洒池塘。

(5)捕捞 冬、春放养的幼虾,5月份可捕获大的青虾上市,6月份可经常捕获;秋季虾养殖则在9月份开始起捕。

285. 怎样在食用鱼池混养青虾?

(1)池塘选择与清整 池面积0.7公顷以上,坡比1∶2.5～3。放鱼虾前半个月用生石灰清池,水深10厘米时每667平方米施75～100千克,化水全池泼洒。

(2)鱼、虾放养 放养鱼种一般是鲢鱼、鳙鱼、银鲫鱼、草鱼、团头鲂等,不得放养青鱼、鲤鱼等底层鱼类。虾种可与鱼种同步放,选择规格为2.5～3厘米的幼虾。要求无病无伤、体质健壮。一般每667平方米放虾3千克(每千克2 000～3 000尾),可收获青虾约15千克。

(3)饲养管理 3月份投饲同鱼种池混养青虾,且投在深水处，每667平方米日投0.5～1千克；在4～6月份及8～10月份间，在浅水区傍晚适当增投颗粒饲料或混合料，还可搭建食台。食台呈圆锥状，底部套有密眼网布，外周用8号网布套牢，青虾能进出而鱼不能进去吃食。应设置虾巢，其材料主要有水花生、水浮莲、水葫芦、水蕹菜、苦草、轮叶黑藻等。

(4)日常管理 类同鱼种池混养青虾管理。预防鱼病不得使用对青虾较敏感的有机磷类、菊酯类药物，可使用氯制剂对池水消毒，同时对鱼采用内服抗生素药饵。

(5)捕捞 上半年，捕捞青虾从5月份开始至7月底，抱卵虾可留池繁殖直至7月底全部上市。下半年捕获从9月份起，捕大留小，直到11月底，在最后成鱼池干池时一并捕捞，小规格虾翌年留种使用。

286. 罗氏沼虾养殖方式有哪几种？

(1)池塘单养 只单放虾苗，在条件适宜地方，一年可养2茬，产量可观。

(2)以虾为主的池塘混养 放养时仍按单养虾的密度与饲养管理进行，适当搭配鱼类。养鱼作为附带，可充分利用水体，改善水质，利于虾的生长。

(3)以鱼为主，混养罗氏沼虾 放养时，鱼的品种、数量和管理均按养鱼的常规要求。在不影响养鱼生产的同时，为利用水体提高池塘潜力可搭养少量沼虾。年终捕鱼时，在不增加劳力、肥力、饲料的情况下，能增收部分商品虾，有利于增产增收，提高其养殖效益。

(4)虾鱼并重 放养和管理时，双方兼顾，达到基本平衡。也就是如单养鱼与单养虾各占一半产量的模式。

(5)流水高密度养虾 采用多层立体式养虾，每层水深保持在30厘米左右，可获取产量2～3千克/米^2。

(6)网箱养虾 能充分利用水面、占地少、管理方便、易捕捞，但首先要解决饲料问题，其次是增设遮蔽物供虾栖息生活，以减少相互残食和提高其成活率。

(7)稻田养虾　以稻为主，养虾为辅，能充分利用稻田提供的水、肥、饲料等条件，达到稻虾双丰收的目的。

287. 网箱如何养殖罗氏沼虾？

(1)水域的选择　要求水面宽阔，水位稳定，水质清新，水深2～3米的湖泊、库湾或河道等避风向阳处。

(2)网箱的选择　根据当地实际情况和放养虾苗大小而定。一般0.7厘米左右幼虾，网目为20目；约3厘米幼虾，网目为8目；6厘米幼虾，网目为3目；8厘米的幼虾，网目为1厘米。

(3)网箱设置　选开阔的水域，一般排列成“品”或“人”字形，网箱间距10米左右；在河道内可在河道一侧排成“一”字形。

(4)饲养管理　应采用多级轮放方法，每箱内可放入1～2尾团头鲂来控制网箱附着物的着生，以减少人工洗刷，并增加水体交换。当室内外水温达20℃以上时，可将仔虾从育苗室移至网箱中，长至2厘米以上时即可投喂饲料。按“四定”原则投饲。

(5)日常管理　做到“四勤”和“四防”，即为“勤查网箱，勤洗刷箱衣，勤记录水位、水温和天气状况，勤巡箱并观察虾的动态”与“防逃，防汛，防污染，防病害”。

288. 池塘如何养殖罗氏沼虾？

(1)虾池条件　水温满足虾生长适温25℃～32℃要求；溶氧一般不低于4毫克/升，每1 300～2 000平方米水面配备一台叶轮式增氧机；pH值以7.5～8.5为宜，利于池内有机物的分解和虾体蜕壳；透明度以30～40厘米为宜，水质清新，无污染，特别是重金属离子不能超标。底质以壤土或黏土为好。虾池面积以0.3～1公顷为宜，池深1.2～1.5米，沟深2米以上，便于收获时先排水，在占池面约1/3的深沟中拉网作业。池宽40～60米，长宽比为4～6 ：1。池东西向为好，池底平坦，倾斜度1：200～500。进、排水方便，并建有饲料平台，平台离池边数米，宽度2米以上，在池四周，且在水面下40～80厘米处。

(2)虾苗放养 放养前虾池按常规清整消毒，注水并施肥。进水口安装50～60目的锦纶锥形袖网，网衣长3～6米，进水槽前装网目0.5厘米的平板网拦杂物；排水口安装30目筛网布，其规格为0.5米×1.5米。每667平方米施肥200～500千克，注水20～30厘米，曝晒数天后加水至50～60厘米。每667平方米密度为：0.7～1厘米淡化虾苗1.5万～2万尾，或2～4厘米的暂养苗0.8万～1万尾。每667平方米产量可达100～150千克。

(3)饲料与投喂 罗氏沼虾为杂食性，其饵料除生物饵料水蚤、轮虫、卤虫无节幼体、池底生物泥层、蚯蚓、蝇蛆、蚌肉、低质鱼虾与河蚬外，还有人工饲料即商品饲料和配合饲料。商品饲料如玉米、稻谷、小麦与麦麸、米糠、大豆及大豆饼、棉籽饼、花生饼、菜籽饼、鱼粉、骨粉、蚕蛹、肉粉、酒糟、菌体蛋白等。沼虾对饲料中粗蛋白质要求在25%～40%。个体越大，要求越低。饲料颗粒以长圆形为宜，长1～2厘米；颗粒直径早期2毫米，后期3～4毫米。入水后能保持较长时间不散(加2%～3%面粉粘合剂)，湿度在10%以下。虾入池后半月内不投饲，半月后及时投喂。日投饲量为虾总体重的5%～7%，前期日投4次，中后期为3次。罗氏沼虾喜欢夜间摄食，傍晚应多投喂，一般约占1/2的日投饲量。

(4)日常管理 勤巡池检查，发现问题及时处理。搞好水质管理。防治敌害生物、防浮头、防逃，并实行轮捕轮放，适时调整投饲量等。

289. 怎样繁殖红螯螯虾？

红螯螯虾又称红爪虾、红爪龙虾，原产于澳大利亚南部较偏僻地区，自1990年引入我国试养。该虾适应性广，能耐高温和低氧；能适应高密度养殖且不挖洞；食性也广，可摄食植物碎屑和动物碎片；在长江以南周年内生长期为5～7个月，肉质好、味美；养殖技术简单，抗病力强。经驯化幼虾可生存于盐度3‰的水体，成虾可适应5‰盐度的水体。

后备亲虾池面积60～100平方米，亲虾池以30～60平方米为宜；孵化池4～6平方米，便于换水及分批孵苗；幼虾池30～60平方米为好，饵料池20～30平方米。以上虾池水深0.8～1.5米，底质砂壤土为佳，或水泥抹底后再铺上10～15厘米厚的沙砾。池壁顶端向内压沿防逃，池中设遮阳棚，池底四周投放足够的竹筒、瓦管和竹片等。并设竹排作饲料台，水面1/3移植水浮莲，底部种植部分水草。

亲虾选择常温养1年以上或恒温养半年以上，个体重60克以上健壮、丰满有活力个体。雌雄配比4～5∶1，密度一般3～6尾/米^2。培育按成虾养殖进行，注意水质清新，有微流水，增加投饲量和夜间巡池观察发情产卵情况。

抱卵与孵化。水温稳定在20℃以上时一般每20天分选1次，按不同卵色分池饲养。产卵亲虾密度3～4尾/米^2。适宜孵化水温22℃～32℃，产卵季节6月至10月初。孵化时间约45天。孵化时注意保持池内微流水与增氧，环境安静，适当投饲并增加鲜活饵料，出苗前3～5天及时投喂开口饵料。出苗后及时将亲虾移出。

290. 红螯螯虾虾苗有哪些培育技术要点？

红螯螯虾虾苗培育，其生长蜕壳频繁，极易受环境条件制约。其成活率不稳定，高的达85%。总的要求如下。

其一，pH值为6.5～8，溶氧为5～6毫克；水面有一定数量的水浮莲，水下有一定量的水草并有足量的隐蔽洞穴。

其二，按预测的出苗时间，检查出苗情况，当仔虾游离母体后及时移出亲虾，防止母虾残食仔虾。

其三，及时投喂开口饵料，开口以轮虫等小型浮游动物为好，也可使用PSB粉、熟蛋黄浆或豆浆等。

其四，保持水位相对稳定，防止昼夜温差过大，一般不超过±4℃；同时尽量减少捕捞与检查次数，操作要细心。

其五，进、出水水口要有防逃设施，有利于防逃和防敌害生物入侵，尤其应注意防青蛙入池产卵，并防蝌蚪残食虾苗，还要防亲虾攀缘而逃逸。

291. 怎样在池塘养殖红螯螯虾食用虾？

红螯螯虾食用虾养殖可在池塘、河沟、稻田、网箱和坑塘中进行。在池塘中又以土池、养鳗池、甲鱼池养殖红螯螯虾成虾效果更好。每667平方米土池虾产量一般在200～300千克，最多不超过400千克；使用鳗鱼或甲鱼池转产来养虾，其产量每667平方米一般在500千克左右。稻田中每667平方米虾产量一般在15～20千克。

(1)虾池条件　虾池面积1 334～2 000平方米，呈长方形，东西向，长宽比为3∶1，水深1.2～2.5米。池底以砂壤土及少量淤泥为好，池壁内面光滑，顶部向内压檐5～8厘米以防逃，进、排水口设栅栏以防逃，池内设1～2个固定的饲料台，池底多放一些波纹管、旧轮胎、PVC管、竹排、树枝等无毒、无污染的遮蔽物，有条件的池上搭遮阳棚。甲鱼、养鳗池则需清整过多淤泥，并将水排干，曝晒7～10天。

(2)放养　池塘清整消毒后虾苗下池前10天进水50厘米。每667平方米施有机肥25～50千克堆于池角被水浸没即可，需要时再追肥，追肥用尿素每667平方米2千克。保持池水透明度30～40厘米。放养在5～6月份进行，水温18℃以上，规格应一致，一般放2.5厘米的虾苗5～10尾/米^2。放苗时水深0.8～1米，应一次放足，在虾池浅水处分散放苗。虾池可放一些鲢鱼、鳙鱼等滤食性鱼来调节水质。

(3)饲料与投喂　可采用对虾配合饲料或蛋鸡饲料配以淡水

贝类制成的颗粒料投喂。适当添加钙、磷等矿物质及维生素类添加剂，间或补充一些鲜活饵料。植物性饲料有大豆、豆饼、小麦、玉米和红薯等；豆类要加温处理，淡水龙虾也食一些鲜嫩多汁水草。动物性饵料有杂鱼、螺蛳、虾粉、血粉、肉骨粉、畜禽内脏和蚕蛹粉等。坚持“四定”投饲。日投喂2次，即早、晚各1次，傍晚占全天的2/3。日投饲量5厘米以内为虾总体重的8%～10%；5～10厘米为虾总体重的5%；10厘米以上则为3%～4%。

(4)日常管理 早晚巡池，注意水质调节，定期施用生石灰，搞好防病与防敌害，水温保持20℃～30℃。

292. 怎样在水泥池培育幼蟹？

中华绒螯蟹又称河蟹，雌雄异形，雌脐为圆形，雄的为三角形。一生中多数时间在淡水湖泊、江河中度过，性腺成熟后，会成群结队游向海、淡水交界的浅海地区，在那儿交配、产卵、繁殖后代。蟹苗在淡水中生长发育约二秋龄性成熟，生殖洄游时间在8～12月份。一生发育阶段分为：蚤状幼体、大眼幼体（蟹苗）、仔蟹（豆蟹）、幼蟹（稚蟹）、一龄蟹种（扣蟹）、黄蟹、绿蟹、抱卵蟹、软壳蟹等。

幼体培育为大眼幼体需经20～30天，共蜕皮3～5次，规格达2 000只/千克左右，或者培育至规格达600～800只/千克。

水泥池要求底质硬，水源足，注、排水方便，水质良好等。以圆形或椭圆形为宜，一端进、一端排；或上面淋水并有溢水口。有条件的应搭建简易棚，以防雨水。池面积20～30平方米为好，水深60～80厘米。

蟹苗放养前10天，池水为20厘米，每667平方米用生石灰75千克化浆全池泼洒。水体放苗密度2万～3万只/米^3。进水时以40目筛网过滤，蟹苗蜕皮后转为水底爬行时，水深20～30厘米。池塘应有避光设置，在水面适量投放水葫芦、水浮莲、水花生等水生植物，也可放些棕片或旧网片。每12小时换1次水，温差不超过3℃。定时、定量、定多点投喂鲜活细粒饲料，如水蚯蚓、福寿螺、贝类浆、麦粉、蚕蛹粉、花生饼、麦麸、鲜嫩菜叶、人工配合饲料等。日投饲量不超过幼蟹总体重的3%。日投喂2次，即上午投喂20%，傍晚投喂80%。可在池中离池边20厘米砌一高出水面5厘米的食台以投湿性饵料，同时供幼蟹栖息。还应投放附着物或池顶用硬塑料膜压盖来防逃。

293. 网箱如何培育幼蟹与成蟹？

网箱规格要因地制宜，幼蟹箱一般为4米×3米×1米或者3米×2米×1米，用网目0.5～1.5毫米的聚乙烯网布缝制而成。成蟹箱规格依养蟹量来定，网目规格为1厘米×1厘米，用聚乙烯网布或镀锌铁丝编织而成。用木料做支架，为全封闭箱，在网口留一投饲口。

设置地点要求水质良好，有平缓的水流，溶氧丰富，风浪较小的湖泊、水库、河流或大池塘均可。水深2～3米，水要清，无污染，水生植物与浮游动物丰富。

设置方法为网箱用网布封顶后，用木架或竹框架浮于水面，网衣下沉水中约0.8米。

放苗密度为1万～2万只/米^3，成蟹箱投一龄蟹种20～30只/米^2。

培育幼蟹日投喂2～3次，投喂蛋黄或豆浆，也可投少量杂鱼、蚕蛹、贝类、软体动物或人工配合饲料。食用蟹养殖可参照池塘养食用蟹投饲与管理方法。

适量放些水生植物。网箱定期检查与清洗，还应防敌害。

294. 怎样在池塘培育一龄蟹种(扣蟹)？

蟹种培育指幼蟹放入蟹种池培育至翌年农历惊蛰前后，规格达100～200只/千克或更大。此阶段蟹蜕壳次数7次以上，个体发育快，对饵料要求比蟹苗低。对水环境要求为适宜水温15℃～30℃，最适为22℃～30℃；溶氧5毫克/升以上；pH值适宜7～9，最适 7.5～8.5；可施有机肥补充水体营养盐类，水中的钙盐对蟹种蜕壳有重要作用。

蟹种池面积宜小，一般 300～1 300 平方米，水深 0.8～1.2 米，以四角为弧形，东西向长方形为好。一龄蟹种喜欢在浅水和水草丛中生活，向阳浅蓝水区水深 10～20 厘米，适当种些水草。向阳面坡度 1∶4～5，背阳面为 1∶2～3，池坡阶梯状，每层宽 20～30 厘米。池内放置一些碎砖、瓦片、缸块等作为蟹穴，穴长 30～50 厘米，穴内种适量水草 。蟹种池应清整、曝晒和消毒。

分级放养。将蟹苗种池分暂养池（蟹苗池）、一级池、二级池、三级池。其面积百分比分别为：1%，20%～25%，约 25%，约 50%。其中后三级为蟹种池。池四周有防逃墙。密度一级池每 667 平方米放规格 0.5 克左右蟹 2.5 万～3 万只；二级池放养体重 5 克左右的蟹种，每 667 平方米放 1 万～1.2 万只；三级池放规格 15～20 克蟹种，每 667 平方米放 0.5 万～0.6 万只。幼蟹在养殖池间收获时，可采用流水刺激法、人工捕捉法、饵料引诱法。

饲养管理。投饲要均匀，日投饲 2 次，上午 8～9 时、下午 5～6 时各 1 次。饲料鲜度要好。以动物性饵料如贝类、杂鱼、螺蚌等为主的，日投饲量为蟹总体重的 3%～4%；人工配合料为主则为蟹总体重的 2%。人工配合料要增加钙质和含蜕皮激素的物质。

水质管理。春、秋两季以水深 40 厘米为宜；夏季每 5 天换水 1 次，每次换水占 1/2 池水量，应先排后进。冬季水体深，可保持水温相对稳定。还应经常清除残饲，捞除死蟹种，搞好防逃。

295. 如何鉴别长江水系与瓯江水系的河蟹种类？

长江蟹体型为不规则椭圆形，前额齿四个均尖锐，前侧缘的第四齿明显，第四步足前节较长而窄，刚毛较密。蟹背甲青绿色，腹部银白色，又称“绿蟹”，蒸熟后较红。

长江蟹性腺发育慢，9～11 月份，寒露至霜降的半个月内出现生殖洄游高峰。回捕率可达 30%～40%，群体增重达 7～9 倍。

捕捞季节在农历9月中旬至10月中旬为高峰期。

瓯江蟹体型近似正方形，前额齿四个非均尖锐，而是两端尖锐，中间两齿钝圆；前侧缘的第四齿可见但不明显，第四步足前节较短而宽，刚毛稀少。蟹背甲约1/4处为淡黄色，腹部灰黄色，其间夹杂黄铜色“水锈”，胸足黑色，以螯足为甚，称“黑蟹”，蒸熟后淡红色。

瓯江蟹性腺发育快，10月份至翌年1月份进行生殖洄游，无明显高峰。其回捕率仅0.14%～0.46%，群体增重为1～3倍。捕捞季节在10月中旬至翌年1月份，无高峰期。

296. 如何运输幼蟹与蟹种(扣蟹)?

大眼幼体经1次蜕皮后即为幼蟹，每年汛期之后，在上海市崇明岛沿海，江苏省东部海滩，长江段及通江、通海的内河河道均可捕捞幼蟹。人工养殖的幼蟹也可陆续出售，它的规格大小不一。小规格一般在12月至翌年4月份起捕运输。

幼蟹采集避开蜕壳期，起捕时用冲水法张捕“抢水蟹”，清除蟹上杂质，密度适中，蟹苗箱规格60厘米×40厘米×10厘米，每箱装0.75千克为宜。箱内保持一定湿度，装箱前蟹苗箱和棕丝要用水浸透，运输中每1～2小时在箱周围气窗旁用喷雾器喷水。

幼蟹运输要防止折断附肢，防止逃失。幼蟹生命力比蟹苗强，爬行迅速，装箱要快而轻，装运工具可用蟹苗箱、小竹篓，亦可将幼蟹放在带盖网箱里置于活水舱里运输。

蟹种一般规格为100～200只/千克，选用60厘米×40厘米湿蒲包，每袋装体重5～10克蟹种5～7千克，扎紧包口，使其不能活动，蒲包平放，不挤压。用货车运输，遮以蓬布，以防日晒、风吹或雨淋。

297. 怎样在池塘饲养食用蟹?

食用蟹养殖是指二龄蟹养殖，直至捕捞上市。其发育特点为个体增重快，经 7 个月左右养殖，个体可达 8～12 只/千克；蜕壳次数减少，一龄后蟹种只需再蜕壳 3～4 次就成食用蟹；其摄食量大，对饲料质量要求高。由于性腺发育成熟，开始生殖洄游，因此要防止其大量逃跑。

(1)成蟹池条件 应当水源充足、排灌方便、无污染，水质清新，且不宜过肥，透明度大、溶氧丰富。水深 1.5～2 米，面积0.7～1.3 公顷。以壤土为好，底泥以 10～15 厘米为宜，池坡比 1 ∶3～4。还要有人工蟹礁，可以是方形、圆形、或不规则形，一般建在池中心，顺水流方向。依据池面积大小筑几条长方形的土埂，其上可栽一些水草。池塘栽培水草如水花生其面积不能超过池面的 10%，形成簇丛且分块培植，种植在离岸边 1～2 米处，并用木桩固定。

防逃设施有水泥砖墙，顶端向池内出檐 15 厘米左右，成“厂”形，池角弧形；玻璃钢围栏，一般可使用 3 年，安装时埋土 0.2 米，出土 0.6 米；双层薄膜围栏，选用的薄膜厚度为 0.05～0.1 毫米等。

(2)蟹种放养 放养前按常规方法对蟹池清整消毒。以长江一龄蟹种为好，池塘投放时间以 2～3 月份为好，此时加深池水，让其适应一段时间即可摄食生长。放养规格以 120～200 只/千克为宜，每 667 平方米放养密度 2 500～4 000 只。养蟹池可放一部分鲢鱼、鳙鱼、银鲫鱼、鳊鱼等鱼种，但不得放鲤鱼、青鱼等底栖杂食与肉食性鱼类。

(3)投饲 河蟹饲料有天然和人工饲料两类。一年中饲料配比动物性占 40%，植物性饲料即粗料（糠、饼、麸等）占 25%，青料（水、旱草）占 35%。上半年青料可占 50%，粗料 30%，精料 20%，并添加少量蜕壳素；下半年精料 60%，粗料、青料各 20%。按“四定”法投饲，日投 1 次，蜕壳期可少量多次，一般为傍晚投喂。日投饲量，1～4 月份为蟹重的 1%，5～7 月份约为 5%，8～10 月份 5%～8%。

(4)日常管理　经常巡池,观察蟹活动与摄食情况;看是否缺氧;是否有敌害;看软壳蟹是否被同类残食或伤害。并要检查防逃,发现问题及时处理。还要搞好水质调节,水体保持清、爽、活的状态。透明度40厘米以上。春、秋季一般每7～10天换水1次,夏季3～5天换1次,换水量占水体的1/3。也可用生石灰定期泼洒来调节水质。

298. 怎样在稻田里养蟹?

稻田养蟹可分培育蟹种和养成蟹两种形式。它能减少除草工序、减少除虫费用、减少农田中耕的用工、能为稻谷生长起保肥与施肥作用,从而达到稻蟹双丰收目的。稻田养蟹也是一种良好的生态养殖方式。

(1)稻田选择与工程设施　稻田面积一般应在0.7～1.3公顷,也有0.3～0.5公顷的。土质以黏土为好。水源充足,无污染。可选择无旱、涝危害的一季早熟或中熟稻田。田埂加高至0.8～1米并夯实,埂面宽1.3～1.5米,埂上围起高0.7～0.8米的钙塑板用毛竹固定。田内开沟,使稻田呈"田"字形小块。沟宽0.8～1.2米、深0.6米,沟内种植水葫芦、浮萍等,同时挖几个1.5～2平方米的蟹溜,其水深0.8米。每小块田还设1～2个食台。沟溜面积占稻田总面积的30%～50%。

(2)蟹苗种放养　放苗前对稻田曝晒与消毒。培育蟹种每667平方米稻田可放蟹苗0.3～0.5千克,或40～100只/千克蟹种5～10千克。养食用蟹以放60～150克/千克的蟹种为宜,每667平方米放养2.5～5千克。放养时间蟹苗为5月下旬至6月份,蟹种为2～3月份。其规格应尽量一致。每667平方米产量养蟹种可达20～30千克,养成蟹产量50～70千克。

(3)饲养管理　培育活饵料,4月上旬引入怀卵田螺入蟹沟,还可栽培一些绿萍和红萍,并投喂一些浸泡或煮熟的小麦、玉米等作辅料。食用蟹投喂重点是7～10月份,要求营养全面、新鲜适口、定时定位。投饲在傍晚，应固定位置，日投饲量占蟹总体重的5%～10%。培育蟹种的稻田，应先肥水再放苗。放苗后每天投1～2次豆浆或熟蛋黄浆，并泼洒均匀。1周后逐渐改喂糊状饲料，如豆饼糊、菜籽饼糊、麦糊等。还可投喂剁碎成糊的螺蚌等动物性饲料，可日投多次。

(4)日常管理 巡田检查，早、晚各1次。主要检查防逃、摄食、水质变化、蜕壳及残饵等情况。每月施1次生石灰调节水质。水质管理按"春浅、夏满与勤"原则，春季大田水位20厘米，夏天逐步加至60厘米，高温时勤换水，一般每5～7天换1次。要防敌害，且施农药方式要改变，应多施高效低毒农药。

(5)捕捞 河蟹的捕获应在10月份完成，收获时，应反复不断进、排水。将蟹逐渐引入沟溜，在出水口用网张捕。

299. 如何选择育珠场地？

其一，面积宜大不宜小。养蚌池面积1 300平方米以上，水深约2米。便于上、下水层进行物质交换与循环，以提高育珠蚌的成活率。在缓流水条件下珍珠产量高、质量好。如褶纹冠蚌要求一端与外河相通，另一端不通的半流水水域；三角帆蚌则养在水流畅通的河流岔口处为好，一般控制流速为4～6米/分钟范围。底质淤泥15～20厘米厚为好，可为水体不断提供营养，并供浮游植物等吸收利用，从而使育珠蚌得到丰富的饵料。

其二，水质要求pH值以7～8为宜，中性或弱碱性。水体无污染，透明度为30～40厘米。水色黄绿色，主要是由浮游生物所构成的颜色。无机盐类中钙含量要求在10毫克/升以上，其次是镁，还有氮(NH_4-N)、磷酸盐、硅(SiO_2)；此外，还有微量元素锰、铜、锌、钼等。

其三，蚌的饵料主要是单胞藻、原生动物、有机碎屑等。其中易被消化的主要是硅藻。褶纹冠蚌对硅藻、绿藻都可取食，而三角帆蚌主要取食硅藻。蚌的摄食种类随地区和季节不同而有变化。

其四，水体光照条件要适宜。池周围无高大建筑和树木，背风向阳且不能与水花生、水葫芦和水浮莲混养在一起。

其五，经使用3～4年的育珠场，应排干池水，清除过多淤泥，曝晒冰冻后用生石灰清池消毒或进行轮养，或将育珠河蚌养殖架移至未养殖过河蚌的池中。

300. 如何开展三角帆蚌的人工繁殖？

三角帆蚌育珠，其珍珠表面细腻光滑、晶莹美丽。其蚌源应选用当地生长的三角帆蚌。

（1）准备工作 育苗池地面平整，进、排水方便，无污染，有落差建池更经济。水泥池，如土池则用塑料膜铺池底，面积1～2平方米 。一般以长方形为好，池深15～20厘米为宜。单行或双行排列。进水总闸口用粗、细两种网目的网布拦污物、敌害及杂草。每池进、排水口都要装塑料网布防寄生鱼进、出池。要在育苗池上搭简易凉棚。如无高水位差时需修蓄水池。最理想的采苗鱼（寄生鱼）是10～13厘米的鳙鱼或每尾100克的黄颡鱼。如果为黄颡鱼则每天投喂蚌肉或蚯蚓，要使其吃饱为好。

雌蚌两壳膨突，壳面上生长线在腹部较稠密，不均匀，后端较圆钝，鳃丝间距较窄。雄蚌两壳宽距较雌蚌小，壳面上生长线分布较匀，后端略尖，鳃丝间距较宽。

3～4月份将选好的体质健壮、数量相同的雌、雄蚌，间隔吊养在较肥水池中，亲蚌年龄以3～6龄为宜。水体透明度30～40厘米。繁殖季节为4～8月份，繁殖盛期为5～7月份。怀卵量20万～40万粒。

（2）人工采苗 在人为条件下，使钩介幼虫寄生在鱼体上称为人工采苗。成熟母蚌外鳃饱满，由于鳃外卵粒不明显，可用针刺蚌外鳃，拉得出丝；取出的钩介幼体放在玻璃板上，呈长棱形，两壳微微启动。达到以上要求便可采苗。三角帆蚌对环境敏感，改变环境就产卵，因而采用静水自然采苗法。即将蚌外壳洗净，在空气中干半小时,放入水盆中,水刚好淹没蚌体为宜,待钩介幼体在盆中被收集较多时,将采苗鱼放入盆中采苗。鳙鱼每尾可采苗 200～300 只,获取幼蚌约 100 只;每尾黄颡鱼可采苗 1 000～2 000 只,可获取蚌苗约 1 000 只。

(3)蚌苗收集 采苗结束后,每天测水温,可预计蚌苗从鱼体脱落日期。一般平均 20℃时寄生 13～15 天;21℃时 9～10 天;26℃时 6～7 天。在其脱落前 1 天,将池底清洗干净,换新鲜水。水深 16.5 厘米,将快要脱落幼蚌的寄生鱼放入池中。3～4 天后捕获检查 1 次,如鱼鳃、鳍上无白点,则已全部脱落。此时将鱼全部捞出,可进行蚌苗培育。

301. 怎样培育河蚌苗?

(1)水体要求 水质一般控制在前期清,后期肥,即初期加注河水,后期加注鱼池中的肥水来保证幼蚌有足够的饵料;水位早期要浅,为 7～10 厘米,后随幼蚌长大而加深至 15～20 厘米。水体流速与蚌生长速度和产量密切相关,一般早期应缓慢,随蚌体长大而逐步加快。

(2)防敌害 野杂鱼、虾、蟹、水老鼠,均可吞食和危害幼蚌。因此,进水口必须用网布阻拦,蚌池四周用塑料薄膜围成墙。

(3)排污 流水夹带的泥沙与蚌苗的排泄物,逐渐沉入池底,底质会发黑变质,产生硫化氢等毒物,会毒死、闷死蚌苗。因此,每 1～2 天要搅动池水,借水流冲去污物或吸除底污,以保持水体清洁。

(4)勤分养与换泥 当蚌体达 1 厘米时,即可疏散分养,并放入底泥。底泥以田埂泥为好,其厚度原则上与蚌体长度相一致为好。以后每隔 1 个月左右,将蚌分 1 次,同时再换 1 次底泥。一直到年底,幼蚌可达 5 厘米,翌年秋可达 10 厘米,入冬或第三年春即可作为育珠蚌。

302. 如何养殖育珠蚌？

养殖方式有吊养和底养(底播)两种。吊养又分串吊、箱吊和笼吊三种。

串吊是在育珠蚌的翼部钻一小洞，穿上塑性线，悬吊在竹架或带有浮球的塑性绳上，有单吊或几只蚌串吊在一起的。箱吊是用木棍、竹、钢丝做成箱架，四周用网布围拢，底部用竹片或其他较硬材料制成。其上再衬以能透气的蛇皮布，放上一层底泥，育珠蚌侧卧或自然栖埋泥中。在箱面的四周拴上绳，将这种箱吊于水体中即为箱吊。笼吊是将育珠蚌放入笼内吊养在水体中。网笼形状有方形、圆形或长方形，每笼放蚌数量视蚌大小而定。一般每笼放约5～10只。实践证明以长方形笼吊养法效果最好。

底养法为把育珠蚌均匀直接播放在池底或河底，进行养殖。如在河道或外荡底播，则周围要加围栏，以防敌害。淤泥深的池塘不可采用此法。

(1)放养密度 无论串吊养还是笼养，每667平方米放养密度一般为600～1 000只，可依据实际情况灵活掌握。

(2)养殖管理 育珠蚌的养殖从手术至收获，需2～3年时间。要经历各种自然因素影响和受到病虫害等侵袭。因此必须采取各种管理措施，来保证良好的适宜环境。

①调节水层：育珠蚌吊养的深度要根据水位涨落、温度升降、蚌的生理特性变化等来调节。高水位时使一串蚌与竹架或绳垂直，低水位时，将底部绳头提起，吊于绳上，呈“U”形；春季浅吊，离水面15～30厘米；冬、夏季应深吊，离水面约60厘米处。

②培育水质：以黄绿色为佳，透明度约30厘米，pH值为7～8。用牛、猪或人粪均可，尤其以牛粪、羊粪及绿肥最好，每667平方米施基肥约200千克。还应定期追肥。水太肥可注水，对老化的池塘可干池清淤泥，用生石灰消毒，也可采用轮作办法。

③搞好防病：蚌病主要有烂鳃病、烂足病、烂膜病、表皮白点

病、肠胃炎等。防治方法：操作细心，水质保持良好，按常规进行药物浸泡与消毒治疗。

303. 鳄龟的人工繁殖要点有哪些？

鳄龟又称肉龟、蛇鳄龟、美洲鳄龟、北美鳄龟等，原产中美洲和北美洲。人工养殖的为小鳄龟，我国于1996年首次引入试养，目前已开始规模化生产。鳄龟体肥，四肢粗壮，壳薄。出肉率达85%以上，是普通龟的2倍以上。生长速度快，年增重在550～1 100克之间，控温下长得更快。与其他龟一样是高级补品，其长相奇特，极具观赏价值。其繁殖要点如下。

(1)亲龟培育 亲龟培育与产卵（蛋）一般用水泥池，面积约200平方米，水深0.5米。其中池塘水面150平方米，另50平方米要铺设细沙，作为产卵场。亲龟选择4千克以上个体，体健、无伤、无病，按雌雄2∶1放入亲龟池，密度为1组/米^2。产卵前强化培育。投饲做到“四定”，饲料以优质配合饲料为主，日投喂2次。投饲量为龟总体重的3%～5%。饲养期及时换水与排污，以保持水质良好。

(2)受精卵的收集 水温上升并稳定在22℃以上时，鳄龟便自行交配产卵，要专人于清晨到产卵场检查，发现卵窝时，做好标记，在第二或第三天挖卵。一般在白天上午产卵于沙滩上。鳄龟卵为圆形，白色，比甲鱼卵大1倍。产下24小时后，受精卵内胚体已固定，动物极（白色圆点）和植物极（黄色）分界明显，此时可收集卵，也可迟2～3天后收集。收卵箱避免日晒，卵要保持湿润，一边放入卵一边盖上毛巾，且不能放久。

(3)孵化 龟卵大，壳厚，自然条件下孵化长达60～80天，孵化率约85%；采用人工孵化，时间可缩短为42～48天，孵化率高达90%以上。孵化箱由塑料泡沫制成，规格不限，箱底开几个漏水孔，然后铺上直径0.3～0.5厘米的粗沙3厘米厚，其上再铺上直径0.1～0.2厘米的中沙2厘米厚，最上层铺上0.5～0.8毫米的细沙2厘米，将受精的龟卵（卵壳上白点大而圆）放于其上，白点动物极端朝上，卵距3厘米，在卵上再盖上一层3厘米厚的细沙。将孵化箱移入室内，空气相对湿度保持在81%～85%。沙土含水量在7%～8%间，用手握沙成团，松开即散为好。温度在28℃～31℃。如沙表面发白，可喷水或淋水，有条件的可恒温控制。

304. 稚鳄龟如何培育？

稚鳄龟培育可采用圆形水泥池。池直径6～10米，深1.5米。龟池底部中间低，坡度为100∶15，并设有排水阀和防逃网。室外则要搭凉棚，并在水中移植一些水葫芦。用水最好是室外池塘水，经过滤后使用。

(1)饲料投喂 饲料投在浅水处。初期每隔20～40厘米处投一小堆饲料，后逐步拉大投饲距离，逐渐引导稚龟到食台上摄食。食台面积占浅水区面积的25%。前期日投3次，后期为2次，日投饲量为龟总体重的15%～25%，以下次投饲时略有剩余为宜。水深由初期10厘米逐渐加至约25厘米，日投饲量随龟个体增大由龟总体重的25%逐渐降至15%。初期饲料以甲鱼饲料与蛋糕各占一半为好，逐步过渡到蛋糕占40%、甲鱼料占30%、鱼糜30%，尔后甲鱼料与鱼糜各占一半，最后过渡到全部鱼糜，共历时约80天。

(2)水质管理 为保持水质清新与良好，每天下午应换水1次。先将池水排干，把小龟捡于筐中，并冲洗干净，换水后再放入池中。池水控制透明度在20～25厘米，水温在30℃～32℃范围。

(3)防逃 经常检查防逃设施是否破损，如有破损，及时修补；大雨或池水过高时及时调整水位；经常检查是否有龟爬出池外，发现后及时移回池内。

(4)防病 饲料营养要全面，适口。池底与池壁光滑。每隔2～3天换水1次，并清洗池子，每月施1次防病药物。发现病龟及时隔离治疗。

(5)培育效果 培育初期大规格龟种每10天平均约增长3.6克，后期大规格稚龟每10天平均增长20～30克，中规格的平均增长10～20克。

305. 幼鳄龟与商品鳄龟如何养殖?

(1)培育池 鳄龟池为长方形水泥池，长6米，宽3米。其池壁高1米，顶部池边内压檐15～20厘米，池内四角圆弧形，池底坡度100 ∶10，并向一端倾斜。水最深处40～50厘米，池底设排水孔。池的北向设3～6平方米 的沙滩，浅水处为食台。池上方设遮阳棚，水中投入一些水葫芦等。鳄龟放养量为10～12只/米^2。

(2)饲料投喂 要按"四定"法投喂饲料。夏天高温时，日投喂2次，即上午8时与下午6时各1次。秋季水温降低后，可日投喂1次，即在下午5时投饲。饲料台设于离岸10～20厘米处。幼龟喜食同一种味道的饲料，改变饲料品种时要逐渐过渡。饲料可以用野杂鱼或罗非鱼肉制成的鱼糜加入甲鱼的配合饲料，并制成25克左右的饼状，投在饲料台上。日投饲量每只鳄龟为3.5～10克，以2小时内吃完为度。具体数量应根据天气、水温与鳄龟的摄食情况而定，一般每10天左右应调整1次投饲量。

(3)水质管理 鳄龟要求水质不高，以清新为好。水源可用河水或养鱼的池塘水及湖水等都可。因鳄幼龟摄食量大，残饵及排泄物多，要经常清除池内污物，保持水体清洁，最好是每天下午换水1次。

(4)日常管理 坚持巡池，做好防病。定期在饲料中添加抗生素、维生素与各种微量元素，以提高鳄龟的抗病能力。发现鳄龟患病，及时隔离治疗，还要随时防敌害。越冬(水温15℃)前要在幼鳄龟池的堤岸上堆积30厘米经消毒或曝晒过的干净河沙，并将池水尽可能加深。池顶可用稻草帘覆盖保温。

(5)培育效果 幼鳄龟生长速度与摄食量和饲料质量相关。在一定温度范围，其对饲料转化率与水温成正比。一般在30℃～

31℃时，生长最快，日均增重2.3克/只。

关于鳄龟商品龟的养殖可参照常规乌龟商品龟的养殖技术进行。

306. 绿毛龟龟种选择与接种？

(1)龟种选择与处理 要求龟体健壮、无病无伤、甲壳完整、行动敏捷、外形美丽；龟种以黄喉水龟、四眼石金钱水龟、鹰嘴长吻龟、三线闭壳金线龟等较适宜，以雌龟为好。规格以100～200克为宜。市面上购回或大水面捕获的龟种要先暂养，喂营养丰富的饲料，以适应新环境。一般暂养半个月左右，以养壮为准。接种前龟甲处理很重要，一般将龟种放在盛清水的面盆中，用刷子将龟体刷干净。特别要把龟背洗刷好，再用钢丝刷适当刮糙，擦干后用新鲜生姜把龟背、龟腹来回擦几次，最后放入干容器中自然阴干。这样可刺激龟甲分泌粘质。

(2)绿藻选择 选用基枝藻最为适宜。该藻生长在水流急的山溪石面上，在河流中长期航行的船只两侧有它着生的地方。取其置于自然光明亮的地方，3～5日换水1次，留作接种用。

(3)接种 基枝藻为水生植物，其繁殖和生长与水温、光照密切相关。接种多在春、秋两季进行，最好为春季。每年3～5月份，因各地气候不一，以水温为准。选择水温16℃～25℃时约30克干净的基枝藻，将处理过的龟种连同基枝藻一起放入盛有清水(pH值6.5～7.5)的容器中，再置入散射光较明亮的位置。经过30天左右，龟背上便可长满一层薄薄的绿色绒毛。然后将基枝藻用剪刀剪碎，再捣烂，用棉纱布包好，用手拧出绿水，然后加入少量营养物质，即每千克绿水加入维生素B_1 0.5毫克和维生素B_{12} 1毫克，再将种龟放入盛有绿水的容器中培养。经25～30日就可育出优质绿毛龟。接种时注意容器以玻璃罐头瓶子大小较适宜。一个容器只装一种接种龟(体重约100克)，龟背浸入水中2～3厘米，并用稀网布将瓶口包紧。接种期内不能换水和喂食；接种期间须具充足的光照，晚上可放在25～40瓦日光灯下照射，保证接种成功。接种环境应安静。

307. 绿毛龟如何饲养？

绿毛龟身披绿毛，为动、植物结合的有机体，饲养时二者要兼顾。其场地应通风阴凉，阳光充足且安静。在室内南面靠阳台或窗口的地方做一个正方形的立体木架子，分为4～5层，每层高30～40厘米，每格层以0.8平方米为宜。

饲养中，由于水体较小，要及时换水保证溶氧充足。在20℃水温时，每4天换1次水；26℃左右则每2天换1次；30℃以上则每天换1次。换水时注意温差应小于5℃，选用中性湖水、河水或井水。如用自来水，要经3天曝气和沉淀后才可使用。一般先喂食，待吃完后，将绿毛龟放入盛有清水的面盆中梳洗干净，洗净容器，换上新水再放入绿毛龟。

绿毛龟为杂食性动物，动物性饲料有鱼虾肉、螺蚌肉、蚯蚓、昆虫、瘦肉等；植物性饲料有黄豆、大麦、稻谷等。一般以动物性饲料为主，动、植物性饲料比例为7∶3。容器水面也可放少量浮萍、芜萍等漂浮植物，作为维生素添加剂。龟投饲量可视天气而变化，温度高，1～2天喂1次；低时，4～5天喂1次；每次投饲量为龟总体重的2%～4%。饲料要新鲜、适口，且营养丰富、全面，切不可投喂变质饲料。夏天黄昏投喂，春、秋可在上午9时投喂。水温10℃以下停止摄食且龟处于冬眠状态。越冬时将龟放入室内温暖的地方，水温低于5℃需升温。一个月换水1次，新水水温应略高于旧水。

光照应适宜，每日保持14～16小时光照。阴雨天可开日光灯补充，晴天上午、下午不宜直接在阳光下直射。绿毛着生后要经常梳理和修剪。初着生时用小毛笔或小排笔梳理，长至5厘米以上时，可选用小木梳在清水中顺水从头部至尾部轻轻梳理，不得用梳过人头发的梳子(含油脂)。梳理时动作要轻，同时适当修剪。饲养期还应注意防病。

308. 如何养殖金钱龟?

金钱龟食性广、耐饥饿、极抗病、管理方便、收益大。喜群居,一般 2～3 只共居 1 穴。傍晚上岸活动与摄食,水温 24℃时开始摄食。其食性杂,动、植物饲料都喜食,尤其以动物性为主。每年 11 月至翌年 3 月份为冬眠期,身居洞穴内,不食不动。

金钱龟人工养殖有池养、缸养、木盆养等多种方式,以池养为好。池塘要求在水质清新、排灌方便、泥沙松软、背风向阳、僻静且有遮荫的地方,面积依放种数量而定。土池四周离池边 1～2 米处用石头或砖砌一道 50 厘米高的围墙, 墙基深 70～80 厘米, 墙壁光滑,池进、出口处设铁丝网栅栏;池建成锅底形或小岛形。锅底形四周形成向内倾斜的浅滩,便于龟上岸,浅滩上堆若干沙堆,供龟产卵与孵化;池中央水深 0.6 米以上,并投放少量水浮莲或假水仙,供龟隐蔽和避暑。小岛形池在池中央建一小岛,小岛外围与水池外陆地向水池面有一定坡度,陆地铺沙土 30 厘米;如水泥池则池底也铺沙 30 厘米厚,并投放一些废轮胎或瓦管,池中栽种一些植物遮荫。幼龟密度为 5～10 只/米^2,成龟为 3～5 只/米^2。

投喂饲料主要有鱼虾、螺蛳、蚌肉、蚯蚓以及南瓜、菜叶和商品饲料等。投饲量依水温、季节及龟生长情况而定。日投饲量一般为龟总体重的 5%,并按“四定”法原则投饲。水色以蓝绿或褐绿为好,水体透明度 20～30 厘米。应定期换水,夏季每日 1 次,每次换水体的 1/3;春、秋季每 3～5 日更换 1 次;冬季少换或不换,不必投饲并注意保温。

金钱龟雌龟腹甲平直,尾较粗短,躯干部短而厚,身体无异味;雄龟腹甲稍凹,尾较细长, 躯干部长而薄,身体有浓郁臭味。繁殖时选六龄以上、体壮的作为亲龟,按雌雄比为 2～3∶1 的比例混养于饲养池,让其自然交配与产卵,产出的卵可自然孵化或人工孵化。人工孵化时可用盆或木箱作孵化器,选已受精的优质龟卵。

一般先在盆底或箱底铺上湿度为手捏可成团的细沙3～4厘米厚，再将受精卵放在沙上，成排排列，后铺沙覆盖龟卵2厘米左右。日淋水1～2次，温度控制在24℃～28℃间，一般经50～70天可孵出金钱龟稚龟。

309. 稚、幼乌龟如何培育？

(1)稚乌龟培育 稚龟培育可在钢质或木质框架的箱体中进行。箱六面用光滑的细木条或竹片钉起，其缝隙以稚龟不外逃为宜。箱规格为1米×1米×0.5米。将箱置于阳光不能直射的水体中，箱底入水约10厘米，内放一浅边的平底食物盘。龟的密度为20～30只/米^2。每日投喂2次，饲料为熟蛋黄、蒸熟的混合饲料、碎蚌肉等，再配以飘沙少许；日投饲量为龟总体重的4%～5%。其培育时间一般为3个月左右。

(2)幼乌龟培育 指龟第一次越冬至第三次越冬前的阶段，其体重多在100克以下。幼龟池建造可根据幼龟生活习性设计与施工。池面积小于80平方米，呈长方形，可分成若干小格。每格长1.5～2米，宽1.2米，深0.6～0.8米。池四周设0.2～0.3米的围墙，长边墙内侧留2～3米的陆地，向水一边有30°倾斜角度，利于幼龟爬行与晒背。池底为保水性强的硬黏土；池上可用竹木搭遮阳棚，棚顶可人为调节太阳照射面。其饲料台可用水泥板搭设，规格为50厘米×30厘米，设于水陆交界处。池内设进、排水口各1个，能自由调节水位。一般采用龟、鱼混养方式。幼龟密度为10～20只/米^2，鲢鱼、鳙鱼夏花鱼种密度为10尾/米^2。日投饲量为龟总体重的5%～8%，可分早、中、晚3次投饲。鲜、活动物饲料要洗净切碎，每日还可补充一些新鲜的瓜菜类，气温高时可多投喂；反之，天气闷，气压低，可少喂或不喂。还应注意调节水质，每2～3日加注或更换1次新水，每次换水15～20厘米。每周用5%食盐水涂龟体防水霉1次，并要经常除去水体污物、杂物及死亡的鱼、残渣等。龟越冬可分室外池自然越冬与室内池越冬两种，一般采用室内控温越冬效果较好。

310. 美国青蛙如何饲养?

美国牛蛙生长速度快,养殖周期短,抗寒能力强,肉质细嫩,味道鲜美,经济价值高。在我国已有一定的生产规模。其饲养技术如下:

第一,蛙池应建在靠近水源、安静且阴凉的地方。可分蝌蚪池、幼蛙池与成蛙池。蝌蚪池一般6～8平方米,池高0.8～1米。池四周与底部用水泥抹光,池底略倾斜,池边有进、出水口。池中设一饵料台,在水位线10厘米处。池内投放水浮莲等水生植物,池顶加盖竹篾,以防敌害。幼蛙池与成蛙池相同,池底稍倾斜,池中设进、出水口,池水深以10～20厘米为宜。成蛙池四周建围墙,高1.5～2米,池内有水池和露出水面的陆地浅滩,其场地视蛙的多少而定。场内陆地可种阴生植物,池深1.5～2米,池内放水浮莲等,陆地应挖些洞穴,放些瓦管或瓦片,供蛙栖息防寒,夏季水池应遮阳。

第二,受精卵孵出蝌蚪后,经2～3天卵黄消失。其后开始投喂,开口饵料为熟蛋黄。将其捣碎成小粒后投喂。每1 000只蝌蚪每次投1/4个蛋黄,日投2次,即早、晚各1次。5～6天后可投花生麸、面粉、鸡饲料、杂鱼、肉糜等。

第三,蝌蚪密度5 000只/米^2,以鳃呼吸,如发现水质变坏,立即换水。一般每隔1～3天换水1次。经60～80天饲养,尾巴消失变为幼蛙,逐渐由水生变为水陆两栖。此时可移至幼蛙池养殖。密度约500只/米^2,其饵料可逐渐改为鲜活的动物性饲料,如红虫、蝇蛆、蚯蚓、小鱼虾等。每天早、晚各喂1次,投饲量按蛙月龄、水温、季节及饲料种类灵活掌握。

第四,日常管理中坚持巡池,经常注、换水,搞好防病与防逃工作。

十、肥料与饲料

311. 养鱼施肥有哪些作用?

肥料是鱼的间接饲料。养鱼水体施用肥料主要是培养浮游生物,供养殖鱼摄食,以提高鱼产量。

肥料中含有各种营养物质,如氮、磷、钾、钙、镁、铁等元素的无机及有机化合物。这些营养物质,首先促进了水域中细菌和浮游植物的大量繁殖。无机肥料所含的各种营养盐类溶解于水后,直接被水中浮游植物所吸收,使浮游植物迅速繁殖。有机肥料则先引起细菌的大量繁殖,细菌将复杂的有机物分解成溶解于水的简单有机物和无机盐类,然后被浮游植物吸收利用。由于作为食物链第一个环节的细菌和浮游植物的大量繁殖,就引起以这些生物为食的以后各种环节——浮游动物、底栖动物的生长发展,最后,鱼类利用这些饵料生物而生长。

养鱼工作者要了解养鱼施肥作用,掌握施肥技术,才能更好地配合其他措施,用最经济、最有效的方法,大幅度地提高鱼的产量。

312. 施肥对养殖水产品会带来哪些潜在危害?

对养鱼水体施肥虽然能为所养殖的水生动物提供丰富的生物饵料,提高产量,但也可能对养殖水体环境以及水产品带来危害。人、畜粪肥中带有各种寄生虫和致病菌,不经处理就作为肥料施用到池塘和其他养殖水体中,水生动物就会成为这些有害生物的中间宿主或携带者,最终经食用危害人类健康。

猪舍、鸡舍和养牛场经常使用消毒剂、杀虫剂等进行消毒,致使所养禽畜粪便带有所施化学药物,不经处理直接施用亦会造成水产品药物危害;使用非正规厂家生产的不合格化肥,也会造成水产品中有毒有害物质含量超标，危及人类健康。

因此，在淡水养殖中施肥时，必须了解所施肥料的特性，掌握施肥技术，并严格遵守操作规范，同时配合其他措施，才能经济有效地提高无公害水产品产量。

313. 养鱼施用的肥料主要有哪些类型？

养鱼施肥所用的肥料种类较多，概括起来可分为绿肥、人畜粪肥、无机化肥和微生态菌肥等。

314. 绿肥有哪些种类，其肥效特性怎样，如何施用？

绿肥是指天然生长的各种野生(无毒)青草、水草、树叶嫩枝芽或各种人工栽培的植物，如苕子、紫云英、蚕豆秆、瓜蔓等，经简易加工或不加工作为肥料。各种植物含有不同的营养成分，包括有机氮物质、维生素和矿物质元素等。其在水中易腐烂分解，为微生物创造了良好的发育环境，促进浮游生物大量繁殖。因此是很好的养鱼肥料。此类肥料由于本身不含有毒有害物质，又无污染，其对水产品安全危害性较少。

绿肥施用方法，施肥时根据需要将一定数量的各种野生(无毒)植物，或人工种植的植物(如苕子、紫云英、蚕豆秆、瓜蔓等)堆入池塘中的一边或相对两边，隔1～2天翻动1次，腐烂的部分散入水中，最后将不易腐烂的草渣捞出池外另行处理，肥效失去后，根据需要再进行投放。

绿肥是有机肥，一般作基肥施用，其用量每667平方米投放150～250千克；作追肥则为基肥的1/3～1/2。

315. 粪肥包括哪些种类，其肥效特性如何？

池塘养鱼使用的粪肥有人粪尿和各种家禽、家畜粪及蚕粪(蚕沙)等。

人粪尿主要含氮、磷、钾，尤其是氮素较多，故也称氮肥，磷和钾的肥效也很高,但浓度不高。家畜、家禽的饲料与人的食物不同,因此其粪尿性质亦不同。家禽粪含氮、磷、钾特别多,和家畜相比较,氮要高1倍,磷要高1～4倍,氧化钾高10～20倍,因此肥效特别高,作为池塘施肥,是一种最好的有机肥;家畜的粪便有大量的纤维素,分解较慢,肥效较迟。家畜粪尿中氮、磷、钾肥分的形态,基本同人粪尿一样,肥效良好。此外,厩肥肥效与家畜粪尿基本相同,也是良好的有机肥料,可用作基肥或追肥。

蚕粪(蚕沙)是蚕粪、桑叶的残渣和蚕蜕的皮等混合物,成分不一,但含有机质及氮、磷、钾等都很丰富,可用作池塘肥料。

316. 施粪肥时应注意哪些问题,施肥量多少?

人、畜粪尿的氮,大部分是蛋白质形态,必须经过细菌发酵的作用,变成铵态氮,才能起作用,故肥效比无机氮肥为慢。人粪尿保存应防止氮挥发损失。因为人和畜禽粪便中带有各类寄生虫卵和致病细菌,应防止其对水体环境和水产品安全构成生物危害。因此施用时须经过发酵腐熟或加1%～2%生石灰消毒杀灭各种寄生虫卵和致病细菌。此外,对禽畜粪便的来源要进行了解,若含有圈舍消毒药物,须降解后才能施用。

蚕粪含有尿酸盐,如施用新鲜蚕粪对鱼类的毒性很大,对植物也有一定的影响,因此须经过发酵后适量施放。

粪肥是一种有机肥,一般作基肥施用较多。究竟施多少基肥最适宜,必须依照鱼池的土质、水质及饲养鱼种类与大小等决定。如鱼池水质较肥的少施,水瘦的多施;沙质土壤应多施。施肥不足,浮游生物不能大量繁殖;施肥过多,有机物在氧化分解的过程中,要消耗大量的氧,水中溶氧量降低,形成缺氧,鱼类不能忍受,即发生浮头现象。因此施肥要适量。一般基肥施用量,每667平方米施250～500千克;施追肥一般每667平方米每天施25～50千克,或隔天施50千克。水肥可不施,水瘦可多施。施肥时,先将发酵腐熟的粪肥用2倍清水稀释,然后绕池边徐徐泼人。

317. 无机化肥有哪些种类，其具有哪些特性?

化肥多属无机肥料，肥效快，又叫速效肥料，有氮、磷、钾、钙肥。

(1)氮肥　无机氮肥主要有硫酸铵、硝酸铵、碳酸铵、尿素等。其作用为水中浮游植物提供氮元素。促进浮游植物大量繁殖。

(2)磷肥　无机磷肥主要有过磷酸钙和钙镁磷肥，此外磷矿粉等也是常用磷肥。池塘中磷的含量一般是不足的，池塘天然鱼产量低，基本上发生在池塘土壤或塘泥缺磷的情况下。池塘施用磷肥，能促进水中固氮细菌和硝化细菌的繁殖。

(3)钾肥　无机钾肥主要有氯化钾、硫酸钾、草木灰等。钾肥是池塘生物的主要营养物质之一。池塘水大都含钾充分，因此钾肥在养殖池塘中的作用比氮肥和磷肥小些。

(4)钙肥　钙肥的种类有生石灰、消石灰和碳酸钙等。钙肥的作用，除直接作为各种水生植物、动物和鱼类的营养物质外，同时也影响到池塘水和土壤中的化学物理变化，促进外部环境条件的改善，间接影响池塘生产力。

318. 怎样施用无机化肥，施肥量多少?

无机化肥种类不同，其所含的营养物质(氮、磷、钾)也不相同，施用方法亦有所不同。

(1)氮、磷、钾混合施用法　在养鱼水体中施用化肥，除注意施肥量外，还必须注意各种肥料的比例。肥料比例和施肥效果有密切的关系，比例配合适当，适量施肥后，浮游生物的数量可以得到较大的增长。氮、磷、钾的施放比例以2∶2∶1为宜(按其有效成分计算)。如用硫酸铵(含氮量20%)，过磷酸钙(含磷量17%)，硫酸钾(含钾量33%)混合施用，其用量为：2千克氮需硫酸铵10千克，2千克磷需过磷酸钙11.8千克，1千克钾需硫酸钾3.03千克，其合计为24.83千克。如果每667平方米施肥量为7千克，氮、磷、钾肥的用量分别为：氮肥（硫酸铵）用量＝10×7/24.83＝2.8（千克）；磷肥（过磷酸钙）用量＝11.8×7/24.83＝3.3（千克）；钾肥（硫酸钾）用量＝3.03×7/24.83＝0.85（千克）。将氮、磷、钾配比的化肥，分别溶于适量水中，全池泼洒。

(2)氮、磷混合施用法 氮肥和磷肥的混合比例为1∶1（按其有效成分计算）。则每施用1千克尿素，就得加施2.5千克过磷酸钙；每施用1千克碳酸氢铵，就得加施1千克钙镁磷肥。施用尿素和过磷酸钙，可以直接加水溶化后，全池泼洒。施用碳酸氢铵和钙镁磷肥时，要先把钙镁磷肥溶化在20～30倍的水里，再把碳酸氢铵放进去，化合成磷酸铵，然后全池泼洒。溶化磷肥和氮肥的次序不要颠倒，也不能同时进行或者分别泼洒。因为氮肥吸热，会使水温突然下降，产生有毒的偏磷酸。

(3)钙肥（石灰）施用法 作为钙肥主要为石灰，其主要含有钙，是生物的营养物质。在鱼池中施用石灰，既能改善塘泥的性状和水质的酸碱度，又能提高肥效。一般是和有机肥料一同施入。利用生石灰清塘，实际上亦有施肥作用。

我国池塘养鱼，一般均采取密养投饵的方法，如果不是有机质过多或酸性土壤，不会缺钙。有机质过多或淤泥厚的池塘，利用石灰清塘是非常有益的。清塘时，淤泥厚的池塘，每667平方米施60～70千克，淤泥少的施50～60千克。这样既达到了清塘的目的，又可提高池水肥力。

化肥为速效肥，用作追肥施用较多，在施用时，次数要多，数量要少。每次施肥后使池塘水体中所含的有效氮为1～2毫克/升，活性磷为0.3～0.5毫克/升。每次施肥量依肥料浓度与肥料所含有效成分计算确定。通常每次施肥量为：每公顷施尿素60～75千克（或碳酸铵90～150千克，或氯化铵90～120千克），施过磷酸钙90～150千克。具体施肥量与施肥周期视施肥后水质、天气状况灵活掌握。

每次无论施用什么肥料，具体数量要根据水色浓淡来定，以水的透明度在25～35厘米，水色呈黄绿色或者褐绿色为宜。

319. 无机化肥在什么时候施用效果最好，施用时应注意哪些问题？

化肥施用的效果与水温和天气有很大关系。施用化肥时的水温以20℃～30℃为好，这个温度范围最适合浮游植物的繁殖。每次施用时，应选择有阳光的天气，自上午9时至下午2时施完。因为这个时间内浮游植物光合作用比较强，化肥可以比较快地被吸收利用。水温较低和阴雨天施用化肥一般效果较差。

施用化肥时，化肥不得与碱性肥料和渔药（如生石灰等）同时使用。施化肥时还应注意安全，防止皮肤受损。

320. 为什么说采用有机肥和化肥相结合施用比单一施用肥效更高？

因为有机肥料在分解过程中要消耗大量的氧，配合施用化肥后，浮游植物大量繁殖，通过光合作用能产生出大量的氧来加以补充，这样就可以促进好气性细菌繁殖，加速有机肥料的分解，提高肥效。

321. 什么叫微生态菌肥，施用后有哪些效果？

微生态菌肥，就是利用某些有益菌种，进行扩大培养后，与一些有机物进行发酵培养所生产出的产品。

中国水产科学研究院长江水产研究所研究生产的水产专用浓缩微生态菌肥，是从水体中筛选出某些有益菌群，进行扩大培养后，以植物氮和碳为原料，采用原位固体发酵技术，利用发酵罐和接种混合机等先进生化加工设备生产出的菌肥。每克产品有效活菌数达200亿个以上。施用后具有如下的效果。

其一，能迅速分解水体中残饵、水产动物排泄物等有机物，并快速降解水中铵态氮、亚硝酸盐、硫化氢和生物需氧量（BOD）等，修复水产动物的养殖环境。促进水体氮、磷循环，达到增肥快，肥效持续长的效果。

其二，能促进水中饵料生物大量生长繁殖，并显著提高光合作用效率，增加水中溶氧量，有利于水产养殖动物快速生长。在相同量下，其肥效与其他肥相比可增产22%以上。

施用量为每667平方米1～3千克（根据池水深度），一般每隔10天施用1次。

322. 什么叫饲料，饲料可分哪些类型？

饲料是以供给家畜、家禽和养殖水生动物等营养需要为目的的一切可使用的物质。

饲料的种类比较多，从来源分有植物性饲料、动物性饲料和矿物质饲料三大类。

从营养成分分，有能量饲料、蛋白质饲料、添加剂饲料和粗饲料四类。

(1)能量饲料 此类饲料其能量含量高，一般含有可消化能10 450千焦/千克（2 500千卡/千克），粗蛋白质含量一般在20%以下。主要种类有粮食及其副产品。

(2)蛋白质饲料 此类饲料粗蛋白质含量一般在20%以上。主要种类有大豆、各种饼粕和鱼粉、蚕蛹等。

(3)添加剂饲料 主要有维生素、氨基酸和矿物质等。

(4)粗饲料 此类饲料粗纤维含量比较高，一般达18%以上。主要种类有统糠、谷秕、秸秆和草粉等。

从加工情况分，有单一饲料、混合饲料和配合饲料三类。

(1)单一饲料 单独使用的一类饲料，也常用作混合饲料和配合饲料的原料。

(2)混合饲料 由几种单一饲料随便混合而成的饲料。

(3)配合饲料 根据饲养对象营养要求设计的配方，把单一饲料和饲料添加剂加以混合，以适应其养殖对象饲养需要的饲料。

323. 生产中用什么指标评价饲料效果，怎样计算？

饲料系数和饲料转换率是养鱼饲料效果最常用的评价指标。

简单地说，饲料系数就是多少千克饲料养1千克鱼。也就是说，在饲养期间所投饲料总量与鱼在此期间的增重量之比。计算公式为：

饲料系数＝投喂饲料总量/（出池时鱼总量－鱼种放养量）

饲料系数也有称为增肉系数。其值越小，饲料效果越好。

饲料转换率是指鱼的增重量与所投饲料总量之比，再乘以100％。或将饲料系数倒数再乘以100％。计算公式为：

饲料转换率＝（出池时鱼总重量－鱼种放养量）/投喂饲料总量×100％

其值越大，饲料效果越好。

324. 饲料中含有哪些营养素，各有哪些生理功能？

鱼类和其他动物一样需要不断地从外界环境中摄取食物，经过口腔、食管、胃肠道的消化、吸收，并在体内进行一系列的生物化学反应与变化，以维持生命活动以及建造自己，从而鱼才能正常地活动、生长、发育与繁殖，并将体内代谢的废物排出体外。这种由饲料连续不断地或定期供应鱼体必需的物质成分称为营养素。

饲料中含有的营养素，通过化学分析的方法测得有蛋白质、脂肪、碳水化合物（糖类）、维生素、矿物质（无机盐）等。不同的饲料所含的营养素成分是不同的，如动物性饲料的蛋白质含量一般高些，植物性饲料的蛋白质含量相对低些。各种营养素的生理功能如下。

蛋白质是维持生物机体的生命过程、生产各种动物产品最重要的营养成分。因此，可以说没有蛋白质就没有生命。其主要生理功能为：①蛋白质是鱼体能量重要来源。蛋白质在鱼体内经过脱氢作用可很快氧化产生生理热能，供鱼体生长活动所需要；②蛋白质是构成鱼体组织的重要部分。鱼类在生长过程中需要不断修补和更新机体组织而获得增长，蛋白质作为鱼体的营养作用是供给鱼体所需要的氨基酸，满足其新陈代谢作用；③蛋白质组成动物体内酶和激素，满足功能蛋白质需要。

饲料中的脂肪被鱼摄取后，在消化道中经消化酶——脂肪酶的作用分解为甘油与脂肪酸后，方能被鱼体吸收。吸收后，一部分重新合成鱼体脂肪贮存体内；另一部分则变成热能，供给生命活动的需要。脂肪在体内氧化放出的能量约为同量碳水化合物和蛋白质的2.25倍。因此，脂肪能量较高，也是主要能源。脂肪在营养上的功能除是必需脂肪酸和能量来源外，又是维生素A、维生素D、维生素E和维生素K等脂溶性维生素的载体，并促使这些维生素吸收与利用。

碳水化合物的生理功能主要有：饲料中所含的碳水化合物如淀粉等，经消化道中酶的作用而分解为单糖后被吸收进入血液，主要作为能源供鱼体生长活动需要。有的构成动物细胞原生质的成分，也有的在体内合成脂肪和某些氨基酸的原料。

维生素在营养上不属于构成机体组织的主要原料，也不是机体能量的来源。维生素的生理功能是维持机体的正常生长发育，参与调节及管制机体内各种新陈代谢的正常进行，提高机体对疾病的抵抗能力。若缺乏，轻者将引起生长减慢，重者致使生长停滞，代谢失调，产生各种维生素缺乏症。因此说维生素是一类生物活性物质。

矿物质又叫无机盐。它是动物所必需的营养成分。它们分布于动物体内的各个部位，起着重要的生理作用：组成骨骼和牙齿；以离子的形式存在于血液、淋巴液或细胞液中，起着调节pH值和渗透压的作用；与蛋白质和脂肪结合，存在于氨基酸、核酸及大部分酶中，参与能量代谢及酶的活动。

325. 渔用饲料有哪些种类?

我国养殖的鱼类种类较多,而且食性各异。因此,使用的饲料种类也非常广泛,种类较多。归纳有如下种类:浮游生物饵料、青绿饲料、籽实类饲料、饼粕类饲料、糠麸类饲料、动物性饲料、微生物饲料和配合饲料等。

326. 浮游生物饵料包括哪些种类,其营养价值如何?

所谓浮游生物是指漂浮于水中的生物,形体一般很小,其中绝大部分肉眼看不见,只能放在显微镜下才能看清楚。任何水域中都有它们的存在。在池塘中其种类和数量受施肥影响。

浮游生物是鲢鱼、鳙鱼的主要饵料。鱼类在幼苗时期也大都以浮游动物为食。作为淡水鱼类饲料的浮游生物分为:浮游植物,包括硅藻类、金藻类、甲藻类、黄藻类、绿藻类、裸藻类和蓝藻类;浮游动物,包括原生动物、轮虫类、枝角类、桡足类以及其他甲壳类动物的幼体。

浮游生物的营养价值是由其自身蛋白质、脂肪、碳水化合物的含量多少决定的。这三种有机物的含量随种类及地区不同而有所差异,并随季节变化。根据有关资料,浮游植物中硅藻含粗蛋白质22.87%,粗脂肪13.6%,无氮浸出物14.3%,灰分39.5%(其中氧化硅为30.38%)。此外,还含有多种氨基酸和维生素(如维生素B_1、维生素B_2、维生素B_6、维生素B_{12}和维生素K)。所以这种单细胞藻类的营养价值是很高的。

浮游动物的营养成分含量一般比浮游植物为多,而以甲壳类的营养价值最高。因其含有丰富蛋白质(常超过50%),且易于消化。浮游生物除含有丰富蛋白质外,还含有各种维生素,如维生素A、维生素B_1、维生素B_2、维生素B_{12}、维生素D和维生素K等,其中又以维生素A含量最为丰富。此外,还含有多种无机元素。总之,浮游生物的营养价值是很高的,而且一般易于消化,利用率高,故是各种鱼苗的良好饵料。

327. 浮游生物与水色有何关系，哪种水色养鱼效果好？

水色是由水中的溶解物质、悬浮颗粒、浮游生物、天空和水底色彩反射等因素综合而成。但鱼池的水色主要是由浮游生物所造成。我国渔民养鱼看水色，主要看浮游生物反映的水色。

由于浮游生物种类和数量不同，反映的水色是多种多样的，大致可分为以下几种类型。

(1)瘦水 浮游生物少，水中往往生长丝状藻类(水绵、刚毛藻)和水生维管束植物(菹草等)。因此，水色清淡或呈浅绿色，透明度大，一般在 60～70 厘米。此种水色由于浮游生物少，养鱼效果差。

(2)肥水 浮游生物数量多，鱼类容易消化的种类如硅藻、隐藻或金藻等较多，浮游动物以轮虫较多，故水色呈黄褐色或油绿色。透明度小，一般为 30 厘米左右。

肥水按其水色有两种类型：一种是茶褐色(黄褐色)，此种水色是硅藻种类占优势；另一种为油绿色，此种水色多为绿藻和隐藻，有时也有较多硅藻。此种水色由于浮游生物多，而且多为鱼所利用，养鱼效果好。

(3)老水 浮游生物数量多，但大多属于难消化的种类。其种类组成较简单，多为蓝藻，所以老水呈蓝绿色或深绿色，或者发黄，或者呈灰蓝色。浑浊度较大，透明度较低(一般低于肥水透明度)。老水不利于鲢鱼、鳙鱼等鱼类的生长，必须及时更换新水，同时施肥培养容易消化的种类。

(4)“水华”水 是在肥水的基础上进一步发展而成，池水往往呈蓝绿色或绿色的带状或块状“水华”。据观察，这种水多薄甲藻或裸甲藻，并有较多隐藻等大型的具有鞭毛的种类。水透明度低(20～30 厘米)。由于浮游生物过度繁殖，当天气不正常时容易引起池水突变，水色发黑，继而转清、发臭，浮游生物大量死亡，成为

"臭清水"(俗称"转水")。这时水中氧气被大量消耗,往往造成缺氧引起池鱼大批死亡。因此,当发现有"转水"现象时,须及时加注新水。据观察,"水华"水中鲢鱼、鳙鱼生长良好,但须特别注意水质的突变。

328. 池塘中不同浮游生物种类组成对鲢鱼、鳙鱼生长有何影响?

池塘鱼产量的提高不仅与浮游生物饵料量的丰富有着密切关系,而且浮游生物饵料种类多少、质的优劣更为重要。

饲养的鱼类对不同种类浮游生物的利用效果是不同的,如蓝藻类等,白鲢鱼难以利用,如池中比例较大(超过 20%),白鲢鱼种生长会受到影响。易于利用的硅藻、鞭毛藻类、螺旋鱼腥藻在池中占的比例越大(15 毫克/升),越有利白鲢生长。池塘中轮虫生物量达 20～30 毫克/升时,鱼苗生长迅速。在整个饲养阶段中保证池塘其适量的浮游生物量在 20～40 毫克/升时,可能在不投商品饲料的情况下,培养出质量和数量符合要求的夏花鱼种。

329. 池塘中浮游生物繁殖规律怎样,如何控制?

我国渔民在培养浮游生物方面具有丰富经验,他们用施肥的方法来增加池中浮游生物量,又反过来用施肥手段影响浮游生物的繁殖。

施肥后,浮游生物最初出现的优势种类和所施肥料的性质有密切关系。施有机肥料,喜有机质的浮游植物,如棕鞭藻、隐藻等,浮游动物如尾毛虫、周毛虫等将首先大量出现;施无机肥料,放射硅藻、栅藻、榴弹虫、弹跳虫等,将成为主要种类。施肥量的多少和浮游生物种群亦有密切关系。施肥量较大,绿藻和蓝藻类中的一些种类将大量发展;施肥量小时,硅藻中的许多种类,将成为优势种类,如纺锤硅藻、圆盘硅藻等。

施肥后,由于水中营养物质的增多,浮游生物在数量上将出现高峰;鲢鱼易消化的浮游植物,4 天左右可达到高峰;鲢鱼不易消化的浮游植物,5～10 天可以达到高峰。浮游动物 4～7 天可以达到高峰。

浮游植物的种类不同,其高峰出现时间亦有不同,喜肥的种类,出现较早,喜瘦的种类则比较晚些。

浮游动物中首先大量出现的是原生动物,其次为轮虫,再次为枝角类,最后为桡足类。

因此,在池塘施肥培养浮游生物最重要的一点是要掌握好时间,使培养出的浮游生物,正适合于幼鱼的需要。如果池塘大型水蚤过剩,而不利于鱼苗前期生长时,可用晶体敌百虫泼洒全池。大型枝角类对敌百虫特别敏感,0.005 毫克/升就可杀死。通常情况下,只用低浓度控制,而对鱼苗比较容易利用的裸腹蚤等小型种类加以保留。

330. 怎样培养水蚤?

水蚤,俗名红虫,是淡水浮游动物主要组成部分,是鱼苗的主要饵料。水蚤的个体比原生动物和轮虫大,肉眼可以看见,又易于培养,而且营养丰富。水蚤适宜生长水温为 18℃～28℃,pH 值 7.2～8.5。现将水蚤培养方法介绍如下。

水蚤培养过程如下所示。

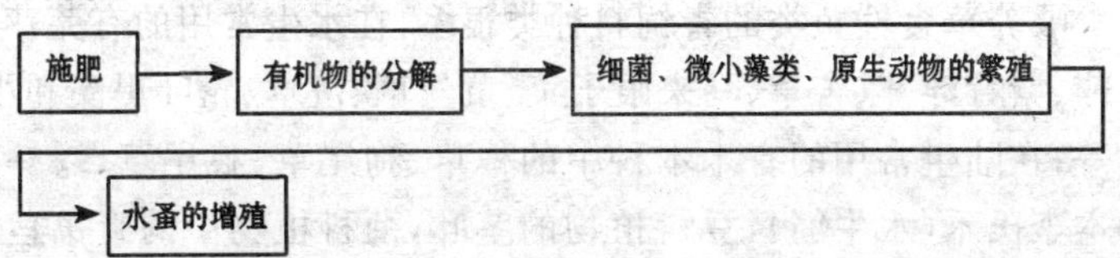

专门培养水蚤的池子可以是土池子或水泥池子,面积 10～100 平方米,水深 50～100 厘米。培养前用生石灰清池,以杀死水蚤敌害(水蜈蚣、松藻虫、蝌蚪、鱼和虾),然后施基肥(2 千克/米^{3}猪粪),同时放进水蚤种。水蚤种多些较好,每立方米约放 20～40 克大型水蚤种。水蚤以悬浮在水中的细菌和浮游植物为主要食料。一般每周追肥 1 次,每次 0.5 千克/米^3 粪肥。这样经过 1 周后水蚤便大量繁殖起来，再经过1周，就可以捞出来送入鱼池喂鱼。用普通麻布捆箱或手抄网捞取即可。时间在早上7～8时以前，因此时水蚤都在水上层。

由于粪肥中含氮量较高，并能使腐败细菌大量繁殖，增加了水蚤的食物，所以粪肥培养水蚤的效果最好。混合堆肥培养也很好，但水蚤大量繁殖时，要注意做到追肥适时、适量。无机肥料较粪肥产量低。有关文献认为，水蚤在良好的人工条件培养下是可以获得高产的，关键在于：水蚤培养池不要渗水、漏水，以保持水蚤稳定的外界生活环境；池子面积不宜过大，因为水蚤在大水面水中，常分布不均匀，形成局部的团聚现象，在聚集的范围内，由于代谢物的积累以及食物不足对水蚤生长繁殖产生不良影响，而且控制肥度和收获也不方便。繁殖水蚤必须保持在理化因子适宜的条件下，不断适当追肥，使池水保持一定的肥度，保障水蚤有足够的饵料，这对高产具有十分重要的意义；加强管理，经常防除敌害；适时适量收获，使水蚤保持一定的密度。

331. 青饲料有哪些种类，其营养价值如何？

青饲料是我国池塘养鱼的重要饲料源之一。对草食性鱼类来说，其作用显得尤为重要。

喂养草食性鱼类的青饲料种类很多，在水生常用的有芜萍、小浮萍、紫背浮萍、苦草、马来眼子菜、黄丝草、菹草、轮叶黑藻和小茨藻等；在陆生常用的有禾本科中的稗草、狗尾草、狼尾草、蟋蟀草、日本李氏禾（水牛筋），豆科植物的茎叶，菊科植物中的野莴苣、蒲公英等。此外，还有各种废菜叶等。

人工栽培的水生和陆生植物有：水浮莲、水蕹菜、宿根黑麦草、小米草和聚合草等。宿根黑麦草、小米草和水蕹菜可直接喂草食性鱼类，如草鱼、团头鲂。水浮莲和聚合草直接投喂，鱼不吃。但通过加工或打成浆后投喂，草鱼、青鱼、鲤鱼、鲢鱼、鳙鱼鱼种都喜吃。

青饲料含有的蛋白质、脂肪、碳水化合物、矿物质和维生素，可直接向草食性鱼类提供这些营养物质，而且易被吸收利用。实践证明，对草食性鱼类投喂单一的精饲料，其体内脂肪含量大量增加，易引起体内新陈代谢的失调，生长受到抑制。而以青饲料投喂，一般很少发生因营养失调而引起的疾病。这也说明青饲料中所含的营养成分较全面、丰富。但青饲料的适口性、营养价值与种类有关，即使是同一种青饲料，在很大程度上还取于其生长期和水、肥的管理。

现将鱼常用的青饲料营养成分含量列于表 10-1。

表 10-1　水、陆生青饲料主要成分含量　（%）

名　称	干、鲜	水　分	粗蛋白质	粗脂肪	粗纤维	无氮浸出物	粗灰分
芜　萍	鲜	96.38	1.04	0.27		1.75	0.56
浮　萍	鲜	90.20	1.40	0.60		5.94	0.55
水浮莲	鲜	95.16	0.17	0.28	0.58	2.53	1.30
喜旱莲子草	鲜	77.50	3.22	0.30	2.62	11.92	4.44
茭　草	鲜	56.52	9.52	2.47	—	25.99	5.55
水牛筋草	鲜	79.66	4.56	1.69	—	11.54	2.56
紫云英初花期	鲜	90.00	2.04	0.78	1.10	5.23	0.86
紫云英盛花期	鲜	91.00	1.28	0.64	1.54	4.89	0.56
野　茭	鲜	82.70	2.70	0.46	2.35	8.19	3.57
象　草	鲜	79.70	1.70	0.50	6.70	10.40	2.00
宿根黑麦	鲜	73.40	3.00	1.30	6.70	13.20	—
莴苣叶	鲜	92.90	2.30	0.60	10.70	2.60	0.90
苦荬菜	鲜	89.00	2.60	1.70	1.60	3.20	1.90
稻　草	鲜	78.90	3.80	0.90	5.70	7.90	2.80
稗　草	鲜	75.00	2.06	0.38	8.21	10.94	2.76
青　草	鲜	77.62	1.74	0.39	6.92	—	—
紫花苜蓿	鲜	72.40	5.60	0.40	9.50	10.00	2.10

续表 10-1

名称	干、鲜	水分	粗蛋白质	粗脂肪	粗纤维	无氮浸出物	粗灰分
苏丹草幼苗期	鲜	89.24	2.19	0.68	2.38	4.29	1.22
苏丹草营养期	鲜	89.34	1.82	0.46	2.51	4.72	1.15
苏丹草孕穗期	鲜	86.53	1.19	0.53	3.51	6.30	1.22
苏丹草莲座期	鲜	88.40	3.84	0.15	1.69	—	—
聚合草花蕾期	鲜	88.43	3.26	0.13	1.73	—	—
饲用甜菜	鲜	91.25	1.21	0.07	0.73	5.81	0.93

332. 如何培养芜萍？

芜萍又称瓢沙、无根萍和粒萍，是芜萍科无根萍属水生植物，无根和茎，为椭圆形或卵形绿色粒状体，以芽孢繁殖。天暖时浮生水面，天冷(20℃以下)时下沉水底。芜萍培养简易、产量高、营养丰富。芜萍不但是草鱼鱼种最喜吃的饵料，而且也是青鱼、鲤鱼、鲫鱼、鳊鱼、鳙鱼等鱼种的优良辅助饲料。

芜萍适宜在静水环境中生长，所以芜萍培养塘应选择在避风处，面积 334～667 平方米的池塘为好。塘泥要肥厚，塘内水深 1.3～1.5 米。培养塘要求不漏水。

在长江流域，芜萍塘通常在 3 月下旬着手整理，先把塘水排干，每 667 平方米用生石灰 50～75 千克，清除野鱼。清塘一周后投放基肥，瘦池一般施用腐熟猪粪或羊粪 250～350 千克。也可用人、马、牛等粪尿代替。4 月中旬投放芜萍种，新辟的芜萍塘每 667 平方米需放 15～20 千克种芜萍。如果上年养过芜萍的塘，不需放种芜萍；上年养过芜萍后又养过鱼的塘，每 667 平方米需补放种芜萍 5～10 千克。芜萍生长适宜温度为 22℃～32℃，水温在 27℃左右，其生长最为迅速，水温低于 20℃或高于 35℃，生长缓慢。

芜萍生长要求有充足的氮肥，但不宜过多，多了芜萍会变黄而影响生长，故施肥应少量多次。培养过程中的芜萍以颗粒大、颜色深绿为好，如发现颗粒小，颜色黄绿，说明水体缺肥，应施追肥，平均每天每 667 平方米施有机肥 25～75 千克，也可隔 4～6 天施放无机肥料 1 次，每次施硫酸铵或碳酸氢铵 1～2 千克，过磷酸钙 0.5～1 千克。平时每收获 1 次施 1 次肥料，施用粪肥量约等于芜萍的收获量。另外，还要加强管理，经常清除池中蛙卵、蝌蚪，每天早、中、晚向芜萍上泼水，翻动芜萍，防止腐烂，促其加快繁殖。炎夏强光高温对芜萍生长不利，但到秋季温度适宜时又能很快繁殖生长，水温在 22℃～32℃时，每 667 平方米日产量 100～150 千克，全年产量 5 000～10 000 千克。

芜萍的收取，根据生长情况，每天早晨或午后，用草绳或竹竿将芜萍围拢起来，用捞网捞取。每次捞取的数量不能超过塘内芜萍总量的 60%。

芜萍保种越冬方法：一般到霜降前后，就不再收取芜萍，其随温度下降沉底，这时可用药物带水清除池中野杂鱼，以利芜萍安全越冬。至翌年 3～4 月份水温上升后，芜萍又从池底陆续漂浮水面。另一种方法是在霜降前后捞起芜萍装入带有淤泥的坛中，淤泥和芜萍各占一半拌和，用稻草封好坛口沉入水深不浅于 1 米的池底越冬，到翌年将芜萍连泥倒入培养池。芜萍的长途运输也可采用此方法。

333. 如何培养紫背浮萍？

紫背浮萍又名紫萍、浮萍，属浮萍科。叶面绿色，背面紫色，生长在水田、池塘、水沟内。在温湿多雨季节繁殖较快，25℃～30℃为生长最适温度，高温季节生长受影响。晚秋，水温降低，紫背浮萍长出椭圆形的冬芽，沉到水底越冬，母体枯死。翌年春季，冬芽浮至水面，萌发为新个体，是草鱼鱼种喜爱的饲料。

培养紫背浮萍池面积以 1 334～2 668 平方米为宜，应选择水位稳定、底泥深厚、水质肥沃的池塘或河沟作为培养池。一般在 4 月初清除野杂鱼，每 667 平方米施牛粪、猪粪 200 千克作基肥，然后每667平方米放入种浮萍100～200千克。上年已培育过的池可以不再放种或少放种。

肥料的质量和数量是决定紫背浮萍培育好坏的关键。在春、秋两季浮萍繁殖快,应多施追肥,气温较高时可适当少施。如池内浮游生物减少,透明度大,浮萍生根多,是由于水质肥力不足,应适当多施,勤施;反之,可适量少施。一般每隔5天施粪肥1次。池内长满浮萍后,即可捞取,每次捞取数量不可超过总数的30%。紫背浮萍一般每667平方米产量20～30吨,如温度适宜,水质肥沃,产量还可以提高。

334. 如何种植黑麦草?

黑麦草又称意大利黑麦草,为越年生或一年生的禾本科黑麦草属植物。原产于欧洲,我国种植的历史也较久。黑麦草具有高产、优质易种、成本低、适应性强等优点。是草鱼、鳊鱼、团头鲂等鱼类的良好饲料。

黑麦草的种植方法,一般有撒播和移栽两种。由于黑麦草喜温暖湿润天气,在气温10℃～27℃时生长较好,在35℃以上生长不良。种子发芽适温为13℃～20℃,低于5℃,高于35℃发芽困难。在长江流域,播种时间一般在9月上中旬至11月初。黑麦草的种子细小,播种前要将土地深翻整平,除去杂草,每667平方米施粪肥1 000千克左右。播种时土壤的含水量在20%～25%为宜,种子最好先浸湿,并拌和细土撒播。播种要均匀,深度为2厘米,播种过浅或过深都会影响出苗。播种量每667平方米2千克左右,如作育苗移栽,播种量可适当增加。

待苗长至13～16厘米时,即可拔苗移栽。一般利用池埂和池埂坡面种植,在鱼池干塘时,把塘泥耖在池埂坡面上,每隔13～16厘米种植1穴,每穴6～7株。如苗高已超过16.5厘米,可把秧苗上端叶部割除一部分再移栽,这样发棵快,生长好,产量高。在边隙地种植,事先应深翻整地,施足基肥,或移栽后施1次水粪(粪1

份，水3份)，有利发棵生长。

播种后，要保持育苗地潮湿，一般每天浇水1～2次，待苗长到3厘米达到2叶期时，可以减少浇水次数。移栽后，也需保持土地潮湿，经常浇水施肥。在收割前施1～3次氮肥，以后每收割1次施1次肥料，并中耕1次，每667平方米约施粪肥250千克，或化肥(尿素)1～2千克。最好当天收割当天施肥，有利生长。

当黑麦草长至33～50厘米时，可像割韭菜一样割下给鱼吃。因为此时草嫩、鱼能全部吃光，并且割后分蘖力强，生长快。在冬末春初，因气温低，生长慢，一般在11月份收割1次后，要到翌年2月份后才能收割。3～5月份气温逐渐升高，每隔10～20天收割1次。一般收割7～8次，前三次收割应贴地平割，以利增加分蘖，以后可留2～3厘米高，以增加收割次数。如肥料足、管理好，每667平方米可产鲜草5～10吨。

到4月中旬后，应当留出一块粗壮的黑麦草不再收割，以利拔节孕穗留种。5月份开始抽穗开花，6月初收籽。因为成熟有早有迟，且易脱落，只要穗头呈黄色，就应随熟随收，以免造成脱落损失。种子产量每667平方米75千克左右。

335. 怎样种植苏丹草？

苏丹草属于禾本科高粱属植物。原是多年生牧草，但对霜的抵抗力弱，一般当作一年生牧草栽培。苏丹草具有适应性广、喜温耐旱、再生迅速、分蘖多、易种、高产等优点。生长时间为5～9月份，宜与黑麦草衔接种植。是草食性鱼类良好饲料。

苏丹草播种日期为4～5月份，种子发芽最适温度为20℃～30℃，而最低温度为8℃～10℃。

播种方法有两种，一种是条播，行距23厘米左右，每667平方米播种1～1.5千克；另一种是点播，株行距20厘米×20厘米左右，每穴播种10多粒。苏丹草还可以移栽，当秧苗长至10～13厘米时，便可移栽，株行距20厘米×20厘米左右，每丛5～6株。种植深度为3厘米。土壤宜湿润,压实。

播种后7～8天,幼苗通常可出齐。初期地下器官生长很慢,在4～5周时形成5片叶子,这时茎的高度达20～26厘米,植株正扎根,向深处和四方发展强大的根系,大约70～80天抽穗,80～90天开花,生长期100～120天。平时管理,勤除杂草。钙土和暗栗钙土产量较高。宜施粪肥,施肥方法和施肥量与黑麦草相同。

5月份当草长至50～60厘米时,便可开始收割喂鱼。切割高度应离地面7～10厘米处,过低则使新枝条再生缓慢,影响产量。以后15～20天收割1次,可割6～8次,到10月份霜降止。部分留种的,初期即不收割,待7～8月份结籽后割。这样老根再生幼草,还可收割2～3次。一般每667平方米产鲜草6～10吨。

种子随熟随收。防止雀吃。剪穗晒干,收藏好(应保存于通风干燥处,避免高温和鼠害)。成熟种子为黑褐色,比高粱的种子小。种子产量每667平方米约100千克左右。

336. 如何种植象草?

象草又名狼尾草,它属于禾本科狼尾属的多年生高秆丛生型草本植物。原产于非洲,1960年引进我国,现已发展成为我国南方诸省养鱼的重要青饲料之一。

象草特点是适应性强、繁殖快、产量高、质量好,利用期长等。一年可利用7～8个月,每年可收割6～8次,每667平方米产量15 000千克左右。象草畏寒,在有霜冻的地方不能越冬。

象草的种植,一般多采用无性繁殖法。

①切根(分株)繁殖,将象草茎叶去掉后,再刨出母根,按根茎纵向切开分棵,使每一边有1～2个根茎,然后即可直接定植大田。这种方法成活率高,定根后生长快,当年产草量高,但繁殖系数低。

②插条育苗,选择开花前粗壮、节间短的成熟茎秆作为插条(长约20～25厘米,有2～3个节),然后把它斜插(15°～20°)在排灌良好的肥沃沙质土壤的苗圃上,上端一节微露土面,腋芽向两

侧，用稻草覆盖，以防水分蒸发或霜冻。在育苗期间要加强管理，经常喷水，保持土壤湿润。这样经15～20天扎根成活后即可去掉覆盖物，开始施些薄肥(50千克人粪尿掺200升水，或50升水加硫酸铵2.5千克)，以促使生长发育。当苗高20～30厘米时，即可移栽大田。此法不伤母根，种苗来源多，繁殖系数大，全年可以进行，而且种茎又便于长途运输，有利于大面积推广。

为了充分发挥象草高产潜力，提高单位面积产量，在栽培管理上要重视以下措施。

第一，等高种植。在利用坡地栽植时，一定要按等高线进行种植，以防水冲刷，保护土壤肥力。如果坡度大的应先筑成梯田而后种植。一般宽1米的畦种植2行为宜，每667平方米种植200株左右，若土地肥沃，其株行距可适当大一些。

第二，施足基肥。象草对有机肥料甚为敏感，每667平方米施有机肥1 500～2 000千克，然后在定植时每667平方米再次施有机肥750～1 000千克，对提高产量有显著效果。

第三，中耕除草。象草在幼苗阶段生长较为缓慢，定植后15～20天要进行1次中耕除草，以后每次割完，即结合施肥进行中耕培土，以提高其再生能力，特别是冬季培土更为重要。

第四，及时追肥。象草根系发达，茎叶茂盛，一年收割多次，耗肥力大，割后追肥是促进再生、提高产量的关键措施。每次刈后应立即施肥，一般每667平方米可施有机肥1 000～1 500千克，或施化肥(硫酸铵)15千克左右。

第五，适时收割。象草长至1米左右，应贴近地面收割。留茬过高不利于再生。迟收割，则茎秆粗硬，叶片老化，鱼吃不动。反之，虽茎叶柔嫩，适口性强，草质好，但产量低。

第六，换根。象草的块根一般3年换1次，超过3年要适当分株，否则会影响产量。

337. 如何种植小米草?

小米草为一年生禾本科稗属植物,是从澳大利亚引进的。小米草形如稗草,根系发达,分蘖力强、适应性广,喜温暖湿润,能耐寒,最适温度为25℃～35℃。在长江流域5～8月份气候湿热,生长最快。当温度达38℃～40℃时,只要雨水多,仍能很好生长。小米草的播种期很长,温度在10℃以上即可播种。旱地或水田都能种植,每667平方米播种量2～3千克。撒播、点播、育苗移栽均可,播种前种子在水中浸泡1～2天,或浸泡到出芽后播种,经处理后的种子比直播可提前2～7天出芽。撒播可将种子均匀撒在土壤表层,并轻轻扒动表土,使种子盖上一层薄土,然后浇水湿润,以利于种子萌发。当苗长至10厘米时,进行1次间苗,将多余的青苗移栽至其他田块。如在水田种植,可将种子直接播在土表,随着株苗的生长,需逐步加水,但一般水深不要超过30厘米,更不能淹没植株,以防淹死。小米草播种期长,生长期短,有利于安排茬口,使青饲料长年均衡供应。在长江流域,3月下旬到9月上旬都能播种,一年可播种3次,收获种子2～3次。早播的小米草50～60天抽穗,80～90天成熟,中、晚期播种的25～30天抽穗,60天左右成熟。在8月中旬前播种,至10月中旬可成熟收籽,每667平方米可收籽500～750千克。用作青饲料的可在抽穗前10～15天,株高60～80厘米时刈割,留茬10～15厘米,有利于再生长。播种前要施足基肥,每667平方米施有机肥2 000千克。播种后幼苗期要追肥,每667平方米施尿素4～5千克,或有机粪肥750～1 000千克。一般刈割3次,每667平方米产鲜草7.5～10吨。

338. 籽实类饲料有哪些种类,其主要营养成分含量多少?

籽实类作为鱼饲料应用较多的是黄豆、麦类和玉米,其次还有稻谷、蚕豆等种类。

其主要营养成分含量如下。

(1)黄豆　黄豆含粗蛋白质36%,粗脂肪16%,无氮浸出物23%,粗纤维6%,粗灰分5%。黄豆营养价值较全,是一种营养较高的饲料。黄豆作为鱼饲料一般常磨成豆浆,用于培育鱼苗、鱼种,或将其膨化处理后,粉碎作配合饲料原料。

(2)麦类　麦类主要是小麦和大麦。小麦粗蛋白质含量12%,粗脂肪2%,无氮浸出物69%,粗纤维2.5%,粗灰分1.7%;大麦粗蛋白质2%,无氮浸出物67%,粗纤维4%,粗灰分2.5%。

麦类也是鱼的良好饲料,使用时可直接或浸泡发芽后投喂鲤鱼、鲫鱼、鳊鱼和草鱼等鱼类。也有粉碎后投喂鱼种、鲢鱼、鳙鱼,或作配合饲料原料。

(3)玉米和稻谷　玉米含粗蛋白质9%,粗脂肪4%,无氮浸出物70%,粗纤维2%,粗灰分1.5%;稻谷含粗蛋白质8%,粗脂肪2.4%,无氮浸出物62%,粗纤维10%,粗灰分约5%。

玉米和稻谷也是鱼类一种良好的饲料,可粉碎后直接投喂,或作为配合饲料原料。

(4)蚕豆　蚕豆含粗蛋白质25%,粗脂肪1.5%,无氮浸出物48%,粗纤维8%,粗灰分3.4%。蚕豆不存在抗胰蛋白酶等有害因子,粉碎后可作为配合饲料原料使用,有的经浸泡后直接投喂草鱼,可改善其肉质(脆肉鲩)。

339. 饼(粕)饲料有哪些种类,其主要营养成分含量多少?

饼粕作为饲料有:大豆饼(粕)、花生饼(粕)、棉籽饼(粕)、菜籽饼(粕)、葵花籽饼(粕)、芝麻饼等。

其主要营养成分含量如下。

(1)大豆饼(粕)　大豆粕是大豆经压片,用溶剂浸出提取油的残渣。其含粗蛋白质45%,粗脂肪1%,无氮浸出物30.7%,粗纤维6.5%,粗灰分6%;大豆饼是大豆经机械压榨取油后的残渣。其粗蛋白质39.8%～42%,粗脂肪4%～7.3%,无氮浸出物31%～27.4%,粗纤维5.6%～6%,粗灰分4.9%～6%。

大豆饼(粕)的营养价值比其他植物饼(粕)高,而且适口性好,氨基酸组成较平衡,消化率也高。大豆饼(粕)是养鱼良好的饲料原料。生大豆粕含有抗胰蛋白酶的不利因子,加热可除去,并能提高消化率。

豆饼以前是培育鱼种的主要饲料,投喂前先将其粉碎浸泡后直接投喂,鱼种较小,需磨成浆投喂。投喂草鱼、青鱼、鲤鱼等成鱼时,只将其敲碎浸泡投喂。目前豆饼(粕)主要作为配合饲料原料。

(2)花生饼(粕) 花生饼(粕)是花生经脱壳、不脱壳压榨或溶剂浸出提取油后的残渣。脱壳的花生饼营养成分一般含量为:粗蛋白质40.3%,粗脂肪8.6%,无氮浸出物29.2%,粗纤维8.3%。不脱壳花生饼,粗纤维含量高(25.8%),其他营养成分含量相对低。带壳花生饼不宜作为肉食性和杂食性鱼类饲料使用,草食性鱼类亦应限量使用。

广东、广西和福建等地区用花生饼(粕)喂鱼较多,使用方法与大豆饼(粕)相同。花生饼(粕)作为配合饲料的蛋白源也是很好的。生的花生粕也含有少量抗胰蛋白酶,加热可除掉。

(3)棉籽饼(粕) 棉籽饼(粕)是棉籽去壳、去绒取油后的残渣。棉籽粕营养成分含量为:粗蛋白质36%,粗脂肪1%,粗纤维13.5%,粗灰分6%。优质的棉籽粕其游离棉酚少(0.02%以下),蛋白质和赖氨酸含量多,饲料营养价值高。

棉籽饼(粕)含有毒素(棉酚),饲喂牲畜(猪、鸡)须经加热或脱毒处理,但喂鱼不经处理没有发生危害。富惠光等(1995)研究指出,棉籽饼(粕)内含的棉酚浓度(0.03%~0.05%)不会影响尼罗罗非鱼的性腺正常发育和生殖功能;肌肉中棉酚残留量为10.3毫克/千克,远低于食用油的允许量(200毫克/千克)。因此,用脱壳优质棉籽粕作鱼用配合饲料的一部分原料是安全的,效果也较好。

(4)菜籽饼(粕) 菜籽饼(粕)是油菜籽榨取油的残渣。菜籽粕营养成分平均含量为:粗蛋白质35%,粗脂肪1%,粗纤维11%,粗灰分6.5%。

菜籽饼(粕)的营养价值大体与棉籽饼(粕)相似。也是鱼类一种较好、较廉价的饲料蛋白源。菜籽饼(粕)含芥子苷(或称硫苷)类物质约6%,水解后生成异硫氰酸酯等物质对家畜有毒,故一般限量使用。养鱼实践表明,以菜籽饼(粕)为主配(混)合饲料养鱼,用量达50%~100%,均未见发生中毒现象。

(5)葵花籽饼(粕) 葵花籽饼(粕)是向日葵籽榨取油后的残渣。脱壳榨油后葵花籽饼的营养含量一般为:粗蛋白质41.8%,粗脂肪7%,粗纤维13%,无氮浸出物31.4%,粗灰分6.8%;脱壳葵花籽(粕)的营养含量一般为:粗蛋白质45.7%,粗脂肪4%,粗纤维11.1%,无氮浸出物31.5%,粗灰分7.7%。不脱壳的葵花籽饼(粕),其粗纤维含量很高(分别为24%和34%),其他成分含量相对较低。

(6)芝麻饼 芝麻饼是芝麻种子经榨油后的残渣。其营养成分含量一般为:粗蛋白质48%,粗脂肪3%~4%,粗纤维2%~3%,无氮浸出物30%~35%,粗灰分9%。芝麻饼也是鱼类良好的蛋白质饲料源,可直接投喂,也可作配合饲料原料。

340. 糠麸类饲料有哪些种类,其主要营养成分含量多少?

糠麸类作为鱼饲料的种类,主要有米糠、麦麸、次粉和小麦胚芽粉等。它们都是鱼类良好的饲料源。可直接投喂,也可作配合饲料原料。

(1)米糠、脱脂米糠 米糠(生糠或米皮糠)是糙米精制的副产品,由米的糠层、胚芽和碎末组成;脱脂米糠是从米糠提取油后的饼粕。与米糠相比,其脂肪含量少,不易腐败变质,粗蛋白质和其他成分含量相对提高。

米糠营养成分含量一般为:粗蛋白质12.5%,粗脂肪14%,无氮浸出物40%,粗纤维11%,粗灰分12%。

脱脂米糠营养成分含量一般为:粗蛋白质14%,粗脂肪1%,无氮浸出物45%,粗纤维14%,粗灰分16%。

(2)小麦麸、次粉和小麦胚芽粉 小麦加工所得的副产品一般有大麸皮、小麸皮、次粉和胚芽粉四种。其中有用次粉与小麸皮相混合称混麸。其主要营养含量列于表10-2。

表10-2 小麦麸、次粉、混麸和胚芽粉主要营养成分含量 （%）

种　类	小麦麸	次　粉	混　麸	胚芽粉
水　分	11.0	11.0	11.5	10.5
粗蛋白质	15.5	10.5	15.0	25.0
粗脂肪	4.0	3.5	4.0	8.0
粗纤维	7.5	3.0	8.5	3.0
无氮浸出物	57.5	69.0	55.5	49.0
粗灰分	4.5	3.0	5.5	4.5

341. 动物性饲料具有哪些营养特性，有哪些种类，其主要营养成分含量多少？

动物性饲料一般蛋白质含量高，氨基酸组成也比较全面，而且碳水化合物含量特别少，几乎不含纤维素。这对需要蛋白质特别高的鱼类更具有重要的意义。

动物性饲料常作为渔用配合饲料原料，有鱼粉、肉粉、骨肉粉、蚕蛹和蚕蛹粕；直接用于投喂的动物性饲料，除浮游动物外，还有湖螺、黄蚬、河蚌、水蚯蚓、蚯蚓、黄粉虫等。

动物性饲料主要营养含量如下。

(1)鱼粉 鱼粉是以鱼或者鱼产品加工的下脚料制成。鱼粉加工的原料不同，其产品质量也有差异。目前我国市场出售的鱼粉分为进口和国产鱼粉两类。

进口鱼粉主要有北洋鱼粉（白鱼粉）、秘鲁鱼粉与智利鱼粉等。北洋鱼粉是以海洋捕捞的新鲜鳕鱼、鲽鱼直接在鱼船上加工制成的。其主要营养成分含量为：水分8.9%，粗蛋白质66.3%，粗脂肪5.9%，无氮浸出物0.3%，粗纤维0.2%，粗灰分18.4%；秘鲁鱼粉和智利鱼粉是以蓝背沙丁鱼(鳀鱼)加工制成。其主要营养成分含量为:水分 9.2%,粗蛋白质 64.3%,粗脂肪 7.6%,无氮浸出物 1.2%,粗纤维 0.3%,粗灰分 17.4%。

我国生产的鱼粉大都是以不宜作食用的低值鱼类或者鱼产品加工时的下脚料(鱼头、鱼骨、肉脏和碎鱼)制成。因此,其质量随加工原料变化而不同。我国生产的优质(一级)鱼粉是以全鱼采用先进加工方法制成,其含粗蛋白质在 55%以上,质量较好。

(2)肉粉、肉骨粉 肉粉、肉骨粉是来自屠宰场和肉店下脚料(如碎肉、内脏、碎骨等)和病死牲畜等进行加工制成。肉骨粉生产原料无统一标准和来源,以及生产的方法不同,其营养成分也不相同。肉骨粉是在肉粉里混合有骨粉。美国把含磷量 4.4%以上的称做肉骨粉;含磷量在 4.4%以下的称为肉粉。

肉粉主要营养成分含量为:水分 7.9%,粗蛋白质 70.7%,粗脂肪 12.2%,无氮浸出物 0.3%,粗纤维 1.2%,粗灰分 7.7%,钙 2.94%,磷 1.42%;肉骨粉主要营养成分含量为:水分 6.5%,粗蛋白质 48.6%,粗脂肪 11.6%,无氮浸出物 0.9%,粗纤维 1.1%,粗灰分 31.3%,钙 11.31%,磷 5.11%。

(3)蚕蛹和蚕蛹粕 蚕蛹是蚕茧制丝后的产品。蚕蛹是良好的动物性饲料,其营养价值很高,很早就被用作养鱼饲料。

鲜蚕蛹含粗蛋白质 17.1%,干蚕蛹粗蛋白质含量达 55%以上,粗脂肪含量高(20%~30%)。

蚕蛹粕是蚕蛹脱脂后的残渣。脱脂后的蚕蛹粕,不易变质。脱脂后的蚕蛹粕,其含粗蛋白质 68.9%,粗脂肪 3.1%。

342. 如何培养水蚯蚓?

水蚯蚓是寡毛类水栖种群,又名丝蚯蚓、水丝蚓。水蚯蚓营养价值高,是鱼类和水生动物苗种阶段良好的活饵料。它喜生活于含腐殖质较多的水体中,如污水沟、排污口和江河码头附近等水体中。

人们常到这些水体中捞取水蚯蚓投喂养殖的鱼类和水生动物苗种。随着名、特、优水产动物养殖业的发展，对水蚯蚓需求量越来越大，靠天然水体捞取不能满足需要。因此需要人工培养。

(1)培育池与培养基 选进、排水方便的地方建池。池长5米、宽1米、深0.2米，水泥、砖结构，池底以三合土夯实。在池的一端设进水口，在另一端设排水口，进、排水口要设置牢固的过滤网片。

投放水蚯蚓种前需制作培养基。培养基制作是先以疏松物(如甘蔗渣或富含糖分的其他纤维物)，铺垫池底，用量为2～3千克/米^2，放水浸泡，再按每平方米施放6千克粪肥(牛粪)作基肥，最后再在上面覆盖约5厘米厚的富含有机质的淤泥。放种前，每平方米再撒上150克经发酵处理的麸皮、米糠和玉米粉(各1/3)混合饲料，最后加水使培养基面上有3～5厘米的水层，此时就可放水蚯蚓种进行培养。

(2)放种培养 水蚯蚓一般生活在含腐殖质较多的水体中，投放的水蚯蚓种可用孔径为0.79毫米(24目)聚乙烯手抄网捞取。放种量为每平方米200～250克，放种后15～20天，即出现大量幼蚓，1个月后即可采集。

(3)管理 水蚯蚓一年四季都可生长繁殖，其繁殖方式为雌雄同体而异体受精。生长、繁殖适宜水温为20℃～32℃，一年中以7～9月份繁殖最快，pH值以5.6～9为宜。养殖池水深保持3～5厘米，要求保持微流水，水质要清新，溶氧丰富。

放种后每隔3～5天投饲1次和施粪肥(牛粪)1次，每次每平方米投混合饲料(成分如前，要经15～20天发酵)0.5千克，泼洒粪肥(牛粪、稀释)2千克。投饲和泼肥时，应停止水流，以免浮于水面或流失，待其沉淀后再保持水的微流。

(4)收集 在适宜的环境条件下，水蚯蚓繁殖很快，每天以倍数的速度进行。一般放种30天左右即可收集。收集方法：收集前一天停止或减少水流，造成池内水中缺氧。由于水中缺氧，水蚯蚓聚集成团漂浮于水面，此时，就可用孔径为 0.79 毫米(24 目)聚乙烯抄网捞取。一般日收集量为每平方米 50～80 克。

343. 如何培养蚯蚓?

蚯蚓又称地龙，属于环节动物门、寡毛纲陆栖种群。蚯蚓饲料营养价值高，根据对赤子爱胜蚓分析测得，其干物质含量，粗蛋白质 61.93%，粗脂肪 7.9%，碳水化合物 14.2%。是饲养家禽和水产动物的优质活饵料。

蚯蚓雌雄同体，异体受精，一般 3～6 个月性成熟，3 个月繁殖 1 次，1 年产卵 3～4 次。卵产在卵袋或卵茧中，每个卵袋有 1～3 个受精卵，每次产茧 2～3 个。蚯蚓的再生能力强，身体受损失的部分能够再生，恢复成完整的个体。蚯蚓生长和繁殖的温度范围为 20℃～30℃，最适温度 22℃～27℃。0℃～5℃进入休眠状态，0℃以下死亡；32℃以上生长停止，40℃以上会死亡。

蚯蚓主要以腐烂的有机物为食。各种畜禽的粪便、动物的尸体、树叶、青草、菜叶以及垃圾中的有机废物腐烂后都可作为蚯蚓的饲料。蚯蚓日吃食量与其自身体重相当。

(1)培养场地环境条件 蚯蚓培养的方法很多，可在室内也可在室外进行。但其培养的场地应具备排水方便、通风良好、湿度小、安静、无煤烟和农药污染。同时能防止鼠、蛇、蛙、蚂蚁等危害。

(2)培养蚯蚓的种类 目前用于培养的蚯蚓有威廉环毛蚓和赤子爱胜蚓两种。威廉环毛蚓适应性强，个体较大，但繁殖率低，其体长 150～250 毫米，背面青黄色或青绿色、青灰色，常生活在菜园、苗圃、桑园等处；赤子爱胜蚓其食性广，繁殖率高，适应性强，生长周期短，是国内外培养较多的种类(如大平二号)，该蚓体长一般为 40～70 毫米，个体大的可达 90～150 毫米，背部及侧面橙红色，腹部略扁平。喜生活于腐殖质丰富的土表层。体重 0.4 克左右即可性成熟，在良好的条件下，全年可产卵茧，繁殖增重达万倍以上，每立方米饲料年产蚯蚓可达 40 千克以上。

(3)基料(饲料)的制备 因蚯蚓是以腐烂的有机物为食,所以在蚯蚓培养前要将基料制备好。培养基料制备是以一层秸秆、杂草、瓜菜叶等物,一层畜禽粪堆成堆(粪肥与植物秸秆之比为55∶45),每堆一层要加些水(加水量,有水渗出为宜)。堆好后在表面再抹上一层稀泥巴,次日温度明显上升,4~5天后温度会升至70℃~80℃,以后温度逐渐下降。当温度降至60℃时,要进行翻堆。即把底部基料翻到上面,将四周的翻到中间,并把其拌松、搅匀,水分不足,需适当加水,这样有利于微生物的生长繁殖,加速发酵过程。制备基料时,粪肥和秸秆(或杂草)等的配比要适宜,否则效果不好。加水量要适量,水分不足会产生大量的白色单胞菌等放线菌。要注意翻堆次数和翻堆时间,一般3~5天翻堆1次。堆期30天左右,时间过短发酵不充分,时间过长也会造成养分的消耗。同时,发酵堆也要防止雨淋,下大雨时,可用塑料薄膜等遮盖。

(4)饲养密度 在人工培养条件下,威廉环毛蚓饲养密度为每平方米1 500~2 000条;赤子爱胜蚓为每平方米20 000~30 000条。

(5)培养方法

①利用菜园、青饲料地、果园或房前屋后的空地进行培养:在其四周挖好排水沟,翻挖成宽1米左右的田块,定点堆放饲料,然后投放蚯蚓种。在培养过程中要注意经常喷水保持培养土湿润;夏季有太阳直射需搭盖凉棚或用草帘覆盖,防止温度过高,水分蒸发过快,使蚯蚓不适而逃跑(干燥,温度超过30℃);发现饲料完全变成蚓粪,要及时补充饲料。为延长蚯蚓生长期,可在早春和晚秋季加盖塑料薄膜,便于提高温度。这种培养方法成本低,效果好,易于推广。

②混合堆肥培养:用畜禽粪肥与植物秸秆或杂草按一定比例堆成发酵堆,经发酵腐熟以后,可直接将蚯蚓放入培养。

③建池培养:可在室内,也可在室外。用砖砌四周池壁,水泥

抹面。面积一般为5～10平方米，池深60厘米左右，池底稍倾斜，较低一面墙脚设置排水孔，用于排水。在池中铺上10～15厘米熟土（不要铺满池底，四周留置30厘米，以利于多余的水排出），上面再铺上20厘米发酵饲料，做成培养床。然后投放蚯蚓种，加盖草帘。随后注意保持适宜的湿度和通风，适时添加饲料，并注意防雨。

④箱式培养：可用木板、塑料、竹片、柳条等做成长50～60厘米，宽30～60厘米，高20～40厘米的箱，箱底和侧面设通气和排水孔，其孔径以0.7～1.5厘米为宜。孔的总面积约占整个箱壁面积的20%～35%。箱内装上15～20厘米发酵饲料，然后每箱投放1000～3000条蚯蚓种。可将多个培养箱叠起堆放，但箱与箱之间需留5～8厘米的空隙。可以在室内或室外培养。

(6)收获　蚯蚓一般经过1～2个月培养后，视其成体密度大小即可采收。如果培养大平二号，当其体重大部分已达0.4～0.5克时，且每平方米密度达1.5万～2万条时，即可采收一部分成蚓。

蚯蚓采收方法比较多，但常采用的是筛取法。其方法是将养殖床内的蚯蚓和蚓粪等分批倒入孔径为3毫米的筛上，然后振动筛子，使蚓粪、泥土、卵茧和幼蚓通过筛孔漏下，筛上成蚓即可收集。

箱式培养采收时，可将培养箱放在强光下，因为蚯蚓怕光便可钻入箱子底部，然后将培养箱翻转扣下，取下箱子，蚯蚓便暴露在上面，此时便可采收。

344. 如何培养黄粉虫？

黄粉虫又名面包虫，属节肢动物门、昆虫纲、鞘翅目、拟步甲科、粉虫属。它原是仓库害虫。自19世纪以来人们开始养殖和利用黄粉虫。由于黄粉虫营养价值高，也是水产动物优质的动物性饲料。

黄粉虫食性杂，繁殖量大，饲料易于解决。利用麸皮、菜叶等可进行密集型大规模饲养。一般1.5～2千克麸皮可以养成0.5千克黄粉虫。

黄粉虫无论是幼虫还是成虫都喜在弱光和黑暗中活动，惧怕强光。生长适宜温度为25℃～32℃，空气相对湿度为65%～70%。0℃～8℃休眠，0℃以下会冻死，38℃以上的温度也会致死。黄粉虫耐干旱能力较强，在水中因气孔受阻很快窒息死亡。现将黄粉虫培养的方法介绍如下。

(1)培养条件与器具 黄粉虫无臭味，培养器具简单，成本低，可在居室中培养。培养室最好分为种虫培养室(兼孵化室)和幼虫培养室，并设通风、控温、控湿和遮光设施。室内地面为水泥地面，其门窗还须设置门帘和纱窗，以防蛇、鼠、蚂蚁等敌害生物入室伤害。种虫培养室专门用来培养成虫产卵，并定期集卵进行孵化，并将孵出的幼虫培养达1月龄。幼虫培养室是专门培养1～3月龄的幼虫。

黄粉虫是一种变态的昆虫，其生活史为卵→幼虫→蛹→成虫(甲虫)4个阶段。因此其培养器具主要为无盖培养箱。培养箱分为种虫培养箱、孵化箱、幼虫培养箱、蛹培养箱。种虫培养箱的规格一般为60厘米×40厘米×15厘米，四周用木板或塑料，箱底一般用18目铁纱网(网目规格使成虫可伸出腹端产卵管至铁纱网下麸皮中产卵为宜，不能使整个虫体钻出)做成。箱四壁上缘平贴2厘米左右透明胶带，以防成虫爬出箱外。幼虫培养箱、孵化箱和蛹培养盘规格与种虫培养箱相同。其高度可低些(为8厘米)。四周和底部用木板或塑板做成，四周和底部不得有缝隙，四壁上缘贴上透明胶带，以防小虫外逃。

(2)饲养与管理 种虫的投放。把种虫培养箱放在一块面积稍大于培养箱的胶合板上，胶合板上垫上一张同等大小的报纸，在报纸与铁纱网间填满麸皮，其厚度4～5厘米。铁纱网上放些由麸皮、面粉和豆粕等做成的颗粒饲料和菜叶等。然后每个种虫培养箱放种虫1千克(约10000个)。产卵3～5天后,将报纸连同带卵的麸皮移入孵化箱内进行孵化。同时在胶合板上换上一张报纸,放上麸皮,再使种虫产卵。种虫经2个月产卵后,为保证卵孵化率,幼虫成活率和质量,最好将其淘汰,换新的种成虫。淘汰的种虫可投喂水产动物。

卵的孵化。孵化期间只要保持适宜的温度、湿度,一般经5～10天即可孵化出幼虫,孵出的幼虫在1个月内不需要投喂,此时其食用产卵麸皮等物。当幼虫1月龄时,应从孵化箱中移入幼虫箱培养。由于幼虫经1个月培养,个体变大,应由1箱分成2箱培养。当幼虫达2月龄时,也采用同样方法稀养。1～3月龄幼虫的培养管理,一般每天早、晚各投麸皮、菜叶1次。投喂的菜叶应含水分较多,而且新鲜,但不宜带过多水,否则培养箱内湿度过大,会导致幼虫死亡。每次的投喂量以上次投喂吃完的量为宜。一般日投喂量为虫体重量的10%左右。当箱中饲料全部变成微粒虫粪时,应用40目筛子筛除虫粪,前期每7～10天筛除1次,后期可5～7天筛除1次。

幼虫培养条件适宜,生长发育快,经70天培养,便开始逐渐变成蛹,生长慢的需经90～120天才逐渐老熟成蛹。此时,应挑选生长快、健康、肥壮的蛹作为种用。不需留种的幼虫应在变蛹之前将其作为活饵料投喂水产动物。将留种的蛹小心均匀地放入蛹箱中,不要使蛹体受伤。每箱放蛹1.2千克,上面再盖上一张报纸,放进种虫培养室,室内保持适宜的温度和湿度,经5～7天即可羽化为成虫。由于蛹羽化成虫的速度有差异,为避免早羽化的成虫伤害未羽化的蛹,每天早、晚要将盖在蛹上的报纸轻轻地揭开,将爬附在报纸下面的成虫轻轻地抖在种虫培养箱中。一般羽化后第四天,成虫就开始进行交配产卵,进入繁殖高峰期。一般每箱可养成虫2～3千克,每千克成虫经3～4个月的培养可培育幼虫20千克左右。

为提高空间利用率,便于规模生产,各种培养箱都可按箱的长与宽交错层叠至1.5米左右进行培养，或放在特设层架上培养。

345. 渔业使用的微生物饲料有哪些种类，其主要营养成分含量多少？

微生物饲料是由细菌、酵母等单细胞生物所制的产品，如饲料酵母等。饲料酵母的生产主要是利用食品工业及轻工业的副产品或废料，如制酒、制糖、生产味精、淀粉等的下脚料，以及造纸废料等作培养基接种酵母菌，进行培养。然后进行分离、脱水、干燥、粉碎后所得产品，即饲料酵母。其粗蛋白质含量可达45%～60%，是一种接近鱼粉的优质蛋白质饲料。饲料用啤酒酵母的主要营养成分含量为：水分9.3%，粗蛋白质51.4%，粗脂肪0.6%，无氮浸出物28.3%，粗纤维2%，粗灰分8.4%。

346. 什么叫配合饲料？

配合饲料是根据饲养对象营养要求设计的配方，由多种原料与其他一些添加剂加以混合和机械加工处理，以适应家禽、家畜和鱼虾等饲养需要的饲料。在通常情况下，除水分以外不需要再添加任何东西，即可维持其生命，并有可能达到预期的生产量。

347. 渔用配合饲料有哪些优点？

使用配合饲料比使用单一饲料养鱼具有如下优点。

第一，配合饲料是根据养殖鱼类营养需要配制的，其所含的营养成分比较全面，能够满足鱼类正常生长发育的需要，并能加速养殖鱼类生长。

第二，配合饲料经过机械加工成不同形态后，不仅适口性好，而且减少饲料营养成分在水中的溶失。这样既防止水质污染，又减少饲料浪费，可提高饲料利用率。

第三，配合饲料中各种原料经过加工处理配合后，不仅能除去一些毒素和不利因子，杀灭一些病菌及寄生虫卵，减少饲料中不良因子的影响和疾病的侵害，并能提高饲料营养消化吸收率。

第四，配合饲料还能根据需要在加工时添加各种防病药物或其他活性物质，促进鱼类生长，提高养鱼成活率。

第五，有利于运输、贮存和准确投喂。

第六，有利于养鱼向机械化、工厂化方向发展。

348. 渔用配合饲料有哪些形态种类？

养鱼用的配合饲料与养畜禽所用的配合饲料不同，因为鱼类在水中摄食的特点和鱼体大小及种类不同。为了便于鱼类的摄食和饲料在水中有较好的稳定性，饲料的形态种类比较多样化，主要种类有如下。

(1)硬颗粒饲料 硬颗粒饲料是采用环模或平模制粒机生产。制粒时通过蒸汽强大压力，经模孔制成圆形饲料。颗粒的硬度可经受5～10千克(43.03～98.07牛顿)压力。颗粒压出经冷却后便可包装出厂。不仅生产量大，而且可不经干燥过程，适用于大规模生产。颗粒一般为沉性，特别适于饲养鲤鱼、青鱼和虾类。其他一般性鱼类也喜食。

(2)软颗粒饲料 软颗粒饲料为绞肉机式制粒机生产。加工时加水量较大(一般为饲料量的30%左右)，压制出的颗粒较硬颗粒松软，而且水分含量高，需经晒场晒干或烘干才能运输贮藏和投喂。其比重也比硬颗粒饲料小，一般适合养殖场或养殖专业户自己生产使用，适用于一般性鱼类饲养投喂，如草鱼、团头鲂和罗非鱼等。

(3)膨化颗粒饲料 膨化颗粒饲料加工机械形同软颗粒饲料机，但它在绞龙部分加热，使饲料在压制颗粒的过程中温度升高至135℃～175℃，蒸汽压力很大，颗粒出来时由于迅速减压而膨化。膨化饲料在水中是漂浮在水面上，也不易溶失，投喂时还便于观察鱼类摄食情况和准确控制投喂量。该饲料必须要有20%以上的淀粉饲料，而且电耗大，生产量也不高。膨化颗粒饲料一般性鱼类都喜欢摄食。牛蛙养殖都是以膨化颗粒饲料投喂。

(4)碎粒饲料 一般的颗粒饲料加工机只能生产直径2.5毫米以上的颗粒饲料，而且颗粒越小，产量越低，生产压模也困难，为适应饲喂鱼种的需要，一般多采用先以较大孔径的压模生产硬颗粒饲料，然后破碎，分筛成不同大小碎粒状饲料供给不同规格鱼种投喂。

(5)粉状饲料 粉状饲料的加工是将原料粉碎，然后根据配方要求进行配比，并均匀混合，以干粉状包装。因为有些养殖水产动物(如鳗鱼和鳖等)喜食湿饲料，所以养殖者投喂时用粉状饲料加水和少量油做成球状面团或者加工成软颗粒状投喂。

(6)微粒饲料 主要是为解决鱼虾、贝类等幼体的饲料，亦称之为人工模拟浮游生物饲料。对鱼类来说，主要是解决鱼苗的开口饲料。其颗粒大小为：小的小于50微米，大的200～300微米。微粒饲料按制造方法和性状的不同分为三类：即微囊饲料、微粘饲料和微膜饲料。

349. 不同鱼类饲料中蛋白质含量多少为宜？

鱼类饲料中含有多少蛋白质为宜。对这一问题不能一概而论，情况是多方面的。不同的种类和同一种类的不同生长阶段的鱼，对饲料蛋白质要求不一致。一般来说，肉食性鱼类和以动物性饲料为主的杂食性鱼类对饲料蛋白质要求量较高，草食性鱼类较低；同一种鱼在幼鱼期对饲料蛋白质要求量较高，随着个体增长至成鱼期，饲料蛋白质需要量降低。

一些鱼类蛋白质需要量的确定，大多数是在特定的试验条件下，以特定的蛋白源，如酪蛋白等试验测得的。在生产实践中，鱼实用饲料蛋白质适宜量的确定是以鱼对饲料最适宜蛋白质需要量为依据，同时还根据饲料蛋白质的供给和饲料成本，以及加工和养殖方法而确定的一种适宜值。现将目前几种养殖鱼类实用饲料蛋白质量列于表10-3中。

表 10-3 几种养殖鱼类实用饲料蛋白质值*(%)

种类	鱼苗养殖阶段	鱼种养殖阶段	成鱼养殖阶段
鳗鱼	52～56	46～50	45～47
斑点叉尾鮰	35～40	30～36	28～32
虹鳟	45～50	42～45	40～42
鲤鱼	38～43	31～35	28～32
香鱼	44～51	40～45	—
鲫鱼	39～42	32～35	28～32
青鱼	38～42	33～38	28～33
草鱼	38～42	30～35	25～28
团头鲂	35～38	30～35	25～30
罗非鱼	38～40	28～35	25～30

* 根据各种鱼配合饲料标准指标综合整理

350. 不同鱼类饲料中脂肪含量多少为宜?

脂肪的能量比较高,饲料中增加脂肪含量,能提高饲料能量水平,起到节约蛋白质的作用;同时鱼类对脂肪的消化吸收率也比较高(90%以上)。但饲料中脂肪含量过高,长期摄食后会使鱼的肝脏中脂肪积聚过多,形成脂肪肝病变,造成鱼体不适,影响生长,严重者会引起死亡。相反,如饲料脂肪含量过低,饲料中的能量不足,由脂肪提供的必需脂肪酸的量也不能满足鱼类生长需要。现根据一些研究资料可得出鱼类饲料中脂肪适宜范围为:草鱼饲料中脂肪含量为3%～7%,罗非鱼为5%～9%,青鱼为3%～8%,鲤鱼为4%～10%,团头鲂为2%～5%,其他肉食性鱼类为5%～8%,冷水性鱼类如虹鳟为10%～15%。

351. 为什么对渔用配合饲料要做出安全限量规定,其安全指标有哪些?

配合饲料是由各配料和添加剂组成。各种配料在生长和收获过程中，可能受到其他有害有毒物质的污染，或饲料加工过程中直接来自添加剂的化学药物污染而构成危害和危险；各种原料和配合饲料在贮藏过程中也可能会发生酸败变质而产生有害有毒物质。所以，配合饲料不仅需要营养指标和加工质量符合要求，其卫生安全指标也应符合无公害水产品养殖要求，不然将会影响养殖水产品的质量和人类健康。为此，我国制定了《渔用配合饲料安全限量》标准，对一些有害有毒物质的含量规定了最高限量值。其安全指标见表10-4。在养殖过程中所用的其他饲料也应符合这一要求。

表10-4 渔用配合饲料的安全指标限量

项目	限量	适用范围
铅(以Pb计)(毫克/千克)	≤5.0	各类渔用配合饲料
汞(以Hg计)(毫克/千克)	≤0.5	各类渔用配合饲料
无机砷(以As计)(毫克/千克)	≤3	各类渔用配合饲料
镉(以Cd计)(毫克/千克)	≤3	海水鱼类、虾类配合饲料
	≤0.5	其他渔用配合饲料
铬(以Cr计)(毫克/千克)	≤10	各类渔用配合饲料
氟(以F计)(毫克/千克)	≤350	各类渔用配合饲料
游离棉酚(毫克/千克)	≤300	温水杂食性鱼类、虾类配合饲料
	≤150	冷水性鱼类、海水鱼类配合饲料
氰化物(毫克/千克)	≤50	各类渔用配合饲料
多氯联苯(毫克/千克)	≤0.3	各类渔用配合饲料
异硫氰酸酯(毫克/千克)	≤500	各类渔用配合饲料
噁唑烷硫酮(毫克/千克)	≤500	各类渔用配合饲料
油脂酸价(KOH)(毫克/克)	≤2	渔用育苗配合饲料
	≤6	渔用育成配合饲料
	≤3	鳗鲡育成配合饲料
黄曲霉毒素B_1(毫克/千克)	≤0.01	各类渔用配合饲料

续表 10-4

项 目	限 量	适用范围
六六六(毫克/千克)	≤0.3	各类渔用配合饲料
滴滴涕(毫克/千克)	≤0.2	各类渔用配合饲料
沙门氏菌(个/25 克)	不得检出	各类渔用配合饲料
霉菌(个/克)	$\leqslant 3\times10^4$	各类渔用配合饲料

注:摘自《无公害食品 渔用配合饲料安全限量》

352. 什么叫饲料添加剂,添加剂有哪些作用?

饲料添加剂又名饲料添加物,是指为了弥补配合饲料的缺陷和某些特殊需要,向配合饲料中人工另行添加物质的总称。

添加剂的作用有:①补充饲料营养组分的不足;②防止饲料品质的劣化;③改善饲料的适口性和动物对饲料的利用率;④增强饲养动物的抗病能力,促进饲养动物正常发育和加速生长、生产;⑤提高饲养动物产品的产量和质量等。这些特殊物质的用量极少,一般按配合饲料的百分之几到百万分之几(毫克/千克)计量,但作用极为显著。根据国内外一些资料,认为平均能使饲料效率提高 5%～7%,有时可达 10%～15%。

353. 使用饲料添加剂时应注意哪些问题?

随着饲料工业的发展,饲料添加剂的种类也越来越多。为了确保饲料添加剂的安全性和有效性,以免滥用饲料添加剂,给人类健康和生命带来严重的后果,世界各国对饲料添加剂的管理都有专门机构来执行,并且都有各自的法律性文件(饲料法),对饲料添加剂的生产、销售和使用等进行监督管理。因此,不管在添加什么样的饲料添加剂时,应注意如下一些问题:①长期使用或者在使用期间,不应对鱼虾、畜禽等动物产生任何危害和不良影响,对种用动物则不应导致生殖、生理的改变,以致影响后代生长和繁殖;②必须具有确实的经济和生产效果;③在饲料和动物体内具有较好的稳定性;④不影响鱼虾和畜禽对饲料的适口性;⑤在饲养动物产品的残留量,不能超过卫生规定标准(不能影响产品质量和人体健康);⑥添加剂所含的有毒物质(或者金属)的含量不得超过允许的安全限度。

总的说,饲料添加剂的选用要符合安全性、经济性和使用方便的要求。同时也要注意添加剂的效价、有效期,以及注意限用、禁用、用量、用法和配伍禁忌等事项的规定。

354. 鱼饲料实用配方设计应考虑哪些问题?

在生产配合饲料时,首先要决定饲料配方。因为鱼用配合饲料种类较多,必须根据配合饲料的种类、用途和性能进行设计。因此,设计时应考虑以下一些问题。

(1)要考虑养殖对象与用途 养殖鱼类种类较多,而食性各异(肉食性、杂食性和草食性),其需要饲料的种类与形态也各不一样。在相同的种类中,不同的生长阶段、不同的放养密度和饲养环境,其对饲料的营养水平要求也不相同。所以设计配方要有针对性,不能一律地由一些饲料原料组合加工投喂。

(2)要考虑配合饲料营养成分指标 对饲料配方设计的对象和用途明确后,对其配方中的营养成分指标要进行确定。经研究获悉,不同的鱼类,或者不同生长阶段,其对饲料中营养要求是不同的(见表10-3)。在确定营养指标时,要根据鱼的种类、生长阶段、养殖方式和密度而定。

(3)要考虑原料的选定 可作为鱼饲料的原料种类较多,但不同种类的饲料,其营养成分含量也不同,而鱼类利用程度也有差异。所以原料的选择是非常重要的,通常需要注意如下几点。

第一,要了解各种饲料原料营养含量和特性,特别要注意的是知道用量的界限和可以使用或不能使用的鱼类种类。不知道营养成分的原料不应使用。

第二,要合理地决定原料种类和数量,以前曾认为饲料配料中原料种类使用越多，就越能补充饲料营养的缺陷。但是实际上原料种类过多，制造成本会增加。

第三，要考虑使用饲料原料规格、等级和品质。我国目前对许多饲料原料都制定了标准，选用时应选合格以上的品质种类，不合格的原料不宜使用。

第四，对使用全新的饲料原料时，要参照有关饲料安全指标的规定，再决定是否使用。

第五，要注意饲料可消化性和适口性，如羽毛粉其粗蛋白质含量很高，但鱼对其消化吸收率不高。又如一些糟渣类，由于有异味和酸性，鱼是不大喜欢吃的。

第六，饲料添加剂选择，应按照国家有关规定种类、使用量等添加。也不宜选择贮存时间较长的添加剂使用，以免失效。

(4)要考虑饲料价格与性能关系 配合饲料是由饲料原料生产的，要考虑其价格与性能的平衡。如果单纯追求性能，设计出用料少(饲料系数低)、增重快的高营养含量(粗蛋白质和能量含量高)的配合饲料就可以了。但饲料粗蛋白质和能量增加，饲料价格也增加，所以喂高性能的饲料，还必须考虑养鱼成本是否最低。除了作为饲料目标的性能和价格外，还必须考虑鱼产品的市场状况和一般的经济环境。

从配合饲料性能来说，饲料中某些营养成分过高或缺乏，同样都会在经济上增加总的生产费用。若要得到有效的饲料报酬，必须采用一种科学合理的营养水平的饲料。此外，还要因地制宜、就地取材，充分发挥本地饲料资源优势，减少运输，降低成本。

355. 为什么说颗粒饲料良好的加工质量是非常重要的?

颗粒饲料营养成分含量和配比是否合理是非常重要的，但颗粒饲料加工后良好的物理性状也十分必要。如理想的颗粒大小、形状和感官上的特性吸引着鱼，而且在水中不容易溶失，在装卸和运输中不容易破碎成粉末和保持饲料的新鲜度等，对饲料转换率

(饲料系数)高低也很重要。所以,在加工配制时质量要加以保证。

356. 配合饲料加工前为什么对原料要进行粉碎,不同鱼类对其粉碎粒度有何要求?

配合饲料加工前原料要粉碎,原料粉碎的目的是增加表面积,便于鱼类消化吸收;加工时便于均匀混合;加工成颗粒后可提高在水中的稳定性(不易溶失)。

因为各种原料的形状和粗细不一样,有的为粗粉状,也有的为块状或颗粒状。如果加工前不根据要求对其进行粉碎,各种原料不易均匀混合,生产出的配合饲料营养成分含量不均;加工成颗粒后在水中稳定性差;鱼类对其消化吸收率低(鱼类消化系统简单,食物在肠道停留时间短,原料颗粒大,不利于消化吸收)。这样养鱼的效果也较差。

为了保证配合饲料质量,以及结合我国饲料加工条件与加工成本,渔用配合饲料在加工时,对饲料原料粉碎粒度要求,应根据不同种类、不同生长阶段的要求进行粉碎(表10-5)。

表10-5 配合饲料原料粉碎粒度及筛上物指标

种类	饲料	原料粉碎粒度(毫米)	筛上物指标(%)
草鱼	鱼苗饲料	0.250	≤15.0
	鱼种饲料	0.355	≤10.0
	食用鱼饲料	0.500	≤10.0
团头鲂	鱼苗饲料	0.250	≤10.0
	鱼种饲料	0.355	≤10.0
	食用鱼饲料	0.500	≤10.0
鲤鱼	鱼种饲料	0.250	≤10.0
	食用鱼饲料	0.425	≤10.0

续表 10-5

种类	饲料	原料粉碎粒度（毫米）	筛上物指标（%）
鲫鱼	鱼苗饲料	0.200	≤5.0
	鱼种饲料	0.250	≤8.0
	食用鱼饲料	0.425	≤10.0
罗非鱼	鱼苗饲料	0.200	≤5.0
	鱼种饲料	0.250	≤8.0
	食用鱼饲料	0.425	≤10.0
青鱼	一龄鱼种饲料	0.250	≤10.0
	二龄鱼种饲料	0.355	≤5.0
	食用鱼饲料	0.425	≤5.0
中华鳖	稚鳖饲料	0.180	≤4.0
	幼鳖饲料	0.180	≤6.0
	食用鳖饲料	0.180	≤8.0
蛙类	蝌蚪饲料	0.180	≤5.0
	仔蛙饲料	0.180	≤5.0
	幼蛙饲料	0.250	≤5.0
	食用蛙饲料	0.250	≤5.0
中华绒螯蟹	蟹苗饲料	0.080	≤5.0
	蟹种饲料	0.180	≤5.0
	食用蟹饲料	0.280	≤5.0
罗氏沼虾	配合饲料	0.425	≤5.0
		0.250	≤15.0

注：根据表中水产动物的配合饲料对原料粉碎粒度指标综合整理

357. 为什么说颗粒饲料在水中稳定性是重要的，对其有何要求？

颗粒饲料在水中稳定性是指颗粒饲料在水中浸泡一定时间其溶失的程度，以溶失率表示。颗粒饲料在水中稳定性是很重要的。颗粒饲料在水中稳定性的高低，与其加工质量有关。颗粒饲料加工质量不好，投到水中会很快溶失掉，饲料利用效果差，而且污染水质。根据有关资料报道，一般性生产的颗粒饲料在水中稳定比较差，在水中浸泡10分钟后，其溶失率达40%以上。如果加工时，原料通过粉碎（通过2毫米筛粉碎），加蒸汽、加黏合剂，挤压而成，在水中浸泡10分钟，其溶失率可降到15%～2%。

为了保证颗粒饲料在水中有较好的稳定性，以提高饲料利用率，对不同摄食特点鱼类的饲料加工要求也应不同。对于集群摄食较快的鱼类，如草鱼、鲤鱼、青鱼、团头鲂和罗非鱼等，颗粒饲料一般要求在水中保持5～10分钟不溶失即可；对于那些不易集群而摄食较慢的种类，如虾、蟹等，则要求其饲料在水中稳定停留的时间比常用的鱼颗粒饲料要更长些。因此，在这些饲料加工中要用黏合剂（α-淀粉、海藻胶、羧甲基纤维素和其他的水解胶体动物），使饲料具有良好的黏结特性，这样可使饲料在水中保持2小时不散。

配合饲料标准中对不同种类和不同生长阶段的配合饲料在水中稳定性做出相应要求（表10-6）。

表10-6 配合饲料在水中稳定性指标（静水，水温25℃～28℃）

种 类	饲 料	水中浸泡时间（分钟）	溶失率（%）
草 鱼	鱼苗饲料（破碎）	5	≤20.0
	鱼种饲料	5	≤10.0
	食用鱼饲料	5	≤10.0

续表 10-6

种　类	饲　料	水中浸泡时间（分钟）	溶失率（%）
团头鲂	鱼种饲料	10	≤15.0
	食用鱼饲料	10	≤15.0
鲤　鱼	鱼种饲料	5	≤10.0
	食用鱼饲料	5	≤10.0
鲫　鱼	鱼苗饲料	5	≤10.0
	鱼种饲料	5	≤10.0
	食用鱼饲料	5	≤10.0
罗非鱼	鱼苗饲料	5	≤10.0
	鱼种饲料	5	≤10.0
	食用鱼饲料	5	≤10.0
青　鱼	鱼种破碎料	10	≤10.0
	鱼种颗粒料	10	≤5.0
	食用鱼饲料	10	≤5.0
中华绒螯蟹	蟹苗饲料	30	≤10.0
	蟹种饲料	30	≤5.0
	食用蟹饲料	30	≤5.0
中华鳖	鳖饲料	60	≤4.0

注：根据表中水产动物的配合饲料在水中稳定性指标综合整理

358. 配合饲料贮存条件和注意事项有哪些？

配合饲料应在干燥、通风性能良好的仓库中贮藏。同时，应注意防潮、防雨和防虫害、鼠害，也要防止被有害有毒物质污染，确保使用安全。在良好条件下贮藏的时间会相对长些，一般可保存 90 天左右。

359. 为什么说投喂技术是养鱼的重要技术?

养鱼生产实际上是一种以"物"换"物"的过程。也就是说,人们在水体中利用鱼的机体,将饲料转化成鱼产品的过程。因此,养鱼效益高低,与饲料的多少和质量有着密切的关系,同时与饲养技术高低也有关系。

鱼种与饲料解决之后,投喂技术是最重要的饲养技术。在饲养中投喂不合理,即使有了好的饲料,也会得不到应有效果。鱼生活在水中,投喂的饲料不仅容易溶失,也污染了水质,增加水中耗氧量。同时鱼的摄食状况一般也看不见,这给准确投饵带来一定困难。在养鱼过程中,饲料投多或投少都会直接影响养鱼的经济效益,增加成本。此外,鱼的投喂还受环境(如温度、溶氧量、水质),物理因素[如水的交换率、养殖方式、管理因素(如投喂率和投喂次数)]以及鱼的大小和种类等因素的影响。因此,要想养鱼获得较好的饲料转换效率和经济效益,必须重视投喂技术。

360. 为什么养鱼要采用"四定"投喂技术?

所谓"四定"投喂是指养鱼投喂时要"定质、定量、定时和定位"。

"定质"是要注意选择具有适宜营养含量的饲料投喂,其生产效益较好。饲料适宜营养含量是随着鱼的个体大小、年龄和平均水温而变动的。鱼类是变温动物,在水温较低时,其生长很慢或者不生长,但为了保持其机体代谢活动的消耗,在低温时还需要投喂。因此,相应地需要有各种营养水平的配合饲料供给投喂。在适宜生长水温中投喂的饲料蛋白质含量相应地高些。相反,在水温较低时,投喂的饲料营养水平可低些,这样可节省养鱼成本。

"定量"是指日投喂量要适量。鱼的日投饲量是否适宜,直接关系到能否提高饲料效率和降低成本。投喂量不足时,鱼常处于半饥饿状态而不生长,若摄入的营养不能维持机体活动需要还会减重,同样会造成饲料的浪费而增加成本。投喂量不足还会引起鱼激烈抢食，结果也导致在收获时鱼的个体大小差异大；投喂过量，不但饲料利用低，而且败坏水质，严重时会引起鱼生病或者“泛塘”事故。此外，鱼摄食过饱，饲料消化不彻底，也是浪费。

“定时”和“定位”是指投喂时的时间和地点要固定。因为鱼一经投喂训养后，它会形成一种习惯，经常会按时到投喂点觅食。所以饲养的鱼在适宜生长时间里，要每天在一定的时间和地点投喂，以便于鱼集中摄食。如果投喂不按时，位置不固定，会影响鱼集中摄食，这样也会造成投喂的饲料溶失水中。在正常情况下，池塘养殖的普通鱼类在每天上午 9～10 时和下午 4～5 时各投喂 1 次。投喂的位置应设在较安静与平坦的地方为宜。但投喂点的数量和大小要充分考虑到使所有的鱼都能吃到饲料。

对于其他的一些特殊种类，如鳖、黄鳝和河蟹等喜欢在月光下出来摄食，对于它们的投喂应在傍晚多投，白天少投喂。饲料投喂的位置应根据种类特性而定，如鳖是在岸上咬取食物，在水中吞食。因此，投喂的饲料常投在水陆交接线上 5～10 厘米岸边上或者设置的饲料台上。对黄鳝和河蟹等，常把饲料投到饲养池周边浅水的地方。

361. 鱼的日投饲量如何决定？

鱼的日投饲量以投饲率表示，即以吃食鱼的体重百分比表示（%）。不同的饲料、不同生长阶段、不同的水温，其日投饲率是不同的。因为鱼从饲料中获得的营养物质（如蛋白质、脂肪和碳水化合物），在体内燃烧产生热能来维持机体代谢以及供给活动消耗和生长需要。鱼类从饲料中获得的能量在满足机体维持和活动的需要后，才用于积累生长。鱼日获得能量多少取决于饲料中能量含量和日投饲量。如饲料中的有效营养成分（可消化蛋白质、脂肪和碳水化合物）含量低，日投饲量应高些；相反，则日投饲量少些。鱼配合饲料营养成分含量一般是根据养殖种类需要配制的，所以其日所需营养成分由日投饵量决定。有资料表明，每天每千克鱼正常生长时对主要营养素需要量为:蛋白质11.4克,脂肪(热水鱼)2.1克、(冷水鱼)3.5克,碳水化合物(热水鱼)10.4克、(冷水鱼)7.3克,能量445.2千焦。这样配合饲料在粗蛋白质32.9%、粗脂肪6%、碳水化合物30%的情况下,热水鱼每天以总体重3.5%的量投喂可满足正常生长需要。

草食性鱼类如草鱼,其在鱼苗和鱼种阶段日需营养(如蛋白质)量基本与上述相同。但成鱼养殖阶段,每天每千克鱼供给粗蛋白质7.5～8克,可以满足正常生长需要。草鱼配合饲料,如果成鱼和鱼种的饲料的粗蛋白质含量分别能达25%和30%以上,每千克饲料可消化能分别达到9 614千焦和10 450千焦。在适宜生长水温中,日投饲量以鱼总体重3%的量投喂是适宜的。

研究资料表明,尼罗罗非鱼每千克鱼重每天需要蛋白质为8.75克,如果其饲料粗蛋白质含量在30%左右,日以鱼总体重3%的量投喂也可以满足需要。

在考虑鱼的适宜投喂量时,既要考虑其营养量满足,还要考虑其饱食量(就是一次投喂使鱼吃饱时的食量)。如果鱼在投喂摄食的营养成分足够,而其饱腹感达不到,它仍然感到饥饿而不停觅食,这样也会影响生长。根据研究结果表明,不同的鱼类其饱食量也有差异,但大概为鱼体重的10%～20%。按这样的饱食量计算,鱼类如喂配合饲料,则以总体重3%的量按每天分2～3次投喂,可使鱼得到饱食。因为配合饲料是干的(含水分10%左右),鱼摄入1%的饲料在消化道吸水成糊状后重量可达10%。

此外,饱食量也因鱼的大小、水温、水质和饲料种类而不同。如体重100克的红大马哈鱼的饱食量为体重的7%,而体重为1克的则可达30%。鲤鱼日饱食量的变化,在5～15克重、水温20℃～30℃、溶氧5～6毫克/升时,其饱食量为体重的24%;而个体451～800克的鲤鱼,日饱食量只有6%。

所以,鱼的日投饲量亦应根据鱼的大小、水温、水质和饲料种类的不同而不同。鱼苗和鱼种日投喂配合饲料量一般多些,为

4%～6%，成鱼少些，为3%左右。

362. 在饲养过程中鱼的日投饲量为什么需要进行调整？

鱼经投喂饲养后，其个体增长，体重增加。如果日投饲量不调整增加，其日投喂量显然不足，将会影响其以后正常生长。在适宜生长时间里，一般每隔1周时间要调整1次投饲量。增加的投饲量应根据鱼的体重增加而增加，如开始投喂时池中摄食鱼总体重100千克，投喂饲养1周后，鱼增重了10千克，其日投喂量应以110千克计算投喂。以后以此类推。

鱼的群体平均增长量用下式计算：

t天群体平均增长量＝(1＋日生长率)t×W_o×m

日生长率(%)＝lne(W_t/W_o)×100/t

式中 W_o——放养时平均尾重；

W_t——饲养t天后的平均尾重；

m——鱼的尾数；

t——饲养天数。

363. 水温的高低对鱼的投饲量有何影响？

鱼类是变温动物，水温对鱼类的摄食强度有很大影响。在适温范围内，水温升高时对鱼类摄食强度有显著促进作用。水温降低，鱼体代谢水平也随之降低，导致食欲减退，生长受阻。我国的主要养殖鱼类，如青鱼、草鱼、鲢鱼、鳙鱼、鲤鱼、鲫鱼、团头鲂等鱼都是广温性鱼类，对水温的适应幅度较大，在1℃～38℃水温中都能生存，但适宜生长水温为20℃～32℃。

鲤鱼在水温23℃～29℃时摄食最旺盛，降至3℃～4℃时，便停止摄食。鲤鱼在25℃～30℃的水温中生长最快，当水温降至15℃时，生长就受到抑制。如果水温降到13℃以下，则觅食能动性大为降低。在13℃以上，当温度增高10℃，则其摄食量增加2～3倍。

草鱼在水温27℃～30℃时，其代谢水平最高，而摄食强度也最大。当水温降到20℃时，其生长速度明显下降。在水温17℃时，与21℃相比，其肠道充盈度指数减少10%。草鱼在冬季水温降至8℃以下时也停止摄食，当水温升至8℃以上时开始摄食，但摄食量较少。当水温升至16℃以上时，才会每日摄食。

因此，鱼类在不同水温情况下，其日投饲量和次数亦应不同。一般在适宜生长水温中，其日投饲量和次数应相对多些。在适宜生长水温范围外，其日投饲量和次数相应减少。当水温降至停食水温时可不投喂。

364. 水中溶氧量的高低对鱼投饲量有何影响？

水中溶氧量的高低，对鱼的摄食、饲料消化吸收和鱼的生长都影响很大。水中溶氧量低，鱼食欲差，或者厌食；摄食后饲料消化吸收率低，生长速度慢，饲料系数高。有资料表明，鱼在最适生长水温时，水中溶氧量3.5毫克/升以下比3.5毫克/升以上时，饲料系数要高1倍。鲤鱼在水温20℃～30℃时，要保证其正常摄食和生长，水中溶氧量不应低于4～6毫克/升。当水中含氧量为2～0.5毫克/升时，鲤鱼的日粮将减少一半。长期处于这样低氧情况下，会造成生长停止，甚至体重下降。喻清明试验指出，草鱼在水中溶氧量2.5～3.4毫克/升比5～7毫克/升时，饲料系数要增加1.34倍，摄食量下降35.9%，饲料消化率下降61.2%，生长率下降64.4%。

在池塘养殖中，因为放养密度大，而且水体交换差，池中溶氧量一般在夜间至早晨时最低；阴天浮游植物光合作用停止，又无风时，水中溶氧量也低。

在流水和网箱养殖中，由于放养密度大，水的交换量不足，也会造成水中含氧量偏低。

水中溶氧量一般达4毫克/升以上时，鱼的食欲增强，饲料消化率提高。因此，投喂时应注意水中溶氧量和天气的变化。水中溶氧量低，鱼浮头，一般不要投喂。待水中溶氧量改善后投喂。在池塘养殖中一般天气正常，太阳出来2小时后（9～10时），池塘水中溶氧量可达4毫克/升以上，这时投喂效果较好。

365. 日应投喂多少次，不同生长阶段、不同养殖方式投喂次数是否不同？

日投饲量确定以后，一天中分几次投喂，同样关系到能否提高饲料效率和加速养殖鱼的生长问题。不同种类、不同生长阶段、不同养殖方式以及不同水温情况下，其日投饲次数也是不同的。

在适宜生长水温中，鱼的代谢最强，生长也最快。因此，鱼的日投喂不论在饲料量，或者投喂次数都应比适宜温度范围之外要多些。投饲次数与鱼的大小也有着相反的变化，因为鱼苗代谢强，生长快，肠道容量小。所以鱼苗期每天投喂次数也多些。但随着鱼体长大投喂次数应相应减少。无胃鱼类与有胃鱼类日投饲次数也有所区别，因为无胃鱼类，一次性摄食量不如有胃鱼类多，而且食物在肠道中停留时间短，如果日投次数过少会对其生长有影响。因此无胃鱼类日投喂次数相对比有胃鱼类多些。不同养殖方式，如池塘和网箱或流水养殖中，其日投喂量和次数也是不相同的。池塘养殖日投喂次数相对网箱或流水养殖要少些。

鱼类养殖日投饲量确定之后，日投喂次数过多或过少都会影响其养殖效果。日投喂次数过多，一方面增加劳动力，另一方面使鱼每次摄食量不足，使鱼处于半饥饿状态，引起激烈争食，造成个体差异；投喂次数过少，投的饲料不可能很快被鱼吃完，会造成饲料的溶失。我国池塘养殖的草鱼、青鱼、团头鲂等，成鱼一般日投喂2～3次，鱼苗鱼种阶段3～4次；流水和网箱养殖，日投喂次数4～8次。

366. 鱼类投喂还应注意哪些问题？

鱼类投喂除注意水温的变化，水中溶氧量的高低，日投饲量和次数要适宜，以及“四定”法投喂外，还要注意以下一些问题。

第一,要注意选择鱼类喜欢摄食的饲料投喂。对于一般性鱼类来说,不论硬颗粒或软颗粒饲料都能摄食。但对某些种类如鳗鲡、鳖以及其他的一些肉食性鱼类,它们不喜欢摄食硬颗粒饲料,而只喜欢摄食湿饲料(面团状)。所以,饲料的配制和投喂都应根据鱼的食性特点而定,才能取得较好效果。

第二,加工或选购投喂的颗粒要注意适合其生长阶段鱼吞食。如果投喂的颗粒饲料粒径的大小、长度的长短与鱼的口径不相符合,会影响饲料摄食率。投喂的饲料若颗粒太小,鱼不容易摄取而下沉池底,这样既造成饲料的浪费,也易败坏水质,增加水中有机耗氧量。相反,投喂的饲料颗粒过大或者过长,超过鱼的口径大小,也不利于鱼吞食而溶失水中,这样投喂的饲料利用效果差。

第三,投喂时要耐心细致。鱼类投喂是在水中进行的,投喂的方法掌握不好,很容易造成饲料的浪费,特别是流水和网箱饲养中。所以在投喂时,应尽量做到饲料投到水中能很快被鱼摄食。以手撒投喂时,切勿把饲料一起投到水里。这样也会使饲料未被鱼摄取而溶失掉,造成饲料利用率低。在池塘养殖中,每次投喂开始时,投饲速度要慢些,待鱼全集中到投喂点时,投饲的速度可快些。投喂颗粒饲料的密度必须要考虑到有些鱼能在水面吃到,而另一些鱼也能在水底吃到。每次投喂30分钟左右,有80%以上的鱼摄食饱即可。

第四,投喂时要注意配合饲料不要与天然饲料同时投喂,如草鱼投喂不要把颗粒饲料与青草同时投喂。其他鱼类投喂也不要把配合饲料与天然饲料(如鱼肉、河蚌肉等)同时投喂,这样也会影响其对颗粒饲料集中而快速摄食,致使颗粒饲料溶失而浪费。如果需要投喂天然饲料以增加活性物质,可采用把天然饲料混合到配合饲料中投喂,或采用交替投喂的方法投喂。

第五,要注意发霉变质的饲料不要投喂,因为饲料发霉变质后,其营养成分会受到破坏,同时也会产生毒素(如黄曲霉素),用于投喂会导致鱼生病,甚至造成死亡。

十一、鱼病防治

367. 鱼为什么会发病?

鱼生活在水中,环境因素比较复杂,常会受到病毒、细菌和寄生虫等病原体的侵袭。特别是鱼体质瘦弱抗病能力差或鱼体受伤,同时外界环境又有利于病原体的大量繁殖时,鱼就易发病。另外,在养殖过程中,由于放养密度不合理或投饵不当,造成鱼的营养不良,亦会导致其生理代谢紊乱,发生营养性疾病。

368. 为什么说对鱼类病害的预防是非常重要的?

水生动物生活在水中,和陆生动物不一样,一旦发生了病害,通过水的传播会很快发生暴发性死亡,从一个水体传到另一个水体,造成很大的经济损失。另外,有病的水生动物随着病情的加重,不摄食,再加上生活在水里,给治疗和隔离带来很大困难,药液全池泼洒、药浴和打针都很不方便。有的疾病或大面积水体病害目前尚缺乏有效治疗方法。所以,水生动物病害防治首先要注意预防,做好病害预防工作,才能防患于未然,减少病害带来的损失,提高生产效益。

369. 怎样预防鱼类病害?

水产动物病害的预防应通过多种途径,采取综合措施,才能达到预防目的,现将一般的预防措施介绍如下:

(1)彻底清理池塘 池塘是水生动物的生活场所,池塘的清洁与否直接影响到所饲养水产动物的健康和养殖效果,所以一定要做好清除敌害,消灭病原生物的工作,首先要做好清塘消毒。

①干池清塘 在冬天捕鱼后,把塘水排干或抽干,挖去一层淤

泥，然后曝晒和冰冻(天数多些较好)，以达到清除病原生物的目的。同时，还要清除池塘堤埂斜坡上的杂草，以减少昆虫等产卵的场所。这种方法比较简单，效果也好。

②药物清塘　是利用药物杀灭池中危害饲养鱼的各种凶猛鱼、野杂鱼和其他敌害生物，包括寄生虫和致病微生物，为饲养鱼创造一个安全的环境条件。清塘药物的种类较多，生产中常用的并对水体环境、水产品安全不会构成危害和效果较好的有生石灰和漂白粉。

生石灰清塘分干池清塘和带水清塘两种。干池清塘是先将池水排至6～10厘米深，每667平方米用生石灰50～75千克，将生石灰加水搅拌成石灰浆，向池中均匀泼洒。最好第二天再用长柄泥耙在塘底推耙1遍，使石灰浆与塘泥充分混合。带水清塘中生石灰的用量为200～250毫克/升(虾类为350～400毫克/升)，将其均匀撒入池中。生石灰能清除敌害生物及预防部分细菌性鱼病，亦能改善池塘水环境。但在水较深的情况下，除害效果不大理想。用生石灰清塘7～10天后可放鱼。生石灰不能与漂白粉、有机氯、重金属盐，有机络合物混用。

漂白粉含氯量30%(以下相同)，用量为20毫克/升，加水后混合均匀，全池泼洒(操作人员应戴口罩，在上风处泼洒，以防中毒)。漂白粉易吸湿分解，应密封保存，以免失效。使用前须测定有效氯，推算实际用量。漂白粉用于清塘能改善池塘水环境及防治细菌性皮肤病、烂鳃病、出血病。用漂白粉清塘4～5天后可放鱼。漂白粉勿用金属容器盛装，勿与酸、铵盐、生石灰混用。

无论用何种药物，何种方法清塘，由于水温不一样以及各种水生动物对药物的耐受程度不同，放养前必须用放养的品种试一试，渔民叫“试水”，证明毒性确实消失后，方可大批放养。

(2)加强饲养管理　淡水养殖中疾病的发生与饲养管理和水体环境有很大关系，如水质过瘦草鱼苗易患白头白嘴病；水肥而不爽易患细菌性烂鳃、肠炎病；操作不细心，鱼体受伤，易受细菌、霉菌和寄生虫侵袭。因此，加强饲养管理，做好"四定"法投喂，注意水质变化，改善水体环境，细心操作，防止水生动物机体受伤是防病工作不可忽视的措施。

(3)做好药物预防和免疫 在疾病流行季节放养苗种，进行药物预防也是防止水生动物生病的重要措施。药物预防包括苗种药浴、全池泼洒药物、投喂药饵、食场和工具消毒等。

免疫就是通过疫苗接种，使鱼体产生对病原体的抵抗力，从而减少或不发病。关于鱼类和鳖的免疫预防已有成功报道。对病毒性和细菌性鱼病，可用免疫方法进行预防。

(4)做好检疫工作 从外地购进苗种时，应请有经验的鱼病工作者协助做好检疫工作。不从疫区购进苗种，不购进有病苗种，以保证生产的正常进行。

(5)做好疫病处理工作 饲养的水生动物一旦发生传染性疾病，不应将其出售或转移，其水体也不能随便排放，以免疫病进一步传播。应原池进行药物治疗或做好消毒处理。病、死的水生动物不要随便抛弃，而应集中起来掩埋。使用过的工具应用药物做好消毒处理，或在太阳光下曝晒，防止病原生物传播。

370. 怎样诊断鱼类疾病？

为了达到积极治疗鱼病的目的，就必须对鱼病迅速做出正确的诊断。国内外诊断鱼类疾病，一般采用目检、镜检、病原分离和血清学鉴定与核酸杂交等方法。目检即用眼睛检查诊断，镜检是利用显微镜检查诊断。病原分离、血清学鉴定和核酸杂交等方法，需要有一定的仪器设备和药物，以及专门的理论知识。广大渔民在目前条件不许可的情况下，应多掌握用眼睛诊断鱼病的技术。随着农村科学技术的发展与普及，可采用显微镜和血清学鉴定等先进设备和方法进行科学诊断。

目检，就是用眼睛直接观察，对一些疾病病原体较大、用肉眼可以看到的，如锚头蚤病，中华鱼蚤病和水霉病等，都采用此法。

对于一些常见的细菌性疾病和病毒病，一般亦可根据其症状进行诊断，如细菌性烂鳃病、赤皮病、打印病、细菌性肠炎和草鱼出血病等。此外，还可根据鱼体大小、不同季节、不同地区鱼病的流行情况做出正确的诊断。鱼苗、鱼种阶段一般易感染车轮虫、斜管虫、口丝虫、隐鞭虫、舌杯虫、毛管虫等原生动物引起的疾病。但白头白嘴病既可由车轮虫寄生引起，也可由细菌感染引起。它们虽有共同特征，在水中均可看到鱼嘴圈发白，但仔细观察亦有不同之处：由车轮虫感染的，鱼头部充血，出现“红头”即“红头白嘴”病；由细菌感染者无此症状，即为白头白嘴病。

镜检，是在目检的基础上，采用显微镜进行检查。对肉眼看不见的小型寄生虫疾病的确诊和其他疾病的辅助诊断。有条件的养鱼户或者养殖场，可添置一架显微镜，这是进行科学养鱼的重要仪器。

鱼病的准确诊断，要求养殖者应掌握常见的大病原体的识别和常见疾病的典型症状，同时还要求了解本地区不同季节鱼病的流行情况。在诊断时还要进行现场调查，现场调查可以帮助最后做出确切的诊断。还值得注意的是，当鱼发生大量死亡时，有的可能不是由病引起，而可能是药物中毒，或是水中缺氧造成。这就需要根据情况进行综合分析，最后确诊。

371. 渔用药物使用应遵循哪些基本原则？

渔用药物的使用应以不危害人类健康和不破坏水域生态环境为基本原则。水生动物养殖过程中对病害的防治，坚持“以防为主，以治为辅”；渔药的使用应严格遵循国家和有关部门的规定，严禁销售和使用未经取得生产许可证、批准文号与没有生产标准的渔药；积极鼓励研制、生产和使用“三效”（高效、速效、长效）、“三小”（毒性小、副作用小、用量小）的渔药，提倡使用水产专用渔药、生物源渔药和渔用生物制品；病害发生时应对症用药，防止滥用渔药与盲目增大用药量或增加用药次数，延长用药时间；水产品上市前，应有相应的休药期。休药期长短，应确保上市水产品的药物残留量符合《无公害食品　水产品中渔药残留限量要求》。淡水养殖饲料中的药物添加应符合《无公害食品　渔用配合饲料安全限量要求》，不得选用国家规定禁止使用的药物或添加剂，也不得在饲料中长期添加抗菌药物。

372. 在水产动物病害防治中哪些药物可以使用，如何使用?

渔用药物虽然能够治疗所养殖的水生动物的疾病，但因为水产品最终将摆上人们的餐桌，所以对所使用药物的安全性必须给予充分重视。为防止食品中所含有害物质对人类的健康产生不利影响，食品卫生法规定，在鱼、贝类中，不得含有抗生素和合成抗菌剂。大部分的渔用药物中，都含有抗生素和合成抗菌剂。使用了这些药物的水生动物，在体内仍有药物残留期间不能作为食品上市。为了防止药物残留，必须了解药物的正确使用方法和休药期，以及哪些药物可以使用。

水产动物病害防治中可使用的药物的名称、使用方法和休药期，见表11-1。

表11-1　渔用药物使用方法

渔药名称	用　途	用法与用量	休药期（天）	注意事项
氧化钙（生石灰）	用于改善池塘环境，清除敌害生物及预防部分细菌性鱼病	带水清塘：200～250毫克/升（虾类：350～400毫克/升）； 全池泼洒：20～25毫克/升（虾类：15～30毫克/升）	—	不能与漂白粉、有机氯、重金属盐、有机络合物混用
漂白粉	用于清塘、改善池塘环境及防治细菌性皮肤病、烂鳃病、出血病	带水清塘：20毫克/升； 全池泼洒：1.0～1.5毫克/升	≥5	勿用金属容器盛装。 勿与酸、铵盐、生石灰混用
二氯异氰尿酸钠	用于清塘及防治细菌性皮肤溃疡病、烂鳃病、出血病	全池泼洒：0.3～0.6毫克/升	≥10	勿用金属容器盛装

续表 11-1

渔药名称	用　途	用法与用量	休药期（天）	注意事项
三氯异氰尿酸	用于清塘及防治细菌性皮肤溃疡病、烂鳃病、出血病	全池泼洒：0.2～0.5毫克/升	≥10	勿用金属容器盛装。针对不同的鱼类和水体的pH值，使用量应适当增减
二氧化氯	用于防治细菌性皮肤病、烂鳃病、出血病	浸浴：20～40毫克/升，5～10分钟 全池泼洒：0.1～0.2毫克/升，严重时0.3～0.6毫克/升	≥10	勿用金属容器盛装。勿与其他消毒剂混用
二溴海因	用于防治细菌性和病毒性疾病	全池泼洒：0.2～0.3毫克/升	—	—
氯化钠（食盐）	用于防治细菌、真菌或寄生虫疾病	浸浴：1%～3%，5～20分钟	—	—
硫酸铜（蓝矾、胆矾、石胆）	用于治疗纤毛虫、鞭毛虫等寄生性原虫病	浸浴：8毫克/升（海水鱼类：8～10毫克/升），15～30分钟 全池泼洒：0.5～0.7毫克/升（海水鱼类：0.7～1.0毫克/升）	—	常与硫酸亚铁合用。广东鲂慎用。勿用金属容器盛装。使用后注意池塘增氧。不宜用于治疗小瓜虫病
硫酸亚铁（硫酸低铁、绿矾、青矾）	用于治疗纤毛虫、鞭毛虫等寄生性原虫病	全池泼洒：0.2毫克/升（与硫酸铜合用）	—	治疗寄生性原虫病时需与硫酸铜合用。乌鳢慎用
高锰酸钾（锰酸钾、灰锰氧、锰强灰）	用于杀灭锚头蚤	浸浴：10～20毫克/升，15～30分钟 全池泼洒：4～7毫克/升	—	水中有机物含量高时药效降低。不宜在强烈阳光下使用
四烷基季铵盐络合碘（季铵盐含量为50%）	对病毒、细菌、纤毛虫、藻类有杀灭作用	全池泼洒：0.3毫克/升（虾类相同）	—	勿与碱性物质同时使用。勿与阴性离子表面活性剂混用。使用后注意池塘增氧。勿用金属容器盛装
大　蒜	用于防治细菌性肠炎	拌饵投喂：每天10～30克/千克体重，连用4～6天（海水鱼类相同）	—	—

续表 11-1

渔药名称	用途	用法与用量	休药期(天)	注意事项
大蒜素粉(含大蒜素10%)	用于防治细菌性肠炎	拌饵投喂0.2克/千克体重,连用4~6天(海水鱼类相同)	—	—
大黄	用于防治细菌性肠炎、烂鳃	全池泼洒:2.5~4.0毫克/升(海水鱼类相同) 拌饵投喂:5~10克/千克体重,连用4~6天(海水鱼类相同)	—	投喂时常与黄芩、黄柏合用(三者比例为5:2:3)
黄芩	用于防治细菌性肠炎、烂鳃、赤皮、出血病	拌饵投喂:2~4克/千克体重,连用4~6天(海水鱼类相同)	—	投喂时需与大黄、黄柏合用(三者比例为2:5:3)
黄柏	用于防治细菌性肠炎、出血	拌饵投喂:3~6克/千克体重,连用4~6天(海水鱼类相同)	—	投喂时需与大黄、黄芩合用(三者比例为3:5:2)
五倍子	用于防治细菌性烂鳃、赤皮、白皮、疖疮	全池泼洒:2~4毫克/升(海水鱼类相同)	—	—
穿心莲	用于防治细菌性肠炎、烂鳃、赤皮	全池泼洒:15~20毫克/升 拌饵投喂:10~20克/千克体重,连用4~6天	—	—
苦参	用于防治细菌性肠炎、竖鳞	全池泼洒:1.0~1.5毫克/升 拌饵投喂:1~2克/千克体重,连用4~6天	—	—
土霉素	用于治疗肠炎病、弧菌病	拌饵投喂:50~80毫克/千克体重,连用4~6天(海水鱼类相同;虾类:50~80毫克/千克体重,连用5~10天)	≥30(鳗鲡) ≥21(鲶鱼)	勿与铝、镁离子及卤素、碳酸氢钠、凝胶合用
噁喹酸	用于治疗细菌性肠炎病、赤鳍病,香鱼、对虾弧菌病,鲈鱼结节病,鲱鱼疖疮病	拌饵投喂:10~30毫克/千克体重,连用5~7天(海水鱼类:1~20毫克/千克体重;对虾:6~60毫克/千克体重,连用5天)	≥25(鳗鲡) ≥21(鲤鱼、香鱼) ≥16(其他鱼类)	用药量视不同的疾病有所增减

续表 11-1

渔药名称	用　途	用法与用量	休药期（天）	注意事项
磺胺嘧啶(磺胺哒嗪)	用于治疗鲤科鱼类的赤皮病、肠炎病，海水鱼链球菌病	拌饵投喂：100 毫克/千克体重，连用 5 天(海水鱼类相同)	—	与甲氧苄氨嘧啶(TMP)同用，可产生增效作用。 第一天药量加倍
磺胺甲噁唑(新诺明、新明磺)	用于治疗鲤科鱼类的肠炎病	拌饵投喂：100 毫克/千克体重，连用 5～7 天	≥30	不能与酸性药物同用。 与甲氧苄氨嘧啶(TMP)同用，可产生增效作用。 第一天药量加倍
磺胺间甲氧嘧啶(制菌磺、磺胺-6-甲氧嘧啶)	用于治疗鲤科鱼类的竖鳞病、赤皮病及弧菌病	拌饵投喂：50～100 毫克/千克体重，连用 4～6 天	≥37(鳗鲡)	与甲氧苄氨嘧啶(TMP)同用，可产生增效作用。 第一天药量加倍
氟苯尼考	用于治疗鳗鲡爱德华氏病、赤鳍病	拌饵投喂：每天 10 毫克/千克体重，连用 4～6 天	≥7(鳗鲡)	—
聚维酮碘(聚乙烯吡咯烷酮碘、皮维碘、伏碘)(有效碘 1.0%)	用于防治细菌性烂鳃病、弧菌病、鳗鲡红头病，并可用于预防病毒病，如草鱼出血病、传染性胰腺坏死病、传染性造血组织坏死病、病毒性出血败血症	全池泼洒：海、淡水幼鱼，幼虾：0.2～0.5 毫克/升；海、淡水成鱼，成虾：1～2 毫克/升；鳗鲡：2～4 毫克/升； 浸浴：草鱼种：30 毫克/升，15～20 分钟；鱼卵：30～50 毫克/升(海水鱼卵：25～30 毫克/升)，5～15 分钟	—	勿与金属物品接触。 勿与季铵盐类消毒剂直接混合使用

注：1. 用法与用量栏未标明海水鱼类与虾类的均适用于淡水鱼类；
2. 休药期为强制性；
3. 摘自《无公害食品 渔用药物使用准则》

373. 禁用渔药有哪些种类?

《无公害食品　渔用药物使用准则》中，严禁使用高毒、高残留或具有三致(致癌、致畸、致突变)毒性的渔药。严禁使用对水域环境有严重破坏而又难以修复的渔药，严禁直接向养殖水域泼洒抗生素，严禁将新近开发的人用新药作为渔药的主要或次要成分。

禁用渔药见表 11-2。

表 11-2 禁用渔药

药物名称	别 名	药物名称	别 名
地虫硫磷	大风雷	酒石酸锑钾	—
六六六	—	磺胺噻唑	消治龙
林 丹	丙体六六六	磺胺脒	磺胺胍
毒杀芬	氯化莰烯	呋喃西林	呋喃新
滴滴涕	—	呋喃唑酮	痢特灵
甘 汞	—	呋喃那斯	P-7138(实验名)
硝酸亚汞	—	氯霉素(包括其盐、酯及制剂)	—
醋酸汞	—	红霉素	—
呋喃丹	克百威,大扶农	杆菌肽锌	枯草菌肽
杀虫脒	克死螨	泰乐菌素	—
双甲脒	二甲苯胺脒	环丙沙星	环丙氟哌酸
氟氯氰菊酯	百树菊酯,百树得	阿伏帕星	阿伏霉素
氟氰戊菊酯	保好江乌,氟氰菊酯	喹乙醇	喹酰胺醇,羟乙喹氧
五氯酚钠	—	速达肥	苯硫哒唑,氨甲基甲酯
孔雀石绿	碱性绿,盐基块绿,孔雀绿	己烯雌酚(包括雌二醇等其他类似合成雌性激素)	乙烯雌酚,人造求偶素
锥虫胂胺	—	甲基睾丸酮(包括丙酸睾丸素、去氢甲睾酮以及同化物等雄性激素)	甲睾酮,甲基睾酮

注:内容出自《无公害食品　渔用药物使用准则》

敌百虫有的国家已将其列为禁用药物,也有的国家可以使用,如日本对鲤鱼、鲫鱼和鳗鱼可用敌百虫泼洒治疗,休药期 5 天。我国在《无公害食品 渔用药物使用准则》中没有将其列为使用药物,也没有列为禁用药物。因此,在没有可替代药物时,也介绍了敌百虫的一些治疗方法,休药期 5 天。鳜鱼和淡水鲳对敌百虫敏感,不宜使用。

374. 如何测量和计算施药水体体积？

全池泼洒药物或用容器给病鱼药浴时，首先要计算出水体的体积，然后根据水体体积才能计算出用药量。药浴时，由于容器小，其水体体积不大，一般用称水的重量或用已知容器测得，1 升水为 1 000 克。对池塘的水体体积测量，首先需要测量池塘水体面积（米^2），再测水体平均深度（米），然后相乘所得值，即为该池水体体积（米^3）。生产中由于养殖的水体的形状各异，其面积的测量也不相同，现将不同形状的水体面积测量与计算方法介绍如下。

(1)长方形或正方形池塘水体面积测量与计算 用皮尺或木卡尺测量水面的长度（L_1）和宽度（L_2），单位为米（以下相同）。计算公式为：

长方形或正方形水面面积＝ $L_1 \times L_2$（米^2）

(2)圆形水体水面面积测量与计算 测量该水面的直径，除以 2，得半径值（R），计算公式为：

圆形水体水面面积＝$3.1416 \times R^2$（米^2）

(3)不规则水体水面面积测量与计算 对于不规则水体，可以采取将池塘水面划分为若干个三角形，或若干个梯形，然后将各个三角形面积和各个梯形面积相加，即为不规则水体水面面积。

计算三角形面积，要分别测量每个三角形的三边长度（a，b，c），计算公式为：

三角形面积＝$\sqrt{s(s-a)(s-b)(s-c)}$ （米^2）

式中 $s=(a+b+c)/2$（米）

计算梯形水面面积要分别测量每个梯形上底线长度（L_1）和下底线长度（L_2），以及该梯形的高度（h），计算公式为：

梯形水面面积＝$(L_1 + L_2)/2 \times h$（米^2）

池塘水体平均深度测量是根据鱼池深浅和面积大小的实际情况，确定测量点数和深浅区各占的比例后得出的值。如一个 6 670 平方米的池塘（长方形）以其一对角线为选定测点，每隔 3～4 米测一深度，总测点 15～20 个，然后计算其平均值，作为平均深度。测量水深度一般在池水不太深时(未达到最高水位，水深不易测)，将平均水深度测出来，然后在池塘浅水边上打上一粗木桩(平线桩)与测定的水位线相平，并记录好。以后水位的高低变化，以“平线桩”为基点，测出水位升高或下降的数值，与原水深平均值相加或相减就可得出施药时平均水深度，这样比较方便简单，不必每次施药时都下水测定。

375. 鱼的病害有哪些种类?

鱼的病害种类比较多，常见鱼病近 40 种，常见的敌害也有8～9 种。

从病原体来划分有：病毒病，如草鱼出血病等；细菌病，如细菌性烂鳃病、肠炎病、赤皮病等；真菌病，如水霉病、鳃霉病；藻类引起的病，如卵甲藻病；原生动物引起的病，如车轮虫病、隐鞭虫病、口丝虫病、小瓜虫病等；蠕虫引起的病，如指环虫病、三代虫病、复口吸虫病等；甲壳动物引起的病，如中华蚤病、锚头蚤病等；不良水质引起的病，如气泡病、泛池等；饲料不足或营养不适宜引起的病、如跑马病、脂肪肝病等；鱼类的敌害，如水蜈蚣、三毛金藻、湖靛等。

376. 怎样防治白头白嘴病?

(1)病原与危害 此病是由细菌感染引起，病鱼自吻端至眼球的一段皮肤失去正常的颜色而变成乳白色，水中观察这种症状特别明显。因车轮虫和钩介幼虫病的鱼也可能出现白头白嘴的症状，故诊断此病时最好用显微镜检查，防止误诊。

此病在 5～7 月份，青鱼、草鱼、鲢鱼、鳙鱼、鲤鱼等鱼苗和夏花鱼种均能发病，但对夏花草鱼危害最大。病鱼不吃食，离群缓游，不及时治疗，就会引起大批死亡。

(2)防治方法

①鱼苗饲养阶段，密度要适宜，每 667 平方米放鱼苗 150 000

尾以下为宜，同时加强饲养管理，投饵要充足，并要及时分池（鱼苗长至1.6～2.6厘米要分池饲养），能起到一定的预防作用。

②当鱼苗长至1.6～2.6厘米，用漂白粉全池泼洒，用量为1毫克/升，或用生石灰和水调匀全池泼洒，用量为20～25毫克/升，可预防此病。

③此病发生时，全池泼洒漂白粉，用量为1毫克/升，间隔24小时再泼洒1次，可收到很好效果。

④用五倍子煮水全池泼洒，用量为2～4毫克/升。

白头白嘴病常与车轮虫病并发，因此应同时考虑车轮虫病的治疗。

377. 怎样防治鳃霉病？

(1)病原与危害　此病由鳃霉菌侵入鳃组织而引起。病鱼的鳃呈苍白色，有时可看到点状充血或出血现象；严重者，鳃组织腐烂，终因呼吸受阻而死亡。该病常发生在水质很坏，有机质含量很高而发臭的池塘。

发病时间为5～7月份，广东、广西地区最为流行。从鱼苗到成鱼都可被感染，但主要危害鱼苗到鱼种阶段的鲮鱼、青鱼、鳙鱼、草鱼、鲤鱼等鱼，鲢鱼亦发现过此病。

(2)防治方法

①经常保持水体的清洁，防止水质恶化。

②经常发生此病的池塘，不能用绿肥和粪肥直接肥水，应改用混合堆肥或化肥施肥。

③每月全池泼洒生石灰1次，用量为20毫克/升。

④发现此病时，迅速加入清水，或将鱼迁移到水质较瘦的池塘，病可停止。

378. 怎样防治水霉病？

(1)病原与危害　此病主要因拉网、转运等操作不慎，造成鱼体鳞片脱落，皮肤损伤，水霉菌侵入而引起。肉眼可看到病鱼体表繁殖的大量菌丝，生长成丛，像旧棉絮状，呈白色或灰白色，故又名“白毛病”。患此病的鱼开始焦躁不安，运动失常，以后鱼体负担过重，游动迟缓，食欲减退，最后因衰弱而死。

(2)防治方法 用1%的食盐溶液浸浴20分钟，或用3%的食盐溶液浸浴5分钟。

379. 怎样防治车轮虫病和隐鞭虫病？

(1)病原与危害

①车轮虫病：由车轮虫大量寄生于鱼的皮肤或鳃部而引起。患此病鱼体瘦弱，离群独游，游动缓慢，如果不及时治疗，很快就会死亡。此病全国各地养鱼地区都有发生，以5～8月份最为流行。对青鱼、草鱼、鲢鱼、鳙鱼夏花鱼种危害最大。特别是密养和瘦弱的鱼种最容易生此病。

②隐鞭虫病：是隐鞭虫侵入鳃或皮肤而引起。隐鞭虫侵入鳃部，病鱼鳃丝鲜红，多黏液，严重者呼吸困难，不摄食，离群独游水面或岸边，体色暗黑；由隐鞭虫引起的皮肤病，病鱼最后瘦弱而死，无其他明显症状。此病是草鱼夏花阶段鳃部严重病害之一。鲮鱼和鲤鱼鱼苗最易被隐鞭虫侵入皮肤，引起皮肤病。隐鞭虫常与车轮虫、斜管虫、口丝虫、小瓜虫等同时感染，形成并发症。流行地区较广，流行季节为6～10月份。

(2)防治方法

①全池泼洒硫酸铜和硫酸亚铁合剂，每立方米水体用硫酸铜0.5克和硫酸亚铁0.2克；或每立方米水体用硫酸铜0.7克，全池泼洒，疗效很好。

②用2%的食盐溶液浸浴鱼种15分钟，或3%的食盐溶液浸浴5分钟。

380. 怎样防治口丝虫病和斜管虫病?

(1)病原与危害

①口丝虫病:又叫鱼波豆虫病、白云病,是由漂游鱼波豆虫侵入皮肤或鳃部而引起。病鱼初期没有明显症状,严重时体色发黑,鱼体消瘦,游泳缓慢,呼吸困难。鳃和皮肤覆盖有灰白色的黏液层,鳃丝淡红色或皮肤充血发炎。当二龄以上大鲤鱼患此病严重时,曾引起鳞囊内积水和竖鳞等症状。

此病流行地区很广,流行于冬末和春季,适温范围是12℃~20℃。草鱼、鲢鱼、鳙鱼、青鱼、鲤鱼、鲮鱼、鲫鱼等都发现生此病,特别是鲤鱼、鲮鱼的幼鱼受害更大。鱼愈小,愈容易生此病。越冬后的鱼种或体质瘦弱的鱼,也极易生此病,而引起大批死亡。

②斜管虫病:是由斜管虫侵入皮肤和鳃部而引起。由于斜管虫对鱼体皮肤和鳃部的刺激与破坏,引起病鱼分泌大量黏液,皮肤和鳃的表面呈苍白色,或皮肤表面形成一层淡蓝色的薄膜。严重时病鱼消瘦发黑,漂游水面,呼吸困难,不久死亡。

此病对鱼苗和鱼种危害特别严重。流行地区广,流行季节是初冬和春季,适宜水温在12℃~18℃,20℃以上一般不会有此病流行。

(2)防治方法

①鱼种放养前用8毫克/升的硫酸铜溶液浸浴15~30分钟。

②用2.5%的食盐溶液浸浴病鱼15分钟左右。

③全池泼洒硫酸铜(0.5毫克/升)和硫酸亚铁(0.2毫克/升)合剂。

381. 怎样防治白点病?

(1)病原与危害 此病又叫小瓜虫病,是由多子小瓜虫侵入而引起。虫体大量寄生时,病鱼体表、鳍条或鳃部布满白色小点状囊泡。体表黏液增多,鱼体消瘦,游动迟钝,浮于水面,有时也集群绕池游动。

此病从鱼苗到成鱼都可发生，引起大批死亡。但以夏花阶段和鱼种被害最大。从初冬到春末夏初，水温在15℃～25℃时，是此病的流行季节。流行地区广。

(2)防治方法

①加强饲养管理，保持良好水质环境，增强鱼体抵抗力。

②每667平方米水深1米，用辣椒粉250克，干姜片100克，加水煮沸后全池泼洒(煮法：干姜片先煮开2次，再加辣椒粉煮沸)。

382. 怎样防治黏孢子虫病？

(1)病原与危害 黏孢子虫是寄生于淡水鱼的最多的一类原生动物。其种类很多，可以寄生在鱼的体表和内部各个器官，一般呈点状或瘤状胞囊，寄生数量多时，能影响鱼的生长发育。

在我国能引起鱼大量死亡的孢子虫有：寄生在鲢鱼、鳙鱼的鲢碘孢虫，它侵入鱼中枢神经系统和感觉器官中，严重时病鱼极度消瘦，头大尾小，脊椎向背部弯曲，尾部上翘，肌肉暗淡无光泽。有的病鱼在水中离群独自急游打转，经常跑出水面，复又钻入水中。有的侧向一边游动打转，失去平衡力，故又称疯狂病；寄生在鲤鱼、鲮鱼的野鲤碘孢虫和鲮单极虫，称为“埋坎病”；寄生在草鱼苗肠道内的饼形碘孢虫，寄生在草鱼的肠壁上引起发病，病鱼体色发黑，鱼体消瘦，腹部稍膨大，肠内无食物，肠壁可见许多白色小胞囊。主要危害全长5厘米以下的草鱼。

(2)防治方法 由于黏孢子虫孢壳结构严密，药物很难渗透进去，故凡已形成胞囊的黏孢子虫是无法用药物杀死的。所以只有彻底地清塘，才可以抑制它们的猖狂流行。

383. 怎样防治气泡病？

(1)病原与危害 发生此种病有如下几种情况。

①塘中施放过多未经发酵的肥料，生肥在塘底分解放出很细小的气泡，鱼苗误当食物吞入而引起。

②水中氮的含量达到过饱和而引起。

③水中氧的含量达到过饱和而引起。

气泡病的症状是病鱼的肠道中有白色气泡，或鱼的体表、鳍条、鳃丝上附有较多的气泡，鱼体漂浮水面，沉不下去。能引起鱼苗大批死亡。

(2)防治方法 除杜绝上述原因外，发病时应采取下列措施。

①迅速注入大量新水，能治愈此病。

②每667平方米水深65厘米左右，用400～600克食盐化水稀释，向浮有气泡病鱼的水面均匀泼洒。一般在数小时内便可见到治疗效果。

384. 怎样防治跑马病？

(1)病原与危害 此病由于缺乏饲料而引起，鱼成群结队围绕塘边狂奔，长时间不停止，终因体力过分消耗而死亡。主要发生在3.3厘米以下的草鱼、青鱼鱼种。

(2)防治方法

①适时投喂饲料，可预防此病。

②一旦出现跑马病现象，就要设法拦截鱼群狂游路线，并在塘边投喂适口饲料，如豆饼、米糠、配合饲料等。

385. 怎样防治萎瘪病？

(1)病原与危害 此病因长期投喂饲料不足而引起的。病鱼身体干瘪、枯瘦，头大尾小，背似刀刃，活动迟钝，体色发黑，不久就死亡。鱼种培育阶段都可能发生此病。

(2)防治方法 掌握放养密度，平时加强饲养管理，投喂饲料要做到“四定”（定时、定质、定量、定位），并适时调整放养密度。

386. 怎样防治湖靛?

(1)病原与危害 湖靛又叫铜锈水,是一些蓝藻,常在水温较高(28℃~30℃)和碱性较大(pH 值 8~9.5)的水中大量繁殖,使水面呈一层翠绿色的水华或薄层。这些微囊藻外面有层胶质膜包着。草鱼、青鱼、鲢鱼、鳙鱼等鱼吃了都不能消化,影响鱼的生长。其死亡后又产生一些有毒物质,毒物积累多了,不仅能毒死鱼类,就是牛羊饮了这种水也能被毒死。此外,当蓝藻大量繁殖时,也会导致鱼的中枢神经和末梢神经系统失灵,兴奋性增加,急剧活动,痉挛,身体失去平衡。

(2)防治方法

①鱼池彻底清塘,微囊藻繁殖季节,经常加注清水,不使水中有机质含量过高,同时注意水的 pH 值的调节,可控制微囊藻的繁殖。

②每立方米水体用 0.7 克硫酸铜全池泼洒,能有效地杀死微囊藻。施药后应开启增氧机或加注清水,以免鱼浮头。

③在清晨藻群体上浮水面时,撒生石灰粉,连续 2~3 次,基本可把它杀死。

387. 怎样防治青泥苔和水网藻?

(1)病原与危害 青泥苔是一些丝状藻,它常在夏季大量繁殖,能使水质变“清瘦”,影响鱼的生长。而且鱼苗、鱼种容易游进青泥苔里面,不能游出而致死。

水网藻是一种绿藻,在春末夏初大量繁殖,它特别喜欢在有机物较多的肥水中生长。当水网藻大量繁殖时,像鱼网一样长在水里,比青泥苔更能陷住鱼苗,因此对鱼苗危害较大。

(2)防治方法

①用生石灰彻底清塘。

②每立方米水体用 0.7 克硫酸铜全池泼洒,可有效地杀灭青

泥苔和水网藻。

③未放养鱼的池塘，每667平方米水面用草木灰50千克盖在青苔上，使它得不到阳光而死亡。

388. 怎样防治水蜈蚣？

(1)病原与危害 水蜈蚣又叫水夹子，是龙虱的幼虫，对鱼苗危害较大，一个水蜈蚣常能在一夜之间咬食十余尾鱼苗。常见于5～6月份，流行地区很广。

(2)防治方法

①鱼苗在放养前，用生石灰清塘可以杀死水中的水蜈蚣。

②饲养过程中如发现池中有较多的水蜈蚣，每立方米水体可用0.4～0.5克晶体敌百虫全池泼洒，能有效地将其杀灭。

389. 怎样防治蚌壳虫？

(1)病原与危害 此虫又叫蚌虾，常在4～6月间突然大量出现，数量很多时能使池水翻滚变色，幼鱼不能正常生活和摄食，而且大量消耗水中溶氧，有时会引起泛池现象。同时，由于蚌虾夺取水中的养料，使鱼苗营养不足，生长缓慢，最后引起大量死亡。

(2)防治方法 用90%晶体敌百虫0.1～0.2毫克/升全池泼洒，72小时后可将蚌壳虫全部杀死。

390. 怎样防治三毛金藻？

(1)病原与危害 三毛金藻能分泌一种毒素引起鱼类中毒死亡。每升水从375万～6 250万个的密度都会发生死鱼现象。其症状和缺氧浮头不同，开始是鱼向池的四隅集中，但驱之即散，随着中毒的加重，几乎所有的鱼都逐渐集中排列在池岸边水面线附近，一般头向岸边，静止不动。若发现病情及时采取措施，可以控制。

(2)防治方法

①全池泼洒泥浆水吸附毒素。黏土：每667平方米水深1米

用167千克;壤土:每667平方米水深1米用334千克。具体做法是将其制成泥浆水均匀泼洒,12～24小时内中毒鱼类可恢复正常。

②采用冲注新水和换水的措施。据治疗试验,病轻的数小时可见效;严重的注水数天才逐渐好转。

③全池泼洒硫酸铵,用量为10毫克/升,同时在池塘一角灌注新水,另一角排放毒水。5天后再遍洒1次硫酸铵,用量为8毫克/升,效果较好。但鲻鱼、鲮鱼的鱼苗池不能用此法。

391. 怎样防治白皮病?

(1)病原与危害 此病又叫白尾病,一般因为拉网操作不慎,擦伤了鱼体,细菌侵入而引起。发病初期,病鱼背鳍基部或尾柄出现白点,并迅速扩大,向前后蔓延,背鳍和臀鳍间的体表以至尾鳍处都现白色。最后病鱼形成头朝下,尾鳍向上,与水面垂直,不久就死去。

此病主要发生在鲢鱼、鳙鱼的夏花阶段和鱼种阶段,夏花草鱼也有发生。发病时间一般在夏、秋季,以5～6月间为最常见。流行地区较广。

(2)防治方法

①最重要的是拉网操作时,勿擦伤鱼体。

②全池泼洒漂白粉,用量为1毫克/升。

③全池泼洒二氧化氯,用量为0.1～0.2毫克/升。

④五倍子煮汁全池泼洒,用量为2～4毫克/升。

392. 怎样防治赤皮病?

(1)病原与危害 此病又叫赤皮瘟、擦皮瘟。此病大多是由于拉网操作时,或在运输过程中皮肤受伤,细菌侵入鱼体而引起。病鱼体表局部或大部充血、发炎,鳞片脱落,尤以鱼体两侧和腹部最为明显。严重时鱼鳍基部充血,鳍条末梢腐烂,鳍条组织破坏,病鱼的上下颚和鳃盖部分充血,呈现块状红斑。

此病从早春到严冬,终年可见,但以春末到初秋较常见,常与烂鳃、肠炎并发,全国养鱼地区都有发生。草鱼、青鱼、鲤鱼等鱼生此病较普遍。

(2)防治方法

①在拉网、操作、运输过程中勿擦伤鱼体。

②全池泼洒漂白粉,用量为1～1.5毫克/升。

③全池泼洒二氧化氯,用量为0.1～0.2毫克/升,严重时0.3～0.6毫克/升。

④在选用上列一种外用药的同时,用黄芩拌饵喂,用量为2～4克/千克体重,连用4～6天。投喂时需与大黄、黄柏合用(三者比例为2∶5∶3)。

393. 怎样防治细菌性烂鳃病?

(1)病原与危害　此病又叫乌头瘟,是由细菌侵入鳃部而引起。病鱼鳃丝腐烂发白,鳃上常附着污泥和黏液,严重者鳃丝尖端软骨外露,鳃盖骨内表常常被腐蚀一块,形成一个透明小窗,俗称“开天窗”。病鱼常离群独游,游动缓慢,体色变黑,头部颜色特别暗黑。

此病常与肠炎、赤皮病并发。草鱼、青鱼常生此病,鲢鱼、鳙鱼、鲤鱼等鱼也能感染,流行地区广,一般每年从4～10月份,尤以夏季为发病高峰季节。

(2)防治方法

①全池泼洒漂白粉,用量为1～1.5毫克/升。

②全池泼洒二氧化氯,用量为0.1～0.2毫克/升,严重时0.3～0.6毫克/升。

③全池泼洒五倍子,用量为2～4毫克/升,煮汁泼洒。

④预防时可选上述任何一种治疗药物进行定期全池泼洒。

394. 怎样防治细菌性肠炎病?

(1)病原与危害 此病又叫烂肠瘟,是由细菌侵入肠道而引起。病鱼肛门红肿,肠壁充血呈紫红色,离群独游,游动缓慢,不吃食,鱼体呈灰黑色。严重者,轻压腹部,有血黄色黏液外流。剖开腹部,可见肠部发炎充血,严重时肠道发紫。

此病全国各养鱼地区都有流行,大鱼的发病季节为4～7月份,鱼种为7月至10月中旬。发病以草鱼、青鱼最为常见,鲤鱼和鳙鱼也有发现,常与烂鳃病、赤皮病并发。

(2)防治方法

①用大蒜拌饵投喂,用量为10～30克/千克体重,连用4～6天。

②大蒜素粉拌饵投喂,用量0.2克/千克体重,连用4～6天。

③穿心莲全池泼洒:15～20毫克/升;拌饵投喂:10～20克/千克体重,连用4～6天。

④若与烂鳃病或赤皮病并发,还需采用治疗烂鳃病的外用药全池泼洒治疗。

⑤预防时,可任选上述一种治疗方法进行投喂预防。发病季节每10～15天用漂白粉进行食场消毒,用量视食场大小来定,一般250克左右。

395. 怎样防治草鱼出血病?

(1)病原与危害 此病由病毒引起,剥去病鱼皮肤,可见肌肉点状出血或片状出血,严重者肌肉全部发红。肠空无物,肠管大部亦出血,严重者肠道为紫红色。肠系膜间、鳃盖、腹鳍和臀鳍基部有的亦有充血、出血现象。病鱼体表呈暗黑色,无光泽。

此病是当年草鱼严重的流行病,二龄小草鱼亦可感染。发病高峰季节多在每年8～9月份。湖北、湖南、江西、江苏、浙江、广东等省都有此病流行。对当年草鱼种生产造成很大损失。

(2)防治方法

①注射草鱼出血病组织浆灭活疫苗免疫预防。有明显防病效果。

②全池泼洒聚维酮碘(有效碘1%),用量为0.2～0.5毫克/升。浸浴用量为30毫克/升,时间15～20分钟。

③黄芩拌饵投喂,用量为2～4克/千克体重,连用4～6天。投喂时需与大黄、黄柏合用(三者比例为2∶5∶3)。

396. 怎样防治青鱼出血病?

(1)病原与危害　此病由病毒引起,症状与草鱼出血病相同。主要危害二龄青鱼鱼种,当年青鱼鱼种也会感染发病。通常在6月底至10月上旬流行。流行于江苏、浙江及上海等饲养青鱼的地区。

(2)防治方法

①注射青鱼出血病组织浆灭活疫苗进行预防。

②药物防治与草鱼出血病相同。

397. 怎样防治指环虫病和三代虫病?

(1)病原与危害

①指环虫病:由指环虫侵入鳃部而引起。病鱼鳃黏液增多,鳃丝暗灰或苍白,呼吸困难。当年鱼苗受到大量指环虫寄生时,除上述症状外,鳃部显著水肿,鳃盖张开,游动缓慢。

此病分布广,养鱼地区都有发现,从鱼种到成鱼都可发病,但在鱼种阶段危害较大,大量寄生时可引起鱼种大量死亡。流行季节为春末夏初,水温23℃左右。

②三代虫病:由三代虫侵入皮肤和鳍上而引起,鳃部也有发现。严重的病鱼体表有一层灰白色的黏液膜,失去原有光泽。鱼呈不安状态,时而狂游于水中,同时食欲减退,鱼体消瘦,呼吸困难。肉眼仔细观察可见到虫体。

流行季节 4～5 月份，水温 20℃左右，夏季很少发现。草鱼、鲤鱼、鲫鱼、鲢鱼常生此病，而鱼苗和鱼种受害特别严重。全国各养鱼地区都有流行。

(2)防治方法

①高锰酸钾溶液浸浴，用量为 10～20 毫克/升，时间 15～30 分钟。

②全池泼洒 90%晶体敌百虫，用量为 0.3 毫克/升。

③全池泼洒敌百虫、面碱（Na_2CO_3）合剂，用量为 0.1～0.2 毫克/升，90%敌百虫与面碱比例为 1∶0.6。

398. 怎样防治青鱼球虫病？

(1)病原与危害 此病又叫青鱼艾美虫病，是由青鱼艾美虫寄生在青鱼肠内而引起。病鱼外表症状不明显，仅鳃呈苍白色，病鱼食欲不振，解剖肠道，肉眼可以看到肠壁上有许多白色小结节的病灶，病灶周围的组织呈现溃烂、充血。严重时可引起肠穿孔，使鱼死亡。这种病常发生在春夏两季（4～7 月份），以 5～6 月份为最多见。流行于江苏、浙江地区，主要危害二龄青鱼。

(2)防治方法

①发生过球虫病的鱼池，要用加倍生石灰进行彻底清塘。

②利用艾美虫对寄主有选择，可采取轮养的方法进行预防，即今年患艾美虫病的青鱼饲养池，明年改养其他鱼。

③每 100 千克鱼用市售的碘酊 20～60 毫升，拌在饲料内喂鱼，连喂 4 天。在发病季节采用此法经常喂鱼，亦会取得很好的预防效果。

399. 怎样防治棘头虫病？

(1)病原与危害 此病由棘头虫侵入肠道引起。草鱼种患此病后，病鱼消瘦，鱼体发黑，离群靠边缓游，前腹部膨大呈球状，肠道轻度充血，呈慢性炎症，不吃食；夏花鲤鱼被 3～5 条棘头虫寄生时，肠壁就被膨胀得很薄，肠管被堵塞，肠内无食物；二龄鲤鱼被大量寄生时，鱼体消瘦，生长缓慢，吃食减少，或不吃食，剖开鱼腹可见肠壁外有很多肉芽肿结节。严重时内脏全部粘连，无法剥离。

（2）防治方法

①用生石灰带水清塘，以消灭水体中的虫卵和中间宿主。

②夏花草鱼肠道寄生棘头虫时，全池泼洒90%晶体敌百虫，每立方米水体用药0.7克；同时用晶体敌百虫与饲料按1∶30比例混合做成药饵投喂，连喂5天，驱除肠内虫体。

400. 怎样防治复口吸虫病？

（1）病原与危害 此病由复口吸虫的幼虫（尾蚴）侵入鱼体时引起，尾蚴进入眼睛后则发育成囊蚴。病鱼脑部和眼球充血，眼球突出，有的甚至眼球脱落，也有的眼珠浑浊，呈乳白色，所以又叫白内障病。

此病危害较严重的阶段是在尾蚴进入鱼体达眼睛前的时期，对小鱼种危害特别严重。此病分布较广，在水鸟多的地区较普遍，长江流域、黑龙江及辽河流域均有发生，尤以长江中下游为甚。生此病以鲢鱼、鳙鱼为最多，草鱼次之。流行季节为春末与夏季。

（2）防治方法 有效的防治方法为彻底消灭其中间宿主——椎实螺。

①用生石灰或茶粕（饼）清塘，消灭虫卵，毛蚴和椎实螺。

②全池泼洒硫酸铜，用量为0.7毫克/升。间隔24小时再泼1次，可杀灭中间宿主椎实螺。

401. 怎样防治头槽绦虫病？

（1）病原与危害 此病由头槽绦虫侵入肠道而引起。病鱼瘦弱，浮游水面不吃食，口张开，呈不安状。严重感染时，肉眼可看到肠道内有许多白色虫体，使肠前端膨大像胃，并出现炎症，造成肠道阻塞而死亡。

此虫主要寄生在草鱼、青鱼、鲢鱼、鲮鱼等鱼的肠内，但对草鱼鱼种危害特别严重。此病是广东、广西地方性的严重病害，近年来湖北、福建地区也发现此病。

(2)防治方法

①用生石灰带水清塘，用量为200～250毫克/升。

②采用其他方法清塘时，则清塘后50天再放鱼苗，利用切断绦虫的生活史的方法来预防。

③每万尾鱼种用南瓜籽250克研成粉末，加米糠1千克和适量面粉拌匀投喂，连喂3天。

④每万尾鱼种用90％晶体敌百虫150克，拌饲料投喂，连喂3～6天。

402. 怎样防治锚头蚤病?

(1)病原与危害 此病又叫针虫病、铁锚虫病、蓑衣病，是由锚头蚤侵入鱼体而引起，在病鱼体表肉眼可见虫体。虫体寄生四周组织常红肿发炎，同时靠近伤口的鳞片被锚头蚤的分泌物溶解，腐蚀成缺口。鱼体初被虫体侵入时，表现不安，食欲不好，继而身体瘦弱，游动缓慢。

此虫可侵入鲤鱼、鲢鱼、鳙鱼、草鱼等鱼的体表，对幼鱼危害特别严重，可引起死亡(对大鱼主要是影响生长)。此病流行地区广，全国各养鱼地区都有发现，终年可见，夏、秋季能引起严重流行病。

(2)防治方法

①用生石灰带水清塘，用量为200～250毫克/升。

②鱼种放养时用高锰酸钾液浸浴，用量为10～20毫克/升，时间15～30分钟。

③在该虫繁殖季节，全池泼洒90％敌百虫，用量为0.5毫克/升。每两周1次，连用2～3次。

④在瘦水条件下，水深1米时，每667平方米施400千克腐熟猪粪或牛粪，改变生态环境，达到防治该病。

403. 怎样防治钩介幼虫病?

(1)病原与危害 此病又叫红头白嘴病,是由河蚌的幼虫——钩介幼虫寄生于鱼的鳃部、嘴部、鳍条和皮肤上而引起。病鱼头部充血,嘴圈发白,呼吸困难,离群独游,游动缓慢,肉眼仔细观察可见嘴部或鳍上有米色小点,即为该虫。

此病流行季节在每年春末夏初,草鱼夏花阶段发生此病常常引起大批死亡。

(2)防治方法

①用生石灰或茶饼清塘,彻底杀灭河蚌。

②河蚌和鱼苗到夏花阶段鱼种不能混养,养蚌的池水也不能流到鱼苗和夏花池。

③全池泼洒硫酸铜,用量为 0.7 毫克/升。根据鱼的死亡情况,每隔 3～5 天泼洒 1 次,待鱼体长大到 5 厘米以上,危害性就不大了。

404. 怎样防治鲺病?

(1)病原与危害 此病是鲺侵入鱼体而引起。在病鱼的体表肉眼可见,大的如小指甲,小的也有米粒大的虫体,体表还可看到被鲺撕破的创伤。鱼呈不安状,群集水面做跳跃急游。

此病能寄生在草鱼、青鱼、鲢鱼、鳙鱼、鲤鱼等多种鱼体上,对大鱼危害不大,但对 3～7 厘米长的鱼种危害特别严重,能引起死亡。流行地区广,尤以广东地区流行最普遍,终年可见,以 4～8 月份危害严重。

(2)防治方法

①放养前每 667 平方水深 1 米用生石灰 150 千克,或茶饼 50 千克带水清塘。

②全池泼洒 90%晶体敌百虫,用量为 0.3～0.5 毫克/升。

③注入新水使原塘水温降低 5℃～6℃,或将病鱼移入比原塘

水温低 5℃～6℃的另一水体中，可治愈此病。

405. 怎样防治打粉病？

(1)病原与危害 此病又叫白鳞病、卵甲藻病，是由一种嗜酸性卵甲藻侵入鱼体而引起。病鱼最初在塘中拥挤成团，体表黏液增多，背鳍、尾鳍及背部先后出现白色小点，粗看与白点病相似，继之，白点逐渐蔓延到尾柄、身体两侧、头部及鳃内等处，最后白点连接重叠，像裹了一层米粉的样子，故得名。不死者，有终年带病，鱼体长不大的情况。

草鱼、青鱼、鲢鱼、鳙鱼、鲤鱼等鱼都会被危害，而以下池半个月左右的 1.6 厘米左右的鱼苗和刚转入培育“冬片”的鱼种最易感染，其中又以草鱼最敏感。此病感染快，死亡率高，高的可达 90%以上。pH 值变动在 5～6.5 之间的鱼塘最易流行这种病。

(2)防治方法

①用生石灰清塘和采用混合堆肥养鱼改变池水的 pH 值可达预防目的。

②全池泼洒生石灰，用量为 10～25 毫克/升，连续用 2～3 次，将池水 pH 值调节到 8 左右。

406. 怎样防治细菌性败血症？

(1)病原与危害 此病又叫暴发性传染病，由细菌引起。病鱼头部、体表充血或出血，有的肛门红肿，部分病鱼还伴有眼和眼眶突出并充血，肌肉亦有出血现象。剖开体腔有腹水，肠空、微红，脂肪有出血点。亦有症状不明显的病例。据调查，此病有急性和慢性两种类型，急性型病情猛，呈暴发性，有死亡高峰期；慢性型则死亡缓慢，无死亡高峰期。

流行季节一般是 4～10 月份，高峰期是 6～8 月份，水温为 25℃～35℃。危害鱼的种类有鲢鱼、鳙鱼、鲫鱼、白鲫鱼、异育银鲫鱼、团头鲂、鲤鱼等多种淡水鱼类。从鱼种到成鱼都可发病，但主要危害成鱼。

(2)防治方法

①彻底清理鱼塘,清理淤泥,并用生石灰消毒。

②做好鱼种消毒,鱼种放养密度和搭配比例要合理,不要过密。

③要定期进行药物预防,每月全池泼洒生石灰1次,用量为20～25毫克/升。

④发病治疗,全池泼洒生石灰1次,并以黄芩拌饵投喂,用量为2～4克/千克体重,连用4～6天。投喂时需与大黄、黄柏合用(三者比例为2∶5∶3)。

⑤并发细菌性烂鳃病时,第一天全池泼洒三氯异氰尿酸,用量为0.2～0.5毫克/升。于第二天起用黄芩拌饵投喂,方法同上。

407. 怎样防治疖疮病?

(1)病原与危害　此病也是由细菌引起的一种皮肤病。病鱼肌肉组织出现溃疡样脓疮,脓疮周围的皮肤和肌肉发炎、充血,用手摸之有水肿感觉,里面充满脓汁和细菌。严重时肠道也充血,鳍条基部充血,鳍条裂开。

此病常发生于二三龄的青鱼、草鱼、鲤鱼,鲢鱼、鳙鱼也偶有发生。

(2)防治方法　同赤皮病。

408. 怎样防治打印病?

(1)病原与危害　此病又叫鲢鱼、鳙鱼腐皮病,是由细菌引起。病鱼患病部位常在尾柄及腹部两侧,患处出现圆形或椭圆形的红斑,好像盖上了一个红色印章,故称打印病。随着病情发展,表皮腐烂,严重时可见到骨骼或内脏。病鱼瘦弱,游动缓慢。

主要危害鲢鱼、鳙鱼的成鱼和亲鱼。流行于全国各养鱼地区,一年四季都有发生,5～7月份最为严重。

(2)防治方法

①在拉网、运输时操作要细心,勿使鱼体受伤;在发病季节用漂白粉或三氯异氰尿酸进行全池消毒预防。

②发病时全池泼洒漂白粉,用量为1~1.5毫克/升。

③全池泼洒三氯异氰尿酸,用量为0.2~0.5毫克/升。

④全池泼洒五倍子煎汁,用量为2~4毫克/升。

⑤如遇亲鱼生病,可用漂白粉直接涂于患处。

409. 怎样防治鳞立病?

(1)病原与危害 此病又叫竖鳞病、松鳞病,是由细菌引起。病鱼外表粗糙,部分鳞片向外张开,似松球一样,鳞片下面充满黏液。并有烂鳍、鳍条基部充血、腹部膨大等现象。

此病常发生于鲤鱼、鲫鱼和金鱼,草鱼也有发生。每年春季发病较多。

(2)防治方法

①引起本病的主要原因之一是鱼体体表受伤,故在扦捕、运输、放养时,不要使鱼体受伤。

②发病初期冲注新水,可使病情停止蔓延。

③用5克/升捣烂的大蒜头溶液给鱼浸浴数次,可使病鱼好转。

④用2%食盐溶液浸洗病鱼10~15分钟。

⑤可用治疗赤皮病的方法进行治疗。

410. 怎样防治舌形绦虫病?

(1)病原与危害 此病由舌形绦虫寄生引起。病鱼腹部肿大,用手轻压感觉很硬,鱼体瘦弱,漂游水面,有时侧游。剖开鱼体,腹腔可以看到白色带状的虫体,俗称“面条虫”。严重时有腹水,或有绦虫从胸鳍下的腹面穿孔而出,半截挂于鱼体外,鱼会发生大量死亡。

此病常发生于鲫鱼、鳊鱼、鳙鱼等鱼。流行范围很广，在很多地区的水库、湖泊等养鱼水域都有发现，精养鱼池亦有发生。

(2)防治方法 目前水库、湖泊等大水面尚无有效防治方法，精养鱼池等小水体可全池泼洒90%晶体敌百虫，用量为0.3毫克/升，杀灭中间宿主水蚤及虫卵。同时驱赶终末宿主鸟类，控制此病发展。

411. 怎样防治中华鱼蚤病？

(1)病原与危害 此病又叫鳃蛆病、翘尾巴病，由中华鱼蚤寄生于鳃而引起。翻开病鱼鳃盖，肉眼可见鳃丝末端挂着像白色蝇蛆一样的小虫。严重时病鱼呼吸困难，焦躁不安，在水表层打转或狂游，尾鳍上叶常露出水面，有时还在水中跳跃。

此病常发生于草鱼、鲢鱼、鳙鱼，全国各养鱼地区都有发生。每年6～10月份为流行季节。

(2)防治方法

①用生石灰清塘杀死虫卵。

②全池泼洒90%晶体敌百虫，用量为0.5毫克/升。

③全池泼洒硫酸铜和硫酸亚铁合剂，硫酸铜用量为0.5毫克/升，硫酸亚铁用量为0.2毫克/升。

412. 怎样防治鱼怪病？

(1)病原与危害 此病由鱼怪寄生所引起。一般雌、雄鱼怪成对寄生在鱼的胸鳍基部附近的体腔，并钻穿其肌肉形成一寄生孔。有时亦只寄生一只雌的或雄的。病鱼身体瘦弱，生长缓慢，严重影响性腺发育。此外，当鱼怪幼虫寄生在鱼苗和鱼种的体表和鳃上时，鱼苗失去平衡，很快死亡；鱼种表皮破损，鳃组织被破坏，亦会导致死亡。此病主要危害鲫鱼和非罗鱼，鲤鱼也有寄生。4～10月份为繁殖季节，多见于湖泊、水库、河流等天然水域。

(2)防治方法 鱼怪病一般都发生在较大的水面，成虫又是寄生在寄主体腔的寄生囊内，故用药物治疗不大可能。采用杀灭其第二期幼虫的方法，可以有预防和控制流行的效果。例如网箱养鱼，在鱼怪放幼虫的高峰期(6～10月份)，每立方米水体用1.5克90％晶体敌百虫挂袋，可杀灭网箱中的鱼怪幼虫。

413. 怎样防治毛细线虫病?

(1)病原与危害 此病由毛细线虫寄生在草鱼、青鱼、鲢鱼、鳙鱼、鲮鱼及黄鳝的肠内。毛细线虫以头端钻入肠壁黏膜层，破坏组织，可引起肠发炎，鱼体消瘦发黑，离群独游。少量寄生时，无明显病状，大量寄生可引起鱼的死亡。

(2)防治方法

①彻底干池，曝晒池底。

②加强饲养管理，保证草鱼有充足适口的饲料，这样可避免吞食池底杂屑；同时，还要注意及时分池稀养，促进当年鱼种快速生长。

③发病初期可用90％晶体敌百虫按每千克鱼体重每天0.1～0.5克，拌入豆饼粉30克，做成药饵投喂，连续6天，可有效杀死肠内线虫。

414. 怎样防治弯体病?

(1)病原与危害 弯体病发生时，鱼的脊椎弯曲变形，故又称畸形病或龙尾病。患弯体病的鱼，主要是鱼体发生"S"形弯曲，有的只是尾部弯曲(尾柄上弯)，鳃盖凹陷或嘴部上下颚和鳍条等出现畸形，鱼发育缓慢、消瘦，严重时引起死亡。

引起弯体病的因素，可能有下列几方面。

①由于水中含有重金属盐类，刺激鱼的神经和肌肉收缩所致。新挖鱼池饲养鱼苗、鱼种都可能出现这种病(新挖池中重金属盐类一般含量较高)。

②由于缺乏某些营养物质而产生畸形，如以缺乏维生素C的

饲料喂养鱼苗、鱼种会出现脊椎弯曲，用缺乏必需脂肪酸（十八碳二烯酸）饲料喂养草鱼种也会出现严重缺乏病（尾柄上弯）和出现死亡，钙和磷缺乏也会引起脊椎弯曲和鳃盖凹陷等畸形。

③胚胎发育时受外界环境影响，或鱼苗阶段受机械操作引起畸形。

④受寄生虫的侵袭，如某些黏孢子虫和复口吸虫较大量的侵袭鱼体或在鱼体内大量繁殖时，亦会引起鱼体弯曲变形。

(2)防治方法

①新挖的鱼池，最好先放养一二龄的成鱼，以后再作为鱼苗、鱼种的培育池，因为成鱼一般不发此病。

②加强饲养管理，投喂营养全面、含量适宜的饲料，可减少此病发生。

③如果发现是由复口吸虫引起的弯体病，按复口吸虫病的治疗方法处理。

415. 怎样防治脂肪肝病？

(1)病因与危害　此病是常见营养性疾病，能使鱼生长缓慢，并引起死亡。

随着水产养殖业发展，现在水产动物养殖，大都采用人工配合饲料投喂。如果鱼长期摄食脂肪和碳水化合物含量过高的饲料，其肝脏中就会积聚过多脂肪，形成脂肪肝病；此外，对鲤鱼、鳜鱼、真鲷鱼、虹鳟鱼、鲟鱼和草鱼研究证实，其饲料中缺乏胆碱，影响脂肪代谢进行，也会诱发产生脂肪肝病变。

患此病的水产动物，如虹鳟鱼体色发黑，游动缓慢，肝呈黄色，有充血、硬化、肿大现象；草鱼主要特征为肝贫血，呈蜡黄色，肥大，肝脏脂肪含量高达5%以上（鲜重）；鳖患此病行动迟钝，食欲不振，体质消瘦，终因长期不食而死亡。

(2)防治方法　投喂营养全面、含量适宜的配合饲料，可减少肝中脂肪积累；在用配合饲料饲养过程中，可适当增加投喂一些天然饵料，以增加活性物质，或在饲料中添加胆碱，保证脂肪代谢正常进行。

416. 怎样防治泛池？

(1)病因与危害 泛池又叫翻塘，这是由于水质不良，水中缺氧而引起的。当水中溶氧量降至1毫克/升时，青鱼、草鱼、鲢鱼、鳙鱼等鱼就会浮头，如不及时采取措施，增加水中溶氧量，而再降至0.4～0.6毫克/升时，鱼就窒息死亡。此现象常发生在夏、秋季，每当阴雨闷热天气、气温上升、气压下降、雷鸣无雨等情况下，最易在半夜之后发生。

泛池的原因是由于池底的腐殖质沉积太多，投饲和施肥过量，造成水质太肥；放养密度过大；天气闷热，气压低，空气中氧气难于溶解到水中；雷雨后，由于池底水温比表层高，引起了水的流转，热水由底层急剧上升，池底腐殖质也随之翻起造成缺氧。

(2)防治方法 冬季干塘时，除去池底过多的污泥，以免影响水质恶化；放养密度要适当；加强饲养管理，要及时清除剩饵；天气闷热突变时，要减少投饵量，并加注清水，或开启增氧机增氧进行预防。

如发现鱼浮头，立即灌注新水，或开启增氧机增氧。必要时可将部分鱼转塘分养。

十二、鱼类养殖网具与工具

417. 鱼类养殖有哪些主要网具与工具？

鱼类养殖网具、工具较多，其数量和质量体现养殖效率和技术水平。鱼类养殖主要网具、工具有夏花被条网、鱼种网、食用鱼网、亲鱼网，鱼苗捆箱、夏花捆箱、鱼种网箱；主要工具有捞海、三角抄网、撒网，鱼桶、鱼筛、鱼盘，催产工具和移动型孵化工具等。

418. 怎样制作夏花被条网？

夏花被条网是捕捞夏花鱼种的网具。要求网具滤水性能好，柔软、耐用。

夏花被条网的结构分上纲、下纲和网衣三部分（图 12-1）。网长为鱼池宽度的 1.5 倍，高为水深的 2～3 倍。网衣水平缩结系数为 0.7（1 米长网衣缩缝在 0.7 米的纲绳上，下同）。上、下纲绳各为内、外两根。

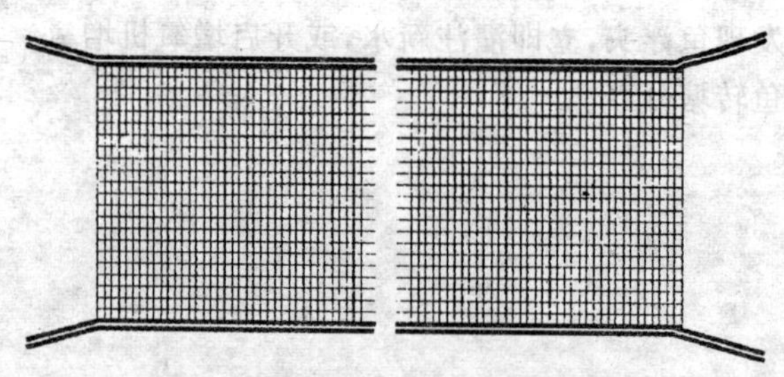

图 12-1　夏花被条网（示意）

纲绳材料为直径 7～8 毫米的棕绳或乙纶胶丝绳（配乙纶胶丝网布）。网衣材料较多，常用的有 12～16 目蚕丝罗布和麻罗布，还有同规格棉麻混纺罗布、维尼纶罗布和乙纶胶丝布等。网衣的防腐材料有栲皮、栲胶、薯莨和牛、羊、猪血等。

装配时，根据网的长、高数据和缩结系数，推算网布数量，然后剪裁并缝合拼接成块，依缩结系数将网块两长边分别缩缝在上、下纲的内纲绳上，再用两根纲绳作外纲绳分别与两内纲绳相拼并每隔 15～20 厘米用线固定。

为了便于栲染、收藏，一般一部夏花被条网可分成 2～3 片加工，使用时根据池宽再拼结。

当网具装配好后需进行栲染，以增强防腐和滤水性能。网具栲染分三步完成，即染液配制、染网和蒸网。

(1)染液配制 每 50 千克栲皮加清水 150 升。先将栲皮泡软，煮沸并用温火煎煮 3 小时左右，捞出皮渣即成染液。

(2)染网 将网具放入染液中浸染，以能淹没网衣为度，经常翻动，使染色均匀。染好后滤去余液(余液暂存再用)。摊开在日光下晒干(不能拧干晒)。新加工的网具需反复染 4～6 次；原来染过的旧网，使用 1 年后再染，只需染 2 次。

(3)蒸网 网具经几次栲染晒干后，还需经过热汽蒸。蒸网用具是一个长筒形的木制或铁皮蒸笼(可用旧汽油桶代替，上盖去掉，下底打许多小洞眼)。操作时，用旧麻袋垫底，再将网一层层平整压实在蒸笼内，装满后用 2～3 层麻袋压盖。将装好网具的蒸笼放在大锅上面，锅中盛上大半锅清水，烧开蒸网，待上汽后再继续蒸 2～3 小时即可。

用薯莨或考胶栲染，方法与栲皮基本相同，惟染液不需蒸煮。

在缺乏栲皮、薯莨、栲胶的地方，也可直接用牛、羊、猪血染网。操作时，在血液中加少量清水，将血块捣细碎，用纱布过滤，然后浸染。血量以能将网染透、染匀为度。染好后同样滤去余血，摊开晒干，热汽蒸网。

乙纶胶丝网不需栲染；维尼纶网可减半栲染次数，亦不宜大火操作，以免变形。

夏花被条网省去了浮子和沉子。使用时，只需将多根粗毛竹抬杆在放网时一根根间隔一定距离插入上纲内外纲绳内即成，或将多个木制鱼桶（矮短桶）分段朝内搭入上纲即可。

419. 怎样制作鱼种网？

鱼种网是捕捞一龄鱼种的网具，要求网具滤水性能好，柔软、耐用。

鱼种网的结构分上纲、下纲、网衣、浮子和沉子五部分（图 12-2）。网长为池宽的 1.5 倍，网高为水深的 2～3 倍，网衣水平缩结系数为 0.6。上纲每隔 50 厘米左右装浮子 1 个；下纲均衡装配沉子，浮子的浮力和沉子的沉力比为 1∶1.2～1.5。

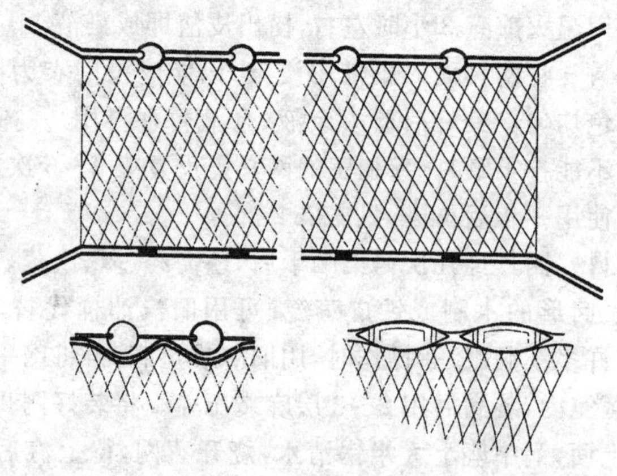

图 12-2　鱼种网（示意）

上、下纲绳材料为直径 6～7 毫米的乙纶胶绳或维尼纶绳。网衣材料为 3×2 或 3×3 规格的尼龙线编结而成，网目为 1～2 厘米的网片。浮子材料为直径 8 厘米的圆形塑料泡沫浮子或 50～100 克腰鼓形硬质塑料浮子。沉子是用金属材料制成，每个重 20～25 克。生产上使用的大多为铅质或铁质沉子。

装配时，先将两根纲绳分别穿入网衣上、下两边的目中，并按缩结系数将网衣分段用网线固定于纲绳上，即称上纲、下纲的内纲绳；另用两根纲绳分别并列紧贴两内纲绳外侧，称外纲绳。在上、下纲的内外纲绳之间每隔50厘米左右分别装上浮子和沉子。如果是圆形塑料泡沫浮子,则浮子穿入上纲的外纲绳上,并固定在适当的部位上。

420. 怎样制作食用鱼网?

食用鱼网是捕捞食用鱼的网具。要求网具柔软、耐用,不卡或少卡鱼体。

食用鱼网结构分上纲、下纲、网衣、浮子和沉子五部分(同鱼种网)。网长为池宽1.5倍,网高为水深2～3倍。网衣水平缩结系数为0.6。上纲每隔75厘米左右装浮子1个;下纲均衡装配沉子,浮子的浮力和沉子的沉力比为1∶1.2～1.5。

上、下纲绳材料为直径6～7毫米的乙纶胶丝绳。网衣材料为3×5乙纶胶丝线编结成网目为8厘米的网片。浮子和沉子材料同鱼种网。

食用鱼网的装配方法与鱼种网相同。

421. 怎样制作亲鱼网?

亲鱼网是捕捞亲鱼的网具。要求网具柔软、耐用,不易伤鱼。

亲鱼网结构分上纲、下纲、网衣、浮子和沉子五部分(同鱼种网)。网长为池宽1.5倍,网高为水深2～3倍。网衣水平编结系数为0.5。上纲每隔75厘米装浮子1个;下纲均衡装配沉子,浮子的浮力和沉子沉力比为1∶1.2～1.5。

上、下纲绳材料为直径6～7毫米的乙纶胶丝绳或维尼龙绳。网衣材料为3×5尼龙线编结成网目为3厘米的网片。浮子和沉子材料同鱼种网。

亲鱼网的装配方法与鱼种网相同。

422. 怎样制作鱼苗捆箱?

鱼苗捆箱是围集、暂养鱼苗的网箱。要求网箱材料柔软、滤水性能好，防腐、耐用。

鱼苗捆箱结构分箱体、纲绳和箱杆三个部分(图 12-3)。箱体口面呈长方形，箱高 100 厘米，宽 100 厘米，长 800 厘米(8 斗箱，每斗 100 厘米)或 1 000 厘米(10 斗箱)。箱底呈“U”字形。箱体网布口面缩结系数为 0.7。口面纲绳分内、外两根，口角和长边每隔 100 厘米有长约 30 厘米的耳纲 1 根，其中四角 4 根耳纲较粗长。箱杆约 15 根。

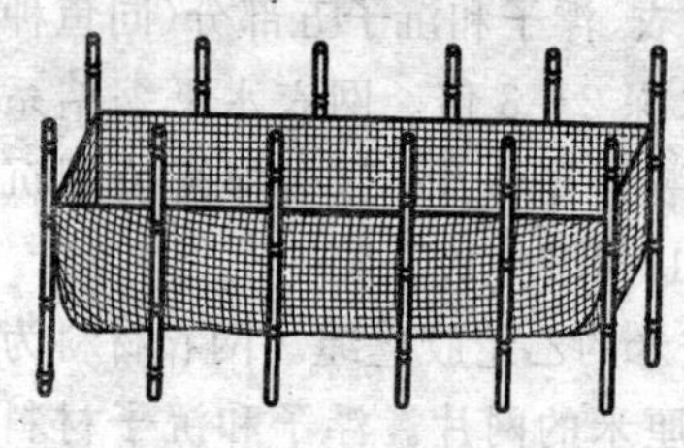

图 12-3　鱼苗捆箱(示意)

箱体网布材料为 50 目的蚕丝布、麻布或同规格维尼纶布。纲绳为直径 2.5～3 毫米的细麻绳或维尼纶绳。箱杆为直径 2～3 厘米，长 2～2.5 米的小竹竿，其中四角上的箱杆略为粗大。

制作时，按照捆箱规格和缩结系数计算所需箱布的数量。例如，制一个 8 斗捆箱，计算后需长 10.3 米、宽 2.2 米的网箱布。即取长 10.3 米、门幅宽 76 厘米的网箱布 3 块，以长边相缝拼成一整块。然后，从整块布的四个角各剪去一个长方形布块，即从每一角依长边 43 厘米处垂直剪 40 厘米，再依宽边 40 厘米处垂直剪 43 厘米，最后将每角两剪边分别缝合，即成网箱雏形(图 12-4)。

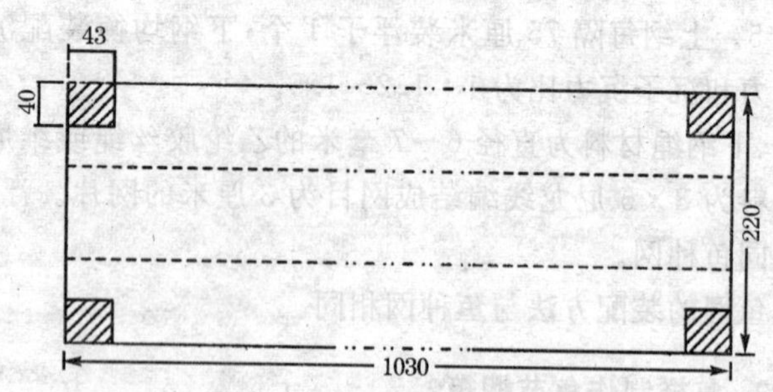

图 12-4　鱼苗捆箱的剪裁缝合(单位：厘米)

为了加固捆箱四个角的厚度，能承受较大拉力，也可不剪，而依四角剪裁的画线，重合相缝，摊开平展包缝四角，增其厚度。

当剪裁缝制好雏形箱体后，按照箱体网布口边缩结系数，将一条纲绳手工缝在网箱口边上（即1米长箱布口边缩缝在0.7米长的纲绳上），然后将另一条纲绳（外纲绳）与已缝好的内纲绳相拼，分小段（8～10厘米）用线固定。最后将四角耳纲绳和每隔100厘米的耳纲绳分别套在四角和箱口周边的外纲绳上即成。

鱼苗捆箱制成后，如果是利用要求的材料加工制成，则需要同夏花被条网一样栲染防腐，以利透水和固定网线；如果使用较柔软的合成材料制成则不需栲染。

箱杆制作，依其长度要求锯去上端多余部分，下端削成楔形，以利插池固定。此外，还可根据捆箱长度和宽度做成木质或竹质浮式框架，其四角和每隔100厘米处（与捆箱耳纲对应处）打孔，插进竹篾，以撑开固定网箱。

423. 怎样制作夏花捆箱？

夏花捆箱是囤集、暂养夏花鱼种的网箱。要求网箱材料透水性能好，柔软、防腐、耐用。

夏花捆箱结构和鱼苗捆箱相同。网箱布材料和夏花被条网相同，其他材料及制作方法与鱼苗捆箱相同。

424. 怎样制作鱼种捆箱？

鱼种捆箱是囤集、暂养各种大小不同的鱼种的网箱。要求网箱材料透水性能好、柔软、耐用。

鱼种捆箱结构同鱼苗捆箱。网箱材料同鱼种网，其他材料及制作方法与鱼苗捆箱相同。

425. 怎样制作捞海？

捞海是养鱼管理捞鱼或捞其他杂物的小型常用网具。要求轻巧、耐用(图 12-5)。

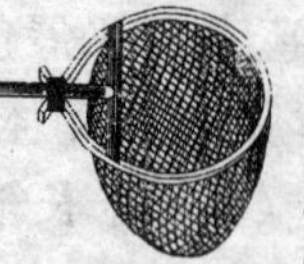

图 12-5　捞　海(示意)

捞海结构分网兜、竹绷和手柄三部分。网兜呈锅底形,竹绷呈梨形,手柄呈"T"字形。根据用途不同捞海又分微型、小型和大型。

微型捞海作为小规格鱼种过数用具。其网兜用 3×1 规格的尼龙线编结而成,网目 0.5 厘米左右,竹绷最大处直径 10～15 厘米,手柄长 20 厘米左右。

小型捞海作为捞移较大规格鱼种用具。其网兜用 3×1 规格的尼龙线编结而成,网目为 0.8～1.3 厘米,竹绷最大处直径为 25～35 厘米,手柄长 50 厘米左右。

大型捞海作为养鱼管理的用具。其网兜用 3×2 或 3×3 规格尼龙线或乙纶胶丝线编结而成,网目为 1.5～2 厘米,竹绷最大处直径 35～40 厘米,手柄长 2～2.5 米。

捞海的制作以大捞海为例,分四步进行,即制作网兜、竹绷、手柄和装配。

(1)网兜制作　取 4 根 3×6 的维尼纶线或尼龙线,每根长 26～40 厘米,然后每根对折、互套缩拉呈"田"字形(图 12-6)。此"田"字形结向四周分出 8 根线,将这 8 根线逐一顺次套压围绕"田"字结一圈,拉紧后成为网兜的起点结,分出的 8 根线则为基础线。

从其中一根基础线开始,用网针线按网目大小将线头固定其中;然后逐一固定其余 7 根基础线,形成第一圈 8 目;从第二圈继续往下编结,每循环编结一圈增目 8 个(图 12-6)。一直编结到基础线终端,即停止增目,形成"锅底"形;此后一直继续循环编结,当网兜合拢时长度达到 40 厘米左右即成。

(2)竹绷制作　依竹绷直径取宽 2～2.5 厘米、厚 0.5～0.8 厘米的竹片弯成梨形,竹片每节的内隔应保护好,不断掉。竹片两末

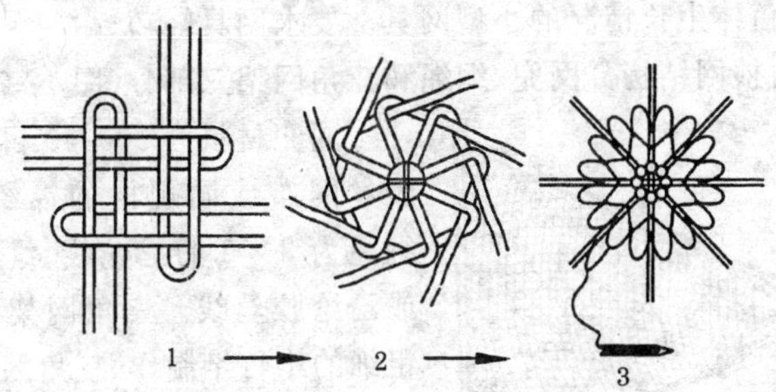

图 12-6 捞海网兜编结示意图

端对应各锯切一缺口，可相卡交吻合。在竹绷内缘每节内隔突起处平向钻小孔 1 个，或因竹节处内隔突起不牢易于断掉，改用最小号“羊眼”（玻璃窗架固定风钩的“羊眼”）拧入代替，以便于穿入一圈竹篾或铁丝，作为固定网兜的支架。

(3)手柄制作 手柄呈“T”字形。用直径 3 厘米左右的木杆或竹竿做成。“T”字形手柄的横杆长度为梨形竹绷后端 1/4 处的直线距离。横杆两端的底面各锯切一倒“八”字形缺口，缺口的深度为其直径的一半，以便与竹绷口面竹片吻合相接。

(4)捞海装配 当捞海各部件制作完成后，用细绳或尼龙线将“T”形手柄固定竹绷后 1/4 的部位上，“T”形手柄横杆两端倒“八”字形缺口十分吻合地紧贴竹绷的弯片上，并用线固定。为了固定不滑脱，在横杆倒“八”字两端各钻 1 小孔，用线通过小孔固定在竹绷上。竹绷两端交叉处紧靠“T”形手柄直杆底面，用细绳扎牢。为了牢固，在竹绷两端交叉处紧贴手柄直杆底面钉上一颗钉子使交叉点紧抵钉子，然后用细绳将竹绷和直杆扎紧。

手柄与竹绷扎紧后，用竹篾或铁丝沿竹绷内缘小孔或“羊眼”均匀穿进网兜即成捞海。

426. 怎样制作三角抄网？

三角抄网是鱼苗、鱼种培育过程中定期或不定期局部抄捕苗种，检查鱼体生长情况的小型网具。要求网具轻巧、耐用。

三角抄网结构分网兜、纲绳和三角网架三部分（图12-7）。

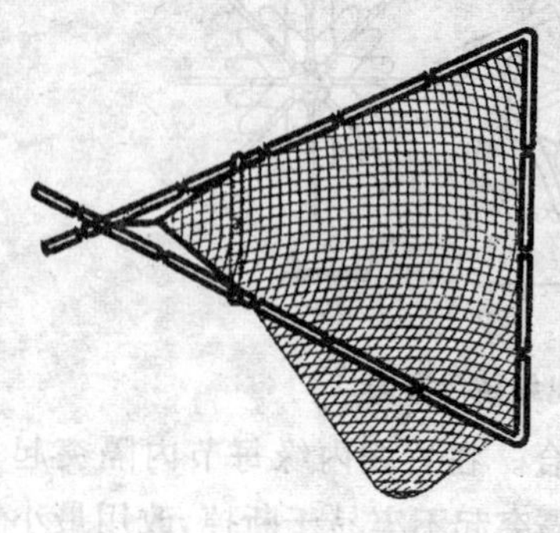

图12-7 三角抄网（示意）

网兜材料为30～40目的乙纶胶丝网布或同规格的锦纶丝布。纲绳为3×6的尼龙线、维尼纶线或乙纶胶丝线。三角网架用拇指粗细的小竹竿制作，三角网架边长80厘米左右。

(1)网兜制作 取边长60厘米的正方形，规格为30～40目的乙纶胶丝布或同规格的锦纶丝布一块，进行互相垂直的两次对折，将布折成大小相同的4个小块，然后用剪刀剪去一小块，即去掉1/4。然后将两剪边相拼缝接即成三角形网兜，再将网兜三边适当转边缝制，以免排纱。最后将网兜三边缝上纲绳。

(2)三角网兜架制作 取长220厘米，粗如拇指的新湿小竹竿1根，分3段做上记号，中间段长60厘米，两端段各长80厘米。将中间段两记号处放在火上加热，随即使其弯曲成60°角，然后将两端段末端交叉用线固定成等腰三角形。再用一短小竹竿在等腰三角形的两腰上端两边用线分别固定，即成边长为60厘米的等边三角形网兜架。

为了使三角网兜能稳定装在三角形网架上，在三角形网架的三条边内侧，每隔20厘米拧入最小号“羊眼”1个，然后用一根铁丝穿进各“羊眼”中即成。

(3)三角抄网装配 将三角网兜放在三角网架上，用大号缝衣针，穿上尼龙线，将三角网兜三边的纲绳均匀地缝连在三角网架的铁丝上。三角网兜最上的一角缝连上一粗线，并通过架上一短小横杆上面，最后固定于网架两端交叉点上即成。

427. 怎样制作撒网?

撒网是局部捕捞大规格鱼种或食用鱼的中、小型网具。要求轻巧、灵活、机动、耐用。

撒网结构分网衣、网兜、纲绳和沉子四部分。根据网目大小不同又分为密网型撒网(网目长 1.5～2 厘米)和稀网型撒网(网眼 5～7 厘米)两大类;当然还有中间型和大小之分。撒网合拢后高度为 5～6 米。底纲网目,密网型撒网共计 1 200～1 600 目;稀网型撒网共计 320～420 目。当撒开后近似圆形,所框进水面积为 60～70 平方米。

网衣材料为 3×2～3×3 尼龙网线;纲绳材料,手纲绳为直径 5～7 毫米的尼龙绳,底纲绳为直径 2～3 毫米的尼龙绳;沉子材料为 20～25 克的铅质或铁质,形状为长 4～5 厘米,直径约 0.5 厘米,中空(直径 3 毫米左右)的长圆筒形沉子或长 5～6 厘米,两端各有一直径为 4 毫米左右孔突起的铁沉子。

(1)网衣制作　取 3×2 或 3×3 尼龙网线,用网针先起头编结 40 目。

如果做密网型撒网,按网目长 1.5～2 厘米编结,而每往下编结两排目之后,紧接下排则每隔 2 目增 1 目;当做完一圈增目之后,再往下连做两排目,再继续往下做时,又要每隔 2 目增 1 目……如此往复,一直编结到终端总目数达到 1 200～1 600 目,即不再增目。此时,网衣收拢后大约高 3～4 米。然后,接着维持总目数,继续往下编结 2 米左右,使撒网网衣收拢后总高达到5～6 米。

如果做稀网型撒网,按网目长 5～7 厘米编结。其编结方法同密网型撒网一样,只不过增目终端要求总目数达到 320～420 目。网衣收拢后增目达到的高度和总高度也与密网型撒网完全一样。

(2)撒网装配　先将沉子穿进底纲中。密网型撒网按每 5～6 目装配 1 个沉子,而稀网型撒网每 2 目装配 1 个沉子,使其沉子总重量各都控制在 5 千克左右。

当沉子装配好之后，密网型撒网，从底纲向上数24目，使底边朝内对折，一端用网线固定在第24目上，另一端隔4个沉子同样固定在对应的第24目上，即成网兜（收网时容纳鱼的兜子），如此继续一圈形成众多网兜；而稀网型撒网，同密网型一样方法形成网兜，只不过从底纲向上数12～15目，每隔4个沉子，朝内两端分别固定在对应的第十二至第十五目上，一圈以形成众多网兜。

最后，用直径5～7毫米的尼龙绳，长约3米的手纲固定在撒网的顶端即成。这种撒网，通过人的力度和技巧撒开，可框进60～70平方米近圆形的水面。

428. 怎样制作鱼桶？

鱼桶是挑运鱼苗、鱼种的工具。鱼桶还兼有挑水、提水、施肥、泼药和作为被条网的活动浮子的作用。尽管鱼桶的部分功能可用通用的塑料桶和铁桶代替，但是其特有的功能不能取代，所以特制的鱼桶是必需的。正因为这样，要求鱼桶灵巧、耐用，具有一定的浮力和稳固性。

鱼桶结构分桶体、桶耳和挑绳三部分。桶体短圆筒形，用厚1.5厘米、长35厘米的杉木板拼接加底而成圆筒形，直径约50厘米，容量（体积）约20升。桶耳4个，均匀地附于桶口四个方向周边外侧，与对应的木块连成一体。桶耳为厚5厘米、直径8～10厘米圆的大半个圆状，中间钻直径约1厘米的圆孔，以便穿进挑绳。挑绳为两根长约2米，直径7～8毫米的乙纶胶丝绳或同规格尼龙绳。

鱼桶一般由圆木工专门加工而成。当初加工好桶之后，为了防腐、耐用，应用桐油内外涂抹2～3次。先将木桶在阳光下晒热，晒去木中潮气，趁热涂油1次，使其充分将油吸入木中，待阴干后再涂1～2次即成。最后将两挑绳的四端穿进桶耳并打结，不使滑出，即可挑用。

一般一套鱼桶6～8个，分3～4担挑用和兼当被条网浮子；还可根据实际需要适当增加其数量。

429. 怎样制作鱼筛?

鱼筛是用来分离不同规格鱼种的工具。要求光滑、轻巧、耐用。

鱼筛呈半球形,结构分筛体和把手两部分(图 12-8)。

筛口直径为 540～560 毫米,深 300～320 毫米,筛口边框竹片宽 25～35 毫米,把手竹竿直径为 14～18 毫米。鱼筛竹条用毛竹条、箪竹条(或粉箪竹条)和藤皮加工而成。要求竹条光滑、无节、粗细均匀,编结牢固。一套鱼筛共计 30 多把,其规格见表 12-1。而常用的有 10 多把(表 12-2)。

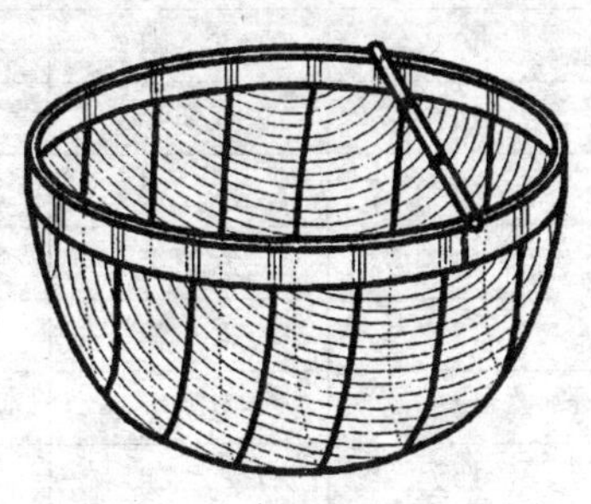

图 12-8 鱼筛 (示意)

鱼筛做工精细,一般由专门的渔具厂生产,而以广东、广西地区出品为多。

表 12-1 鱼筛规格*

鱼筛编号	原编号	竹条宽度(毫米)	间隙宽度(毫米)
1	头 朝	0.40±0.04	0.77±0.03
2	朝 三	0.40±0.04	0.84±0.02
3	朝 半	0.50±0.05	0.88±0.02
4	朝 七	0.50±0.05	0.39±0.01
5	二 朝	0.60±0.05	0.95±0.01
6	二朝三	0.60±0.05	0.97±0.01
7	二朝半	0.70±0.05	1.00±0.01
8	二朝七	0.70±0.05	1.07±0.02
9	三 朝	0.80±0.05	1.38±0.05
10	三朝半	0.80±0.05	1.52±0.05

续表 12-1

鱼筛编号	原编号	竹条宽度(毫米)	间隙宽度(毫米)
11	四　朝	1.00±0.05	1.67±0.07
12	四朝半	1.00±0.05	1.87±0.10
13	五　朝	1.10±0.10	2.00±0.10
14	五朝半	1.10±0.10	2.25±0.10
15	六　朝	1.30±0.10	2.50±0.10
16	六朝半	1.30±0.10	2.80±0.10
17	七　朝	1.60±0.15	3.30±0.15
18	七朝半	1.60±0.15	3.80±0.15
19	八　朝	1.90±0.15	4.40±0.25
20	八朝半	1.90±0.15	5.20±0.35
21	九　朝	2.30±0.20	6.20±0.45
22	九朝半	2.30±0.20	7.20±0.45
23	十　朝	2.60±0.25	8.20±0.45
24	十朝半	2.60±0.25	9.20±0.45
25	十一朝	3.70±0.25	10.20±0.45
26	十一朝半	3.70±0.25	11.40±0.45
27	十二朝	4.40±0.30	12.50±0.50
28	十二朝半	4.40±0.30	13.80±0.50
29	三　寸	5.00±0.30	15.00±0.50
30	三寸半	5.00±0.30	16.20±0.50
31	四　寸	5.40±0.30	17.50±0.50
32	四寸半	5.40±0.30	19.00±0.60
33	五　寸	6.10±0.30	21.00±0.60
34	五寸半	6.10±0.30	22.50±0.60
35	六　寸	6.50±0.30	24.00±0.60

*依 林岗

表 12-2 常用鱼筛与鱼体长度关系

鱼筛名称	筛孔长度（毫米）	鱼体长度（毫米）	鱼筛名称	筛孔长度（毫米）	鱼体长度（毫米）
4 朝	1.8	13.3	11 朝	11.1	73.1
5 朝	2	16.7	11.5 朝	12	79.9
6 朝	2.5	20	12 朝	12.7	86.6
7 朝	3.2	23.3	3 寸	15	99.9
8 朝	4.2	33.3	3.5 寸	17	116.6
8.5 朝	5	40	4 寸	18	133.2
9 朝	5.8	46.6	4.5 寸	19	149.9
9.5 朝	6.5	53.3	5 寸	21.5	166.5
10 朝	7	59.9	5.5 寸	22.4	183.2
10.5 朝	9	66.6	6 寸	23.3	199.8

430. 怎样制作鱼盘？

鱼盘是用来鱼苗、鱼种过数和盛鱼观察其种类、规格、体质的用具。要求圆滑、轻巧、耐用，不沉水。

鱼盘为圆形，盘状，白色；外底内凹，红色。一套鱼盘有大小11 个，最小规格直径为 10 厘米，最大为 26.6 厘米，中间每隔 1.67 厘米为一个盘。

制作鱼盘的材料为木质细密、坚韧、较轻的果木，如橄榄木（广东省）加工成形。内、外表面涂抹白色油漆，其中外凹底涂红油漆。鱼盘还可利用白色轻质塑料为原料熔化铸压而成。

鱼盘做工精细，一般由渔具厂和塑料厂加工制作。

431. 怎样配置鱼类繁殖用具？

鱼类繁殖用具主要有鱼担架，配药器具，注射器具，人工授精用具,卵、苗观察器具和药物保存器具等多种。

(1)鱼担架 鱼担架是放装、提运亲鱼的用具。要求轻巧、柔软、耐用。

鱼担架分布兜、提柄两部分组成。布兜用稍厚、柔软的棉布或维尼纶布剪裁缝制而成。提柄用直径2.5～3厘米的小竹竿做成。

布兜长方形半袋状。做成后,兜长80厘米左右,宽35厘米左右。所谓半袋状,即剪裁一块长85厘米、宽85厘米的整块布,将两长边分别对折缝制成直径约3厘米的两端开口的长布管,以便穿进竹提柄,然后将整块布对折形成兜,宽边一端由兜底向上缝合2/3,并加固以防用时拉开;另一端敞开卷边即成。用于人工授精的鱼担架,则在兜底后1/3处开一8～10厘米的洞口,以便露出肛门采精、采卵。

(2)配药器具 鱼类人工催产配药器具有8～10厘米口径的研钵1个,200毫升烧杯2个,400毫升烧杯2个,900毫升烧杯1个,2000毫升小口瓶1个,200毫升广口瓶2个,400毫升广口瓶2个,500毫升的量筒和量杯各1个,温度计若干支。

(3)注射器具 鱼类人工催产注射器具有5毫升注射筒10支,10毫升注射筒5支,6号针头1盒,7号针头1盒,扁头镊子2把,消毒盒一套,500瓦电炉1个,30厘米×25厘米左右的搪瓷盘1个。

(4)人工授精用具 鱼类人工授精用具有通用白色搪瓷面盆或塑料面盆2个,20厘米左右口径的搪瓷或塑料通用授精碗4个,50厘米左右口径的塑料脱黏通用盆1个。普通毛巾若干条。

(5)卵、苗观察器具 鱼类卵、苗观察器具有80毫米放大镜1个,普通显微镜和解剖镜各1台及与之配套的载玻片、凹载玻片、盖玻片、玻璃培养皿、擦镜纸、温度计等适量。为了提高鱼类人工繁殖的技术含量和提高效率,降低成本,这类普通仪器设备是必需的。

(6)药物保存器具 鱼类人工繁殖药物保存器具有25厘米口

径的玻璃干燥器(配氯化钙或变色硅胶 500 克)2 套,150 升电冰箱 1 台。用于长期保存催产药和显微镜,解剖镜镜头,使其不受高温和潮气影响。

432. 怎样制作孵化缸?

孵化缸为移动型孵化工具,一般为家用水缸(陶缸)改装而成。孵化缸又分漏斗形孵化缸和平底孵化缸两种。我国北方家用陶缸缸身较长瘦,宜改装成漏斗形孵化缸(图 12-9);南方缸身较短胖,宜改成平底孵化缸(图 12-9)。孵化缸属小型孵化工具。要求内壁光滑,进、出水平衡。

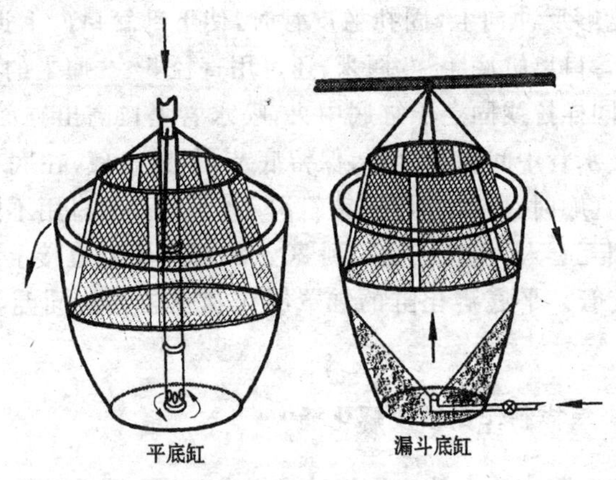

图 12-9 孵 化 缸

孵化缸结构分缸体、缸罩、进水管口三部分。

漏斗形孵化缸改装时,在家用陶缸紧贴缸底的壁上钻一直径 15～20 毫米的小孔,用同口径的铁管加 90°弯头插入,使弯头位于缸底中央向上,然后以弯头口为中心,用混凝土填成漏头状,此管口即为进水管口。缸罩呈圆台状,用 50 目的乙纶胶丝布做成,下口径与缸体 1/3～1/2 处的直径一样大,上口约为下口的一半大小,罩高为安装好后高出缸口约 10 厘米;缸罩上、下口边分别对折缝制，形成宽3～4厘米的双层边，并有一处开口，以便穿进竹片条，维持上口、下口呈圆形。另外用一根长同缸罩安装部位的周长，宽2～2.5厘米、厚约0.5厘米的竹片将缸罩下口绷撑紧贴在缸壁上。为了防止缸罩下口边与缸壁相贴不够严密，形成缝隙逃苗，在缸罩外口边内缝衬上一层宽约3～4厘米、厚0.5厘米的泡沫塑料片。缸罩安装好后，提起上口，并用细绳索串起来，使罩上口高出缸口约10厘米即成。

平底孵化缸在改装时，不对陶缸进行任何改动，只需利用1根直径15～20毫米的进水橡皮管，用细绳索固定在1根小竹竿上，然后将竹竿用三线拉杆法固定在缸底中央即成。为了使水流到达缸底后能够反冲向上，固扎橡皮管时，使下部管口向上退出4～5厘米，即管口离缸底4～5厘米；还可用直径5～8厘米的毛竹做成喷水管，同样拉线固定于缸底中央，喷水管上口高出缸面50厘米左右。喷水管中间各节打通，保留底节，紧贴缸底，在底节之上顺一个方向(顺时针或反时针)钻斜洞4～5个。上口用不同大小的短竹管相互套入，使口径变小到20～25毫米而能套接上同规格的进水橡皮管。平底孵化缸的缸罩制作和安装方法同漏斗形孵化缸。

433. 怎样制作白铁皮孵化桶?

白铁皮孵化桶也是一种移动型孵化工具，是用白铁皮焊接而成的漏斗形孵化器(图12-10)。适合中、小型生产规模和孵化实验。

白铁皮孵化桶的结构分桶体、过滤罩、进水管口、出水口和桶架几部分。容水量0.08～0.16立方米。

桶体分上、中、下三部分，上部为圆柱状，中部为倒圆台状，下部为漏斗状。在圆柱体紧靠口面以下，有一溢水出水口，漏斗体下接直径1.5厘米的进水铁管。桶体用0.6毫米厚的白铁皮剪裁焊接而成。

过滤罩呈圆台罩状，罩高 40～50 厘米，过滤罩布为 50 目的乙纶胶丝布。过滤罩下口与桶体中部上口同样大小，口边用白铁皮条(宽 2.5 厘米)和螺丝压固在桶体中部上口外侧。罩上口翻转固定在直径 8 毫米的钢筋圆台架上。钢筋圆台架为活动型，装配过滤罩时放入。过滤罩滤出的水经桶体上部圆柱体空间汇总经出水口集中排出。桶架用 35×35 角铁加工成三角形支架。

白铁皮孵化桶，结构精细，由白铁加工店依设计图纸剪裁焊接而成。

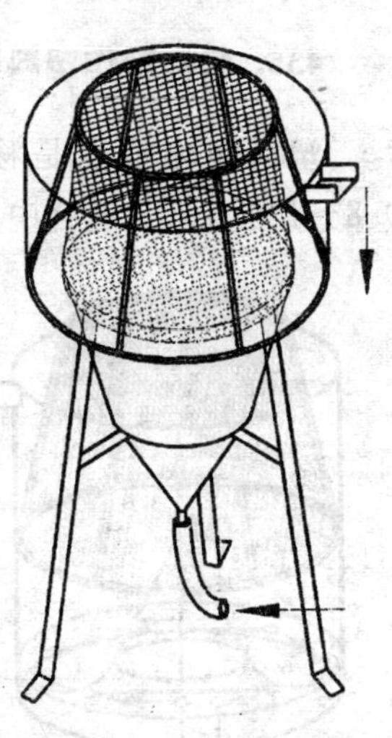

图 12-10　白铁皮孵化桶　(示意)

434. 怎样制作水下软孵化桶？

水下软孵化桶也是移动型鱼类漏斗形孵化器。适合小规模生产应用。

水下软孵化桶结构简单，分桶体、进水管口和撑形圈三部分。

桶体参考白铁皮孵化桶的构架，分上部圆柱体和下部漏斗体，用 50 目的乙纶胶丝布剪裁缝合而成。漏斗底捆接上一根长约 15 厘米，直径 20 毫米的铁管，即为进水管口，铁管下接进水橡皮管，即可通水。

撑形圈材料为毛竹片，即用 2 根宽约 2～2.5 厘米、厚 0.5 厘米的竹片条，捆扎成两个如同桶体上、下直径大小的竹圈圈，并用其一由外周撑开固定桶体上口；其二由外周撑开固定桶体圆柱体与下部漏斗体交接处。

使用时，只需将水下软孵化桶串在池塘水下(口露出水面10～15 厘米)或水流动性水泥池水下，接通进水橡皮管就可进行鱼卵孵化，水从软桶上、下、四周排出桶外。

435. 怎样制作塑料孵化桶?

塑料孵化桶也是移动型鱼类孵化器(图12-11)。容水量0.8～1立方米。适合中、大规模生产。

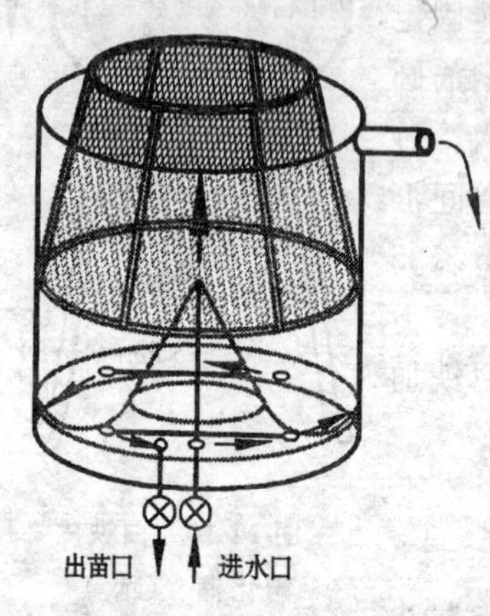

图12-11 塑料孵化桶

塑料孵化桶结构分桶体、过滤罩、圆锥突、进水管口和出苗管口五部分。

桶体材料为硬质塑料或玻璃钢,加工成圆筒形,直径120厘米,高80厘米左右。桶底通过中心圆锥突隔成"U"字形。过滤罩布材料用50目的乙纶胶丝布剪裁缝制成梯形圆矩形罩,并安装在塑料罩架上。罩上口直径90厘米,下口同桶体直径,高70厘米。圆锥突,同样为塑料材料,中空,突尖上开一小口,圆锥底直径40厘米,圆锥高30厘米。整个圆锥突焊接于桶底中心。"U"形底中线外侧均衡分布5个椭圆形喷口,下接5根直径1.5厘米的塑料进水管。此外,另一根同规格塑料进水管通向圆锥突开口,各进水管与进水管连通,装上阀门,以控制进水流量和流速。出苗管口位于"U"形底中线上,直径3.5厘米。

塑料孵化桶由塑料制品厂根据上列参数和设计图纸专门加工而成。

436. 怎样制作塑料孵化槽?

塑料孵化槽也是移动型鱼类孵化器。适合中、小规模生产应用。

塑料孵化槽结构分槽体、过滤窗、进水管及喷头和出水口几部分。容水量1立方米左右。

槽体长方形，长 1.3 米左右，宽 1 米，深 0.8 米左右，底呈“U”字形，槽外有角铁支架。用硬质塑料或薄铁板加工而成。过滤窗为木质框架，上衬 50 目乙纶胶丝布。过滤窗长同槽的长度，高为槽深的 3/4。过滤窗底下约 5 厘米的槽壁上有一排喷口，喷口之间相隔 10 厘米左右；喷口长 3 厘米左右，宽 4 毫米；喷口后接直径 1.5 厘米的铁管即进水支管，支管下接直径 7.5 厘米的进水总管。过滤窗从喷口上约 5 厘米的槽壁上向上纵向安装，并与槽口相平，横向约占槽宽的 1/4，即向内有一定的倾斜；过滤窗后有一低于槽口面 8～10 厘米的纵向溢水小槽；溢水小槽长度同槽的长度，宽度约 8～10 厘米、深 8～10 厘米，在小槽一端的底部朝孵化槽宽边壁上开一直径 7.5 厘米的口或洞，即为排水管口。

塑料（或薄铁板）孵化槽做工精细，由塑料制品厂或铁具加工厂按设计图专门加工。

十三、养殖工程

437. 兴建鱼类养殖场为什么要经过选址？

鱼类养殖场的选址关系到一个现代化养殖场的建设与发展。选址得当、科学实用，不但方便设计、施工、降低建设成本，有利于日后生产，易于形成良好的经济与社会效益，而且具有较大的生产潜力和美好的发展前景；否则，给建设、生产和发展带来无尽的麻烦，甚至“骑虎难下”，十分被动。所以鱼类养殖场的选址是最基础、最基本的技术过程。

诚然，选址应从水源、土质、交通、电力、环境、水质和地形等诸多方面进行调查、研究和现场考察，甚至测试，然后进行综合分析和比较，以达到科学定位和正确决策的目的。

438. 兴建鱼类养殖场如何选择水源、水质？

鱼类是水生动物，鱼的生存、生长、繁育离不开水，而且需要充足未被污染的水源和水质（表13-1），以避免形成公害。

作为养鱼用水的水源有自然的江、河、湖、库和溪流，也有地下井水和冷、热泉流。前者是最常用、最好的选择；后者因来自地下，受各地地质的影响，水质理化指标差异较大，即使是自然水体，随着工农业和渔业发展，不同程度存在污染，故需要按国家渔业用水标准进行测试，凡符合标准要求者方可采用，还需要通过养鱼实地考察进行综合评定。由于地下水往往都有一定的贮量和流量，自然水体也有量的问题。所以根据工、农业和生活用水的整体需求，还需考虑水源是否充足的问题。

十三、养殖工程

表 13-1　淡水养殖用水水质要求

项　　目	标准值
色、臭、味	不得使养殖水体带有异色、异臭、异味
大肠杆菌(个/升)	≤5000
汞(毫克/升)	≤0.0005
镉(毫克/升)	≤0.005
铅(毫克/升)	≤0.05
铬(毫克/升)	≤0.1
铜(毫克/升)	≤0.01
锌(毫克/升)	≤0.1
砷(毫克/升)	≤0.05
氯化物(毫克/升)	≤1
石油类(毫克/升)	≤0.05
挥发性酚(毫克/升)	≤0.005
甲基对硫磷(毫克/升)	≤0.0005
马拉硫磷(毫克/升)	≤0.005
乐果(毫克/升)	≤0.1
六六六(丙体,毫克/升)	≤0.002
滴滴涕(毫克/升)	≤0.001

作为鱼类养殖水质基本要求,pH 值为 7～8.5,溶解氧在 24 小时内、16 小时以上大于 5 毫克/升,其余时间不得低于 3 毫克/升,总硬度以碳酸钙计为 89.25～142.8 毫克/升,以德国度计不能低于 3°,有机耗氧量在 30 毫克/升以下,氨低于 0.1 毫摩尔/升,硫化物不允许存在。一般工厂、矿山排出的废水和部分地下水往往含有对水生动物、植物有害的物质,没有经过分析和处理,不宜作为淡水养殖用水。

水源、水质,关系到鱼类养殖场的全局。换言之,即使其他条件再好，水源、水质不好，也不适于建场。

439. 如何改造鱼类养殖场的水源、水质？

在建场实践中，往往情况比要求的复杂得多，如考察、规划和建设时，水源、水质很好，但随着经济和社会发展进程，后来情况发生了很大变化，水源和水质不同程度受到污染。这种情况在我国20世纪70～80年代建设的养殖场较常见；或者水源、水质尽管不十分理想，但其他条件比较好，而没有更好的地方可供选择。

在这样的情况下，就需要利用可行的科技手段，即提高科技含量，来改造条件。如采用生态修复方法，种植水生植物改造水源、水质；利用人工湿地、复合生态方法和池塘水体循环流动等生态方法，促进物质循环，能量转换，即利用环境友好型的节能、节水循环经济科技。目前这类新技术已经开始为人们所重视和应用，还有待完善和进一步研究与探索。

440. 兴建鱼类养殖场如何选择环境、交通和电力？

环境、交通和电力的重要性是众所周知的通用性要求。对于鱼类养殖场的环境选择，主要是不能将场建在人口稠密的工业区和生活区，以避免对水源和水质的直接和间接污染；也不能建在过分低凹、易涝、易淹处和受山洪影响危险处。

实践表明，凡以大、中型水库及其灌溉为水源的，不但水质好，水源有保证，还能自流进水、排水，节省能源，操作方便，省工、省力。

养殖场的交通和电力关系到养鱼物资和产品的运进、运出的通畅、便利，关系到人员和信息的来往与交流，最终关系到经济与社会效益，这是不言而喻的道理。

一般鱼类养殖场大多建在偏远的湖区、库区和河网地带，交通和电力不如其他地方方便，但基本要求应有一定等级的场区公路与省道、国道相通，甚至与高速路和机场相通，则更加理想，基本电力不可缺少。随着人们生活水平的提高，湖、库、河往往与风景休闲、旅游相关联，将渔业发展与之相结合，进行综合开发利用，是振兴地方经济、持续发展的明智之举。

441. 兴建养殖场如何选择土质和地形？

一个区域的土质和地形都是基本上稳定的，所谓选择只是力争挑选好的土质，如壤土是建池最好的材料，黏土较差，沙石土和沙土最差。对地形即是如何利用的问题。

实际上，壤土不具备普遍性，其他各类土壤千差万别，主要是如何根据具体情况进行利用，如利用壤土做通水坡面或核心堤，即使是沙石土和沙土也可根据具体情况将鱼池适当挖深些，使其基本水位在枯水季节能维持1～1.5米。

平原区域，地势平坦，建池容易，鱼池保水性能好，但无地势、地物可利用，进、排水完全靠动力提水；而局部人造1～1.5米的高地或抬高池堤作为高处蓄水塘，或建鱼类人工繁殖蓄水池，催产池兼蓄水池完全是可能的。不过人造高地需要隔年进行，让其自然下沉一段时间并谨慎处理基础。

丘陵和山区，地势崎岖不平，一般平地较少，建池较难，但有地势地物可利用，需要综合平衡，巧妙规划与设计，凡需要抬高水位，如人工繁殖设备和提高水温晒水塘应建在地势高处，一般鱼池需处理好因地势高差产生的渗漏问题，并力争排、灌水自流，以节省能源。

442. 为什么要进行鱼类养殖场的总体布局设计？

鱼类养殖场的总体布局是建场的基础之一，需要有长远目光和慎重考虑。一旦选好场址以后，需要收集水文、地质、地形、经济和社会发展等多方面技术资料，进行周密的总体布局设计。

总体布局设计是否合理直接关系到建场投资、技术效果、生产管理和经济与社会效益，并且还关系到养殖场的外貌观感和发展前景。因此，在总体布局设计中，不但要从工程角度考虑，而且更为重要的、起长期作用的是要有利于生产，易于管理，方便生活，错落有致，环境优美。这是一个现代养殖场的基本要求和构架理念。

鱼类养殖场的总体布局是在鱼池与渠道布局、动力与设备布局、场房与道路布局等几个方面进行合理布置和协调安排。应参考多方面的资料和现场情况，因地制宜地进行总体布局设计。

443. 如何进行鱼类养殖场的鱼池与渠道的布局?

鱼池和渠道是养殖场的生产主体设施。一个完整的养殖场应具备亲鱼、鱼苗、鱼种和食用鱼四种类型的鱼池。有的养殖场专门从事鱼类原、良种繁育，于是这类场只具备前三类型鱼池；有的养殖场专门从事食用鱼饲养，于是这类场只具备食用鱼池。

对于具备亲鱼、鱼苗、鱼种和食用鱼四类鱼池的养殖场，根据生产程序进行布局，即以亲鱼池为中心，分别向两侧依次布局鱼苗池，鱼种池和食用鱼池，或以亲鱼池为中心向四周依次布局鱼苗池、鱼种池和食用鱼池；而具备亲鱼、鱼苗和鱼种三类池的原、良种繁育场也一样依次布局；而只具备食用鱼池的养殖场则按养殖场范围统一布局。

与鱼池相配套的是进、排水渠道，它是鱼池的命脉。在布局上，应使每个鱼池都能与进、排水渠道相通。为了节省土地和减少土方，应尽可能地减少渠道长度，同时还应合理分布，以免妨碍交通，或因此架桥建闸太多而增大投资。为此，通常采取相邻两排鱼池的宽边共用一条进水渠道，另一宽边与再相邻鱼池的宽边共用一条排水渠道。进、排渠道相间，各与鱼池宽边相平行。这类进、排水渠道称为进、排水支渠。进水总渠位于进水支渠中段交叉处，横贯各进水支渠，并与之相通，以便能及时快捷为各池进水。排水总渠一般较宽、深，而且布局于场四周，兼有护场作用，排水支渠两端均与排水总渠相通，同样能及时快捷分别向两端排水。

444. 如何进行鱼类养殖场的动力与设备的布局？

鱼类养殖场的动力设备主要是抽水动力设备。应根据养殖场的水源条件和生产规模进行布局。抽水动力设备一般设在靠近水源处，并与产卵、孵化设备靠近，以便综合利用动力，避免增加设备和多次提水，浪费能源和设备。

一般10公顷鱼池应配动力设备功率为10千瓦左右；在规模较大、场地较长的养殖场应设动力设备2～3处，以便对鱼池及时、足量地供水。

此外，为了干池和增氧，还应当根据生产实际情况添置若干数量活动型动力设备和增氧设备(潜水泵、增氧机)。

对于丘陵、山区和河川区域的鱼类养殖场，由于有地形地物可利用，可形成自流进、排系统，可省去动力提水设备，就会显著地降低养鱼成本。

445. 如何进行鱼类养殖场的场房与道路的布局？

鱼类养殖场的场房是行政办公、生产管理和职工生活的地方。根据场房不同用途，在一般情况下，养殖场的办公室和实验室设在一起，位于场的中央，或十分显著、重要的地方，便于行政上和生产上全面管理与生产指挥。而生产管理房和职工宿舍设在一起，分片并错落有致地布局在不同的作业区。至于仓库、车库、饵料加工厂和其他场房，应根据其性质与规模统一规划，可集中布局在一区或几个区。

在各类场房周围适当植树，美化环境。

养殖场的道路是鱼产品和各类物资运输的通道。场区道路分主干道和支道，它们互为联通，直达鱼池，担负着全部的运输任务。主干道纵、横全场或环场一周，而鱼池间堤部分即为支道。主干道与省道、国道、甚至高速道接通。为了实用、美观，主干道力争平直、宽阔、质优。在主干道两旁和场区外围适当植树，美化环境。

一个现代化养殖场的场房与道路不仅服务于生产，有利于生产，方便于生活，它还是场容、场貌最直观的体现。

446. 如何进行鱼类养殖场的总体布局设计？

当鱼类养殖场的鱼池与渠道、动力与设施、场房与道路等单个布局设计好之后，将它们放在场区适当的区位上，即组合成总体布局。为此，首先需要一张场址范围的地形平面图，或通过测量方位及导线图，将以上单个布局绘在图上，即成总体布局设计图，为单个具体设计和放样提供基础蓝图。

总体布局是以鱼池、渠道和道路为宏观铺垫；场房及其有关配套建筑错落有致；动力与设施到位及功能的良好发挥；地形、地物得到充分利用；水通、电通、路通，生产及其指挥方便、快捷，省时、省力、省材；适当植树绿化，环境优美、大方。

尽管鱼类养殖场有大、有小，各地的经济发展和实力也有差异，建场和维修投入也有大小之别，但总体布局设计和改造的基本原则和技术要求都应一样。只有这样才能发挥应有的生产功能和具有良好的发展前景。

447. 怎样进行鱼池的设计？

鱼池设计首先需要许多参数。根据鱼池分类，亲鱼池、鱼苗池、鱼种池和食用鱼池的大小、水深都有一定要求，其各池参数在本书有关问题解答中已经作了论述。

此外，鱼池通常为长方形，以长边为东西向，以便增加光照。还应考虑当地经常出现的风向。一般长边垂直该风向为宜，以尽可能保护池堤不被大浪冲刷；如果土质好，或用砖、石、水泥护坡，也可以鱼池长边平行于风向，以利风力推动上、下水层混合和增加水体溶氧。

长方形鱼池的长适宜宽比为5∶3或6∶3。当同一规格鱼池的面积确定之后，就可按邻边比求出长、短边值。

池塘堤埂往往要求有一定斜坡。斜坡一般是用堤的高度和从堤肩垂直下到坡脚的水平距离之比来表示，即写成1：m，m称边坡系数。浅池边坡为1：1.5，深池为1：2～2.5，沙性土为1：2.5～3。有些养蟹、养鲤鱼池甚至为1：4。

尽管以上坡比接近自然坡度，有一定的稳固度，但由于风浪冲刷、鱼的活动和人为操作影响，一般鱼池使用10年以后，堤塌损毁严重，所以每年或隔年需要人工维修。为了提高鱼池"寿命"，人们往往增加建池投资，利用砖、石、水泥护坡。实践表明，凡垂直护坡，以后易于向池内倾倒，也不利于人工操作。还是应有一定坡度(1：1.5～2)，用砖、石、水泥护坡。值得注意的是用砖石、水泥预制板块或混凝土护坡，一定要将池坡底基础做得较深、宽一些(30～40厘米)，同时池堤面上也应压顶(宽25～30厘米)。

池底要求平坦，并由进水口向出水口方向有纵坡度1/200或1/300的倾斜，排水口最低，以便于排干池水。

平原区域地势平坦，无落差，鱼池依靠提水而排水，故直接用移动动力机械潜水泵抽水进入排水沟；其他能自排的池塘或部分自排池塘，可采用卧管式分2～3层排水，操作简便。

448. 怎样进行渠道的设计？

养殖场的渠道系统包括灌和排两方面，设计要求基本相同。所谓渠道设计，就是渠道断面的设计。在土基上建渠道，其断面为梯形结构，边坡为1：m。m越大，坡度就越缓，反之就越陡。当m=0时，其断面为矩形。矩形断面渠道只有在两边砌砖石挡土才能采用，并且占地少。

设计渠道断面，首先是根据养鱼生产需要，定出每条渠道应达到的流量，然后按土质定边坡系数m，粗糙系数n，渠底坡度之不冲允许流速v，用以求出渠底宽度b和水深h。

(1)渠道流量计算

灌水净流量=需要灌水鱼池总面积(米^2)×平均水深(米)÷

[规定灌水天数×每天工作时间(小时)×3 600](米^3/秒)

灌水总流量=净流量÷[1-渠道流量损失的百分数(%)](米^3/秒)

灌渠在通水过程中,必有渗漏损失,其损失量约占总量的10%~30%。砂壤土损失最大,约占总量的20%%~30%,通常平均为15%。

干渠的流量是各支渠流量的总和。由于鱼池不是同时过水,所以设计渠道的总流量应为计算总流量的30%~60%。确定总渠流量亦然。

排水渠的流量计算同灌渠。排水渠底一般要低于鱼池底0.3米以上。排水渠一般除排鱼池旧水以外,还应考虑排除雨季洪水。故排水量往往在同级灌渠进水量基础上加大10%~20%即可。

(2)渠道有关参数的确定 边坡系数(m)是根据具体情况设定的(土堤1∶2~3、砖石堤1∶0);粗糙度系数(n)是根据流量(Q)大小,渠的形状和养护水平而定(表13-2);池底纵坡度(i)是根据渠的性质而定(支渠1/300~1/750,干渠1/750~1/1 500,总渠1/1 500~1/3 000);不冲允许流速(v)是根据土壤性质而定(表13-3)。

表13-2 土质渠道粗糙系数n值

渠道特征	n值	
	灌溉渠道	退水渠道
Q>25米^3/秒的		
平整顺直,养护良好	0.020	0.0225
平整顺直,养护一般	0.0225	0.025
渠床多面,杂草丛生,养护较差	0.025	0.0275
Q=1~25米^3/秒的		
平整顺直,养护良好	0.0225	0.025
平整顺直,养护一般	0.025	0.0275
渠床多面,杂草丛生,养护较差	0.0275	0.030

续表 13-2

渠道特征	n值	
	灌溉渠道	退水渠道
$Q<1$ 米^3/秒的 渠床弯曲，养护一般 支渠以下的固定渠道	0.025 0.0275～0.030	0.0275

表 13-3　土质渠道的不冲允许流速

土　质	不冲允许流速(米/秒)
轻壤土	0.6～0.8
中壤土	0.65～0.85
重壤土	0.70～1.00
黏　土	0.75～0.95

(3)渠道流量模数和水力要素的计算　当水流量计算出来之后，通过一定的流量，可求出流量模数 K 和通过表 13-4 求水力要素 W(过水断面面积)、X(渠道湿周)和 R(水力半径)。

$$K=CW\sqrt{R}=Q/\sqrt{i}$$

式中：

K——流量模数

Q——流量(米^3/秒)

i——渠底纵向坡度

表 13-4　渠道断面的水力要素*

断面形	面积(w)	湿周(x)	水力半径(R)	水面宽(b)
矩　形	bh	$b+2h$	$bh/(b+2h)$	b
梯　形	$(b+mh)h$	$b+2h\sqrt{1+m^2}$	$(b+mh)h/(b+2h\sqrt{1+m^2})$	$b+2mh$

* 表中 w 为过水断面积，m 为边坡系数，b 为渠底宽，h 为渠中水深

如果渠道按梯形断面求 W，X 和 R：

$W=(b+mh)h$

式中：

W——过水断面面积(米^2)

b——渠底宽(米)

m——渠边坡系数

h——渠水深(米)

$X=b+2h\sqrt{1+米^2}$

$R=W/X$

(4)渠道底宽和深的计算 按R值和已知n用表13-5查出相应的C值(谢才系数)，然后设h的诸值，计算对应的K_i值($K_i=CW\sqrt{R}$)。通过K_i值可列表13-6求出对应的h，有了h就可计算b值。h和b就是设计渠道断面的参数。

表13-5 谢才系数C值

C n / R	0.018	0.020	0.0225	0.025	0.0275	0.030	0.035	0.040
0.10	35.4	30.6	26.0	22.4	20.6	17.3	13.8	11.2
0.12	36.7	32.6	27.2	23.5	21.6	18.3	14.7	12.1
0.14	37.9	33.0	28.2	24.5	22.6	19.1	15.4	12.8
0.16	38.9	34.0	29.1	25.4	23.3	19.9	16.1	13.4
0.18	39.8	34.8	30.0	26.2	24.0	20.6	16.8	14.0
0.20	40.7	35.7	30.8	26.9	24.7	21.3	17.4	14.5
0.22	41.5	36.4	31.5	27.6	25.3	21.9	17.9	15.0
0.24	42.2	37.1	32.2	28.5	25.9	22.5	18.5	15.5
0.26	42.9	37.8	32.8	28.8	26.4	23.0	18.9	16.0
0.28	43.6	38.4	33.4	29.4	26.9	23.5	19.4	16.4
0.30	44.2	39.0	33.9	29.9	27.4	24.0	19.9	16.8
0.35	45.5	40.3	35.2	31.1	28.4	25.1	20.9	17.8
0.40	46.8	41.6	36.3	32.2	29.4	26.0	21.8	18.6

续表 13-5

R \ n (C)	0.018	0.020	0.0225	0.025	0.0275	0.030	0.035	0.040
0.45	48.0	42.5	37.3	33.1	30.0	26.9	22.6	19.4
0.50	49.0	43.5	38.2	34.0	31.0	27.8	23.6	20.1
0.55	49.8	44.4	39.0	34.5	31.7	28.5	24.0	20.7
0.60	50.6	45.2	39.8	35.5	32.4	29.2	24.7	21.8
0.65	51.4	45.9	40.5	36.2	33.0	29.8	25.3	22.1
0.70	52.1	46.6	41.2	36.9	33.6	30.4	25.8	22.4
0.75	52.8	47.3	41.8	37.5	34.1	31.0	26.3	22.9
0.80	53.4	47.9	42.4	38.0	34.6	31.5	26.8	23.4
0.85	54.0	48.4	42.9	38.5	35.1	31.9	27.2	23.8
0.90	54.6	48.8	43.4	38.9	35.6	32.3	27.6	24.1
0.95	55.1	49.4	43.9	39.4	36.0	32.8	28.1	24.6
1.00	55.6	50.0	44.4	40.0	36.7	33.8	28.6	25.0
1.10	56.5	50.9	45.3	40.9	37.2	34.1	29.3	25.7
1.20	57.5	51.8	46.1	41.6	37.9	34.8	30.0	26.3
1.30	58.4	52.5	46.8	42.3	38.5	35.5	30.6	26.9
1.50	59.7	53.9	48.1	43.6	39.0	36.7	31.7	28.0
1.70	61.0	55.1	49.3	44.7	40.6	37.7	32.7	28.9
2.00	62.6	56.6	50.8	46.0	41.8	38.9	33.8	30.0
2.50	64.8	58.7	52.6	47.9	43.5	40.6	35.4	31.5
3.00	66.5	60.3	54.2	49.3	44.7	41.9	36.6	32.5

例如：有一引水渠，已知 Q=1.0 米^3/秒，m=1.0，n=0.030，i=0.0006，求梯形渠道断面各值。设已假定 b=1.5 米，求水深 h。

解：先求出流量模数 K 和水力要素 W、X 与 R。

$$K=Q/\sqrt{i}=1.0/\sqrt{0.006}=40.8(\text{米}^3/\text{秒})\quad(1)$$

$$W=(b+mh)h=(1.5+1.0h)h\quad(2)$$

$$X=b+2h\sqrt{1+m^2}=1.5+2.83h(3)$$

$$R=W/X=[(1.5+1.0h)h]/(1.5+2.83h)(4)$$

查表13-5，按R值可得n=0.030时的C值。设h为1.00，0.90，0.85，0.86诸值，查出相应的C值，计算出对应的K值。从$K_i=40.8$米^3/秒，则K_i所对应的h_i就是所要求出的结果。具体计算可列表13-6。

表13-6 渠底深(h)计算表

h(米)	W(米^2)	R(米)	C	X(米)	$K=CW\sqrt{Ri}$(米^3/秒)
1.00	2.50	0.58	28.9	4.33	55.0>40.8
0.90	2.16	0.53	28.2	4.05	44.3>40.8
0.85	2.00	0.513	27.9	3.90	40.0<40.8
0.86	2.03	0.515	28.0	3.94	40.8=40.8

通过表13-6可查到对应K=40.8米^3/秒的渠底深(h)为0.86米。有了h可通过上面的公式(3)计算渠道水面宽(b)为1.31米。

为了保证渠道来水突然增大时能安全输水，渠堤应有一定超高，一般在0.3米以上(表13-7)。为了交通需要，堤顶应有一定宽度(表13-8)。

表13-7 渠堤超高规范

流量(米^3/秒)	堤顶超高(米)
30～20	0.50
20～10	0.45
10～2	0.40
2以下	0.30

表 13-8　渠道顶宽规范

流量($米^3$/秒)	30～20	20～10	10～5	5～1	1～0.5	0.5 以下
顶 宽(米)	2.5	2.0	1.5	1.25	1.0～0.8	0.8～0.5

449. 怎样用数学方法进行土方平衡计算?

用数学方法进行土方平衡计算适宜于地势较平坦地区。可利用该法先计算单个池塘下挖深度,然后再计算整个场的平均下挖深度。按照下挖深度挖出的土方用来筑鱼池堤埂,不但实现了土方平衡,而且达到了鱼池和鱼场的设计要求。

例如:设单个池塘长边(X)为 100 米,宽边(Y)为 50 米,埂宽(L)为 5 米,池深(K)为 3 米,边坡比(1∶m)为 1∶3,土方平衡求开挖深度(h),筑埂高度(H),破土开挖面积($S_{中}$)挖方(N)和筑方(M)。

(1)单口池塘开挖深度(h)的计算　首先计算鱼池上口实际面积($S_{上}$)和包括堤埂宽在内的上口面积($S'_{上}$)。

$S_{上}=X\cdot Y=100\times50=5\,000$(米^2)

$S'_{上}=(X+2L)\cdot(Y+2L)=(100+2\times5)\times(50+2\times5)=6\,600$(米^2)

然后计算鱼池底面积($S_{底}$)和底埂宽(L')。

$S_{底}=(X-6K)\cdot(Y-6K)=(100-6\times3)\times(50-6\times3)=32\times82=2\,624$(米^2)

$L'=X_{底}+Y_{底}=32+82=114$(米)

再计算 $a=2S'_{上}-S_{上}=2\times6\,600-5\,000=8\,200$(米^2)

再计算 $h=[-B+(B^2-4AC)^{0.5}]/2A$ 的各系数

$A=1.2L+36K=1.2\times114+36\times3=244.8$

$B=0.4S_{底}+6LK+a=0.4\times2624+6\times114\times3=11\,301.6$

$C=K(S_{底}-a)=3\times(2\,624-8\,200)=-16\,728$

将 A、B、C 系数代入 $h=[-B+(B^2-4AC)^{0.5}]/2A$ 中

$h=\{-11\,301.6+[11\,301.6-4\times244.8\times(-16\,728)]^{0.5}\}/(2\times244.8)=1.4355\approx1.44$(米)

(2)单口池塘筑埂高度(H)的计算

$H=K-h=3-1.44=1.56$(米)

(3)单口池塘破土开挖面积($S_{中}$)的计算

$S_{中}=(X_{底}+6h)\cdot(y_{底}+6h)=(32+6\times1.44)\times(82+6\times1.44)=3\,683.61\approx3\,684$(米^2)

(4)单口鱼池挖方与筑方的计算

N(挖方)$=(S_{底}+S_{中})h/2=(2\,624+3\,684)\times1.44/2=3\,154$(米^3)

M(筑方)$=WN=1.2\times3\,154=37\,848$(米^3)

W——压实系数,为挖方的1.2倍。

至于整个鱼场的土方平衡问题,是在各单口鱼池平衡的基础上,按灌、排渠道,运输道路和其他设施设计及布局进行安排和调整,就比较容易了。

450. 怎样用方格纸计算法进行土方平衡计算?

在地形复杂时,可采用方格纸计算法进行土方计算。即在印好的毫米方格纸上用适宜的比例把地面的纵、横断面区分绘出。在每一个横断面上,把设计断面按同样的比例绘出设计断面与地形断面的高程,并在纵断面的设计图上得出互相适应的关系。在每个断面上,地形线与设计线所包围的面积,即为挖方或填方的面积。有了断面的面积,用棱柱体积计算公式就可求出土的体积。该种方法,一般在大量土方工程计算中广为采用。

在地形较为复杂区域,常常有多余的土方或土方不够,需要设法就近寻找弃土场或取土地。因此,事先做好土方平衡计划很重要。土方平衡计划表的项目如表13-9所示。

表中的各项根据实际情况安排,但挖填数要平衡。

表 13-9　土方平衡计划表

土方工程名　称	挖方量（米^3）	用于填方的挖方分配量（米^3）						
		合计	防洪堤	池堤	沟渠堤	公路	回土	出土处
鱼　池								
进水渠								
排水渠								
各种房基坑								
公　路								
其　他								
总　计								

451. 怎样进行现场放样？

当各项测量、设计、计算工作就绪后，以鱼池、渠道为主体的施工工程相继展开。它是实现设计目标的具体行动。而施工的首要程序是要在开工前，按照设计图纸在工地上准确放样。放样分平面放样和断面放样。

(1)平面放样　平面放样俗称放线。它必须按照各项设施设计的规格、形状、方位如实地用灰线复制在工地上。其中包括各项设施的定向、定位、定形和定水平。

定向是平面放样的关键。方向不准，全部建筑物就会变动位置，打乱全盘方案。决定方向时，首先在工地上找到测量时留下的与图纸相应的标准桩，依标准桩间的直线作为基准线与池、渠、路的中心经平行或垂直，从而确定各自的定向。

定位是从基准线两端标桩或中心桩开始，按照纵、横堤的设计规格，量出中对中的距离，找出各池四角中心桩。这样，各池的规格、位置就基本固定下来。

定形又称整形，即固定已经可以看出的池形。但是，四条边在堤角处是否垂直，与基准线的方向是否协调，需要检查调整，以免池不方，渠不直。因此，必须用标杆瞄准法、直角拉线法来加以调整，使用水准仪调整则更为方便。

定水平面是定出鱼池四角中心桩的高度，用来决定各中心桩处填方高度或下挖深度，使建成后的池塘四周堤顶面在一个水平面上，防止倾斜过大而浪费土方。在地形平坦的地区比较简单，然而在实际放样中，地面并不那么平坦，四周中心桩常常高低不一，这就需要用水准仪测量，或用拉水平线的方法量出四角中相对该池最低的高度和次高度的变化，并用红漆标出各桩处应填高度。

(2)断面放样　池堤填方和池塘、渠道挖方都需要进行断面放样。首先是钉中心桩。在中心桩的两侧还要钉脚桩，再立竹竿，牵以绳索，做成与堤坝断面相合的样架。对于池塘和渠道，除中心桩外，还要在它们的挖土边线以及底部边线钉立木桩，根据需要深度及池底渠底比降数据在木桩上标明下挖深度。

452. 怎样开渠、筑堤？

当现场放样结束后，首先是挖渠筑堤。排水渠是养殖场挖土最深处，先挖排水渠有利于排水干基的确定，以便于挖塘筑堤施工，提高施工效率，对于地势低凹、淤泥深厚的湖滩地尤其是这样。

排水渠的挖土部分可结合筑堤进行。开挖施工时，应多设水平标点，切实掌握好渠底比降。中心桩处留有小土堆，保留木桩，待竣工后用水平仪核准各段比降后再除去。也可在开工时按设计断面在中心桩处做好一小段，将桩移至做成的渠底，以此段为标准施工。

进水渠道一般在堤面上修挖，即在堤筑到一定高度时再挖填筑成，恰好达到预定高度(包括因沉陷的超高在内)。如果渠道较大时，为了省土起见，可在筑至相当于渠底高度时，再开始填筑渠堤。由于进水渠道一般先填土筑堤，新土沉降，容易影响池底比降，故按设计高程做好堤后，让其自然沉降一段时间，然后在其上挖土成渠或在土渠上以砖、石护坡或水泥预制板护坡。

筑堤是养殖场的基本工程，施工时必须特别注意做到清基、进土、压实等工序，以免漏水坍塌。清基是将表底草皮、石块、树根挖去，露出致密新土，再刨松15～20厘米，然后填筑新土。淤泥深厚的地方，先要清淤方可筑堤。

进土、压实要从运土一端开始堆土向前运进，有利压实。筑堤的土块不能太大，直径不超过10厘米，冻土不能用。每层铺新土25～40厘米后压至18～30厘米，墙心部分只铺20厘米，压至13～14厘米。如用推土机，每层50厘米碾压1次。为了堤身牢固，土壤中水分不能过大。一般黏质土壤含水量不超过25%，否则会夯成“橡皮”泥，影响质量。此外，每层土还应交叉衔接压实，以免发生裂痕。

堤坝修筑高度要适当高于设计高度，即分层预留沉陷高度。一般黏性土在3米以下的底层要超高10%，3～5米中层要超高8%，5～8米上层要超高5%，沙质土各层均再超高3%。

堤坝上的排水闸或暗管工程，力求与筑堤同时进行，以免筑堤后再挖土安装费工、费时，影响其牢固度。

453. 怎样挖池填埂？

挖池填埂是养殖场主体土建工程。尽管设计、放样合理，土方计算准确，挖填平衡，但如果施工不当，往往不能达到设计要求，浪费人力、物力、财力。为此，施工前还应做好充分准备。一般池塘建于地势较低处，同时又需挖方，故首先应挖沟排水，变难工为易工。排水沟呈“非”字形，与主排水沟相通。主排水沟深度低于池底面，便于排水或抽水晒土。还应修好施工道路，搭好工棚，安排好物资供应，然后集中力量进行施工。

施工中，应特别注意合理分配土场，组织好劳力，统一指挥，以保证运土距离近，施工秩序好，功效高；否则容易出现远土无人挑，近土抢着运的局面。即使是利用推土机操作，同样也会出现推土不合理,其结果造成鱼池长边池堤高,宽边池堤低,四角严重缺土,池面不平,来回返工。

在挖池填埂实践中,总结群众施工经验,即“喇叭沟”施工法。这种方法既能使开挖的鱼池一次性达到池深、池坡、池堤的设计要求,又保证了施工质量,省工、省时、省力。

“喇叭沟”施工法的要点,用通俗的四句话概括为:先挖“喇叭沟”,做好两垱头,端起“茶盘角”,再挑两边土。

所谓先挖“喇叭沟”,就是根据池堤四角和宽边(两垱 头)的土路较远及需土量,先在鱼池中心依长边纵向挖一条状似喇叭的大沟。如鱼池为 6 660 平方米(10 亩),“喇叭沟”朝土方量较大的一端宽 9 米,另一端宽 7 米,深度达到池底设计平面。“喇叭沟”的土方全部挑到鱼池四角堤上和两垱头的堤上。分到两垱头的土方分界线,要根据鱼池两垱头不同的需土量而定。这条大沟不仅满足了两垱头和四角堤上较远需土量,而且还起到排水作用,雨后不久或地下水位高时仍能连续施工。

端起“茶盘角”,是指长方形鱼池状如茶盘,利用“喇叭沟”的土方做起四角,一旦“喇叭沟”的全部土方挑到两垱头和四角堤上,鱼池两端堤埂平面即体现出来。

再挑两边土,是指最后做起鱼池两长边大堤。由于池底剩下的土方恰是两边大堤所需土方,并且土方正好由“喇叭沟”两边分别直线上堤,达到运输距离短、挑土行走方便和工效高的效果。

每个鱼池同样施工,最终全场鱼池建成后都处在同一平面上,外观整齐、平坦。这种施工方法,使鱼池设计要求和土方平衡易于付诸实现,从而保证了工程进度和质量。该法不但适合人工开挖池塘,而且也适合指导机械施工。

以上方法是在地形平坦区域应用。在不平坦地区开挖池塘同样需要合理分布土场,因势利导,力求挖填结合,就地解决土方平衡问题。对多出的土方应妥善处置;不足土方就近取土,以建成高质量、高标准的养鱼基地。

454. 怎样进行池坡、渠坡和道路硬化？

我国池塘大多为土池。尽管土池对水质的缓冲作用比较好，但由于风浪的侵蚀，鱼的活动和人为操作对鱼池造成损毁，即出现池坡坍塌，池堤消蚀，道路崎岖渐窄等多种老化状态，生产力逐渐下降，甚至无法开展正常生产。一般土池使用10年需要彻底维修。

为了提高池塘使用年限，保持稳定和较高的生产能力，国内不少场家投入了可观的资金，进行池塘维修。如采用水泥预制板块护坡或砖石护坡，也起到一定作用，但往往由于质量较差，或基础不牢或方法不对，其保护的程度仍然有限，甚至使用时间不长，池坡、池堤垮塌严重。

实践表明，无论采用什么材料护坡，坡底基础一定要十分牢固，一般砖石基础应深入池底(不包括淤泥)30～40厘米，宽24～37厘米，坡面缝隙用水泥沙浆填实，坡顶应有宽约30厘米的混凝土或砖、石压边。如果在池坡上直接用混凝土护坡，其厚度应为8～10厘米，同样需要打好基础和压好顶边。

实践还表明，凡用砖、石砌成垂直墙体的池堤(堤中间仍为土壤)，往往同样使用年限不长，因土壤横向作用力使墙体向池内倾斜而最终倒塌，同时也不利于拉网操作；有的将墙体做成城墙式，有所改善。

所以池塘堤埂保持一定的坡度(1∶1.5～2)，利用混凝土或水泥预制板块或砖、石护坡，保持池底土壤和一定的淤泥是比较好的一种方式。为了便于拉网操作，在两长边上设计一定宽度的下池台阶，并且尽可能地使护坡光滑不易损坏网具是必需的。

至于渠道护坡基本要求与鱼池相同。鉴于渠道不深，采用垂直式墙体，渠道既耐用，过水量大，又节省地面。

养殖场纵、横或环场主道路硬化也是现代化鱼场的突出特征之一，可根据鱼场规模、运输需要和资金能力，修建一定宽度和厚度的硬化道路同样也是生产发展所必需的。

455. 怎样进行池塘清淤?

所谓池塘清淤是清除过多的淤泥。一般正常情况下,池塘保持10～20厘米淤泥对养殖生产有利;如果超过了限度,不但减少了水体,而且增加了池水耗氧量,易于酿成泛塘事故,同时也易于诱发鱼病。

所以消除过多淤泥是十分重要的技术环节。然而,由于清淤劳动量大而艰巨,往往不少生产单位未作处理,随着时间推移,池塘淤泥越积越厚,使生产能力显著下降,同时还不利于养殖下水操作。这种情况大多发生在养鱼10年以上而没有清淤的养殖场,有的老塘情况则更加严重。

为了恢复池塘生产力,必须进行池塘清淤。

池塘清淤的最简单的方法,是排干池水,晒泥,然后人工挖挑多余的淤泥。但这种方法劳动强度太大,效率太低,速度太慢,往往人们不愿意采用。

有的地方采取鱼稻、鱼稗、鱼瓜轮作的方法,先以塘泥种稻收稻、种瓜收瓜或种稗作为草食性鱼类青饲料,或部分作绿肥培植鱼种和鲢鱼、鳙鱼的天然饵料。当塘泥干化后用机械(推土机、挖掘机等)集中操作,将清淤与池塘维修和护坡紧密结合起来。当然这种方法十分有效,但需要一定的投资条件才能付诸实施。

当池塘使用年限较短,堤埂较为完整,或池坡经过硬化,不需要大量维修,可采用浊流泵改装的清淤船,带水清淤作业,每年或隔年将部分淤泥带水输往池堤饲料地(埂边筑小堤拦泥)作为种青肥料,或输往其他低凹浅塘、废地,或年底非生产季节,排出大部分池水,利用专门的清淤机清淤。目前已有泥泵型和绞车型等几种型号的清淤机械在部分地区使用。

总之,池塘清淤较为困难,还有待进一步研究机械高效清淤的方式、方法。

456. 怎样改造和利用村镇各类水坑、洼塘养鱼?

在广阔农村和城镇郊区各类水坑、洼塘等中、小型水体分布十分广泛。其中有用于农业灌溉、过水、屯水的塘堰;有用于生活洗用的坑塘、山塘;有用于排水、积水的沟渠和古代城壕;有山洪和过去江、河溃堤冲成的水坑等。这些多种类型的水体已有不少用于养鱼,但大多数产量较低,还有相当部分水面荒废,没有得到应有的开发与利用,其养鱼潜力相当大。因此,改造这些水面,提高其生产能力,发展养殖生产,是改善人民生活,致富奔小康的良好途径。

改造村镇、城郊分散水面应力求按照高产鱼池标准,对面积,水深,形状,进、排水系统等进行改造,使其不失原来用途,又利养鱼,美化环境,丰富生活。

对无排、灌系统的坑塘,在可能的情况下,应结合农业水利建设,全面规划,建渠引水,既浇农田,又灌坑塘,相互调节,做到一渠多用,塘、渠、田彼此相通。

有引水渠道或为过水的塘堰,应将塘、渠分开,使塘既能养鱼,又能调节灌溉用水。如果有长流水的塘堰,还可增设拦鱼设施,开展流水养鱼。

对于形状不规则、大小差别大和池底高低不平的水体,可以适当整形,即裁弯取直,能圆即圆,能方即方,能长即长,合小为大,改大为小,推平挖浅。

还有部分坑塘、山塘缺乏水源,不可能建渠引水,而靠天然雨水汇集入塘,则应适当挖深,确定农田用水最低水位,以确保塘鱼安全。

村镇分散水面的改造与利用是大农业综合开发的一项基本性土建工程,必须全面规划,因地制宜,综合治理,以发挥循环经济多种功能与综合效益。

457. 怎样设计孵化用水过滤池？

卵、苗的敌害生物很多，其中包括以剑水蚤和水蚤为代表的浮游动物、水生昆虫及其幼体和小鱼、小虾等。它们对卵、苗的攻击力很强，能使卵破、苗死，孵化率降低，严重时可造成卵、苗“全军覆没”。所以，孵化用水需要严格过滤。

过滤孵化用水的设备为专门的过滤池（图 13-1）。结构分进、出水口及其控制装置（阀门或口盖），池体（纵分 2 隔）和过滤窗（2 隔之间）。过滤池的大小依生产规模而定，中等生产规模（3 亿尾鱼苗）过滤池面积 60 平方米左右，长方形。进、出水口的大小和流量依用水流量而定，流量应超过用水流量的 2～3 倍。池体分 2 隔，每隔宽 60～65 厘米，过滤窗总面积 45～50 平方米（每个 1.5 平方米），过滤布（乙纶胶丝布）网目 60～65 目。过滤池在使用中，应根据水质和过滤状况定期给以排污式洗刷，即边洗刷边排污。因孵化用水不能停流，过滤池应分两部分建，这两部分既分开又能联合供水，以便轮换洗刷并彻底排污，使过滤装置保持良好的过滤性能。

为了利用地形、地物实现自流过滤，各设备在总体布局上应建于适当的位置。如利用高处池塘作为蓄水池塘用于孵化，或将催产池建在高处，使催产池既用于催产又用于孵化贮水（一池两用），过滤池应建在蓄水池塘边，或建在催产池边。

458. 怎样设计孵化蓄水池（或蓄水池塘）？

孵化用水要有一定的量，水流要有一定的落差，以保证鱼卵不断受一定的水流推动而均匀分布，并保持所需的溶解氧量。蓄水池（或蓄水池塘）承担以上功能，一般为钢筋混凝土结构。有圆形、方形，以圆形居多（结构合理、容水量多），中等生产规模蓄水量 200 立方米左右，最小不少于 60 立方米。蓄水池与孵化器高度差至少保持在 1.5～2 米。由蓄水池进入孵化器的管道大小要适当，

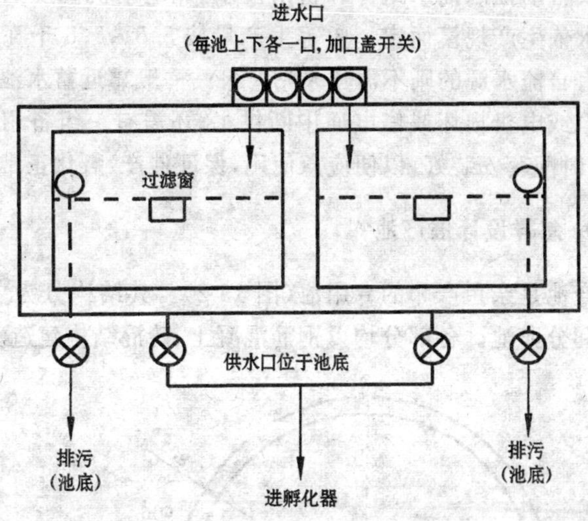

图 13-1 孵化过滤池平面(示意)
(两池轮换排污)

应留有余地。出蓄水池进入孵化器和催产池的管道用阀门控制,出水口前安装一定面积的拦杂物的栅栏,以避免大型杂物随水进入管道,阻塞水路,缩短设备使用寿命,甚至报废。

在繁殖设备中蓄水池所处位置最高,适宜在地势较高处建造。在有地形、地物可利用的地方选择高处较大的池塘(0.67～1公顷)作为孵化用水蓄水池。这种蓄水池提供的孵化用水缓冲性大,水温较为稳定。利用水库、山塘作为孵化用水水源更为优越。平川地域无地形、地物可利用,可人工推土建造一定大小的高地水池,但应提前1～2年施工,以便基础自然下沉,具有一定的牢固度。蓄水池由于具有一定高度和容水量,负重较大,基础和结构一定要好、要牢固,以避免注水承重后崩塌。

459. 怎样配套鱼类人工繁殖泵站?

泵站(机、泵房)是动力提水设备,分水泵、电动机、发电机组、配电盘及自动控制抽水组件和机房。水泵、电动机和发电机组的功率要求依生产规模而定。中等生产量按5.5～7.5千瓦功率配套。具有自流水源的则不需建泵站。泵站一般靠近蓄水池。为了预防水泵或电机损坏或停电而中断供水，还需有一组备用发电设备，并同时配套安装好，以便应急使用，保证催产、孵化正常进行。

460. 怎样设计催产池?

催产池是亲鱼产卵的专用池(图13-2)。其结构分为主体池、集卵池和分卵池。各部分均以钢筋混凝土、砖混结构建造。

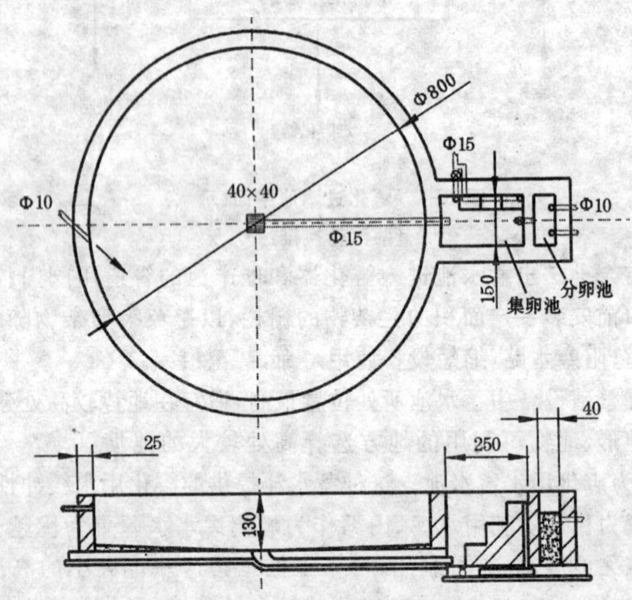

图13-2 催产池 (单位:毫米)

(1)主体池 圆形，直径8～10米，深1.2米左右，池底呈浅锅底形，容量50立方米左右。在主体池池壁水面下有45°角的进水管口(直径100毫米)，池中央有一出水管口(直径150毫米)，口上装有40厘米×40厘米的拦鱼栅。

(2)集卵池 长方形(1.5 米×2.5 米),深 1.5 米左右,连接主体池,一端底部有进水兼进卵管口(直径 150 毫米),并与主体池中央出水管口相通;另一端紧靠水面以下有一排水、排卵管口(直径 100 毫米),并与分卵池相连,上、下两管口以袖网相接,输送鱼卵;也可使袖网与小网箱相接收卵。在池后端一角紧靠水面有一溢水口管(直径 150 毫米),溢水口管对集卵池和主体池起恒定水位作用,口管以下与底部排水、排污管口相通,并通过阀门进行排水、排污和止水。

(3)分卵池 紧接集卵池,下与孵化环道相连。当鱼卵集中输入分卵池后,再根据预先安排输送到某一环道进行孵化。分卵池较小,宽、深仅 30~40 厘米,长度与集卵池的宽度相同,并处在同一平面上。底部依孵化环道的环数分布有同数的洞口(直径 100 毫米),上加盖,控制鱼卵进到某环。洞口以下通过管道(直径 100 毫米)与对应的孵化环道相连通。

如果催产池中的鱼卵不直接进入孵化环道,而是另行收集放入其他孵化器孵化,则集卵池中的袖网不与分卵池的管口对接,而与收卵小网箱对接收卵。

461. 怎样设计鱼类孵化环道?

孵化环道为大型孵化器,适应于大规模生产需要;也可建造成中、小型环道,适应中、小型生产使用(图 13-3)。环道有单环、双环和三环等。形状有椭圆形、方形和圆形,以椭圆形居多。方形环道实际上是 2 个椭圆形单环并列组合,适当调整而成;椭圆形环道是圆形环道纵向等分后各轮廓线延长而成。因此,椭圆形环道可以根据生产规模和地面情况缩得较短,也可拉得较长,以满足实际需要。

孵化环道为钢筋混凝土、砖混结构。分环道主体,过滤窗,进、排水系统和喷头四部分。

环道主体的每环宽 70~80 厘米,深 90~100 厘米。环底呈

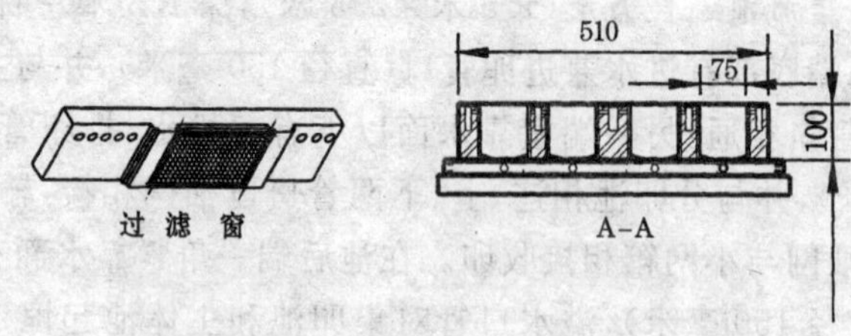

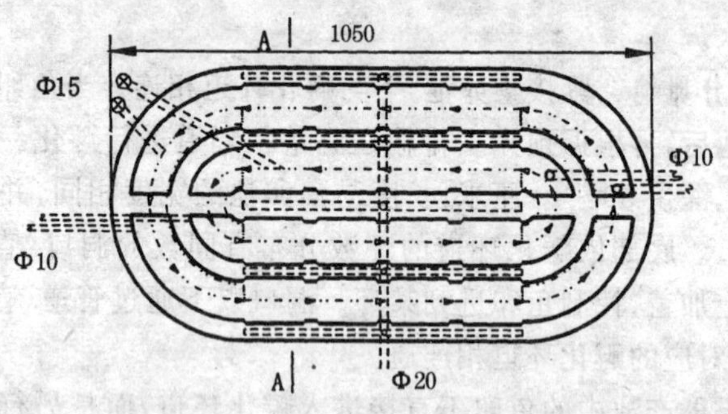

图 13-3 孵化环道 (单位:毫米)

"U"字形,底面有一出苗口管(直径 100 毫米),上加平盖控制,下有管道通向集苗池。环面紧靠水面外壁有一进卵口管,通过口管与分卵池相连,用于输送鱼卵。环道主体内壁要求光滑,不伤及卵苗。环道过滤窗位于环道主体直线部位。为了最大限度扩大滤水面积,每环来、往直线部位的内、外壁都装有过滤窗,并且每个过滤窗从口面直达底面,即每个过滤窗宽 1 米,高同环道深度,过滤网 50 目。

环道进、排水系统较为复杂。进水系统全部处于环道底基础内,排水系统处在基础内和墙内。进水总管与蓄水池相通,其管道大小依生产规模而定(直径 150～250 毫米);由进水总管分出支管(直径 100～150 毫米),用阀门控制通向各环;由进水支管分出喷管(直径 25 毫米)通向喷头。排水总管(直径 200～250 毫米)横贯环道底部基层的最下层,在经过每道墙体时,有一开口接垂直支排水管(直径100毫米),再向墙体上方接入墙体暗沟内。墙体暗沟处在墙的最上端,宽12～20厘米,深30厘米左右,长为环道直线长度。在墙体暗沟内外壁每个过滤窗的部位开有4～5个小洞或小方口(直径50～80毫米),洞或口在环道口面以下10～15厘米。过滤窗所滤出的水通过排水洞或口进入暗沟,由暗沟汇集落入排水支管,由支管汇集进入排水总管,最后由排水总管排出环道以外,部分流入集苗池。

喷管喷头呈鸭嘴状,用白铁皮加工而成。喷头长12厘米,口宽10厘米,喷隙4毫米。喷头位于各环底面中线上,每隔1.5～2米设喷头1个,环道圆弧部位喷头距离略小,每个喷头离底面5～8厘米,通过喷管与进水支管连通。

462. 怎样设计鱼类孵化槽?

鱼类孵化槽属于中、小型孵化器。长方形,其长度可根据生产规模和地面长短,灵活掌握,宽度1～1.5米,深1米左右,底呈流线形(或“U”字形)。在长边底部每隔8～10厘米设喷水口1个,口长5厘米左右,宽4～5毫米,下接进水管(ϕ10厘米),在喷口上5～8厘米处设略向内倾斜的滤水窗。滤水窗宽同孵化槽宽度,深直达槽口面。过滤窗架为杉木制成的木质框架,架上装上50目的乙纶胶丝布。在过滤窗后的槽墙壁上每隔15厘米开直径7厘米左右的出水小洞1个,洞口离槽口12～15厘米。洞口外接入墙内暗沟中,沟宽15厘米,深20厘米(墙宽25厘米),暗沟汇集出水排出槽外。

孵化槽内壁光滑,通水后水流上下呈流线形翻动,以消除死角。

463. 怎样设计鱼类集苗池?

集苗池为长方形水泥池,长10～11米,深90厘米左右,宽根据挂鱼苗捆箱数量而定,如宽7米左右,即可容纳8～10斗(8～10

米)捆箱4只。为了便于挂箱,在池的两端每隔一定距离从底到面设固定钢筋1根。挂箱后两箱之间有50厘米的间距,以便人员操作来往,集苗池为活水池,一端为进水口,另一端为出水口,每箱端边设进、出水口各2个,分别开在两箱间的池壁上。进水口通过进水总管与孵化环道排水总管接通,通过阀门引部分水流入池;排水口汇集一沟排出池水。集苗池用于集苗,以便于过数放养或出池销售。为此,在集苗池的两端分别安装有进苗管口,上与孵化环道各环底出苗口相通,以口盖控制出苗,下接网袖引苗至对应捆箱。在没有集苗池的地方,可就近池塘挂插鱼苗捆箱,由人工从孵化器出苗,移入捆箱。

464. 怎样进行鱼类人工繁殖设备配套?

鱼类人工繁殖设备的配套分外配套和内配套两类。

(1)外配套 根据水源、水质、地形、地物和生产规模设置。如果水源、水质正常,有地形、地物可利用,可省去孵化用水蓄水池而利用地势高处的池塘代替;如果有水库或高地等其他较大水源作为繁殖水源,可自流供水,省去泵站。这样,不但大大降低了设施建设和生产运行成本,而且水温、水质等相对稳定和管理简便。在无地形、地物可利用的平川地区,则全套设施均不可缺少,需根据生产规模的大小确定每种设施的种类、数量与规格。凡是随着整体工程建设,能够建造人工高地蓄水池的,应尽可能建造并加以利用。如果水源、水质不好,则应利用池塘间水循环进行物质转化和能量转换(水质自净),并在此基础上进行设施配套。

(2)内配套 是设施间的配套,即根据设施外配套的框架,进行设施间的合理配套。一般孵化用水过滤池靠近蓄水池或直接建在蓄水塘边上,泵站紧靠蓄水塘或水源旁边,或处在水源(包括蓄水塘)与蓄水池之间。催产池紧靠蓄水池或蓄水塘,高程低于池塘1~1.5米。孵化环道紧靠催产池,高程低于催产池20~30厘米。集苗池紧靠孵化环道,高程低于环道1米。集苗池底应略高于池外最高水位。这样,孵化用水经过滤后,经泵站提水或蓄水塘自行流入催产池和孵化环道,接着排出或部分入集苗池,最后全部排出,全程自流。同时保持鱼卵随水自动进入环道,鱼苗由环道随水进箱,还可实现所有设施排干用水,以适应孵化全过程的需要。在配套设计和施工过程中,各项设施应当达到其性能要求,基础必须绝对牢固,一般多采用钢筋混凝土结构。由于每项设施不在同一平面上,相邻两设施的基础间必需增加斜拉(顶)基础,对于紧密相邻的两基础间尤其是这样。

465. 怎样进行鱼类人工繁殖设备的施工?

当鱼类人工繁殖设备施工图纸绘好以后,接下来就是现场施工。即使各项设备设计良好,但如果施工不当,不能达到设计要求,返工相当麻烦,甚至前功尽弃,造成巨大浪费。

鱼类人工繁殖设备,属流水型设备,在施工前,还要进行底面高程的推算。从蓄水池(或蓄水塘)→催产池→孵化环道→集苗池,能够使水流动起来,并且都能排干,所以末端排水口的高程最低,但不能低于此处的最高洪水位。故先应结合地形绘出纵断面图,以确定每项设施的所在高程,然后才能准确施工。施工包括清基、放样和施工程序。

(1)清基 清基是将地基表面已经风化疏松的土壤和树根、杂草甚至淤泥全部挖去,挖至设计要求,用碳夯实;如果淤泥深厚,挖除过多,需用沙填、水压(浇水)到设计高度。清基的范围应比该建筑物基础面稍大,以便施工。

(2)放样 放样是在经过清理后的地基上,将各建筑物的图纸分别按原比例放大,用灰线划在基面上,打上一定数量的样桩,钉好模板,作为施工依据。如要建垫底工程,则先放底板样,进行底板垫层施工,待底板垫层完工后,如果底板中有进、排水管道则按图纸要求将进、排水管道安装好,然后进行整个钢筋混凝土底板施工,待底板施工完毕后还要再进行详细放样,以便依线砌墙。

(3)施工 当按设计图纸放好样后，紧接着进行施工。实际中，由于前面工序完成后，后面的工序还得放样。所以施工和放样交替进行。为了保证质量，每步施工必须到位到时。特别是设施基础和进水管道，往往稍有疏忽会造成整个建筑物报废。

为了基础牢固，应采取基础挖方，避免填方；如果为填方，应隔年填土，让其自然沉降1年，或采取垫沙或其他加固措施。

进水管道或进水暗沟，因要承受较大水头压力，必须严格保证管道承载质量，并衔接密封，尤其是进水暗沟，不能有丝毫缝隙，并有稳固的管道基础。为了保障进水管道或暗沟使用“寿命”，在进水口必须安装具有充分过水面积的拦污栅，防止日后各种途径随水流进入杂草、杂物、鱼、蛙等阻塞管道。

砌砖、石墙体需要每层灌满水泥沙浆，不能留有缝隙，以防渗漏。

施工中，特别值得一提的是，往往从蓄水池到催产池，到孵化环道，再到集苗池，设备间相邻很近，而基础又不在一个平面上，在上一平面的基础易于断裂、垮塌，故相邻两基础间必须有钢筋混凝土斜拉(撑)基础，以确保两基础的稳固性。

十四、无公害水产品基本知识

466. 什么叫无公害水产品?

无公害水产品是指产地环境、生产过程和产品质量符合国家有关标准和规范的要求,经认证合格、获得认证证书并允许使用无公害农产品标志的未经加工或者初加工的食用水产品。

467. 无公害农产品的前提条件是什么?

在《无公害农产品管理办法》中,对于什么是无公害农产品设置了4个基本的前提条件。即 ①产地环境、生产过程、产品质量必须符合国家有关标准和规范的要求;②经认证合格获得认证证书;③允许使用无公害农产品标志;④未经加工或者初加工的食用农产品。

只有同时具备了以上这4个无公害农产品前提条件的才称得上是无公害农产品,缺一不可,否则就不叫无公害农产品。

468. 初加工的食用农产品的含义是什么?

这里所谓"初加工"是指"经脱壳、干燥、磨碎、冷冻、分割、杀灭菌等初级加工工艺,基本不改变化学组分,仅改变物理性状的加工产品,或简单加工品(如豆腐、粉丝、腌制品、糖渍品等)。如水产品中的冻鱼、咸干鱼等。

469. 无公害农产品的目标定位是什么?

"无公害农产品"产生的背景,是20世纪90年代初期,我国基本解决了农产品的供需矛盾,农产品中农药残留问题引起社会广泛关注,食物中毒事件频频发生,危害着人类健康,急需解决农产品中农药残留、有毒、有害物质等已成为“公害”的问题。因此，把无公害农产品的目标定位在规范农业生产，保障基本安全，满足大众消费。

470. 无公害农产品的质量水平是什么？

无公害农产品是对农产品食用安全性的基本要求。严格地说，一般农产品都应达到这一要求。实际上无公害农产品代表中国普通农产品的质量水平。无公害农产品的价值略高于一般农产品。

471. 无公害农产品的生产方式是什么？

无公害农产品的生产是科学应用现代常规农业技术。从选择环境质量良好的农田入手，通过在生产过程中执行国家有关农业标准和规范，合理使用农业投入品，建立农业标准化生产、管理体系。

472. 无公害农产品的管理模式是什么？

《全国农业标准化2003～2005年发展计划》依据农产品质量特点和对生产过程控制要求的不同，将农产品分为一般农产品、认证农产品和标识管理农产品。无公害农产品属认证农产品。在无公害农产品管理工作中，政府积极推行无公害农产品的生产，并实行产地认定和产品认证的工作模式。

473. 农产品无公害生产的意义是什么？

(1)促进农业产业结构的调整　为了适应新时期农业发展和应对加入世界贸易组织的要求，在国务院领导下，由农业部牵头国家经贸委等十部(委)参加的我国“无公害食品行动计划”于2001年组织实施。该计划率先在北京、天津、上海和深圳四大城市进行试点，而后又在全国范围内全面推开，成了全社会关注的热点和焦点，引发了种植业、养殖业生产观念的转变和生产方式的变革，促进农业产业结构的调整。同时，也引起了人们消费意识的更新，促进了社会进步。

(2)保障百姓吃上安全的水产品 民以食为天，食以安为先。保障百姓吃上安全放心的水产品是政府履行监管职责以维护最广大人民群众根本利益的基本要求，也是坚持以人为本的科学发展观与构建和谐社会的集中体现。发展无公害水产品是解决水产品质量安全问题的根本措施，对维护公众健康和公共安全具有十分重要的作用。

(3)提高农业综合竞争力 增强农业综合竞争力是新时期农业和农村经济工作的重要任务。农业综合竞争力的核心是将资源优势、生产优势和产品优势转化为质量优势、品牌优势和效益优势。发展无公害农产品是新时期促进农产品生产区域化布局、标准化管理、产业化经营、市场化发展的重要手段，也是实现农业比较优势和提高农业综合竞争力的重要途径。

(4)实现农业生产性收入增加 持续稳定增加农民收入是我国农业和农村经济工作的重要目标。农业生产性收入的增加是农民增收的基本途径。适应市场需要，发展无公害农产品，促进优质优价，是实现农业生产性收入增加的有效措施。

(5)推动农业生产方式转变 工业反哺农业、城市支持农村给农业和农村经济带来新的发展机遇。坚持科学发展观，用现代工业理念谋划农业发展是实现农业高产、优质、高效、安全的重要手段。发展无公害农产品，既是解决农产品质量安全问题的重要措施，也是推进农业优质化生产、专业化加工、市场化发展的有效途径，更是推动农业生产方式转变、促进农业综合生产能力提高和推进农业增长方式转变的战略选择。

(6)保护环境保护生态 无公害水产品的生产不单要求生产的水产品是无公害的，安全的，而且要求无公害水产品在生产过程中也不得给环境造成公害，要保护环境、保护生态，要为水产业的可持续发展和现代化建设创造良性的发展轨道。

474. 什么是"无公害食品行动计划"?

"无公害食品行动计划"以全面提高我国农产品质量安全水平为核心;以农产品质量标准体系和质量检测体系建设为基础;以"菜篮子"产品为突破口;以市场准入为切入点。该计划从产地和市场两个环节入手,通过对农产品实施"从农田到餐桌"全程质量安全控制,用8~10年的时间,基本实施我国主要农产品的无公害生产和消费。"无公害食品行动计划"的实施表明了我国政府抓农产品质量安全工作的决心和信心。同时,也向社会传递了一个重要信息,那就是人们关注的农产品和食品安全问题,已引起政府的高度重视,并采取得力措施,即"从农田到餐桌"全程实施控制,将用几年时间基本实现食用农产品的无公害生产,保障消费安全,使质量安全水平达到发达国家或地区的中等水平。

475."无公害食品行动计划"的核心内容是什么?

从总体上讲体现核心内容的行动计划要达到三个目的,实施三个方面的管理。

要达到的三个目的是:①要建立起一套农产品质量安全管理制度。通过加强生产管理,推行市场准入及质量跟踪,健全农产品质量安全标准、检验检测、认证体系,强化执法监督、技术推广和市场信息工作,尽快建起一套既符合中国国情又与国际接轨的农产品质量管理体系和制度;②要保证与广大老百姓日常生活密切相关的食用农产品消费安全,也就是要突出抓好"菜篮子"产品和出口农产品的质量安全问题;③要攻克关键的危害因素,抓好主要污染源控制。对于水产品,重点解决生产过程中药物滥用和水产品中有害有毒物质超标及贝类产品的污染问题,特别是氯霉素污染问题和产地环境的污染问题。

要实施的三个管理是:①从源头入手,抓好生产过程管理。

要通过强化生产基地建设，净化产地环境，严格投入品管理，推行标准化生产，提高生产经营组织化程度，实施全程质量安全控制；②从消费入手，抓好市场准入。建立例行监测制度，推广速测技术，创建专销网点，实施认证标志管理，推行产品质量安全追溯承诺制度；③从长效机制入手，抓好保障体系建设。突出加强法制建设，健全标准体系，完善检验检测体系，加快认证体系建设，加强技术研究与推广，建立公共信息网络，加大宣传培训力度，增加投入，保证各项推进措施落到实处。

476. 无公害水产品的生产如何"从池塘到餐桌"进行全程质量控制?

无公害水产品生产过程中进行全程质量控制是指生产地的环境条件、生产技术、投入品(包括饲料、渔药等)的使用、包装、运输、贮存(或暂养)等环节。每一环节互相紧扣，互相衔接，都要严格按无公害食品标准组织生产，不可出错。否则，全程质量控制就成了一句空话。

产地环境的好坏直接决定食品的安全水平。如果在被污染的水体中进行水产养殖，污染物会直接进入水产品，给人体带来急性中毒或者慢性危害。所以说良好的产地环境是确保食品安全的基础。因此，生产无公害水产品的首要任务是选择良好的产地环境，并确保整个生产过程中渔业环境，尤其是养殖水体水质应始终符合标准规定。农业部《水产养殖质量安全管理规定》中也指出"禁止将不符合水质标准的水源用于水产养殖"。

水产苗种的要求：苗种是水产养殖基础的基础。水产养殖使用的苗种应当符合相关标准的规定，放养前应进行检疫，严防疾病蔓延。

关于投入品：首先要保证投入品(饲料、渔药等)的绝对安全，应符合其产品质量标准的规定。农业部《水产养殖质量安全管理规定》中强调"禁止使用无产品质量标准、无质量检验合格证、无生产许可证和产品批准文号的饲料、饲料添加剂。禁止使用变质和过期饲料”。同时强调了“使用药物的养殖水产品在休药期内不得用于人类食品消费”。“禁止使用假、劣兽药及农业部规定禁止使用的药品、其他化合物和生物制剂。原料药不得直接用于水产养殖”。其次要科学、合理地使用投入品,要按无公害养殖技术的标准执行。

在全程控制过程中,除了严格控制环境条件、苗种质量、投入品的质量和合理使用外,在生产操作和饲养过程中,还应严格按无公害养殖技术的标准执行。此外,水产品的捕捞、包装、运输、贮存或暂养,以及加工等均要严格控制,谨防二次污染。

477. 怎样预防二次污染?

无公害水产品的包装、运输和贮存是无公害水产品从池塘到餐桌全程质量控制的重要一环。水产品的收获捕捞一般均在野外粗放作业,且散装散卖,在运输、贮存过程中极易被污染,加上包装材料不卫生、不安全,致使加工、包装、贮运过程中的污染问题突出,应引起生产者、营销者的高度重视。为了保证生产的无公害水产品质量符合标准,严防二次污染,确保消费者购买到真正符合无公害产品标准的水产品。因此,在水产品的捕捞、包装、运输、贮存或暂养,以及加工时应注意下列事项。

(1)捕捞场所 水产品在捕捞时应选择场地宽阔、环境清洁的地方,不得在农药、化肥或其他污染物污染过的地方起捕或堆放鲜活水产品,避免起捕的水产品受到污染。

(2)包装 包装材料必须是由国家批准可用于食品的材料。所用材料必须保持清洁卫生,在干燥通风的专用库房内存放,内外包装材料要分开存放;直接接触水产食品的包装、标签必须符合食品卫生要求,应不易褪色,不得含有有毒有害物质,不能对内容物造成直接或间接的污染。

(3)运输 运输工具在装鱼货前应清洗、消毒,做到洁净、无毒、无异味,严防运输污染。不得与有害、有毒物质混运;运输鲜、活水产品过程中不得使用任何有毒有害的化学物质,不得使用麻醉剂。

(4)贮存(暂养) 活鱼、虾、蟹、鳖、牛蛙等可在洁净、无毒、无异味的水泥池、水族箱等水体中充氧暂养。暂养用水应符合《无公害食品　淡水养殖用水水质》的规定;鲜鱼存放环境应洁净、无毒、无异味、无污染,符合卫生要求,并有排水设施。贮运过程中应轻放轻运,避免挤压与碰撞,并不得脱水贮运过程中除应轻放轻运,避免挤压与碰撞,并不得脱水外。鲜鱼贮存期间应保持鱼体温度在0℃~4℃,并应严防蚊子叮咬和曝晒。

478."无公害食品行动计划"中,为什么要将建立无公害食品标准体系放在首位?

无公害食品标准是无公害农产品生产和产品质量检测的依据,也是产地认定和产品认证的依据。保证消费安全,是农产品生产的起码条件和基本要求。安全标准,对农产品特别是对食用农产品来说极为重要。安全与否,首先得有标准。

有了标准,首先是使生产者控制和掌握;再者便于消费者选择和监督;第三是便于出口检测和质量安全水平评价;第四是有利于攻克和规避国外贸易技术性壁垒。为此,应加快农产品安全标准的制定、修订,尽快建立系统完整的无公害食品标准体系,确保"无公害食品行动计划"的顺利实施。2001年农业部在实施"无公害食品行动计划"之初就将标准的制定作为首要工作内容,四年来先后组织制定并发布了334项无公害食品农业行业标准,有力地推动了"无公害食品行动计划"的全面实施。

479.无公害食品水产行业标准的制定、修订情况如何?

目前,水产品无公害食品行业标准已发布了82项,国家质检总局也发布了2项水产品安全质量国家标准。这些标准包括无公害食品的产地环境条件、生产技术规程、渔业投入品使用准则、产品标准和有害物质限量标准等，基本上覆盖了水产养殖无公害生产和产品质量的各个方面，规范了无公害水产品生产、监测、认证和管理，有力地推动了我国无公害农产品生产、认证和管理工作，促进了我国农产品质量安全水平的提高，增强了我国农产品在国内外市场的竞争力。

480. 无公害水产品的通用标准有哪些？

所谓通用标准是指所有无公害水产品都应遵照执行的标准。无公害水产品的通用标准主要有：

GB 18406.4—2001《农产品安全质量　无公害水产品安全要求》

GB/T 18407.4—2001《农产品安全质量　无公害水产品产地环境要求》

NY 5051—2001《无公害食品　淡水养殖用水水质》

NY 5052—2001《无公害食品　海水养殖用水水质》

NY 5070—2002《无公害食品　水产品中渔药残留限量》

NY 5071—2002《无公害食品　渔用药物使用准则》

NY 5072—2002《无公害食品　渔用配合饲料安全限量》

NY 5073—2006《无公害食品　水产品中有毒有害物质限量》

481. 无公害水产品的感官要求是什么？

国家标准《农产品安全质量 无公害水产品安全要求》中规定供食用的鱼类、贝类(包括头足类)、甲壳类、爬行类、两栖类等鲜活(冷冻品)的感官要求见表14-1。

表 14-1　无公害水产品感官要求

水产品种类		项目要求		
		外　观	气　味	组　织
鱼类:海水鱼、淡水鱼		体表:鳞片、鳍完整或较完整,鳞片不易脱落,体表黏液透明,呈固有色泽 鳃:鳃丝鲜红或暗红,黏液不浑浊 眼球:眼球饱满,黑白分明,或稍变红	呈相应水产品固有气味,无异味	肌肉紧密、有弹性,内脏清晰可辨,无腐烂
贝类	有壳类	外壳或厣紧闭或微张,足及水管伸缩灵活,受惊闭合 外壳呈活体固有色泽		肌肉紧密、有弹性
	头足类	背部及腹部呈青白色或微红色,鱿鱼可有紫色点		去皮后肌肉呈白色,鱿鱼允许有微红色,肌肉紧密、有弹性
甲壳类:虾、蟹		外壳亮泽完好,眼睛黑亮、透明。活体反应敏捷,活动自如。鳃丝清晰,白色或微褐色。蟹脐上部无胃印		肌肉纹理清晰、紧密、有弹性,呈玉白色
爬行类:龟、鳖		体表完整,无溃烂,爬动自如,呈活体固有体色		肌肉紧密、有弹性
两栖类:养殖蛙等		体表光滑有黏液,腹部呈白色或灰白色,弹跳自如。具有活体固有体色		

482. 无公害水产品的鲜度要求是什么?

国家标准《农产品安全质量　无公害水产品安全要求》中规定无公害水产品的鲜度要求见表 14-2。

表 14-2　无公害水产品鲜度要求

<table>
<tr><th colspan="3" rowspan="2">水产品种类</th><th colspan="2">项目要求</th></tr>
<tr><th>挥发性盐基氮（毫克/100 克）</th><th>组胺（毫克/100 克）</th></tr>
<tr><td rowspan="3">鱼类</td><td rowspan="2">海水鱼</td><td>鲹科鱼类(鲐鱼、蓝圆鲹等)</td><td rowspan="2">≤30</td><td>≤50</td></tr>
<tr><td>其他鱼类</td><td>≤30</td></tr>
<tr><td colspan="2">淡水鱼</td><td>≤20</td><td>—</td></tr>
<tr><td rowspan="3">甲壳类</td><td rowspan="2">虾</td><td>海虾</td><td>≤30</td><td rowspan="3">—</td></tr>
<tr><td>淡水虾</td><td>≤20</td></tr>
<tr><td colspan="2">海水蟹</td><td>≤25</td></tr>
</table>

注:本表规定指标不包括活体水产品

483. 无公害水产品中有害有毒物质最高限量是多少?

国家标准《农产品安全质量　无公害水产品安全要求》中规定无公害水产品中有害有毒物质限量应符合表 14-3 要求。

表 14-3　有毒有害物质限量

序号	项目	指标
1	总汞(毫克/千克)	≤0.3,其中甲基汞 0.2
2	砷(淡水鱼)(以总砷计,毫克/千克)	≤0.5
3	铅(毫克/千克)	≤0.5
4	铜(毫克/千克)	≤50
5	镉(毫克/千克)	≤0.1
6	铬(毫克/千克)	≤2.0
7	氟(淡水鱼)(毫克/千克)	≤2.0
8	六六六(毫克/千克)	≤2
9	滴滴涕(毫克/千克)	≤1
10	土霉素(毫克/千克)	≤0.1(肌肉)

续表 14-3

序号	项目	指标
11	氯霉素	不得检出
12	磺胺类(单种)(毫克/千克)	≤0.1
13	噁喹酸(鳗鱼)(毫克/千克)	≤0.3(肌肉+皮)
14	呋喃唑酮	不得检出
15	己烯雌酚	不得检出
16	多氯联苯(海产品)(毫克/千克)	≤0.2
17	腹泻性贝类毒素(DSP)(微克/100克)	≤60
18	麻痹性贝类毒素(PSP)(微克/100克)	≤80

484. 无公害水产品微生物指标限量是多少?

国家标准《农产品安全质量 无公害水产品安全要求》中规定无公害水产品微生物指标限量见表 14-4。

表 14-4 无公害水产品微生物指标

项目	指标
细菌总数(个/克)	$\leqslant 10^6$
大肠菌群(个/100 克)	≤30
致病菌(沙门氏菌、李斯特菌、副溶血性弧菌)	不得检出

485. 对人类致病寄生虫卵有什么要求?

国家标准《农产品安全质量 无公害水产品安全要求》中规定致病寄生虫卵(曼氏双槽蚴、阔节裂头蚴、颚口蚴)不得检出。

486. 无公害水产品中渔药残留限量有什么规定?

农业行业标准《无公害食品　水产品中渔药残留限量》中规定的水产品中渔药残留限量见表14-5。

表14-5　水产品中渔药残留限量

药物类别		药物名称		指标(MRL)(微克/千克)
		中文	英文	
抗生素类	四环素类	金霉素	Chlortetracycline	100
		土霉素	Oxytetracycline	100
		四环素	Tetracycline	100
	氯霉素类	氯霉素	Chloramphenicol	不得检出
磺胺类及增效剂		磺胺嘧啶	Sulfadiazine	100(以总量计)
		磺胺甲基嘧啶	Sulfamerazine	
		磺胺二甲基嘧啶	Sulfadimidine	
		磺胺甲噁唑	Sulfamethoxazole	
		甲氧苄啶	Trimethoprim	50
喹诺酮类		噁喹酸	Oxilinic acid	300
硝基呋喃类		呋喃唑酮	Furazolidone	不得检出
其他		己烯雌酚	Diethylstilbestrol	不得检出
		喹乙醇	Olaquindox	不得检出

487. 农业行业标准NY 5073《无公害食品　水产品中有毒有害物质限量》增加了哪些具体规定?

农业行业标准NY 5073《无公害食品 水产品中有毒有害物质限量》,以水产品的类别,分别作了具体规定,见表14-6。

表 14-6　水产品中有毒有害物质限量

项　　目	指　　标
汞(以 Hg 计)(毫克/千克)	≤1.0(贝类及肉食性鱼类) ≤0.5(其他水产品)
甲基汞(以 Hg 计)(毫克/千克)	≤0.5(所有水产品)
砷(以 As 计)(毫克/千克)	≤0.5(淡水鱼)
无机砷(以 As 计)(毫克/千克)	≤1.0(贝类、甲壳类、其他海产品) ≤0.5(海水鱼)
铅(以 Pb 计)(毫克/千克)	≤1.0(软体动物) ≤0.5(其他水产品)
镉(以 Cd 计)(毫克/千克)	≤1.0(软件动物) ≤0.5(甲壳类) ≤0.1(鱼类)
铜(以 Cu 计)(毫克/千克)	≤50(所有水产品)
硒(以 Se 计)(毫克/千克)	≤1.0(鱼类)
氟(以 F 计)(毫克/千克)	≤2.0(淡水鱼类)
铬(以 Cr 计)(毫克/千克)	≤2.0(鱼贝类)
组胺(毫克/100 克)	≤100(鲐鲹鱼类) ≤30(其他海水鱼类)
多氯联苯(PCBs)(毫克/千克)	≤0.2(海产品)
甲醛	不得检出(所有水产品)
六六六(毫克/千克)	≤2(所有水产品)
滴滴涕(毫克/千克)	≤1(所有水产品)
麻痹性贝类毒素(PSP)(微克/千克)	≤80(贝类)
腹泻性贝类毒素(DSP)(微克/千克)	不得检出(贝类)

488. 什么是认证，为什么要实行无公害农产品的认证？

认证是指由具有资质的第三方机构证明产品、服务、管理体系符合相关技术规范、相关技术规范的强制性要求或者标准的合格性评定活动。

开展无公害农产品认证，是“无公害食品行动计划”实施的重要组成部分；是农产品质量安全管理的重要推进措施；是指导农产品生产、提高农产品质量安全水平，引导农产品消费、规范市场流通和社会安定；是一项重大的事关广大老百姓健康的民心事业，已经成为新时期农产品质量安全工作的一项新任务和新要求。

489. 无公害农产品认证的法律地位是什么？

开展无公害农产品认证的法律、法规依据主要有：《中华人民共和国标准化法》、《中华人民共和国产品质量法》、《中华人民共和国认证认可条例》、《无公害农产品管理办法》、《无公害农产品产地认定程序》、《无公害农产品认证程序》和《无公害农产品标志管理办法》等。依据这些法律、法规进一步规范了认证活动，同时也进一步完善了认证制度。认证作为一种质量管理的制度有了法律基础，认证活动有了法律规范。

农产品质量安全认证制度的确立，标志着我国农产品质量安全管理进入一个新的阶段。这对提高我国农产品质量安全水平，提高农产品的竞争力，保证农产品消费安全具有重大意义。

490. 目前我国法定的农产品质量安全认证机构有哪些？

2003 年我国成立了农业部农产品质量安全中心。该中心下设的种植业产品、畜牧业产品和渔业产品的 3 个分中心为法定的农产品质量安全认证机构，负责全国各类无公害农产品的认证工作。其中农业部农产品质量安全中心渔业产品认证分中心，挂靠在中国水产科学研究院，分工负责渔业产品的具体认证工作。

491. 如何进行水产品的认证工作?

无公害水产品的认证工作是从源头上确保水产品的安全,规范市场行为,对指导消费和促进对外贸易具有重要作用。认证标准强调从池塘到餐桌的全程质量控制,检查、检测并重,注重产品质量。运行方式是行政性运作、公益性认证,即是政府行为。认证程序、认证产品标志、产品目录等由政府统一发布,并采取产地认定和产品认证相结合的办法。

无公害水产品的认证工作应按照“统一规范,简便高效”的原则。坚持“五统一”,即统一认证、统一标志、统一标准、统一监督和统一管理。只有做到这五个统一,更好地把握尺度,规范认证行为,才能规范生产行为,促进标准生产,也才能统一市场形象,正确引导消费,共同打造整体的无公害农产品形象。

492. 为什么要进行产地认定?

产地认定是产品认证的基础和前提,是最重要的无公害水产品生产保障的措施。因为产地环境直接决定食品的安全水平。环境污染不仅直接影响生物的生长,而且污染物直接进入体内,造成食品中有害有毒物质超标,给人体带来急性中毒或者慢性危害。

无公害农产品特别是无公害水产品,产地环境是决定水产品质量的第一要素,尤其是对于养殖水产品,则是决定其产品质量的关键所在。因为水产品的质量是不可逆的,一旦养殖环境遭到农药、重金属或化学品的污染,势必导致养殖水产品的污染,有毒有害物质超标,不可食用,甚至不能用作饲料或肥料,造成重大损失。

水产养殖产地环境一旦受到污染,不管你采取什么样先进的养殖技术和先进的加工工艺,都不可能生产出质量安全合格的水产品。所以说良好的产地环境是确保食品安全的基础,应引起养殖生产者和管理者高度重视。首先应做好无公害水产品养殖生产的产地认定工作,解决好从源头控制产地环境的问题,真正实现对食品安全性的全程控制。

493. 怎样进行无公害水产品产地认定?

根据《无公害农产品管理办法》的规定,各省、自治区、直辖市和计划单列市人民政府农业行政主管部门负责本辖区内的产地认定工作。

申请无公害水产品产地认定应当符合下列条件:

①产地环境符合无公害水产品产地环境的标准要求;

②区域范围明确;

③具备一定的生产规模。

无公害水产品的生产管理应当符合下列条件:

①生产过程符合无公害水产品生产技术的标准要求;

②有相应的专业技术和管理人员;

③有完善的质量控制措施,并有完整的生产和销售记录档案。

申请产地认定的单位和个人应当向产地所在地、县级人民政府农业行政主管部门提出申请,并提交详实的申请材料。其内容包括:《无公害农产品产地认定申请书》,产地区域范围、生产规模和产地环境状况说明,无公害水产品生产计划,无公害水产品质量控制措施,专业技术人员的资质证明,保证执行无公害水产品标准和规范的声明,以及申报要求提交的其他有关材料。

产地认定过程包括材料审查、现场检查和检验、专家评审、认定和公告等内容。对通过认定者在媒体上予以公告,颁发《无公害农产品产地认定证书》,其有效期为 3 年。期满后需要继续使用的,持证人应当在有效期满前 90 日内按本程序重新办理。

《无公害农产品产地认定及产品认证程序》详见中华人民共和国农业部、国家认证认可监督管理委员会于 2003 年 4 月 23 日发布的第 264 号公告。

494. 怎样进行无公害水产品的认证？

凡生产农业部和国家认证认可监督管理委员会依据相关国家标准或行业标准发布的《实施无公害农产品认证的产品目录》内的产品，并获得无公害农产品产地认定证书的单位和个人，均可申请产品认证。可通过省级农业行政主管部门或直接向农业部农产品质量安全中心申请产品认证，并提交以下材料，其内容包括：《无公害农产品认证申请书》，《无公害农产品产地认定证书》，产地《环境检验报告》和《环境评价报告》，产地区域范围、生产规模，无公害水产品的生产计划，无公害水产品质量控制措施，无公害水产品生产操作规程，专业技术人员的资质证明，保证执行无公害水产品标准和规范的声明，无公害水产品有关培训情况和计划，申请认证产品的生产过程记录档案，“公司＋农户”形式的申请人应当提供公司和农户签订的购销合同范本、农户名单以及管理措施，要求提交的其他材料。

认证过程包括：材料审查、现场检查、抽样检验、评审和发证，签发的《无公害农产品认证证书》有效期为 3 年，期满后需继续使用的，持证人应当在有效期满前 90 日内按本程序重新办理。

495. 认证合格的无公害农产品有何标志？

《无公害农产品管理办法》中规定了经认证合格获得认证证书的无公害农产品，允许使用无公害农产品标志。无公害农产品标志是由农业部和国家认证认可监督管理委员会联合制定并发布、加施于经农业部农产品质量安全中心认证的产品及其包装上的证明性标识，是无公害农产品的市场准入证，即是无公害农产品的“身份证”。无公害农产品标志是生产者质量安全管理综合水平的外在表现，不仅是消费者选择的重要凭证，也是无公害农产品认证的外在特征的表达方式和认证最终结果的集中体现。标志已成为农产品质量安全的品牌形象。

图 14-1　无公害农产品标志

无公害农产品标志的基本图案是由麦穗、对勾和无公害农产品字样组成，麦穗代表农产品，对勾表示合格，金色寓意成熟和丰收，绿色象征环保和安全。

无公害农产品标志基本图案见图 14-1。

《无公害农产品管理办法》和《无公害农产品标志管理办法》中规定了无公害农产品实行全国统一的标志管理。其目的是为了规范、加强无公害农产品的管理，保证无公害农产品的质量，维护生产者、经营者和消费者的合法权益。

国家鼓励获得无公害农产品认证证书的单位和个人积极使用全国统一的无公害农产品标志。持证者可以在证书规定的产品或者其包装上加施无公害农产品标志，用以证明产品符合无公害农产品标准。印制在包装、标签、广告、说明书上的无公害农产品标志图案，不能作为无公害农产品标志使用。使用无公害农产品标志的单位和个人，应当在无公害农产品论证证书规定的产品范围和有效期内使用，不得超范围和逾期使用，不得买卖和转让。

有关无公害农产品标志的其他事项，详见中华人民共和国农业部、国家认证认可监督管理委员会于 2002 年 11 月 25 日发布的第 231 号公告《无公害农产品标志管理办法》。

496. 无公害水产品的标签有什么要求?

《水产养殖质量安全管理规定》中规定："水产养殖单位销售自养水产品应当附具《产品标签》，注明单位名称、地址、产品种类、规格、出池日期等。"产品标签的格式见表 14-7。

表 14-7　产品标签格式

养殖单位	
地　址	
养殖证编号	（　　）养证[　　　]第　　号
产品种类	
产品规格	
出池日期	

对于销售非自养水产品的经销商，其销售的水产品标签，在上述标签格式中还应增加销售单位经依法登记注册的名称和地址。

标签的其他要求有：①标签不得与包装容器分开。②标签的一切内容，不得在流通环节中变得模糊甚至脱落；必须保证消费者购买时醒目、易于辨认和识读。③用对比色。④名称必须在标签的醒目位置。⑤标签所用文字必须是规范的汉字。可以同时使用汉语拼音，但必须拼写正确，不得大于相应的汉字。也可以同时使用少数民族文字或外文，但必须与汉字有严密的对应关系，外文不得大于相应的汉字。

497. 怎样进行无公害农产品的监督管理？

《国务院关于进一步加强食品安全工作的决定》中提出食品安全监管采取分段监管为主，品种监管为辅，一个监管环节一个部门监管的原则，将食品质量安全监管分成生产环节、加工环节、流通环节和消费环节，并明确农业部门负责初级农产品生产环节的监管。为确保无公害农产品认证工作的科学性、公正性和权威性，农业部农产品质量安全中心将适时对无公害农产品产地认定、产品认证和认证检测工作进行监督检查和抽查。

农产品质量安全中心对获得认证的产品应当进行定期或不定期的检查，有下列情况之一的，应当暂停其使用产品认证证书，并责令限期改正。

①生产过程发生变化，产品达不到无公害农产品标准要求；

②经检查、检验、鉴定，不符合无公害农产品标准要求。

对获得产品认证证书，有下列情况之一的，农产品质量安全中心应当撤销其产品认证证书。

①擅自扩大标志使用范围；

②转让、买卖产品认证证书和标志；

③产地认定证书被撤销；

④被暂停产品认证证书未在规定期限内改正的。

监督管理的依据是《无公害农产品产地认定及产品认证程序》，详见中华人民共和国农业部、国家认证认可监督管理委员会于2003年4月23日发布的第264号公告。

498. 如何理解市场准入制度？

无公害水产品上市销售是无公害生产管理的最后一道工序，是无公害水产品与消费者见面、获得认可的时刻，也是无公害水产品质量“全程控制”的最后一关。为了确保消费者的权益，确保无公害水产品的食用安全，必须建立无公害水产品的市场准入制度，严格把好市场准入关。市场准入强调的是水产品质量的监测检验，凡符合无公害产品标准的，达标的水产品方可上市销售，严格控制不安全水产品流入市场。在推行市场准入制时注意以下要求：

(1) 建立监测制度 定期或不定期地开展水产品产地环境、渔业投入品和水产品质量安全状况的监测，确保上市水产品质量安全符合国家有关标准和规范要求。

(2) 推广速测技术 在全国大中城市水产品生产基地、批发市场、农贸市场开展农药残留、渔药残留等有毒有害物质残留检测，推广速测技术。检测结果以适当的方式公布，确保消费者的知情权和监督权。

(3) 创建专销网点 在全国和省级定点水产品批发市场以及

连锁超市,积极推进安全优质认证水产品的专销区建设。对获得无公害水产品认证和经检测合格的水产品实行专区销售。

无公害水产品的产品标准中具体规定了各种产品的出厂检验和型式检验。其中出厂检验规定了"每批产品应进行出厂检验。出厂检验由企业质量管理部门执行,检验项目为感官指标"。有条件的企业应定期对安全指标进行自检,没有条件的企业也要创造条件进行自检或请有资质的检验机构进行检验,以确保出厂产品的安全。

农业部发布的《水产养殖质量安全管理规定》中也规定了养殖水产品,在出池销售前应当按无公害水产品的产品标准提供的抽样方法和检验方法进行检验和检疫,重点是标准中规定的安全指标的检验,符合标准的合格品,即可上市销售;对于不符合标准的不合格品,尤其是安全指标超标的产品不得出池,严禁销售,而应当继续暂养,进行净化处理。净化处理后,符合无公害水产品质量要求的可出池销售,对于净化处理后仍不符合无公害水产品质量标准的产品,不得出池销售。

499. 如何理解无公害水产品质量可追溯制度?

根据农业部《全面推进"无公害食品行动计划"的实施意见》,要建立"推行追溯和承诺制度"。要按照生产到销售的每一个环节可相互追查的原则,建立水产品无公害生产、经营销售记录制度,推行目标管理,实现水产品质量安全的可追溯;一旦发生食品质量不安全事故,即可追溯养殖生产的每一个环节,直至源头。要通过合同形式,对购销的水产品质量安全做出约定。对于养殖水产品可推行"产地与销地"、"市场与基地"、"加工厂与养殖场"的对接与互认。建立水产品质量安全承诺制度,生产者要向经营者、经营者要向消费者就其生产、销售的水产品质量安全做出承诺。逐步制定实施不合格水产品的换回、理赔、质量追溯、安全事故报告和退出市场流通的制度,建设水产品质量安全信用制度。水产养殖生产和经营销售记录为质量追溯提供生产过程控制的依据，产品质量可追溯制度的建立，可强化生产者是质量安全第一责任人的意识。

500. 怎样做好养殖生产、产品销售的记录和建档？

无公害水产品的销售，应根据实际情况做好详细记录，跟踪销售水产品的去向，掌握信息反馈，确保安全。推行追溯和承诺制度的目的在于规范市场，分清生产者、经营者和消费者的权益和责任，保护生产者、经营者和消费者的合法权益。因此，要做好水产养殖的生产记录和水产品的销售记录，建立养殖生产和销售档案。

《水产养殖质量安全管理规定》的第十二条规定："水产养殖单位和个人应当填写《水产养殖生产记录》（格式见表14-8表），记载养殖种类、苗种来源及生产情况、饲料来源及投喂情况、水质变化等内容。《水产养殖生产记录》应当保存至该批水产品全部销售后2年以上"。

表14-8　水产养殖生产记录

池塘号：　　　　；面积：　　　　亩；养殖种类：

饲料来源		检测单位	
饲料品牌			
苗种来源		是否检疫	
投放时间		检疫单位	

时间	体长	体重	投饵量	水温	溶氧	pH值	氨氮

养殖场名称：　　　　　　养殖证编号：（　　　）养证[　　　]第　　　号

养殖场场长：　　　　　　养殖技术负责人：

《水产养殖质量安全管理规定》第十八条规定："水产养殖单位和个人应当填写《水产养殖用药记录》，格式见表14-9。记载病害发生情况，主要症状、用药名称、时间、用量等内容。《水产养殖用药记录》应当保存至该批水产品全部销售后2年以上”。

表 14-9 水产养殖用药记录

序　号				
时　间				
池　号				
用药名称				
用量/浓度				
平均体重/总重量				
病害发生情况				
主要症状				
处　方				
处方人				
施药人员				
备　注				

建立水产养殖技术档案，以每个池塘均应建立卡片来体现，除了记载《水产养殖质量安全管理规定》中规定填写的《水产养殖生产记录》和《水产养殖用药记录》外，还应记载池塘环境条件、水源、水质、底质情况和养殖模式，并对清塘、注水、施肥、鱼种放养、投饲、浮头，增氧、鱼病及防治、排水与补水、水质测定结果、拉网及鱼类出塘等重要技术措施逐一详细记录，年终归档。

养蚕工培训教材　9.00元
养蚕栽桑150问(修订版)　6.00元
蚕病防治技术　6.00元
图说桑蚕病虫害防治　17.00元
蚕茧收烘技术　5.90元
柞蚕饲养实用技术　9.50元
柞蚕放养及综合利用技术　7.50元
蛤蚧养殖与加工利用　6.00元
鱼虾蟹饲料的配制及配方精选　8.50元
水产活饵料培育新技术　12.00元
引进水产优良品种及养殖技术　14.50元
无公害水产品高效生产技术　8.50元
淡水养鱼高产新技术(第二次修订版)　26.00元
淡水养殖500问　23.00元
淡水鱼繁殖工培训教材　9.00元
淡水鱼苗种培育工培训教材　9.00元
池塘养鱼高产技术(修订本)　3.20元
池塘鱼虾高产养殖技术　8.00元
池塘养鱼新技术　16.00元
池塘养鱼实用技术　9.00元
池塘养鱼与鱼病防治(修订版)　9.00元
池塘成鱼养殖工培训教材　9.00元
盐碱地区养鱼技术　16.00元
流水养鱼技术　5.00元
稻田养鱼虾蟹蛙贝技术　8.50元
网箱养鱼与围栏养鱼　7.00元
海水网箱养鱼　9.00元
海洋贝类养殖新技术　11.00元
海水种养技术500问　20.00元
海水养殖鱼类疾病防治　15.00元
海蜇增养殖技术　6.50元
海参海胆增养殖技术　10.00元
大黄鱼养殖技术　8.50元
牙鲆养殖技术　9.00元
黄姑鱼养殖技术　10.00元
鲽鳎鱼类养殖技术　9.50元
海马养殖技术　6.00元
银鱼移植与捕捞技术　2.50元
鲶形目良种鱼养殖技术　7.00元
鱼病防治技术(第二次修订版)　13.00元
黄鳝高效益养殖技术(修订版)　7.00元
黄鳝实用养殖技术　7.50元
农家养黄鳝100问(第二版)　7.00元
泥鳅养殖技术(修订版)　5.00元
长薄泥鳅实用养殖技术　6.00元
农家高效养泥鳅(修订版)　9.00元
革胡子鲇养殖技术　4.00元
淡水白鲳养殖技术　3.30元
罗非鱼养殖技术　3.20元
鲈鱼养殖技术　4.00元

书名	定价
鳜鱼养殖技术	4.00元
鳜鱼实用养殖技术	5.00元
虹鳟鱼养殖实用技术	4.50元
黄颡鱼实用养殖技术	5.50元
乌鳢实用养殖技术	5.50元
长吻鮠实用养殖技术	4.50元
团头鲂实用养殖技术	7.00元
良种鲫鱼养殖技术	10.00元
异育银鲫实用养殖技术	6.00元
塘虱鱼养殖技术	8.00元
河豚养殖与利用	8.00元
斑点叉尾鮰实用养殖技术	6.00元
鲟鱼实用养殖技术	7.50元
河蟹养殖技术	3.20元
河蟹养殖实用技术	4.00元
河蟹科学养殖技术	9.00元
河蟹增养殖技术	12.50元
养蟹新技术	9.00元
养鳖技术	5.00元
水产品暂养与活体运输技术	5.50元
养龟技术(第2版)	15.00元
工厂化健康养鳖技术	8.50元
养龟技术问答	6.00元
节约型养鳖新技术	6.50元
观赏龟养殖与鉴赏	9.00元
人工养鳄技术	6.00元
鳗鱼养殖技术问答	7.00元
鳗鳖虾养殖技术	3.20元
鳗鳖虾高效益养殖技术	9.50元
淡水珍珠培育技术	5.50元
人工育珠技术	10.00元
缢蛏养殖技术	5.50元
牡蛎养殖技术	6.50元
福寿螺实用养殖技术	4.00元
水蛭养殖技术	6.00元
中国对虾养殖新技术	4.50元
淡水虾繁育与养殖技术	6.00元
淡水虾实用养殖技术	5.50元
海淡水池塘综合养殖技术	5.50元
南美白对虾养殖技术	6.00元
小龙虾养殖技术	8.00元
金鱼锦鲤热带鱼(第二版)	11.00元
金鱼(修订版)	10.00元
金鱼养殖技术问答(第2版)	9.00元
中国金鱼(修订版)	20.00元
中国金鱼的养殖与选育	11.00元
热带鱼	3.50元
热带鱼养殖与观赏	10.00元
热带观赏鱼养殖与鉴赏	46.00元
观赏鱼养殖500问	24.00元

以上图书由全国各地新华书店经销。凡向本社邮购图书或音像制品,可通过邮局汇款,在汇单"附言"栏填写所购书目,邮购图书均可享受9折优惠。购书30元(按打折后实款计算)以上的免收邮挂费,购书不足30元的按邮局资费标准收取3元挂号费,邮寄费由我社承担。邮购地址:北京市丰台区晓月中路29号,邮政编码:100072,联系人:金友,电话:(010)83210681、83210682、83219215、83219217(传真)。